U0005374

維生素C
救命療法

Curing the Incurable

湯瑪士‧李維（Thomas E. Levy MD.JD.）◎著

謝嚴谷講師　◎編審

吳佩諭　◎譯

晨星出版

紀念

克萊納（Frederick R. Klenner）醫師，

一位有遠見、真正的醫學先驅

致謝

本書要獻給克萊納（Frederick R.Klenner）醫師這位最大的功臣。如果沒有他敏銳的洞察力，和突破傳統醫療教義限制的意願，今天世人仍不會知曉醫學能以維生素C逆轉「不治之症」以及中毒現象。這本書的主要目的，是為了清楚呈現大量科學文獻，顯示出克萊納醫師的維生素C治療原則是完全正確的，也需要適當地在世界各地加以應用。

萊納斯・鮑林（Linus Pauling）博士在向全世界宣揚維生素C的諸多好處上，也有偌大貢獻。他是1954年諾貝爾化學獎和1962年諾貝爾和平獎得主，雖然在歷史上已經有一定的地位，仍不惜賠上自己的信譽，向全世界以及不想接受非醫生建議的醫療界，來推廣維生素C。他的重大貢獻在於完整保持了個人以及科學的誠信。儘管現在維生素C還沒有被充分的利用，但鮑林博士設法讓更多人每天攝取大量維生素C，這仍是一項前無古人的創舉。鮑林博士雖不是醫生，但比起他專攻的化學領域，或許在全球健康上還產生更多正向的作用。

艾伯特・聖捷爾吉（Albert Szent-Gyorgyi）醫師暨醫學博士因為發現維生素C，在1937年榮獲諾貝爾生理及醫學獎。他確立維生素C的化學結構、分離及純化它所做的研究，讓後來許多研究人員得以不斷發展出維生素C在醫學和科學上的作用。

哈金斯（Hal A.Huggins）牙科醫師，我的好友兼同事，也是我第一本書《不知情的同意（Uniformed Consent）》的共同作者，在1993年帶領我認識了維生素C在治療傳染病與中和毒素的卓越效果，令我的人生和醫學視野從此不同。

　　庫勒克斯（Robert Kulacz）牙科醫師，我的好友、優秀的研究員，也是我第三本書——《致命的毒牙感染（The Roots of Disease）》的共同作者，他在醫學問題上提供給我的觀點，和醫院裡的同事貢獻給我的一樣多，在許多理論、想法、問題和點子上，都扮演難能可貴的參謀。

　　我的兄弟——約翰（John），閱讀並細心編輯這本書，他雖沒有正規醫學背景，我還是採用了很多他所提的深刻建議，以便能更好地傳達本書所要提供給讀者的訊息。

　　我那美麗的母親凱薩琳（Catherine），在我的事業上仍然是最大的正面力量之一，她的愛與支持在我一生中持續激勵我。我的姊妹——凱西（Cathy）一直以來也給予我支持。

　　感謝朗文（Char Longwell）、普魯多姆（Chris Prudhomme）和卡爾布（Bob Culp），在科羅拉多州科羅拉多泉（Colorado Springs）紀念醫院的醫學圖書館給我的幫忙，這對這本書的完成所需的研究調查，絕對是無價的。

推薦序

多年來我都很欣賞湯瑪士·李維醫師對維生素C卓越療效所做的科學貢獻。我一直仰賴他這本書，作為治療病人和指導臨床醫師的參考，因此，很榮幸能為此書的第四版發行寫推薦序。

透過李維醫師蒐集的大量公開文獻（超過1200篇的科學參考資料），現在許多人已經知道維生素C最有效的型式和劑量為何。這證明了目前公認的維生素C每日需要量，對於維持細胞機能的健全和擊退感染，是遠遠不足。即使當一切方法都行不通時，維生素C以超高劑量的5000至20000毫克以上口服，或20至200克靜脈注射，仍可以挽救死亡悲劇。

在我還是年輕醫師的時候，不清楚維生素C的功效，直到因個人因素踏入分子矯正醫學（orthomolecular medicine）領域後，才知道它的救命潛能。我有很多先天的健康問題，其中之一是我的胃對當時超過一千毫克劑型的維生素C完全無法忍受。這在四十多年前是一段奇異旅程的啟航。這是一項特別的恩典，自那時起找能和鮑林博士（分子矯正醫學這個名詞的創始者）這樣的大師一起共事，也和這個令人振奮的領域中其它值得尊敬的導師如霍夫（Abraham Hoffer）博士、卡斯卡特（Robert Cathcart）博士以及福斯特（Harold Foster）博士一起共事。他們發現，包括心臟病和癌症在內的急、慢性疾病，使用積極的營養補充具有治療疾病甚至逆轉情勢的能力。正因為這是一個證據充足的巨大轉變，我們之中那些提倡超高劑量的維生素C和其它營養素的人，在同事和同行之間，也因此受到輕蔑甚至是憤怒。

目前我們在醫療保健上的花費，比起世界上任何國家都還要多，可

是，服用更多藥品的同時，我們卻變得更胖、更不健康。為了擺脫疾病和痛苦，致命的藥物被藥廠研發、大規模銷售、販賣，賺進了數以億萬計的利潤。不幸的是，主流醫學和製藥工業的焦點，不在於尋找有效的治療，而是在利潤上。大部分的藥只是壓抑症狀，而忽略疾病真正的潛在原因，同時還製造出新的疾病和狀況，使你必須再吃另一種藥。根據《華爾街日報》的報導，現今美國有四分之一的孩童和青少年正在長期服用處方藥，其中有將近7%服用兩種或兩種以上的藥物。給孕婦開立已知對胎兒具有不良反應的流感疫苗及抗憂鬱劑處方，造成孩子出生後長期的慢性疾病。而且，據疾管局的資料，有半數的美國人持續在服用處方藥，約三分之一每天吃兩種以上，且有百分之十以上的美國人時常一次服用五種以上的藥。按照這些統計數據，《美國醫學會雜誌（JAMA）》曾報導，在美國，致命的藥物不良反應現已成為主要的死因，也就不令人訝異了。〈編審註：根據2013年7月份，JAMA統計顯示在2012一年內美國境內因藥物濫用「致死」的人數就高達10萬6千人。〉

在本書中，李維醫師大規模搜集了科學研究，明確地指出，維生素C以高劑量口服加上靜脈注射一起施用（口服每日4至20克以上，必要時靜脈注射每日30至200克以上），可以幫我們處理很多最難的急慢性健康問題。

我們都該知道，遇到種種醫療健康狀況時，自己可以怎麼做，包括很小的偶發事件，也包括對抗生素產生抗藥性、每年造成十萬人死亡的感染。我們應該被充分告知所有可行的選項，用我們不可剝奪的權利去向傳統體系抗爭，選擇自然療法。李維醫師向我們示範了如何自我拯救，我們需要更多像他這樣、像拉爾夫（Ralph Fucetola）這樣、以及像喬納森（Jonathan Emord）這樣的鬥士。法律博士拉爾夫號稱「維生素律師」，獲頒過無數獎項，他的地位來自於在1995年的脫氫異雄固酮（DHEA）案件中代表延壽基金會（Life Extension Foundation）發言。喬納森作為委任律師，在聯邦法院上為了美國憲法第一修正案

（First Amendment rights）向食品藥物管理局提出訴訟，目前為止一共贏得八次勝利，替公民取得接受替代性和實驗性療法的權利。**當大家更了解許多其它可用的救命療法之後，很多「替代」療法是可以依消費者需求而和主流醫學整合的。**

　　假使你今天問我，對一個健康受損的人而言，甚麼是最有利的一項營養素，我不得不說，維生素C是我名單上的第一名。它並沒有讓我失望，也不會讓你失望。

—— 郭爾德 博士（Garry Gordon）

自序

在科學領域中，我們不該歸功於先有想法的人，
而該歸功於使全世界信服的人。

—— 威廉・奧斯勒（William Osler）

　　威廉・奧斯勒的說法可解釋成：「未經傳播消化的發現是無意義的。」如果偉大的發現只觸動到少數人，或雖觸動很多人但沒有被正確理解，那就不能算是真正的結果。讀者接下來會在本書裡看到早在半世紀前就已發表的很多相關研究報告。從上個世紀開始，各界研究人員和作者們都參與了有關維生素C或「抗壞血因子」的撰文。維生素C已被證實有如萬靈丹一般，在其功效上的大量研究，比起其精確的化學結構甚至更受重視。我們**不需要精確知道食物的成份為何，使整體健康得以明顯改善**，也一樣能了解新鮮蔬果對於人體和實驗動物健康的好處。

　　本書的目的遠不只結集眾多維生素C、傳染病和毒素的研究。其對維生素C資訊的整體呈現更是獨具一格。書中呈現許多觀念和大部分資訊是我持續探索的結果：適量維生素C所展現的無數鐵證臨床功效。本書也引用許多驚人的臨床結果，我雖未親眼目睹，卻仍因同事轉告及翻閱大量文獻而得以記入。多數傳統醫生對這些例證不是視而不見便是完全不知。文獻中鐵證如山地指出：維生素C是能夠讓人改善或維持健康狀態的最佳營養素，同時也是有效治療甚至治癒許多常見傳染病的首要物質。大部分受感染的病人，不論診斷為何、是否已開始進行其它療法和用藥，應該給予的治療裡，維生素C都是其中最重要的一項。

　　很多醫生及研究人員，對治療或研究方案所觀察到的每一個結果，都要求有精準的解釋；能完全了解是很好的目標，但能屢次達到正向臨

床結果的療法，絕不該因缺乏徹底了解而受到阻攔。結果就是結果，知道為何發生，對臨床醫師通常不切實際，對病患的恢復也非必要，這件事一點都不重要。欠缺了解並不能否認一個屢受肯定的臨床結果。**只有最沒有自信的醫生才會拒用一個明顯有效的療法，特別是當這種治療已在全世界經過六十年以上大規模施用中，且確立肯定是無害的。**

雖然在我之前有許多其他的「維生素C作者」，但新千禧年間是一個轉捩點，因前所未有的眾多資訊可供研究人員和臨床醫生參考；網際網絡有任何你可以想得到的主題探討。這種資訊大量湧入的結果使得各行各業在履行其對公眾的責任時會更加完整與徹底的負責。

許多醫學著作者似乎對「治癒」這個詞的使用非常小心，像這樣為了不誤用重要術語的謹慎雖值得讚許，但事實上，當證據顯示某種特定的醫療情況可屢次明確地以一特定療法治癒時，使用「治癒」這個詞就完全恰當了。第二章主要闡述維生素C療法和特定傳染病，在格式的設計上就是為了突顯傳染病可藉適當劑量的維生素C來治療、逆轉或預防的時機，正如全世界醫學文獻所反映的。

當適量維生素C明顯逆轉了一些或所有相關癥候、症狀和異常檢驗值，傳染病即被認為是可逆的。當病症永久逆轉且不再復發，此病例便是可治癒的。這樣的編排可讓只關注特定傳染病的讀者直接翻到那個部分，去了解維生素C已被證明對這種疾病的效果。當它絕對合適時還避免使用「治癒」這個術語，就和不恰當使用所造成的傷害是一樣的。不明白維生素C治療特定傳染病的驚人能力，就只能沿用其它不必要的毒性藥物和致人衰弱的臨床方案了。如果是真的就承認，如果治療有效就宣告吧。適當劑量的維生素C對傳染病潛在的效力卻尚未被報告，在適當情況下會提出來供讀者參考。我們可以合理推論，更有效（通常是靜脈注射）和更大劑量的維生素C，在臨床上對於特定傳染病治療時常都是有效的。臨床判斷是基於類似的傳染病對適當劑量維生素C治療所產生的更有效反應。儘管臨床對照研究不具相同的價值，可是一個有能力

的醫生應該有所選擇,去嘗試先前證實在其它傳染病是安全,只是尚未出現在文獻報告的維生素C療法。即便是文獻中仍沒有明確證據達成定論,我們還是需要臨床醫師能嘗試一般公認很安全的治療方案,來醫治一個對各種療法都無效的相關疾病。雖然大多數人仍偏向保守使用既定療法,我還是鼓勵醫師們謹慎的使用對其它疾病安全的療法,尤其當既定療法顯然無效,甚至有害時。

以上就是本書最重要的觀點。當所提的假說在臨床及研究資料上的證據較為薄弱時,我會特別指出。而當全部的證據明顯指向維生素C治癒某一情況時,也會加以聲明。歡迎也鼓勵讀者們去查證書中所引用的參考資料。歡迎讀者給予回饋,特別是當它代表著誠心試圖接受任何書中引用的驚人數據,而這些數據皆支持著維生素C在每個人的生命和健康上占有巨大角色。挑戰我的看法,支持有正當科學證據的說法,從來不會傷害我的感覺,這樣的回饋只會令我成為更好的醫師,在未來精進臨床上的治療與寫作的品質。反而我最熱切的期盼,是所有瞥見這本書的其它醫師們,能採取一樣的開放立場。結果自然會證明一切。

受人敬重的醫療行為顯然不需要多餘的宣傳和知識上的傲慢。研究學者願意公開反對既定的醫學觀念,理應受到同儕的讚許鼓勵,而不是受孤立及譏笑。假如他們新的、激進的醫學理論證實是錯的,那麼結果會不言自明。大多數人的看法通常不會促成醫學和科學上的大幅進展,少數人的才會。唯有像加利略(Galileo)、特斯拉(Tesla)、牛頓(Newton)和鮑林(Pauling)這類具有真正獨立思維的人,得以提供人類一個躍進的機會,而不是只能緩步爬行甚至走回頭路。

如自序開頭所言,讓全世界的人相信這個事實,比起只提出來但未加註解,來得更為重要。幸好本書對於維生素C乃是維持和恢復健康的關鍵因素這個「發現」,扮演著重要的角色。本書也要獻給很多不知名的維生素C研究員,他們的專業對本書最後的完稿功不可沒。

Chapter 01 ／ 一些基本觀念和歷史觀點 ／

Chapter 02 ／ 治療、逆轉和預防傳染疾病 ／

Chapter 05　　／ 微脂粒技術和細胞內生物利用率 ／

Chapter 06　　／ 實用的建議 ／

引言

……克服慣性和既定思想的教條，
光靠邏輯和清楚的論證是遠遠不夠的。

—— 歐文·史東（Irwin Stone）

很不可思議，醫學文獻已證明維生素 C 可輕易且始終如一的治療急性小兒麻痺和急性肝炎。現代醫學仍相信這兩種病毒疾病採用任何療法都無法治癒。但是我們要知道，有些時候小兒麻痺和肝炎都會自然恢復，只是所花的時間可長可短。現代醫學似乎並未覺察，適當劑量的維生素 C 能確實且快速治療幾乎所有的急性小兒麻痺和急性肝炎病例。小兒麻痺病童可以在一週內完全復原，肝炎病人也只有幾天而非好幾個月的不舒服。而且，急性肝炎病人給予足夠的維生素 C 治療，將不會發展成慢性肝炎。

> 適當劑量的維生素 C 能確實且快速治療幾乎所有的急性小兒麻痺和急性肝炎病例。

維生素 C 能夠逆轉並治療很多其它常見，持續折磨小孩和成人的病毒型及細菌型疾病。大量的證據已進一步證實，適當劑量維生素 C 可以逆轉，也幾乎都能預防其它重大疾病，例如癌症和心臟病；證據最明顯的，是幾種造成極大痛苦也經常致死或致殘的傳染病治療。當讀者見證大量確切科學證據的取樣，而那些在維生素 C 對傳染病的有效治療，卻幾乎被忽略，就會比較容易理解，仍有更多證據較不充分的維生素 C 應用，同樣不受重視。

目前現代醫學只提供各種疫苗，希望能對各種傳染病提供保護力。

但對確診後的病毒傳染病的真正治療，卻很少有顯著的進步。

在治療不同的非病毒傳染病上，抗生素已經取得了很大的進步，但是**大部分的病毒感染**，其治療重點仍是支持性療法：針對症狀去治療，希望免疫系統可以發揮它的力量。但最終不是身體戰勝就是病毒戰勝，而治療的醫師必須陪伴病人一起等待最後的結果。

不過有了維生素 C，這樣的劇情不必一直重演。例如本書所提的科學證據明確顯示，小兒麻痺的病毒感染以**非常高劑量**的維生素 C 適當給予，可以完全治癒。它也明確指出，維生素 C 的功效遠不僅只治療小兒麻痺而已。即使小兒麻痺對年輕一代在很大程度上是個未知，對老一輩也已成為被遺忘的疾病，我想任何一位醫師，不論老少，都會告訴你，小兒麻痺曾經是也依舊沒有有效治療，是絕對無法治癒的疾病。

有鑒於這些驚人的臨床結果，我們有必要評估過去、現在和未來主流、傳統醫學定論的可靠性。大部分醫師可能立意良好，不過還是必須為他們集體且持續忽略這不可避免的結論——**適當劑量維生素 C 的巨大臨床效益**——承擔完全的責任。在 1949 年小兒麻痺大流行那時，年輕父母們活在自己的孩子有可能淪為下一個犧牲者的恐懼裡，克萊納醫師曾發表 60 個由門診或急診收治的小兒麻痺病人全數成功治癒的報告！此外，據他的報告，治療的這六十位病人全都沒有小兒麻痺病毒殘留的損害，而那通常導致倖存者的終生殘廢。這個證據後來在 1949 年被克萊納在美國醫學會的年會上提出來報告，如何去治療小兒麻痺病人。

> 克萊納醫師曾發表 60 個由門診或急診收治的小兒麻痺病人全數成功治癒的報告！

你會發現克萊納的研究和資料十分明確且直接，而這方面的資訊從過去一直到現在，究竟受到了多大的忽略，看完本書後讀者自然心裡有數。蘭德維爾（Landwehr）（1991）曾詳細提及克萊納企圖向美國醫

學會報告適當劑量維生素Ｃ對小兒麻痺的驚人效果。

　　克萊納也能屢次證明維生素Ｃ似乎是殺死任何感染病毒的理想物質。他反覆論證，**維生素Ｃ顯然是中和毒素，也是常幫忙排出幾乎任何有毒化學物**，或毒害人體的物質，包括一些傳染病相關毒素的首選物。此外，你可以看到克萊納和許多其他醫師及研究人員如何確切說明，維生素Ｃ似乎是幫助摧毀大部分持續危害人體的細菌、黴菌和其它微生物的理想物質。

　　維生素Ｃ除了作為單一藥物使用外，你會看到大多數傳染病的很多傳統治療，在適當加上維生素Ｃ後，其療效也大大地提高。維生素Ｃ是許多傳染病很有效的單一療法，而且，也幾乎沒有哪一種傳染病，其治療不因維生素Ｃ的加入而大幅改善的。

唯一絕對要求的是維生素Ｃ給予要

1. 正確的劑型
2. 適當的技術
3. 足夠頻繁的劑量
4. 足夠高的劑量
5. 某些附加營養素的搭配使用
6. 足夠長的時間

　　看到這裡讀者一定很好奇，對小兒麻痺、肝炎和其它傳染病如此戲劇性的治療，怎麼可以被這麼多細心優秀的醫師和研究人員所忽視。這種情況有很多的原因。

　　大多數人尤其像醫師這樣的高知識份子，頑固地堅持以群體思考而非以個人思考，這在知識的集合累積上是有助益的。但當某件事被編入教科書，全國醫學院教授把它傳授給醫學生及住院醫師，一旦這些可塑

性最強的學生成為執業醫師後，任何與正規醫學相悖離的知識都立刻被忽略。對既定醫學知識不容置疑的忠誠是如此根深蒂固，以至於許多醫師甚至不願讀那些文章，如果內容來源是他們不認為有價值的新醫學概念。假如碰巧看見而讀到，與他們大多同事及教科書所抱持的太多觀念相衝突的訊息，也視為無稽之談。

作為執業二十五年以上的醫師，我可以向讀者保證，幾乎所有醫生擔心被他們的同事嘲笑這件事比什麼都還重要，而這種恐懼，看起來比我可以找出的任何其他因素，幾乎要更完全的扼殺獨立的醫學思想。如同哥德（Goethe）曾說的，我們寧願承認自己道德上的錯誤和罪行，也不願承認科學上的錯誤。當然，一小撮不明譽的醫師可能明白，一些不受歡迎但合法的醫學突破，會減損他們的收入，因此持反

> 醫生擔心被他們的同事嘲笑這件事比什麼都還重要，而這種恐懼，看起來比我可以找出的任何其他因素，幾乎要更完全的扼殺獨立的醫學思想。

對意見。然而多數醫師是真的關心也想幫助他們的病人，問題在於如何讓醫師和完整的醫療真相產生交集。福爾曼（Formen）（1981）分析了在科學家尤其是臨床醫師身上這個對於革新的抗拒。

雖然本書討論的是維生素 C 有效治療很多不同病毒疾病及其它各種傳染病的神奇能力，接下來所介紹，關於另一個長期有效治療的真實故事，可能是為何需要努力探究維生素 C 真相的最好說明。

在 2002 年 7 月 2 日星期日，為電視台製作的一部影片，片名為《鋼鐵母愛（First Do No Harm）》，由當今備受讚譽的女演員梅莉史翠普（Meryl Streep）主演，在晚上黃金時段播放。它是根據一個母親（史翠普）以及她小孩的真實生活事件改編的虛構故事。這孩子出現了對一切處方藥物逐漸沒有反應的癲癇發作，而且發生種種服用抗癲癇藥物的副作用，還至少有一次危及性命，最後萬不得已進行「探索性」的腦部

手術，雖然那長期來說，並不是有太大成功希望的選擇。

這孩子的母親不是一個只願接受命運的人，她決意站出來捍衛她自己，在醫學圖書館裡投身研究。她「發現」了一個叫「生酮飲食」的療法，文獻上說，以多種藥物治療不成功的頑固型癲癇，有極大比例的患者，可藉此完全緩解癲癇發作。即使這治療在醫學文獻上出現已有約75年，她的神經科醫師都未曾提及，飲食是一個可能的療法！

當這位母親提出想嘗試飲食調控，神經科醫師僅是嘲笑她，稱以此飲食而成功的報導為「傳聞」，甚至威脅將採法律途徑，讓她無法將孩子轉到巴爾的摩的約翰霍普金斯醫院以嘗試飲食調控而不接受手術。就如現在已能預期的，飲食調控戲劇化地奏效，那孩子很快便不再發作癲癇，並脫離了所有藥物。

隔日，在科羅拉多泉一家地區醫院的醫師休息室裡，醫師一夥人顯然對其權威在《鋼鐵母愛》電影當中被質疑感到非常氣憤，其中有一位年輕醫師聲稱應該「調查」一下生酮飲食，其餘的人則是很快建立起強烈的「群體否定」，只接受對此療法的負面評論。實際上這些醫師們的一些評論正類似於電影當中神經科醫師的負面批評。

這些醫師們還抨擊生酮飲食療法正面效果的報告為無稽之談，儘管他們當中就算不是全部，也絕大多數人在看過這部電影以前，從未聽說過生酮飲食。即使此飲食療法的正面效果已真的有報告發表過，也依然如此。一位醫師甚至被稱為互聯網的另一個「國家詢問報」，暗指外行人太過絕望地無知，而無法靠自己去查覺重要信息，所以他們很容易被任何看到的所迷惑。

另一位年長一點的醫師聲明，在他願意考慮讓生酮飲食療法通過以前，他需要醫學文獻的「全部書目」。這一群人普遍認為，頑固難治型癲癇的任何重要治療，不可能在他們的醫學訓練過程中有被漏掉。我只是聽一聽、不做評論，而沒有去參與討論。

我回家後，只用了約三分鐘的時間連上網，進到醫圖資料庫

（MEDLINE），找到180篇「生酮飲食」方面的醫學期刊文獻。醫圖資料庫是美國國家醫學圖書館所建置的資料庫，包含來自全世界自1966年迄今超過四千種生醫期刊一千一百萬以上的引證和作者摘要（詳見本章最後引用的一小部分生酮飲食參考資料）。

比較近期的參考資料其中之一是2000年4月期的《兒科醫學》雜誌，回顧了生酮飲食的十一個研究，作者總結出，生酮飲食在極大比例的頑固難治型癲癇孩童身上可完全中止發作，也能夠在甚至更高比例的孩童身上降低癲癇發作頻率達90%以上。類似的文章亦可見於各個神經學和癲癇的期刊上。

不幸的是，許多兒科醫師和小兒神經科醫師似乎並不知曉在其主要和專業期刊上的最新議題。最起碼，醫生讀者似乎對所讀的，很少獨立評估，並在頭腦裡推敲衡量。常常「激進的」新資訊只是必須已被大多數醫療同業接受後，才能真正有機會用在病人的照顧。諷刺的是，更多「激進的」舊資訊似乎更少有機會被客觀評估和實際應用。

值得進一步注意的是，幾乎任何醫療狀況，只要有可能就會一致地被開立處方藥。在生酮飲食被首次發現時，還沒有現代的抗癲癇藥物。然而，正確應用飲食療法是很費力的，比起開處方需要更多時間和精力的投入。

當幾年後抗癲癇藥物出現，生酮飲食很快就被打入冷宮，這真的令人遺憾，因為抗癲癇藥比起很多其它藥物，有著嚴重的副作用。總之，我只想說，普通醫師很少會偏離最初的教科書內容，縱使是他們應熟悉的最新期刊上做出了不同的主張。

在這裡順帶一提，最常見的醫師批評之一，是與傳統醫學資訊不相吻合的概念。一旦被貼上「傳聞軼事」的標籤，提出此訊息的人將被認為，他沒有能力精確報告患者對於治療的反應。事實上字典傳聞軼事的定義是未公佈的一個簡短敘述。現今最受推崇的期刊雜誌，通常包含所謂的「病例報告」，那無非是一個或少數病人對特定治療的反應之簡短

摘要。病例報告無非就是一個要設法得到發表的傳聞軼事，只是，刊登的病例報告通常是由醫療專業人員所寫，而且資訊常被賦予的效力，是其研究或文章，乃是更加科學的被籌備得來。

不過，說到底，病例報告即是傳聞軼事，傳聞軼事即是病例報告，唯一的差別是報告者和報告者發表文章的能力。外行人報告者，或是非主流醫生的報告者，就只能忍受譏笑和掙扎以求獲得發表，而主流醫生的報告者卻常能獲得發表，因顯著臨床事件上的重大觀察而得到醫界較高的崇敬。出自不被認可來源的最新尖端醫學觀念，卻經常掙扎著期盼出頭之日。

> 大多數醫師並不會採取教科書上還沒有的療法，除非大多數同行已經在這麼做。

教科書的力量對於一項治療的永久化和其後續的反對，也發揮重大作用。儘管最新醫學文獻明確指出，飲食調控是癲癇非常可行的治療，但正如上述，大多數醫師並不會採取教科書上還沒有的療法，除非大多數同行已經在這麼做。

在《希氏醫學教科書（Cecil Textbook of Medicine）》2000年版權第21版裡，在治療癲癇上甚至不曾提到生酮飲食。這本醫學教科書長久以來被全國各地的醫學生及住院醫師視為「黃金準則」，所以怎麼可能一個已有七十五年地位的正當癲癇療法，在書中甚至未見隻字片語，即使像約翰霍普金斯和史丹佛這般崇高的學術醫療機構，已然支持此療法，也報告出一致性的正面結果？這的確是個好問題。

平均醫師似乎並不在意，醫學教科書裡具代表性的章節通常是由一位、少數由兩位或以上的作者所撰寫，這代表通常僅依賴一兩個人來濃縮一特定主題的所有相關資料，把它變成最中肯和實用的資訊。此外，我們相信這些作者已經對此主題所有醫學文獻上的重要文章都進行了回顧。

本書裡將清楚呈現，維生素C的巨大價值，在醫學文獻上的大量相關資料，仍舊不被重視，或可能只是忽視。當前醫學文獻對維生素C所作的大部分回顧，很少提及或引述對維生素C進行的原創性研究。可悲的是，這是一個直接指標，顯示了在任何既定的醫療主題，很多其它非常相關的「舊」觀念，或其它重要信息片段，在醫學教科書裡從來不占一席之地。

再者，當教科書一有新版發行，你可以很放心地確信，特定主題的治療相較於舊版只會有最微小的些許差異，通常，其差異只會出現於近幾年的文獻中，也就是說，假如在比較舊的文獻中的重要觀念沒有在教科書的第一版它自己的時間就立即被編入，不管它有多重要，就代表了被正確理解的可能性很小了。

事實是很多醫師對於超過幾年以上的醫學文獻，是完全不屑的。就好像是，即便最棒的科學數據也被認為是有「保存期限」的，一但沒有馬上放進教科書就不再受到重視，除非是有「現代的」研究學者決定重做這項研究並且「再發現」這個資訊。

自從有了醫學術語叫「抗壞血酸」的維生素C以後，搜尋醫圖資料庫馬上就在檔案裡顯示出近**兩萬四千篇文章（2002年的搜尋）**。還有，每天有大約一篇涉及抗壞血酸的新文章持續被發表。維生素C已經是，也仍然是一個在醫學研究歷史上被研究得最多的物質。維生素C作為研究的重點，如此受歡迎的一個跡象，是來自於金恩（King）（1936）所寫的一篇維生素C大規模回顧，那時他稱這篇回顧是只限於過去四年內出現的幾乎全部研究論文，然而，他引用了169篇論文。

儘管有大量的研究已經完成並繼續進行，諷刺的是，在實際應用方面，維生素

> 儘管有大量的研究已經完成並繼續進行，諷刺的是，在實際應用方面，維生素C仍然是最被忽視的物質之一。

C仍然是最被忽視的物質之一。很多維生素C研究文章的作者，常以鼓勵「進一步研究」作為總結，並且聲稱其文章本質上只是「初步的」，即使事實是在研究當中，特定臨床條件下已觀察到許許多多維生素C的正面效果，也依然如此。此一現象有一個驚人的例證，就是馬歇爾（Massell）（1950）等人的研究——他們調查了七位風濕熱病人對維生素C的臨床反應：所有七個病人都對維生素C有戲劇性反應。案例一的關節炎在接受維生素C的24小時內消失；案例三已經病了六週，在維生素C治療第二天體溫就回復正常，關節炎也痊癒；案例七，作者自己的說詞是維生素C治療一開始後就「大大的改善」；案例五是「明顯改善很多」；其餘三個案例則有相似的正面效果。然而在文章結尾，作者提到對於風濕熱的治療，維生素C「可能的治療價值還沒有得到最終定論」。雖然作者們承認，維生素C「通常視為無害」，他們補充說「顯然需要仔細的毒性調查」。看來可能是因為，臨床反應不夠戲劇性，和不夠缺乏副作用，來讓這些作者敢於提出常規使用維生素C治療風濕熱的建議。這樣看來水總是由於某些原因有點太冷而不能游泳。大體而言，沒有人敢建議常規使用高劑量維生素C，縱使大多數合乎邏輯的維生素C研究都恰恰建議如此。

很少人類疾病或醫療情況，是固定給予適當劑量維生素C所無法或至少一些程度的改善的，只是極少有一個很好的理由，能立刻給予病人大量的維生素C然後再開始醫療評估。事實上據克萊納納報告，他一律先以維生素C治療，然後再評估病人，而且用此臨床方法總是得到好結果。

醫學上，基礎研究對於達到後續發展，絕對是重要的，但現在要進行的維生素C劃時代研究，應涉及使用僅最高劑量的。雖然克萊納納以其維生素C治療達成了許多驚人的結果，我還沒有在主流醫學研究人員當中，看到任何使用像克萊納那樣高劑量的維生素，來進行任何傳染病的研究。

無論感染或疾病過程，任何治療使用過小的劑量，將展現很小的或是沒有效果的，但不能因此推論更大劑量會有怎樣的效果。克萊納在病人身上使用的維生素C劑量，高於文獻上一些臨床研究裡所用的每日劑量的一萬倍！儘管微小劑量的維生素仍有著很好的臨床上或實驗性效果，但也有時常報告出沒有效果的。劑量差別如此極端下的效果，是無法在科學效力上做出公平比較的。

> 克萊納在病人身上使用的維生素C劑量，高於文獻上一些臨床研究裡所用每日劑量的一萬倍！

　　在醫圖資料庫當中，以及在有醫圖資料庫出現之前的醫學文獻裡，透露著許多長久以來被忽略的科學事實和各類訊息。上述被編入資料庫，醫學文獻裡生酮飲食這個例子，似乎依然未被執業中的兒科、內科、神經內外科醫師所了解和重視。

　　那麼毫不訝異在1990年代、及1960年代、1940年代、甚至更早以前，都可以找到大量且吸引人的的維生素C研究方面醫療和臨床訊息的片段。應該很容易理解的是，當很多醫師對於1999或2000年發表的當期研究，甚至他們次專科領域期刊的研究尚且不知，何況是1940年所發表而從未寫入醫學教科書的資料，是如何的難有機會被絕大多數今日的臨床醫師所正視了。

　　維生素C的研究有些獨特之處是在於，其化學結構被確認以前，就累積了非常大量的調查研究。它在被識別出來以前，以「抗壞血病」因子為人所知，存在於許多蔬果植物之中。壞血病是一連數月沒有攝取維生素C會出現的絕對致命性疾病。這個較舊的、較無明確定義的研究，很多地方仍然有著令人驚異的訊息，接下來將呈現給大家。

　　本書將竭盡所能地引證新舊醫學文獻，讀者若有意願，可從提供的資料當中去驗證。一般而言，我對維生素C的作用及效果所做的解釋，以及從文獻中直接引用的訊息是非常清楚的，通常，文獻中對於特定問

題常沒有明確指出，而我將會試著利用現存資訊去做一個合理結論。

本書有意挑戰、顛覆、甚至希望促使你採取行動，適用於非專業人士，也適用於任何醫療從業人員的讀者。

維生素C已證實可以治療、逆轉或預防許多不能痊癒、無法治療，只能作些症狀緩解的傳染病。的確，藉由適當給予維生素C，很多病毒型傳染病是可以治癒的，並且可以繼續被治癒。

是的，當有了適當維生素C治療的這個途徑，對這些可被治療的傳染病進行預防接種，便完全沒有必要了。

而且，預防接種的副作用，無論多寡，也就完全沒必要，既然有適當劑量的維生素C可以利用，就不必再從一開始就施打疫苗。

長久以來維生素C遲遲未獲主流醫學的肯定和利用，而且，它需要被認可的不是近65年來主要用來研究的微小劑量，而是克萊納醫師和一些其它值得注目的醫師及研究人員所使用的更大的、多的適當劑量。最佳的維生素C劑量應能大幅度的減少許多抗生素和其它藥物的使用。

閱讀本書過後，再看看你是否不同意，適當劑量的維生素C能夠避免許多不必要的疾病和痛苦。

01

一些基本觀念和歷史觀點

*" Discovery consists in seeing what everybody else
has seen and thinking what nobody has thought. "*

「發現在於看到別人都已經看到，
而想到別人所沒有想到的。」

—— 艾伯特・聖捷爾吉（Albert Szent-Gyorgyi）醫師、醫學博士
因發現與生物氧化有關的維生素 C 榮獲 1937 年諾貝爾生理及醫學獎

生命的理論

聖捷爾吉（1978,1980）主張，生命狀態的本質，是身體組織裡像是蛋白質這樣的有機分子，必須維持在電子去飽和的狀態。所有物質都有不同比例的電子、質子和中子，但聖捷爾吉相信，死亡組織滿滿都是電子，而活組織則維持著電子虧損。維生素C，化學上稱之為抗壞血酸，與身體內許多基本化學物質產生交互作用，可說是確保身體組織和分子間發生源源不斷電子交換的最主要物質之一。

聖捷爾吉主張，生命體細胞間的溝通最重要的形式無疑地是能量交換，而它只能在細胞之間有電子不平衡的時候才發生。這個電子的失衡，造成身體各處電子的自然流動，也就是電力的生物形式。身體的一切功能，都受到此生理電流的引導、控制和調節，而且，全身的電流也建立起並維持身體的微妙磁場，而磁場似乎跟健康有關。

維生素C除了擁有其它重要特性外，可能還是產生電流最重要的一個刺激物。體內維生素C含量較高會提高電力的流動，從而充分發揮細胞能力以保持維持健康的溝通。於是生命的一個定義是，細胞間可以發生最佳程度電子交換的狀態。當電子是充分的也自由的流動，健康便存在；當電子流動嚴重受阻，疾病便產生；當電流停止，死亡就發生。另外，當電流受阻時，需要更多的維生素C來幫忙修復損害。

既然身體組織的電子流動不佳似乎導致生病或與疾病相關，這也代表每當身體患病，通常是有維生素C的缺乏。因為這層相互關係，維生素C應該要是幾乎任何疾病狀態裡治療的一部分。正如缺水需要水分，電子流動不良——疾病狀態的主要特性——需要維生素C。即使當維生素C缺乏不一定涉及到特定疾病的發生，也實質上能適用。

只有在極少數的情況下，維生素C的給予應受限制，這部分將在第四章討論。

根深蒂固的錯誤觀念

維生素C的許許多多臨床效益依舊不被重視，有一部份原因是由於它被分類成定義上非常受限的維生素。第28版《多蘭醫學參考工具書（Dorland's Illustrated Medical Dictionary）》裡對維生素的定義是：泛指少量存在於食物中的一些不相關的有機物質，在微量下對身體正常代謝功能而言是不可或缺的。

至少微量的維生素C對身體存活是絕對必須的，為避免缺乏而引起的疾病，也就是壞血病，身體需要更多的量去達到並維持最佳健康。上述定義較適合於其它種確定的維生素，而不適用於維生素C，而且僅僅微量的維生素C也不足以維持上述定義中提到的身體「正常代謝功能」。還有，補充很少或沒有補充，加上飲食貧乏所造成的長期維生素C劑量不足，會加速所有能影響人類的慢性退化性疾病。此外，貫穿本書的證據將清楚且反覆證明，長期缺乏維生素C，經常是很多常見傳染病最初發生的其中一個主因。顯而易見，世界上有許多人包括貌似營養充足的美國人，正苦於長期維生素C攝取不足的後果。

> 加上飲食貧乏所造成的長期維生素C劑量不足，會加速幾乎所有能影響人類的慢性退化疾病。

很可能主流醫學所宣稱在延長壽命及降低傳染病發生率的許多成果，是來自於在貧乏的包裝食品裡添加了少量維生素C、以及其它抗氧化劑營養素。這個「成果」理應隨著時間而增加，因為人們已愈來愈能接受在很多食物裡補充更大量的維生素C。

在引言裡介紹過，不論多麼不正確的一個既定科學觀念，一旦被接受、給予出版的信賴而編進教科書，就很難再加以更正。這本書的信息將一再說明，維生素C具有的維生素功能，只是它眾多重要特性的其中

之一。

按理說，既然要維持最佳健康和「正常代謝功能」，需要常規攝取的維生素C遠遠大於「微量」，那麼維生素C定義的嚴格解釋甚至可以支持維生素C不是一種維生素的說法。讀者終將明白，不論是否被視為維生素，維生素C都是人體最重要的一個營養素。不過本書為了討論這個迷人的物質所產生出來的大量文獻，我繼續以維生素C稱呼它。根據其化學成分的性質，科學和醫學文獻中含有一些維生素C的其它名稱，我一般不用，以免造成讀者可能的混淆或者前後不一。

另一個關於維生素C的重大錯誤觀念，牽涉到應該用多少劑量去達到治療效果。**房地產仲介常說一間房子最重要的三個特點是「地點、地點、地點」，同樣的，有效的維生素C治療最重要的三個考量是「劑量、劑量、劑量」。如果攝取不夠，就達不到想要的效果，就這樣！**反過來說，如果你長期攝取夠大劑量，在很多醫學情況上很少會沒有戲劇化的效果。

另一方面，很多傳染病使用了即使是相對微小劑量的維生素C，也時常有明顯可定義的效益。幾乎文獻裡所有過去及現在的論文，宣稱維生素C在特定情況下無效，都是使用很小的維生素C劑量於實驗和試驗中，卻想尋找戲劇性和明確的效益。維生素C建議攝取量為每日30至95毫克，成人男性和女性建議是60毫克。治療傳染病的適當劑量，可能是這個微不足道的建議攝取量之數百倍到數千倍！建議攝取量只是有助於避免在健康的人身上

> 有效的維生素C治療最重要的三個考量是「劑量、劑量、劑量」。

> 幾乎文獻裡所有過去及現在的論文，宣稱維生素C在特定情況下無效的，都是使用很小的劑量於實驗和試驗中。

發展出全面壞血病的臨床表現，或是讓健康者的維生素C回到正常或可接受的血液濃度。

的確，傳染病會代謝掉異常大量的維生素C，使得體內儲存量變少，對於很多患者，這個建議攝取量甚至無法防止壞血病的許多症狀發生，或使血液維生素C濃度回復到正常範圍。

本書中包含很多證據實際說明，當患有這種維生素C耗竭的傳染病，很多人是死於和急性壞血病症狀完全一致的併發症。舉例來說，很多因傳染病而死的病人，實際上是死於出血的併發症。急性和嚴重的維生素C缺乏常常是小出血或大出血最直接的根本原因。

很多維生素C的研究論文中，作者將所用的小劑量標示成了「大劑量」，有很多因而得到錯誤的結論。文獻中所稱的「大劑量」維生素C，常常是需要增加**一千倍或更高**，才能到達所需治療效果的實際需要量。因為這個文獻當中一直以來的錯誤標示，我會把維生素C真正應該用的量，稱之為「適當劑量」（optidoses）。

雖然書中所建議的很多適當劑量比起文獻裡指的「大劑量」大上許多，使用適當劑量這個術語逐漸使得醫生和病人同樣了解到，身體當時所需的建議劑量，實際上是這個「適當劑量」。同樣重要的是要認識到，即使同一個病人，維生素C的適當劑量，依據治療開始時患者病得有多嚴重，也有很大的差異。

再者，同一個適當劑量表面上臨床情形類似的兩位病人，不一定都合適，因為其中一位可能有潛在因素使得維生素C的消耗比另一個病人更快速。另一方面，大劑量只是意味著主治醫師認為大劑量被推薦，而給予的可能仍然不一定是生理上適合於支撐或回復最佳健康的劑量。

常規服用適當劑量維生素C，往往使病人更能敏銳覺察到身體狀況。當損害健康的事發生，例如新的毒素或是感染的挑戰，經驗豐富的維生素C服用者，幾乎會反射性地增加每日適當劑量至需要的量。每當身體狀況出了小逆轉時，「長期健康」的人幾乎都知道，而在這種時候

額外服用足量的維生素C，幾乎都能迅速回復健康，極不可能染上任何傳染病。

遺傳上的缺乏

維生素C經由營養補充形式以及飲食直接攝取，以維持全身上下足夠的組織細胞內濃度（相對於經常在測量的血液濃度）。維生素C的濃度在組織細胞內比在血液裡更高（密克里約翰（Meiklejohn），1953），因此，若只攝取剛好足夠維持特定血液濃度的維生素C，其實不能保證很多富含維生素C的組織細胞，也能從血液獲得足夠的維生素C，來達到並維持適當的細胞濃度。

> 幾乎所有哺乳類、爬蟲類和兩棲類，都有能力合成至少一部分每天所需的維生素C。

要知道，人體沒有能力去合成任何的維生素C，但大部分其它的動物可以。通常，幾乎所有哺乳類、爬蟲類和兩棲類，都有能力合成至少一部分每天所需的維生素C。郭爾曼（Grallman）和列寧格（Lehninger），1957）率先由實驗推測，大多數哺乳類會在肝臟合成維生素C。查特吉（Chatterjee,1975）等人則提出，其它動物像是爬蟲類和兩棲類，會在腎臟合成維生素C。人類和靈長類、大蝙蝠類及天竺鼠則被認為完全缺乏這項能力。

有趣的是，天竺鼠無法自行合成任何維生素C的這項事實，對科學家幫助頗大。比起能自行製造維生素C的其它動物，天竺鼠顯得更容易生病或中毒，而且針對特定壓力的反應也比較少變異性。研究人員很快就發現，天竺鼠和靈長類（包括人類）似乎對於種種臨床症候群特別敏感，包括危急性命的休克，和傳染病如結核、白喉和小兒麻痺。想要透過實驗誘發壞血病，顯然需要像天竺鼠這種無法自行製造維生素C，或

是只能製造少量維生素C的其它動物。

查特吉等人（1975）確認了不同種動物自行製造維生素C的能力。在受試的哺乳動物當中，他們發現山羊能製造特別大量的維生素C。事實上，山羊產生維生素C的速度大約是貓或狗的13倍。而所有受試的野生動物，製造維生素C的速度，都能達到貓或狗的至少4倍以上。這可能就是為什麼貓和狗，會罹患這麼多跟主人相同的疾病，使獸醫忙碌的主因。雖然牠們也能製造些許維生素C，卻不像其它動物那麼多，而且，比起其他野生動物也更容易陷入維生素C缺乏的狀態。舉例來說，成體山羊在身體無恙時，每天能有效率的製造超過13000毫克的維生素C來維持最佳健康（史東,1979）。更驚人的是，一旦面臨危急性命的感染或毒素所威脅，山羊每天可以製造高達100000毫克的維生素C！研究人員李文（Levine, 1986）表示，要提出一個人類的每天最佳建議劑量是很困難的。然而，熟悉大部分維生素C研究的少數專家認定，每日建議攝取量對滿足人體的所有需求來說，差不多就夠了。

康尼（Conney）等人（1961）提出，有能力自行合成維生素C的動物，遇到夠大的生化壓力，例如藥物時，可以產生出大於基準值約10倍量的維生素C。這個面臨壓力時充分增加維生素C製造的自動化能力，解釋了為何這麼多野生動物終其一生到臨死前，都活得比較健康。相反的，

一旦面臨危急性命的感染或毒素所威脅，山羊每天可以製造高達100000毫克的維生素C！

這個面臨壓力時充分加強維生素C生產的自動能力，解釋了為何這麼多野生動物終其一生到臨死前都活得比較健康。相反的，通常處於維生素C匱乏的人類，總是花掉半輩子時間在處理一種以上的慢性病。

人類普遍缺乏維生素C，並花上大半輩子的時間在應付不只一種的慢性病。通常狗和貓是比人們健康的，然而一旦老化、承受累積的毒性壓力時，牠們有限的維生素C合成能力，最終也不堪一擊，導致比野生動物還多的疾病。

即使是能自行產生貓狗的5倍量維生素C的兔子，也有可能因營養不良，最終死於類似壞血病的代謝疾病（范德雷（Findlay,1921））。所以，不難理解，一旦遇上維生素C利用增加的情況，例如嚴重感染，就算是能製造維生素C的動物，也可能到達罹患壞血病的臨界點。

使人類無法自行合成維生素C的特定遺傳缺陷，是缺少了一個叫做 L-古洛糖酸內酯氧化酶（L-gulonolactone oxidase,GLO）的肝臟酵素。 GLO是最終把葡萄糖（血糖）轉變成維生素C的肝臟酵素序列中的最後一個。很有趣的是，實際上已經證實人體存在著GLO的基因組或DNA編碼序列（錦見（Nishikimi）等人,1988）。人類的這個DNA片段，由於不明原因而沒有被轉譯，意即人體有這個基因存在，只是沒有預備好。這給當今遺傳學研究者提供了一個有潛力、令人振奮的新研究途徑的可能。如果能找到一個方法，讓已然存在的GLO遺傳密碼可以「啟動」並持續製造GLO，那麼人類健康以目前看來將會進展到難以置信的層次。人類若能從葡萄糖持續不斷的合成維生素C，那麼導致疾病的毒素或感染所帶來的挑戰就會大幅降低。如此一來，人類也能像很多會製造維生素C的野生動物一樣，在有生之年活得更健康。

> 人類的這個DNA片段，由於不明原因而沒有被轉譯，意即人體有這個基因存在，只是沒有預備好。

從文獻中，我們找到一個未被提出但激勵人心的方法，來解決人類無法合成維生素C這一課題。雖然還是有可能行不通，或帶來絕對的臨床效果，但有時候，我們可以直接給予所缺少的酵素，去克服源自遺傳

的酵素缺陷。薩托（Sato,1986）等人從雞或大白鼠身上取得GLO，給予天竺鼠，使牠們從缺乏維生素C的飲食當中存活下來。最起碼，這也刺激了相關的直接酵素替代療法在人體可行性的進一步研究。哈德立（Hadley）和薩托（1988）建立了一套長期施予天竺鼠GLO的流程，使牠們得以保持高存活率。

由此看來，這方面的治療方案值得一探究竟。協助肝臟發揮它原本的作用，是很理想的臨床目標。把GLO酵素替代當作常規治療，使毒素或其它環境壓力存在時產生更多的維生素C，或許會是一個很棒的健康療法。促使肝臟釋放維生素C直接進入血液，對於維持口服和其它非靜脈型式的維生素C補充，絕對有好處。第二章將提到的科學文獻指出，臨床上給予維生素C，使用靜脈注射劑將明顯優於其它任何劑型。靜脈注射比起口服給藥，通常只要很低的劑量，就能使傳染病在臨床上獲得迅速的緩解。

人類無法製造GLO，要聯想到先天性代謝缺陷的可能。據水島（Mizushima）等人（1984）的報告，這個代謝缺陷，在能產生維生素C的大白鼠身上也會被誘發。他們養了一批和「正常」天竺鼠及人類有相同缺陷、不會製造GLO的突變大白鼠。醫師在治療先天性代謝缺陷時，不要遺漏了造成這種酵素活性缺乏的每一種可能。簡單來說，就是要每天補充維生素C，而且是足量的補充。

目前還沒有證據能指出，對於傳染病，給予維生素C是危險或不恰當的。維生素C的研究在一世紀以來有五至十萬篇的論文發表，都得到一致的結論。第四章會提到偶爾需要在給予維生素C時稍加注意的情況。

> 目前還沒有證據能指出，對於傳染病，給予維生素C是危險或不恰當的。

但是，沒有證據能證明我們不該常規使用適當劑量的維生素C。每個人每天都需要攝取適當劑量的維生素C，來達到和維持最佳健康。身

體缺少這個適當劑量，是無法有效運作、保持健康的。只有一個實際的問題：每天的最佳劑量應該是多少？稍後再做詳細說明。

所有人類都會遭受到的先天性代謝缺陷是非常少見的，而缺乏GLO這一種就是其中之一。也有很多其它的先天性代謝缺陷，但只會發生在某些運氣較差的人身上。看來醫學上有個基本假設：百分之百的GLO缺乏，是所有人類共有的遺傳特性。

我回顧文獻，尚未找到任何一篇探討所有人缺乏這個關鍵性肝臟酵素的程度是否相同的研究。有些人每天抽菸喝酒卻活到一百歲。有些人很幸運，免疫系統的確比較好，但不可否認的是，合成GLO的能力，也可能是健康長壽的一個原因。

先天性代謝缺陷也並非一直都「完全表現」。某一些酵素會呈現百分之十、五十或九十的抑制，不一定百分之百抑制。在那些長壽的人身上的GLO含量，很可能就是這個情形。卡明斯（Cummings,1981）的維生素C消耗實驗裡，假如受試者在一段時間後沒有出現壞血病的症狀，或維生素C含量沒有大幅下降的話，就退出這項實驗（克萊納（Kline）和伊賀特（Eheart）,1944）（皮喬恩（Pijoan）和羅士那（Lozner）,1944）。

這些人如果再經過更長時間，體內是不是還繼續存有維生素C，仍舊不得而知。在限制維生素C攝取、引起壞血病的這段時間內，如果有辦法找到會產生部分GLO、製造維生素C的人，可能就此誕生一個在研究上令人振奮的方法。一個大家都不懂的問題，研究起來總是比較輕鬆的。

人類可能不是全然缺乏GLO，而能合成維生素C的這個觀念，從天竺鼠的實驗得到進一步的支持：威廉（Williams）和第森（Deason）（1967）的報告中，有一隻天竺鼠在不含維生素C的飲食八週之後存活下來，而那原本是會形成壞血病的。其它研究人員後來推論，有的天竺鼠會合成維生素C。這也同時解釋了為何要在這些動物誘發出壞血病，

所需具備的實驗室條件會有這麼大的差異。

　　然而，這項研究並沒有引起大家的興趣，而去有系統的找出能合成維生素 C 的那群人。

　　卡明斯（1981）進一步指出，假如人類缺少 GLO，是源自於和其它遺傳性酵素缺乏的情形相同的隱性遺傳性狀，那麼，偶爾應該會有突變發生，使得 GLO 表現出來，並合成維生素 C。如果這是真的，我們應該去把這些人找出來。想在研究上取得成果，有些或許是運氣，但大部份得靠努力。

歷史背景

　　典型、全面爆發型的壞血病既痛苦、殘酷，也難逃一死。這個年代的醫生已經很少人對典型的壞血病有經驗——幾世紀前曾重創海陸軍隊及探險家的那一種。1753 年詹姆士（James Lind）醫師第一次發表的《有關壞血病的論文（A Treatise On the Scurvy）》這篇大作裡，描述了他觀察到的壞血病最初症狀：這個疾病最初的跡象，通常是臉上色澤改變，外觀失去平時的泰然自若，變得蒼白浮腫；對任何事情無精打采、興趣缺缺。當我們細看嘴唇或眼角膜這些微血管最為暴露的地方，會發現呈現一個綠色的色調。這時期病人還能專心吃喝，好像很健康；只不過在容貌和有懶散倦怠的傾向上，可能預告著壞血病的來臨。

　　人類典型的壞血病，只有在血漿的（血液中不含細胞的液體部分）維生素 C 濃度降到零，並且持續幾個月以後，才會發生。

　　朗德（Lund）和克蘭登（Crandon）（1941）以及克蘭登等人，提出了刻意以缺乏維生素 C 的飲食誘發壞血病的報告。最後，克蘭登以他自身為示範，呈現維生素 C 在循環血漿裡的完全消失。大約五個月後他的皮膚有小小的出血點，六個月後傷口不容易癒合。其它研究人員（貝克（Baker）等人,1971）在五名監獄受刑人自願者的血漿維生素 C 完全

降為零以前，誘發出壞血病的症狀。

　　出現壞血病的可能性，取決於飲食中維生素C缺乏的程度，以及中斷維生素C攝取前健康和營養的狀況。維生素C的身體儲存量在個體間差異很大，而潛在疾病和長期毒素暴露，也會加快任何一種儲存形式的維生素C利用速率。血漿的維生素C濃度若為零，最終將導致全身組織的維生素C嚴重耗竭。

　　當維生素C耗竭太嚴重，壞血病患者會極度虛弱，也很容易出血。幾乎所有的動作都會產生難以忍受的疼痛，通常包括牙齦。牙齒不再能健全的附著於牙齦上，連呼吸時都會從患部透出腐臭味。皮膚上有點狀斑駁，其中很多是皮膚內出血。到後期，小腿和膝蓋也容易腫脹。免疫系統經常嚴重受損，造成續發性感染，比如結核或肺炎，並演變為直接死因。有趣的是，很多壞血病患者看起來不像是那麼虛弱或營養不良的人，相反的，過胖的和那些食量不小的人也會出現全面爆發型的壞血病。這項觀察足以強調一個重要概念：對於整體營養，食物的高品質和適當多樣化遠比食量來得更重要。

　　在英國被後人譽為「航海醫學之父」的林德（Lind），曾運用真正的科學方法，執行了一項最早期的臨床實驗。他在船上選了十二名已罹患壞血病的水手，兩人一組，調配了六種不同配方的膳食補充，給這六組水手。全部的人一整天都是相同的基本飲食。其中的兩人，連續六天每天還有兩顆橘子及一顆檸檬吃，剩下的十個，則得到其它維生素C含量不多的膳食補充。林德的其它補充品，名為「萬能藥」、醋、海水、「蘋果酒」，以及一個含有荳蔻、大蒜、芥末子、山葵、大麥、沒藥和塔塔粉的混合物。

　　當時，這些混合物全都列入具有抗壞血病效果的候選名單。僅僅六天，這兩名吃了柑橘類的幸運兒，已經恢復到能在船上正常值勤。但因為林德的橘子和檸檬只夠維持六天，這個實驗遂無法持續下去。另外兩個在常規飲食外額外給予所謂「蘋果酒」的人，虛弱程度確實降低了一

些，而其餘的人則沒有明顯改善。

　　林德的實驗也明白指出，對臨床上全面爆發型的壞血病，就算只是短暫的給予少量維生素C，也足以有效緩解症狀。一般公認維生素只需要很少的量，就能防止營養缺乏。因此，很低劑量的維生素C對壞血病能有極大的臨床效果，構成維生素C最初被視為維生素的主因。然而，就如本章前面所述，這麼低劑量的維生素C，只能避免壞血病出現很嚴重的症狀及致命的併發症。這麼低的劑量，實不足以防範長期缺乏維生素C相關的很多疾病發生和存在。

摘要

　　長久以來，維生素C都被錯認為維生素，至少從嚴格的定義上來看是這樣。這個錯誤標識，是維生素C的「適當劑量（optidosing）」仍得不到重視的一個主因。科學論文主張維生素C對於治療特定傳染病或疾病無效，很重要的一個原因就是給予的劑量不恰當。

　　一般而言，人類和一些其它動物無法轉譯GLO這個重要酵素的**DNA密碼，而GLO是體內把葡萄糖轉變成維生素C所需的酵素**。這個遺傳缺陷，也就是人類比野生動物更容易感染及生病的主要原因。人類完全仰賴攝取，才能獲得維生素C。這個遺傳缺陷如果得到修補或代償，人類的健康將會有不可思議的改善。

　　如果一個人很長時間徹底缺乏維生素C，使得血漿中只有少量或幾乎沒有維生素C存在的話，幾個月過後，像壞血病這類不治之症就會發生。非常低劑量的維生素C就足以挽回壞血病患者的性命，但是欲達到最佳健康所需要的劑量，卻高很多。

治療、逆轉和預防傳染疾病

*" Everything that is written in books is worth
much less than the experience of one physician
who reflects and reasons. "*

「書上所寫的一切，
遠不如一個能深刻反省和判斷的醫生所擁有的經驗。」

—— 拉齊（Rbazes）（西元 850-923）

鋪路：
佛德瑞克・克萊納（Frederick R. Klenner, M.D.）醫師

就算到了現在，完全認同高劑量維生素C在各種感染和疾病之療效的醫師或研究學者，仍然是少數。克萊納醫師率先提倡高劑量維生素C療法，且例行用在各類疾病，包括傳染病治療上。雖然克萊納基本上是臨床醫師，不是學術人員，他卻發表過多達二十篇重要的學術論文，記錄在北卡羅來納州里茲維爾的病人身上重複出現的治療成果。（見本書最後引用的參考資料）

克萊納取得生物學學士和碩士後，繼續在1936年取得杜克大學醫學系學位。在決定踏入臨床醫學以前，他又用了三年的時間，進行研究生訓練。一直到30年代末期和40年代初期，維生素C才變成容易取得也負擔得起的藥物。克萊納早期行醫時，只在他自己身上使用過高劑量維生素C。後來他用此高劑量維生素C治療病人，並且都能得到前所未有的療效。

小兒麻痺（治療和預防）

第21版《希氏醫學教科書（Cecil Textbook of Medicine）》裡明確主張，小兒麻痺「沒有具體的治療方法」

這個病毒症候群被稱為脊髓灰質炎（Viral syndrome），在美國已很罕見，但在世界各地一些比較貧窮的國家，仍然為它付出相當大的代價。距今約五十年前的高峰期，小兒麻痺曾經造成嬰孩的噩夢。年輕一代有很多人不曾直接經歷過小兒麻痺，卻仍相信它是不治之症。事實上，第21版《希氏醫學教科書（Cecil Textbook of Medicine）》裡明確主張，小

兒麻痺「沒有具體的治療方法」，並加註「支持性療法」對於處理疼痛和增加存活率的重要。

民眾及醫學專家都認為，假使未能靠疫苗來預防小兒麻痺，或透過其他方式避免它，那就只能聽其自然。人們也普遍了解，很多急性感染後存活下來的患者，必須終生忍受程度不一的殘廢。這個疾病的公眾意識，很大一部份是來自於罹患小兒麻痺的前總統羅斯福（Franklin D.Roosevelt）所帶來的鮮明印象，雖然他已經盡量避免在公眾場合出現時坐輪椅，但他的情形也讓群眾了解，小兒麻痺及其癱瘓的副作用，不只限於嬰兒幼童，也包括不幸的成人。

因為小兒麻痺的爆發還是存在，維生素C所具有的治療能力也就受到重視。在2000年8月16日到10月17日這段期間，在佛得角（Cape Verde）報告出33個被認為是小兒麻痺造成的「急性無力肢體麻痺（acute flaccid paralysis）」案例（MMWR,2000）。從2000年7月12日到2001年2月8日這段期間，在多明尼加共和國也有12例「經實驗診斷證實的脊髓灰質炎案例」被報告（MMWR,2001），它們被歸因於「疫苗衍生的第一型小兒麻痺病毒」所引起。不管形成的原因為何，小兒麻痺病毒持續感染著嬰幼童，醫生們得作好準備，以最好的方式來治療這些病童。

當我第一次看到克萊納對小兒麻痺病人所做的研究時，我感到無比驚奇，甚至有點不能置信。我已經在不少疾病的治療上使用過靜脈注射的大劑量維生素C，所以並不十分訝異，對小兒麻痺病毒可輕易用維生素C清除這項事實，只是情緒上一時還無法接受。在已知小兒麻痺可治癒後，卻還是有這麼多病人，無論大人或小孩，因為這隻病毒死亡，或終生殘廢，還是很難令人接受的。我在小學時，曾和同學一起把很小顆的小兒麻痺疫苗方糖吞下，一起唸著禱告詞，抱著一絲希望，祈求魔鬼病毒不要在睡覺時來攻擊我們。

更不可思議的是，在1949年6月10日於紐澤西州亞特蘭大市舉辦的美國醫學協會年會上，克萊納簡短發表了小兒麻痺的研究摘要。蓋洛

威（Galloway）和賽福特（Seifert）（1949）向克萊納及其它報告者，呈報了他們刊在《美國醫學會雜誌》中的論文。那時蘭德威（Landwehr）（1991）對它可能的重要性提出了看法。會議中，有人報告了維持小兒麻痺重度病患能繼續呼吸的最有名的方法，然後克萊納做出以下回應：我們很有興趣想了解在1948年的流行期間，小兒麻痺在北卡羅來納州的里茲維爾是如何治療的。過去七年來，我們以72小時時間內大量而頻繁注射維生素C，治好了病毒感染。小兒麻痺如果是以24小時內6000到20000毫克這麼高劑量的維生素C去治療的話，相信沒有人會癱瘓，也不會有後續的殘廢，或者小兒麻痺的大流行。

在克萊納之前，有一位醫師提出意見，在他之後則又有四位醫師發表評論。在他之後發表的這四位，對於克萊納的主張，沒有多說甚麼，他們只關心自己所見，有關如何給呼吸困難的小兒麻痺病人最好的協助，讓他們更有機會存活。

僅僅一個月後，克萊納就發表了他的劃時代論文，提出1949年小兒麻痺大流行期間，他所治癒的全數60個案例。

僅僅一個月後，克萊納就發表了他的劃時代論文，提出1949年小兒麻痺大流行期間，他所治癒的全數60個案例，但很明顯，他在年會中的報告，或許是成果好得令人而難以置信，幾乎沒有引起仟何注意，很快就被淡忘了。

在《南方醫學和外科（southern Medicine & Surgery）》期刊中，克萊納（1949年7月）對他在小兒麻痺病人所做的出色治療和結果，做了深入的統計。他指出，流行期間的60位病人，幾乎全都有相同的徵候及症狀：38℃至40.3℃的發燒，頭痛，眼窩後方疼痛，眼球充血，喉嚨變紅，噁心，嘔吐，便秘，肩胛骨間、脖子後方、下背及至少一個肢體的疼痛。15個案例有做診斷性的腰椎穿刺來幫忙確診，其中8位曾接觸過其它小兒麻痺確診個案。

由於脊髓穿刺被認為會經由下針處，助長血液中的病毒傳播到神經系統，所以通常這項檢查是能免則免。此外，在流行期間小兒麻痺的症狀都是千篇一律，因此，用脊髓穿刺來診斷也不合理。就算讀者懷疑這60個病人不全然都是小兒麻痺，但其中絕大多數是小兒麻痺也是無庸置疑的。

一經診斷，克萊納馬上開始大量的維生素C療法。他還提到，維生素的給予，就像平常的抗生素用藥一般。孩童和四歲以下的嬰兒，以肌肉注射給予維生素C。起使劑量介於1000至2000毫克（1或2克）之間。要不要繼續治療是以體溫來衡量：假使體溫沒有下降，2小時後就再重複一次相同劑量。如果有明顯降溫，2小時後下一劑量就先暫緩。這個給藥方案，在最初的24小時要嚴格執行。克萊納發現，發燒在最初24小時過後持續下降，之後的維生素C，以相同劑量但間隔6小時給予即可。這個給藥方案還要再持續48小時。他發現，經過這段72小時的治療，臨床上所有的病人都好了。

不過，當三名病患隨後臨床症狀復發，克萊納便決定，最好讓所有病人，都繼續施以額外48小時、相同劑量的維生素C。在最後這48小時期間，維生素C以8小時或12小時的間隔來給藥，症狀就能完全解除，也不再復發。值得一提的是，克萊納所治療的這60個病人沒有人殘留下畸形，而這是很多小兒麻痺倖存者特有的後遺症。這似乎代表，全部60個病人都完全的痊癒了。

克萊納還提到，其中兩個病人，情況嚴重到鼻子出現體液倒流。這是一種預告著疾病將進展到需要呼吸支持的症狀，而且，殘廢甚至死亡的可能性大為提高。但是，這兩個病人卻徹底復原了。

克萊納（1956年9月）也發表他在兩個年紀稍大的病人身上，用維生素C治療小兒麻痺的一些臨床觀察。一個二十一歲女性，眼睛深部、大腿後側、頸部及下背部都出現疼痛，而且平時得讓全身保持固定姿勢，才有辦法避免引起疼痛。她發燒高達40.3℃，伴隨有喉嚨痛，兩週

前以抗生素、阿斯匹靈和果汁初步治療，然後又復發。有趣的是，果汁當中少量的維生素C，有可能防止了症狀更快更明顯的進展。

　　無論如何，臨床上克萊納認為診斷小兒麻痺很容易，這個體重118磅的病人馬上就用100cc的空針，給予22000毫克維生素C，緩慢靜脈注射。接下來她在家裡每隔2小時，搭配果汁一起服用1500毫克的維生素C，12小時以後，頭不痛了，發燒也緩解到38.5℃。然後，克萊納再幫她多注射了22000毫克的維生素C。接下來的30分鐘，感覺到有點噁心嘔吐，但24小時後，體溫降到38.2℃，臨床上有了些許改善。之後一共給了7次的18000毫克維生素C注射，每次間隔是12小時。再來是5次的10000毫克注射，每次間隔是兩天。然後再追加一週的口服維生素C，每3到4小時1500毫克的方式繼續給予。克萊納發覺這個病人的疼痛，特別是膝蓋痛，在開始的48小時過後，幾乎完全消失。84小時後體溫回到正常。除了注射一些硫胺素（維生素B₁）以幫助神經組織修復外，維生素C是達到迅速而完全恢復所給予的唯一藥物。

　　另一個病人是二十八歲女性，有著極為相似的臨床表現，經過96小時，以類似劑量的維生素C靜脈注射和口服治療後，也有類似的反應。即使有人認為這兩個病人得到的是嚴重的流感而不是小兒麻痺，這些高劑量維生素C能達到這麼好的臨床反應，也算很了不起了。流感不管怎麼治療，如果能三四天內就恢復，那也稱的上是現代醫學的奇蹟。

　　克萊納報告過（1953）另一個八歲男孩，一週以來因類流感症狀而求診。這孩子持續被噁心嘔吐和喉嚨痛所困擾，而媽媽餵給他的成人劑型阿斯匹靈，則對眼睛後方深處的頭痛，絲毫沒有止痛效果。克萊納留意到他還出現小兒麻痺其它的典型症狀，也深信這個男孩難以痊癒。

　　但這個男孩卻奇蹟般的復原了，就算是別種病毒所造成的，那也還是很不尋常。他發燒到40℃，得一直用手抱著頭才能舒服一點，也開始有些小兒麻痺特有的定位性症狀，出現在腰部（下背）和左大腿後側。克萊納馬上就在診間幫他靜脈注射2000毫克的維生素C，然後男

孩被送到了醫院，再接受一次2000毫克靜脈注射的維生素C。接著每隔4小時重覆注射。沒有其它的止痛藥同時併用下，僅僅6小時，劇烈頭痛完全的緩解，也不再噁心嘔吐。克萊納說，本來愁眉苦臉的一個孩子現在心情「愉快」多了。男孩在醫院待了48小時後出院，其間總共接受了26000毫克的維生素C。較低劑量的口服維生素C治療仍舊繼續，以免他復發，因為克萊納相信，維生素C突然的減量或太快停藥，都會導致復發。不管是流感或者小兒麻痺，這樣的反應都算是效果很快，而且是完全治癒。即使在今天，現代醫學也沒有單一種既有效又無毒的殺病毒藥物。

克萊納還描述了一個很特別的，罹患小兒麻痺的五歲女童。她的兩條小腿已經癱瘓（paralyzed）超過四天，右腳完全無力（flaccid）（癱軟），左腿判定為百分之85無力，而膝蓋和腰部特別的痛。四個來看照會的醫師，確診為小兒麻痺。除了按摩以外，維生素C是唯一開始的治療。經過四天的維生素C注射後，她終於能再度移動雙腳，但只能很慢、很小心的移動。克萊納也發現，從第一次注射維生素C起，就「確定有了反應」。這孩子在四天之後出院，還要每隔2小時，和果汁一起口服1000毫克的維生素C，持續七天。在治療的大約第十一天，雖然速度很慢，她已經可以走路。治療的第十九天，「感覺和運動功能完全恢復」，沒有長期的缺損殘留。在這個個案裡，維生素C不僅完全治癒小兒麻痺，也將原本會使她下半輩子都深受其害的癱瘓，徹底逆轉。

> 維生素C不僅完全治癒小兒麻痺，也將原本會使她下半輩子都深受其害的癱瘓，徹底逆轉。

回顧克萊納的研究，很容易就能發現，對特定病人該給多少維生素C，他沒有堅持固定的規則。他向來是依照整體臨床反應，以及前一劑維生素C降溫的幅度，來決定後續劑量。這完全沒問題。只不過，大劑

量維生素C用在不同的病毒症候群，而缺乏一套以診斷和體型為依據的固定給藥計劃可以遵循，就算對於很敢嘗試冒險的醫師來說，也還是勉強了一點。如本書接下來所述，這樣的恐懼卻是毫無根據，因為，維生素C即使在最大劑量下，也不具毒害。

實際上，高劑量維生素C最大的問題，不是過量，而是劑量不足。一般而言，重症患者的維生素C已經不足一段時間了，但治療的醫師卻誤以為這個偏低的劑量，已經是維生素C能達到的極限。後面會討論的一些病毒疾病，光一天就能代謝掉高達300000到400000毫克的維生素C。唯一能保證完全康復、甚至只求存活的方法，就是維持這樣高的劑量，直到徹底消滅病毒。有些病毒症候群甚至還需要更大量的維生素C才行。病毒疾病使用維生素C療法的經驗法則，就是只要臨床反應還不夠，就繼續提高劑量，並持續治療直到所有臨床症狀消失為止。

維生素 C 與小兒麻痺：支持性的研究

雖然克萊納以維生素C治療小兒麻痺所達到的臨床治癒，絕對有其價值，但值得一提的是，早在更久以前的基礎研究就已經指出，維生素C是很有效的小兒麻痺病毒殺手。永恩布拉特（Jungeblut,1935）證明了維生素C能使活體外（in vitro）的小兒麻痺病毒完全失去活性，即使把它直接注射到猴子大腦裡，也不具傳染力。

近來，薩羅（Salo）和克里夫（Cliver）（1978）證實了維生素C在活體外對小兒麻痺病毒的去活性作用。裴洛（Peloux）等人（1962）也表示，維生素C加上過氧化氫，能使小兒麻痺病毒不具活性。稍後（1937），永恩布拉特在猴子身上，以這種腦內直接注射的技術，誘發出實驗的小兒麻痺。他發現這六十二隻受感染並注射維生命C的猴子裡，有百分之三十並沒有出現癱瘓，而在控制組裡，只有大約百分之五的倖存者沒有出現癱瘓。這說明了維生素C在受感染的動物（活體內）

（in vivo），和在試管（活體外）一樣，都能殺死小兒麻痺病毒。

　　儘管永恩布拉特使用比克萊納還少的的維生素C劑量，未能出現如克萊納那般的臨床效果，但是他的結果，卻還是清楚的顯示，維生素C是個能在實驗動物身上殺死小兒麻痺病毒，也能避免後續神經損傷的一種媒介。光是這種殺病毒的作用就已經夠好了，因為維生素C不具毒性。另外，永恩布拉特所用的，比起克萊納小得多的劑量，是從不一樣的給藥途徑施打。而且，開始維生素C的治療前，病毒已經直接注射到大腦，所以病毒擁有快速進展到感染末期狀態的能力。永恩布拉特（1937）想要確定這個結果在統計上有顯著意義，而用另一百八十一隻猴子重做實驗，結果再次發現到，大約百分之三十感染後沒有發生癱瘓，存活下來。永恩布拉特後來（1939）又利用不同感染株的小兒麻痺病毒，結果維生素C能在猴子身上顯示出類似的殺病毒能力。這些研究確認了：在受小兒麻痺病毒感染的猴子身上，維生素C本身能殺死病毒。很少有醫生像克萊納一樣，能去發現治療小兒麻痺最有效的方法，就是使用維生素C。

　　顧立爾（Greer,1955）也報告了他治療五位小兒麻痺患者，一次給予口服10000毫克維生素C的優異臨床結果。他的維生素C是每隔3小時就給予，給到十天。每天口服的總量在50000到80000毫克之間。患者年齡介於五歲到四十三歲，其中有兩人在治療完成後，一隻腳殘留著輕微無力。波爾（Baur,1952）也報告了正面結果：每天只用10000到20000毫克的維生素C，縮短了病程，也縮短了退燒的時間。然而，從克萊納60位病人完全沒有殘餘損傷的成功看來，維生素C由肌肉或靜脈注射，比起口服更能讓組織的維生素C提高到有效範圍。口服維生素C最好是作為其它給藥型式的輔助劑，而且，口服也無疑是日常使用、保持健康和防範疾病的首選方式。

> 維生素C由肌肉或靜脈注射，比起口服更能讓組織的維生素C提高到有效範圍。

附加的病毒性疾病與維生素 C

病毒型肝炎（治療和預防）

在美國，一年有0.5到1.0%的人口，因**急性病毒型肝炎**這個肝臟的嚴重感染而飽受折磨。依此肝炎的發生率換算，保守估計每年至少有一百萬個新個案。目前，醫學教科書仍相信它沒有具體的治療方法，只有非特定性的建議，針對症狀來治療，盡可能不讓它惡化。如果超過**六個月**後，急性症候群沒有完全消失或趨緩，那麼定義上就被視為**慢性肝炎**。在美國，約**百分之二**的人口有慢性肝炎，每年造成多達1萬人死亡，另外約1500個存活患者接受肝臟移植。

急性的病毒型肝炎就算沒有演變為慢性，也還是造成許多人長期生病，然而，它其實能立即用足量的維生素C來輕易治癒。**對於已經進行到慢性期的肝炎病人，維生素C的效果比較不明確**，但還是有證據指出，只要給的劑量夠大且時間夠久，就會有效。

克萊納（1974）認為維生素C是病毒型肝炎的首選藥物。建議劑量是每8到12小時，**靜脈注射每公斤體重500到700毫克的維生素C，同時，每天再多給至少10000毫克，分次口服。經過二到四天，可預期肝炎將完全緩解**。有些時候，克萊納只用了口服維生素C（抗壞血酸鈉），就達到病毒型肝炎的痊癒，這些病人很可能是病情較輕微，或較不願打針。克萊納所報告的其中一例，是每隔4小時只給5000毫克的維生素C，加水或果汁一起服用，所有的肝炎症狀在96小時後消失，四天下來共口服120000毫克的維生素C。

史密斯（Smith）記錄了克萊納在病毒型肝炎上所創下的佳績。有一個病情嚴重的二十七歲男性，出現黃疸（眼睛和皮膚呈黃色）、噁心和39.4℃的體溫，在接下來的30小時，一共接受了靜脈注射270000毫

克，以及口服45000毫克的維生素C。經過這段不算長的時間後，病人不再出現茶色尿，沒有再發燒，也回到工作崗位。另一位克萊納的肝炎病人，是個病情嚴重的二十二歲男性，有畏寒及發燒的情形，治療了六天，一共接受靜脈注射135000毫克以及口服180000毫克的維生素C，也一樣的讓症狀緩解，回去工作。特別有趣的是，他的室友也感染了肝炎，但是卻必須要住院，住院長達二十六天中，接受的治療只有臥床休息而已。克萊納還曾治療過另一個男性病人，六天裡共接受靜脈注射170000毫克、口服90000毫克的維生素C，這六天當中，病人的血清麩氨草醋酸氨基轉移酶（SGOT：急性肝炎時會異常的一項肝功能檢查）從450降回到45（很高降到幾乎正常）。

史密斯也報告了一個經克萊納治療成功的慢性肝炎病例：四十二歲男性，七個月來以類固醇治療沒有成功，雖然克萊納有想過要更積極的治療，但也擔心，如果開立了太大劑量的維生素C處方，最終會讓醫院裡其他醫師，不再給病人任何的維生素C治療。因此，他還是只開了一週3次的靜脈注射45000毫克維生素C，和每天口服30000毫克約五個月，最後達到緩解。雖然在急性期就很快用上維生素C來積極治療的話，肝炎其實是可以完全治癒的疾病，一般還是認為，慢性肝炎比急性肝炎更難以用維生素C療法來根除。從上述資料，我們猜想，克萊納向來是以他臨床上的專業，決定病人要多積極使用維生素C治療。他從臨床表現和體溫反應，做為開立維生素C處方的一般原則。採取這種方法，有部分是歸因於病人在生病前，體內維生素C缺乏的程度。還沒受到感染時，每個人體內儲存的維生素C含量都不盡相同，因此，表面上看起來很類似的病人，維生素C的需要量也會大相逕庭。不過，慢性活動性肝炎（chronic active hepatitis）的病患，血液的維生素C濃度，以及代表氧化壓力過高（increased oxidative stress）的實驗室數值，都是降低的（山本（Yamamoto）等人,1998），這就代表，給這種病人補充一些維生素C，總是對的。

維生素C在急性病毒型肝炎的治療上，其他醫師也達到足以和克萊納媲美的臨床成效，而且，所給的維生素C總量通常還更少。道爾吞（Dalton,1962）報告一個得到急性肝炎，有典型臨床表現的二十歲女性。她在生病前三天的治療，完全以臥床休息為主，沒有什麼改善。接下來，開始一系列的維生素C注射。在住院後半段的六天中，總共接受了6次的2000毫克維生素C注射。才剛注射到第二劑時，她注意到自己「不舒服」的感覺消失了，在第二天就想要回家，不過還是再多住院了好幾天。道爾吞醫師直言，這個案例是他所見過的肝炎裡，最富有戲劇性的復原。這個病人的肝炎是痊癒了，但所花的時間，比起克萊納使用更大劑量，的確是要更久。

牙醫奧蘭斯（Orens,1983）報告了他本人得到B型肝炎的經驗：藉由25000毫克的維生素C靜脈注射和20000毫克口服的併用下，血液中異常昇高的肝臟酵素（SGOT,SGPT和LDH），經過短短五天的治療，就回復到幾近正常值。雖然他的內科醫師一開始告誡他，有可能要休息六到十二週，但他在十天的維生素C療程一結束後，就能返回診所全職工作。兩個月後，他的肝功能指數就完全恢復正常了。鮑爾（Bauer）和斯托布（Staub）也提出，一天10000毫克的維生素C，對於急性病毒型肝炎具有正面效果，可以加速症狀解除，縮短整個病程。同樣地，科施邁爾（Kirchmair,1957,1957a,1957b）報告指出：63位急性肝炎病童，每天給予10000毫克的維生素C，才五天後，臨床狀況就有了大幅改善。維生素C可經由靜脈注射，也可直腸灌注，或兩者一起給予。黃疸會更快消散，住院時間大約減半，肝臟腫脹也更快緩解。貝特晶（Baetgen,1961）在245位急性肝炎病童身上，每天給予10000毫克的維生素C，

> 貝特晶（Baetgen,1961）
> 在245位急性肝炎病童身
> 上，每天給予1萬毫克的
> 維生素C，臨床上也達到
> 類似的卓越療效。

臨床上也達到類似的卓越療效。

卡拉雅（Calleja）和布魯克斯（Brooks）（1960）報告了一個急性肝炎以靜脈注射維生素C來治療的案例：病人的肝臟組織切片顯示有肝硬化（慢性瘢痕形成）合併急性肝炎。肝硬化是長期酗酒的結果。每天給予靜脈注射5000毫克的維生素C，持續二十四天，出現驚人的臨床反應：他的貧血（血球數值低）復原了，白血球細胞數及分析都恢復正常，體重增加，食慾回復，因逐漸的肝衰竭而產生的腹水全都消失了。治療後唯一沒有恢復正常的肝功能檢查，是反映不可逆的肝硬化那部分。後續追蹤的肝臟切片裡，發炎變化完全的消失，可能是最有意義的一點了。這種發炎變化，是典型的急性肝炎會有的，並在成為慢性肝炎後還持續存在。值得進一步探討的是，這項研究所用的維生素C劑量，遠比克萊納還少，但最後結果卻很完美。

另外一位卡斯卡特醫生（1981），也一再見證維生素C對急性肝炎所具有的，輕易根除病毒而痊癒的能力。卡斯卡特表示，他從未遇過對於靜脈注射適當劑量維生素C沒有反應的急性肝炎病例。他還表示，他用維生素C所治療的急性肝炎病患，後來都沒有發展為慢性肝炎。他發現**急遽上昇的肝臟酵素值（SGOP和SGPT），通常只要第一劑的維生素C靜脈注射後，就開始大幅下降。**此外，黃疸造成的泛黃，在病人感覺到好轉後，還需要四到五天的時間清除。這種情形是由於急性肝炎時，血液循環當中過量的膽紅素（bilirubin）在皮膚上形成的染色。卡斯卡特也在他所寫的文中哀嘆，**這個便宜、簡單、無毒又特別有效的治療，居然沒有被例行用在這個造成如此多殘疾的疾病。**

從森重（Morishige）和村田（Murata）的研究（1978），我們得

> 卡斯卡特表示，他從未遇過對於靜脈注射適當劑量維生素C沒有反應的急性肝炎病例。

到維生素C具有消滅病毒之能力的進一步證據，而病毒是導致肝炎的成因。這項研究是1967年到1973年間接受輸血的住院病人，在他們輸完了全血之後，也給予每天2000至6000毫克不等的維生素C。在170名輸血後只給予一點點，或未給予維生素C的這組病人裡，出現12例肝炎（發生率7%），而在1367個輸血後每天給予大於2000毫克維生素C的這組病人裡，只出現3例肝炎（發生率0.2%）！**如果是用更高劑量的維生素C，尤其靜脈注射的話，這個輸血後肝炎的發生率，應該會幾乎是零。**柯諾戴爾（Knodell）等人（1981）卻提出反駁上述正面數據的資料。只不過，對比於森重和村田在輸血後給予將近六個月的維生素C，柯諾戴爾他們在輸血後只持續使用十六天而已。

再者，森重和村田每天給病人的維生素C劑量更大許多，給予時間也比較長。很可惜，不管是以前或現在，關於維生素C的科學研究所用的劑量一直都低很多，給予時間也短很多，卻試圖推翻維生素C在眾多情況下具有驚人效果的概念。而且，反對此觀念的研究，在各個劑量的維生素C，都很少採用靜脈注射這個有效的途徑。

> 反對此觀念的研究，在各個劑量的維生素C，都很少採用靜脈注射這個有效的途徑。

俄羅斯的研究學者用維生素C治療肝炎病人，劑量比先前所發現的治癒劑量還低很多，結果證實在檢驗數值上，有明顯的進步。寇馬（Komar）和瓦西列夫（Vasil'ev）（1992）每天只給予300或400毫克的維生素C，加上幾種其它的維生素（B_3, B_6和B_{12}），他們發現，血液中免疫蛋白的濃度和免疫細胞的功能，都有明顯改善。更早以前（1989），瓦西列夫等人使用每天300毫克的維生素C二到三週，也有相同發現。瓦西列夫和寇碼（1988）證實這個劑量的維生素C，確實能讓急性肝炎病人的T淋巴球受抑制的程度，有更快的恢復。

在急性肝炎積極運用維生素 C，其中有部分原因，是病程本身對體內現有的，不管是組織儲存或血液所含的維生素 C，利用速度都在加快。維生素 C 的利用速度加快，在所有的傳染病和非傳染病都能看到。杜貝（Dubey,1987）等人對肝炎患者的血漿維生素 C 濃度作了檢驗，結果也發現有明顯降低。

科學證據已經證明，急性病毒型肝炎從早期就給予足量的維生素 C，是可以很容易治癒的。這種早期治療也確保了急性肝炎的自然緩解，而有時候急性肝炎只有支持性療法、沒有維生素 C 治療的話，是不會自動消失的，反而演變成慢性肝炎的長期感染。慢性肝炎的症狀，幾乎都對維生素 C 有良好的反應。當給予的維生素 C 足夠量也足夠久，有一些慢性肝炎患者是可以痊癒的。只可惜，目前有關維生素 C 治癒慢性肝炎的確切資料，還有待進一步蒐集。

每天攝取足量維生素 C 可使輸血後的肝炎發生率降低，這個訊息也透露：每天足量的維生素 C，能把急性病毒型肝炎變成一種完全可避免也可治療的疾病。適當劑量維生素 C 的好處，雖不夠明顯，但很重要的一點，是讓肝炎不再有需要或理由作預防接種。不必注射疫苗就不會有疫苗常帶來的負面結果。

克萊納運用維生素 C，對很多病毒疾病，在症狀的治療以及最終的治癒上，都獲得很大的成功。後文會分別討論更多病毒疾病，其中一些是克萊納曾用維生素 C 治療的。

在急性肝炎積極運用維生素 C，其中有部分原因，是病程本身對體內現有的，不管是組織儲存或血液所含的維生素 C，利用速度都在加快。

科學證據已經證明，急性病毒型肝炎從早期就給予足量的維生素 C，是可以很容易治癒的。

麻疹（治療和預防）

據第21版《希氏醫學教科書》的描述，麻疹是一種急性的、有高度傳染力的疾病，伴隨發燒，咳嗽，流鼻水，眼睛發炎和起疹子。雖然嚴重併發症相對罕見，但是當它繼續發展成病毒型肺炎或病毒型腦炎時，有時候也會致死。《希氏醫學教科書》裡提到，麻疹「沒有具體的抗病毒療法」，在出現併發症之前，臥床休息依然是建議的治療。現代醫學對它的主要介入，就是施打麻疹、腮腺炎和德國麻疹（MMR）三合一疫苗，試圖來預防麻疹。

克萊納（1953）曾經以維生素C療法治療自己年幼女兒們的麻疹。在1948年春天，她們在北卡羅萊納州感染了麻疹，當診斷一確定，他立即使用維生素C治療她們。克萊納對**高劑量維生素C可以消滅任何病毒**這點深信不移，於是，他持續觀察較低劑量維生素C，對病情發展的影響。每四小時口服一次1000毫克維生素C可以大幅改善病情，然而較小劑量的維生素C則無法控制病情的發展。當克萊納把口服1000毫克的時間縮短為每二小時一次後，所有的感染跡象在48小時內全部消失。不過，如果這時斷然停止口服維生素C，不久麻疹症狀會再次復發。克萊納證明了給予這種劑量的維生素C治療模式長達三十天可以控制麻疹病情，但無法根治，於是克萊納再度每2小時全天給予1000毫克維生素C連續四天後，感染便永久根除。克萊納表示，「這是第一次對病毒感染掌控自如」。由克萊納執行的這個單一臨床實驗或許是最好的例證，說明了維生素C必須在足夠高劑量且時間夠長的情況下才能有效殺死病毒。

克萊納在成功治療女兒的麻疹後，繼

> 由克萊納執行的這個單一臨床實驗或許是最好的例證，說明了維生素C必須在足夠高劑量且時間夠長的情況下才能有效殺死病毒。

續以靜脈或肌肉注射維生素C來治療麻疹的新個案。他發現，在開始治療的24到36小時內，能完全控制住麻疹，只是效果因劑量和頻次而有差別。克萊納從他的病人身上發現，在疹子出現前就盡早介入治療，對再次感染的麻疹會完全免疫。

克萊納（1951,1953）報告一例十個月大的嬰兒，症狀包括：眼睛及喉嚨變紅，發高燒40.5℃，咳嗽，流鼻水，出現柯氏斑點（Koplik spots）。柯氏斑點基本上是麻疹在皮膚出現紅疹前，表現於口腔黏膜上的典型紅點。克萊納每4小時由肌肉注射給予嬰兒1000毫克維生素C。僅12小時後，咳嗽緩解，眼睛及喉嚨的發紅消退，體溫也回復正常。不過，克萊納想看看，退燒只是體溫波動的巧合，還是維生素C確實有效，就像抗生素一樣。所以，接下來的8小時不再給予維生素C，果然，又再度發燒，燒到39.6℃。這一次重新開始維生素C治療後，燒很快就退了，順利康復，沒再起疹子，而且之後四年內沒有再感染麻疹。也就是說，雖然嬰兒沒有出現所有的麻疹臨床上症狀，但他已經具有免疫力。

克萊納還曾報告過一個二十二個月大的嬰孩，臨床表現和上述十個月大寶寶類似，也一樣對維生素C治療很快就有反應。住院36小時後，在父母的堅持下出院。很明顯地，這孩子仍具有傳染力，他的哥哥姐姐們四天後出現麻疹，他也在七天後又一次爆發。這再度強化了維生素C使用要劑量夠大也時間夠長的必要性。派斯德拉托雷（Paez de la Torre,1945）曾報告以維生素C治療麻疹的良好結果。卡羅克里諾（Kalokerinos,1976）也報告了維生素C對麻疹的反應，並補充說明使用靜脈或肌肉注射形式給藥，以求得最佳和可靠效果的重要性。

前面提過，當麻疹侵犯腦部或肺部是足以致命的。克萊納（1953）曾討論過一個案例，是出現腦部病毒感染及發炎，也就是腦炎的八歲男童，而腦炎是麻疹和腮腺炎的併發症。這男孩明顯嗜睡、無精打采，據母親的說法，這四五天來越來越呆滯，同時伴隨頭痛的情形。在40℃

的體溫下，原本活潑好動的孩子自己一個人睡著了。

克萊納立即給予他2000毫克維生素C靜脈注射，但醫院沒有空床，於是他出院回家觀察。2小時後出現了一點食慾，可以開始在屋裡玩，有好幾個小時看起來就像完全康復一樣，不過，6小時後症狀又出現了。克萊納給予他2000毫克維生素C靜脈注射，加上每隔2小時1000毫克口服藥，這距離他第一次的維生素C注射間隔18小時之久。結果第二天，他已經沒有任何的症狀包括發燒。然而為避免復發，克萊納還是多給了他2000毫克維生素C靜脈，並繼續多吃48小時的口服藥。

這孩子不但完全康復，甚至長達五年的追蹤都沒有任何腦傷跡象，而腦傷是存活下來的腦炎病人很常有的損傷。克萊納補充說，維生素C若以每隔2到4小時注射，對「與此類似」的案例，甚至會產生更大更立即的效果。

克萊納（1949年7月）還曾提出對於麻疹大流行期間，維生素C使高危險族群免於感染的觀察。毫不意外，關鍵就在於劑量。他發現每6小時注射1000毫克維生素C可以有完整的保護力，但是每2小時把高達1000毫克的維生素C加在果汁裡一同服用，則無法提供完整的保護力。這足以充份證明，許多發表的維生素C研究中，所謂「超高劑量」，在面臨大量病毒接觸時，劑量仍是相當不足的。

> 許多發表的維生素C研究中，所謂「超高劑量」，在面臨大量病毒接觸時，劑量仍是相當不足的。

很多文獻裡，以公克（對比於毫克）來計量的東西，比方1克到2克（1000到2000毫克），就已被視為超高劑量。只是，急症尤其是傳染病的情況下，維生素C代謝和利用的速度有如天文數字般快。麻疹就是一個尤其以**流鼻血**而惡名昭彰的傳染病。因為微血管的脆弱而造成出血是**壞血病**特殊的表現之一，當第一或第二劑維生素C注射之後，這個出血傾向將可靠而迅速的緩解。麻疹在急性

期時，巨大的病毒負荷量常會造成急性壞血病，至少，比較容易出血。

　　每當維生素C以數千毫克作為「維持劑量」，而控制不住傳染病，比如麻疹時，就應該立即給予更高得多的劑量。病人確實接受每天數千毫克維生素C卻仍控制不住疾病的這項事實，也不能否決更高得多的維生素C劑量作為治療。

　　給予維生素C已證實可以增強麻疹病人的免疫功能。喬夫（Joffe）等人（1983）能證明，維生素C可使特定淋巴細胞亞群有更快的復原。這一點單獨來看可能沒有很大的重要性，但從克萊納所報告的臨床上反應來看，就很有意義了。

　　麻疹和小兒麻痺及肝炎一樣，是另一個能以正確劑量、正確途徑給予維生素C而完全治癒的疾病，並且麻疹也能以規律足量的維生素C攝取加以預防。補充其它維生素也是好主意。高斯可維茲（Goskowitz）和艾肯菲爾德（Eichenfield）（1993）在麻疹的病童身上發現有急性維生素A缺乏，而麻疹常伴隨更嚴重的問題。然而，因為維生素C能很快治癒麻疹症狀完全表現的病患，它預防感染的能力就顯得沒有這麼重要。事實上，被感染後以維生素C治癒，然後獲得長期免疫力，可能是得到一個疾病最理想的方式了。尤其當受到感染時，沒有維生素C可立即取得，或當醫生未給予正確劑量時，更是如此。

腮腺炎（治療和預防）

　　腮腺炎是另一個最常折磨兒童的病毒疾病，通常為自限性，特徵是腮腺腫大，讓臉部「看起來像花栗鼠」。在比較敏感的兒童身上，腮腺炎最終可能會侵犯到腦部。腮腺以外的腺體有時也會出現發炎，包括胰臟和甲狀腺。病毒還會影響到單側或雙側睪丸，某些男孩會發生，成年男性則常常發生。根據《希氏醫學教科書》，腮腺炎是另一種「目前的抗病毒藥、類固醇和被動免疫療法都還沒有確定療效」的病毒疾病。預

防注射依然是現代醫學用來對付它的主要手段。對已經得到腮腺炎的病人，支持性療法則是最主要的介入治療。

克萊納（1949年7月）提出用維生素C治療腮腺炎成功的報告：33個腮腺炎案例，在使用了與前述其它病毒疾病相同的維生素C治療方案後，全部都很快就有反應。這些病人有極為類似的臨床上一般反應：24小時後退燒，36小時後疼痛緩解，腮腺腫大在48到72小時後消失。克萊納還注意到這33例有立即反應的病人，有兩位已經併發睪丸發炎，其中的一位是二十三歲男性，雙側睪丸嚴重腫大（「像一顆網球大」）且疼痛，發燒到40.5℃。克萊納每隔2小時由靜脈給予1000毫克維生素C。在第一次的注射後，睪丸的劇痛開始出現緩解，12小時內完全消失；36小時後高燒緩和下來。到第60小時，病人能下床，感覺到「脫胎換骨」。過去這60個小時期間，病人共用掉25000毫克的維生素C。

克萊納（1949年7月）並報告三個感染腮腺炎但各接受不同治療的堂兄妹，所觀察到的不同臨床表現：一個是七歲男孩，「照一般慣例臥床休息、給予阿斯匹靈並溫敷樟腦油」，吃了一週的「苦頭」。另一個是十一歲男孩，沒有接受任何治療，結果發展成「前所未見的腫大」，才開始接受每2到4小時1000毫克維生素C肌肉注射，而在僅48小時後，整個病情好轉。第三個是九歲女孩，當腮腺持續變大，達到60%左右的預期腫大時，就開始她的維生素C療程，以每4小時1000毫克靜脈注射來給予，並在72小時後完全康復。

克萊納（1949年7月）觀察到有些來求診的孩子，呈現出「混合型病毒的表現」，舉例來說，他描述這種臨床表現就好比是「消失中的腮腺炎和發展中的麻疹」。他發現每當出現臨床上這樣的混合型表現時，

> 33個腮腺炎案例，在使用了與前述其它病毒疾病相同的維生素C治療方案後，全部都很快就有反應。

維生素C通常必須要給到單一種疾病所用的約兩倍劑量才夠。克萊納的臨床觀察，正好與任何病毒負荷量都有它所需要的維生素C劑量來殺死和／或中和的概念不謀而合。兩倍的病毒量就需要兩倍的維生素C劑量，否則，維生素C療法「失敗」的可能性將提高。

正好與任何病毒負荷量都有它所需要的維生素C劑量來殺死和／或中和的概念不謀而合。兩倍的病毒量就需要兩倍的維生素C劑量。

腮腺炎看來像是另一個可以例行由維生素C正確給藥來治癒的病毒疾病。雖然還沒有特定研究發表過，但可以合理推論，維生素C既然能輕易治療腮腺炎和最嚴重的併發症，也應該很容易可以預防腮腺炎。只接觸到腮腺炎病毒，比起腮腺炎已經發生且病毒已有大量複製，所牽涉到的病毒總量絕對是比較低的。維生素C如果連這麼大量的腮腺炎病毒都能消滅，那麼更少量的病毒應該也很容易克服。即使出現併發症例如睪丸炎的患者，也都能有很好的效果。

接下來要討論的另一種疾病是病毒型腦炎，它對維生素C的反應也很明顯。許多這類型的腦炎案例是無法確切診斷出究竟是何種病毒引發，而這種情況同時指出腮腺炎，以及那些體內維生素C儲存量不足或免疫系統受損而感染麻疹和其他兒童病毒疾病病例的複雜性。不過，只要該種特定療法可以輕易治癒該種傳染病的重大併發症，那麼治療該種疾病的方法就很容易了。

病毒型腦炎（治療和預防）

病毒型腦炎指的是腦部的病毒感染和發炎。病人依感染的進展，可能呈現出混亂，嗜睡或甚至昏迷。發燒和頭痛幾乎都會出現，其餘的症狀大部分則取決於造成感染的病毒種類。假如病人的免疫系統受抑制的

程度夠嚴重，幾乎任何病毒都有能力感染腦部。《希氏醫學教科書》裡列出超過40種會感染中樞神經系統的不同病毒，而與腦炎有關的病毒不下於50種。

中樞神經系統指的是腦部及所有與它直接有關的神經組織。除了皰疹感染的病毒型腦炎以外，通常醫學教科書對於病毒型腦炎的建議治療，也就是支持性療法和症狀治療了。雖然統計數字上大部分的腦炎不至於致命，但與愛滋病或狂犬病相關的腦炎，卻幾乎都導致死亡。此外，一些其它特定病毒相關的腦炎，死亡率可從百分之十到百分之五十不等。也因為這理由，腦炎從來就不是好對付的。許多腦炎個案沒有被診斷出罪魁禍首，但所有的病人都應該盡量積極治療。

克萊納（1949年7月,1951,1953,1957年6月,1958,1960,1971）報告了很多篇以維生素C治療腦炎的成功案例。再次證明，給予夠高劑量維生素C夠長時間都能照例治癒腦炎。克萊納把他用維生素C治療腦炎所重複目睹的反應，描述為「**戲劇性的**」。克萊納的病人當中，有一些雖然看似發展到了末期，無法再以維生素C翻轉劣勢，但他卻能每次都成功逆轉，其中很多甚至都還是相當嚴重的感染。事實上是克萊納一再治癒本已經昏迷的腦炎患者。

> 克萊納一再治癒本已經昏迷的腦炎患者。

從許多藥物無法部分或完全穿透中樞神經系統，以這一點來想，維生素C對於病毒型腦炎的戲劇化效果，可說是特別的令人印象深刻。這種對特定物質和藥物的阻斷，是所謂的「血腦障壁」，使很多分子無法進入腦部和神經組織。而維生素C得以迅速進入神經組織，就構成了它之所以成為理想治療藥物的另一項理由。

克萊納提出6位病毒型腦炎被治癒的案例報告：兩例和病毒型肺炎有關，其餘四例則由其它疾病併發而來，分別是麻疹、腮腺炎、水痘，及麻疹和腮腺炎混合型表現的感染。腮腺炎後併發的腦炎這一案例，是

個十二歲小男孩，在腮腺炎看似好轉一周後，出現了頭痛，頭痛開始不到12小時就變得嗜睡，且發燒到40.5℃。住院當時給了他2000毫克的維生素C注射，接著每2小時重複注射1000毫克的維生素C。據克萊納的形容，男孩在第三劑維生素C注射完後，就「在床上坐起來，有說有笑，要東西吃，也完全不痛了」，24小時後隨即出院，繼續48小時的維生素C維持劑量，以防任何可能的復發。

克萊納又描述了維生素C在病毒型肺炎後併發腦炎的兩個案例，所呈現的明顯藥效反應：二十八歲女性，先是發燒、畏寒、感冒和支氣管炎持續十四天，後面這三天還同時出現劇烈頭痛。據克萊納的形容，剛見到她時是「呆滯」的而且口含「白沫」。已經做完了廣效的盤尼西林、鏈黴素及磺胺類抗生素療程，但腋溫量起來還是41.5℃。脫水的情形也很嚴重，因此第一次的4000毫克維生素C是加在1000毫升輸液裡從靜脈給予。11個小時過後，體溫降為37.7℃，而從第一次給藥算起的15小時後，後續治療劑量是每2到3小時「依照反應」來給予2000到4000毫克維生素C。

這個病人雖然追加了兩週維持劑量的維生素C，但其實在72小時後臨床上就已經恢復了，胸部X光片上呈現的異常變化則是三個月後才完全回復正常。克萊納預測另外五例病毒擴及肺部的病人，其胸部X光片上的異常，將比臨床症狀還要晚才能恢復正常，延後的時間取決於X光片異常的嚴重程度。

另一例也很戲劇化的病毒型腦炎案例，是十九個月大的幼兒，兩周來一直有「稍微的畏寒」，24小時前開始發燒。12小時前，右手臂及右小腿有局部性癲癇發作，於是便住院觀察。據克萊納形容，幼兒彷彿是「營養不良的嬰兒，僵硬的躺在母親臂彎，皮膚摸起來很冰，膚色像屍體一般，眼睛緊閉，有第二級的黏膿性鼻分泌物，喉嚨發紅」，體溫量起來是39.8℃。克萊納進一步發現這幼兒背部有一些區塊的皮膚類似「屍僵」。

克萊納給予這孩子每隔4到6小時肌肉注射1000毫克維生素C。注射第一劑的維生素C時，發現這孩子「紋風不動，感覺像刺到一顆橘子裡」。在第一次注射後2小時，孩子喝下240毫升的柳橙汁，那是24個小時以來頭一次補充營養。那時候右手臂及右小腿還完全癱軟，但在住院約12小時內手腳的力量就恢復了。其它部分的復原也平安順利。

克萊納（1960）撰寫了一個研究，專門針對肺炎所併發的病毒型腦炎。有一個案例是五十八歲女性，十天以來有感冒及支氣管炎，在一次抽蓄發作後住院，接受了每8小時靜脈注射24000毫克維生素C，一共給了3劑，同時每4小時還口服4000毫克維生素C。住院24小時後，她的右手臂及右小腿完全癱瘓麻痺，所幸，再過48小時就完全恢復了。雖然這個病人有心臟相關疾病，不過病毒感染的情況還是完全的復原。

另一個戲劇性的案例，是被朋友在電話亭裡發現失去意識，送來急診時已呈「半昏迷」狀態的二十三歲男性。後經證實，他在過去這兩週有感冒，且嚴重頭痛已經五天，也曾因頭痛就醫。住院後，每8小時給予30000毫克維生素C，加在350毫升的葡萄糖水裡做靜脈輸注，重複了五次。他也每4到6小時口服4000至6000毫克的維生素C。住院六天後，父母決定把他轉到教學醫院，在那裡確立了病毒型腦炎的診斷，但沒有再接受進一步治療而出院。

另一位二十二歲男性病患，先前在其它醫院急診曾喪失意識，當克萊納診治他時，呈現粗暴而混亂的精神狀況、身體需要約束才能避免亂動。經詢問病史，才知道他幾天來有著強度不一，從隱約到劇烈的頭痛。喪失意識時救護車司機還一度以為他死了，只不過仍須等醫師在場才能宣判死亡。起初的24小時是靜脈連續給予100000毫克的維生素C，然後每4到6小時口服4000毫克，而最後病人得到了康復。

諷刺的是，即便是克萊納也沒有每次都使用足夠大量的維生素C。他自己七歲大的兒子，在類流感症狀過後約六週，出現嗜睡和發燒的情形。那幾週當中唯一接受的治療是「中等」劑量的維生素C和磺胺類藥

物，並且只有極少的效果出現，接著就爆發了典型的腦炎症狀。克萊納再給予兒子每隔6小時6000毫克維生素C靜脈注射，加上口服的10000毫克，於是24小時後得到完全的康復。

克萊納還描述了一個特別「致命的」病毒型腦炎之症候群，是起源於一隻「潛伏」的病毒。如前所述，病毒型腦炎案例究竟是何種病毒引發，很少能被確切診斷出來。克萊納觀察到的病毒型腦炎，常在症狀出現前二到四天前開始有流感症狀，或幾周前就有輕微感冒，且持續長達數周。克萊納進一步發現，開始要出現腦炎的典型預兆，可能是下列症狀中的任何一項，包括：抽蓄、極度興奮和激動、嚴重畏寒、在進食時嗆到、虛脫、或呆滯。他重複觀察到有這種表現的病毒型腦炎病患，短期內死亡的可能性特別高，而且，這個症候群和急性出血性腦炎的症候群也非常相像。

每當任何疾病在進展的任何過程中**併發出血**，都代表身體維生素C的儲存量有嚴重不足。正因為死亡來得快，維生素C的使用上，初始劑量和後續劑量都要比平時更積極。克萊納在這方面很敏銳，因為他提到曾看過未接受維生素C治療的腦炎病童，在住院後30分鐘至2小時內死亡的案例。他在1958年10月發表，治療病毒型腦炎的論文中主張，腦炎雖有可能猝死，但在他使用了非常高劑量的維生素C治療後，都可以完全康復。

> 每當任何疾病在進展的任何過程中併發出血，都代表身體維生素C的儲存量有嚴重不足。

有一例是十六個月大的嬰孩，兩週來有輕微感冒症狀，突然間暈厥並失去意識，在克萊納以2000毫克維生素C肌肉注射過10分鐘後，恢復了意識。住院手續辦好後，再注射了2000毫克，接著持續每隔2小時注射一次，共給了5劑，然後便延長為每4小時注射一次，給予12劑。剛住院時有發燒，60個小時後體溫恢復正常，在住院第七天出院。每

當克萊納懷疑可能有任何併發的細菌感染時，他也常會給予抗生素來和維生素C併用。

有一個特別有趣的案例，是一位七十三歲男性，二十四天內共住院三次。第一次是意識不清被救護車送來：感冒十天，歷經幾小時的劇烈頭痛和畏寒後，突然間失去意識。住院時發現有發燒，心跳和呼吸速率都加快。起初以20000毫克維生素C緩慢輸注，8小時後再重複一次給藥。病人在住院後大約18小時恢復意識，住院第三天便出院。兩週後，因類似的表現又來就診，經過同樣的治療，在住院第四天出院回家。一星期之後，再度因類似狀況又入院，唯一的不同是這一次意識是清醒的，接受的治療幾乎都相同，只不過維生素C劑量從20000毫克提高為24000毫克，而在住院第三天出院，並開立了每天10000毫克維生素C的處方。這個病人後來的情況良好，沒有再次復發。克萊納的這個案例再一次確定，**維生素C必須使用夠高劑量且時間夠久，病毒疾病才能根除**，且不再復發。

克萊納特別強調病毒型腦炎的治療必須要「積極」。克萊納很清楚，病毒型腦炎在維生素C用藥上，相對於其它較不重大的疾病，必須經由注射給藥（靜脈注射或肌肉注射），而且後續的初始劑量必須保持全天候的，不間斷的給予。

德斯特羅（Destro）和夏瑪（Sharma）（1977）提供他們用維生素C治療細菌型及「病毒型」腦膜炎的經驗：腦膜炎和腦炎這兩種感染都涉及中樞神經系統，所以兩者在疾病進展上會極為相似。治療腦膜炎所需要的維生素C正確劑量，與腦炎所需的劑量是相仿的。這群研究學者發現，與對照組的安慰劑相比，他們施打的維生素C「沒有明顯改善效果」。然而，他們所引用的文獻裡並沒有包括任何克萊納的研究，這點從維生素C的使用劑量來看也能得到佐證。他們從未使用超過每公斤體重100毫克以上的劑量來作起始靜脈注射（克萊納用到每公斤體重高達700毫克），而後續劑量也只有每公斤體重50毫克。而且，給藥頻率也

比克萊納所用的還低，不像克萊納會持續積極用藥，直到病人明顯改善且退燒時，才考慮開始把給藥間隔拉長到德斯特羅和夏瑪他們所使用的頻率。和克萊納所用的給藥劑量一比，這些研究學者所得到維生素Ｃ不具療效的結果，也就一點都不意外了。克萊納和許多臨床醫師一再強調，維生素Ｃ的劑量如果不足，效果將很有限，尤其在致命的傳染病更是如此。很遺憾這群研究學者對於克萊納的研究一無所知；如果能沿用克萊納的療法，認識正確劑量維生素Ｃ所能達成的效果，這對於醫界的再教育將會有莫大的幫助。

> 維生素Ｃ的劑量如果不足，效果將很有限，尤其在致命的傳染病更是如此。

我身兼內科與心臟專科醫師，曾至少兩次目睹可能是由病毒引起、來勢洶洶的腦炎案例。第一例是家族裡的朋友，在求診前已經頭痛了一段時間，後來住院，當我去探視他時已經斷斷續續陷入無意識狀態，第二天就完全昏迷，約一星期後死亡。第二例是我負責的病人，一個在我看來非常正常，而太太覺得他「不太對勁」的中年人，因為太太實在很在意，所以我還是幫他做了脊椎穿刺。雖然脊髓液裡看到少數細胞，代表異常的可能性極低，不過我還是相信這位太太的直覺，讓她先生住院。他於24小時內死亡，而我一整夜目睹迅速惡化的病情，時至今日還難以相信，一隻病毒竟能這麼快的帶走一條性命。病毒型腦炎是很危險的疾病，能夠很快就進展到死亡。克萊納對它的觀察，特別讓我印象深刻，真希望當時我就明白這一切。

病毒型腦炎能很快致死，或常使存活者殘留不同程度的腦部和神經傷害，而它也是另一種積極使用維生素Ｃ能治癒的疾病。和前述病毒疾病一樣的道理，病毒型腦炎在夠高劑量的維生素Ｃ規律服用下，是個完全可以預防的疾病。

水痘和皰疹病毒感染（治療和預防）

　　由於引起感染的病毒之間有密切的相關，所以這些疾病放在一起討論。水痘，也就是varicella，是兒童常見的病毒疾病，通常從它特有的疹子來鑑別診斷。根據病人的免疫狀態，疾病範圍可以小至幾乎無關緊要，也可以大至死亡。帶狀皰疹（shingles），是由早已潛伏在身體的帶狀皰疹病毒再度活化所造成，它也有獨特的疹子，是覆蓋於受影響神經的分佈區域上。帶狀皰疹一向是非常痛的，治療上和其它病毒感染一樣，通常只有支持性療法。

　　另一型的皰疹病毒——單純皰疹病毒（發熱性皰疹，生殖器疱疹）——被認為對抗病毒藥物阿糖腺苷（vidarabine）和阿昔洛韋（acyclovir）有反應，不過實際上，仍無法依靠這些藥物將病毒感染治癒。本章節也會探討感染性單核球血症，因為它通常也是皰疹病毒所引起。單核球血症的特徵是疲倦、頭痛、發燒、喉嚨痛、全身性的淋巴結腫大和輕微肝炎，症狀常持續幾個月之久，而《希氏醫學教科書》宣稱，幾乎所有「正常」人會在三到四個月內完全復原。〈編審註：臨床觀察發現當白血球分類中的單核球（monocyre），產生異常上升時，患者通常是鼻咽癌（E.B病毒相關）與非何杰金氏淋巴癌的極高危險族羣，而非如同醫學教科書中所敘述之如此「無害」，而足量維生素C靜脈注射是最有效降低monocyte數量的方法。〉

> 這八位當中有七位在第一劑維生素C注射後2小時內，其皮膚病灶帶來的嚴重疼痛全部消失。

　　克萊納（1949年7月,1953,1974）報告了以維生素C治療水痘、帶狀皰疹和單純皰疹的絕佳療效。克萊納陸續治療的八個帶狀皰疹病人，每12小時從靜脈注射給予2000到3000毫克維生素C，並且每2小時口服1000毫克。這八位當中有七位在第一劑維生素C注射後2小時內，其皮

膚病灶帶來的嚴重疼痛全部消失，而這個疼痛通常在痊癒前會持續長達數週。雖然沒有給予任何止痛藥，疼痛卻能完全緩解也不會復發。這八個病人全都接受一共5到7劑的維生素C注射，八個人中有七人，原本通常會持續數週的皮膚病灶也在72小時內完全改善。其中一人在肚皮上出現帶狀皰疹病灶，吃了36小時的止痛藥疼痛沒有起色，但在3000毫克維生素C起始靜脈注射的4小時內就不痛了。丹諾（Dainow,1943）亦提出14個帶狀皰疹案例以維生素C注射成功治療的報告。蘇黎克（Zureick,1950）發表過327例以維生素C治療帶狀皰疹的案例報告，發現到與克萊納相同的臨床反應：所有病人在施予維生素C注射後72小時內，都得到完全的復原。

克萊納強調了皰疹感染用維生素C持續治療一段夠長時間的重要。以發熱性皰疹來說，兩劑維生素C注射後會完全癒合，可是一旦維生素C停藥，24小時後會再度復發。

克萊納的維生素C療法在水痘也出現和帶狀皰疹相似的反應。起初24小時之後，會癢的濕疹有些開始變乾，到第三或第四天臨床上會有好轉。史密斯（1988）形容克萊納治療自己女兒水痘的經驗：雖然女兒每天口服高達24000毫克的維生素C，疹子卻似乎更惡化也更癢。所以，改從靜脈給藥，僅僅1000毫克的一劑後，搔癢就停止了，女兒也能好好睡上八小時。之後再給了一劑靜脈注射，疹子就沒有繼續擴大。或許克萊納是不想再讓女兒扎針，反而剛好提供了令人振奮的例證，說明注射型維生素C比口服型維生素C更佔優勢，尤其是當必須要快速控制住感染時。

克萊納還指出，各式各樣的病毒感染後可能會出現的病毒性腦炎，當所感染的病毒為單純皰疹病毒時，就會特別嚴重。按照蘭納（Lerner）等人（1972）的研究估計，這樣的腦炎病例有三分之一會造成死亡，而存活者大約九個之中有八個會殘留一些腦部損傷。目前《希氏醫學教科書》指出，只有百分之十五的單純皰疹腦炎病人死亡，這個

偏低的數據可能要歸功於最新引進的抗病毒藥物。然而，無論引起腦炎的病毒為何，克萊納的報告裡從來沒有治療失敗的案例。維生素C所治療的腦炎患者得以徹底復原，從未出現長期的腦部或神經傷害。

卡斯卡特（1981）亦提過口服維生素C成功治療急性皰疹感染的報告。卡斯卡特也常用口服的高劑量維生素C治療其它的感染。他發現，除非是很特殊的案例，當疾病進入慢性期後特別容易復發。他認為靜脈給予維生素C對慢性的皰疹感染可能有幫助。這或許是另一個例子，說明從一開始就需要由靜脈注射給予維生素C，來對付任何重大的病毒感染，達到臨床上最好的結果。

至於單核球血症，克萊納（1971）並未像很多其它病毒疾病一樣，提出諸多細節，但他確實主張，「高」劑量維生素C靜脈注射對這個通常病程很長的疾病有「驚人的」療效。他簡短描述一個有趣的案例：一個不是由克萊納負責的住院病人，病情已嚴重到教堂牧師為她舉行了最後儀式，而她的主治醫師拒絕她母親希望施用維生素C的要求。母親本身是護士，也熱衷於倡導維生素C的好處，因而自行決定在每一瓶給她女兒的靜脈輸液裡都加上20000到30000毫克的維生素C。克萊納發現這女孩後來「平安無事地恢復了」。

道爾吞（1962）報告一位罹患單核球血症的三十六歲女性，有很明顯的症狀，經驗血確診為單核球血症。每天一次2000毫克的維生素C注射，只給了三次，她的症狀一個星期內就消失了。

卡斯卡特（1981）報告了大劑量口服維生素C對於單核球血症的明顯效果。只有一個病人，曾用到極大量的口服維生素C（每天20000到30000毫克）持續長達約兩個月，療程才結束。卡斯卡特發現，很多其它病人並不需要極大量的維持劑量達二或三週以上才能確保沒有再發或復發。若和道爾吞用低劑量的維生素C靜脈注射所達到的結果相比，卡斯卡特的經驗又是另一個好例子，說明當治療單核球血症或任何其他急性的重大病毒感染時，以靜脈注射給予維生素C的重要性，至少，起

始劑量一定要由靜脈給藥。

　　有進一步的實驗證據支持維生素C令皰疹病毒去活性化的能力。薩格里潘第（Sagripanti）等人（1997）發現，維生素C與二價銅離子（copper）結合，能殺死至少一類型的皰疹病毒──單純皰疹病毒。作者們進一步指出，殺死皰疹病毒所需的維生素C和銅的濃度，代表人類攝食的製劑發生中毒的風險極低。這代表我們對於維生素C具備的無毒特性欠缺了解。不過很慶幸，現今的基礎研究學者，對許多維生素C在早期臨床用途上沒有副作用的結論，已達成共識。

　　懷特（White）等人（1986）也證實了維生素C在銅離子的協助下，有能力把所有測試的病毒去活性化。除了把第一型及第二型單純皰疹病毒去活性化以外，維生素C也能夠完全終止巨細胞病毒、第二型副流感病毒以及呼吸道融合病毒的感染能力。

　　各種應用維生素C直接作用在皰疹病灶的研究，進一步證實維生素C能有效治療皰疹病毒感染。據阿穆伊（Hamuy）和伯曼（Berman）（1988）的報告，局部使用維生素C對單純皰疹病毒感染的療效，很有發展潛力。何飛（Hovi）等人（1995）執行一項雙盲、以安慰劑組做為對照的臨床試驗，將含有維生素C的溶液塗在粘膜上破損的皰疹病灶，例如口腔裡。從症狀控制、形成的疤痕長度和病毒培養的結果，我們認定這個維生素C溶液的臨床效果及抗病毒效果，在統計上是有意義的。德瑞薩米（Terezhalmy）等人（1978）證實口服維生素C對於復發的唇皰疹（單純皰疹）具有正面療效。他的這篇研究，每天給予三次僅600毫克的維生素C（和生物類黃酮一起合用），相關症狀有明顯緩解。

　　霍爾頓（Holden）和瑞斯尼克（Resnick）（1936）的實驗形成重要的初步研究基礎，確認皰疹病毒在體內被維生素C消滅（去活性）的可能性。研究裡清楚顯示，維生素C可在試管內將受測的皰疹病毒株去活性化。經再次驗證，作者一年後發表了這個結論（霍爾頓和莫羅伊（Molloy）（1937））。1937年的這項研究也試圖確認，維生素C可以

在試管內中和皰疹病毒，是否代表著維生素C拿來治療被病毒感染的兔子也同樣有效。於是，注射病毒到兔子體內後，連續六天每天給予很微小劑量（5毫克）的維生素C皮下注射，結果很不幸的，這個低劑量維生素C對於病情發展沒有出現任何幫助。不過，霍爾頓和莫羅伊在試管方面的研究，仍然意義重大。

皰疹和與皰疹密切相關的病毒，如同本章討論的其它病毒一樣，對於維生素C非常敏感。克萊納和其它研究學者都曾提出注射維生素C來治療這類疾病的報告。按理說，每天足量的維生素C也能預防這類疾病的發展。盡可能從一開始就以靜脈或肌肉注射維生素C來治療這幾類相關病毒，以達到根除，同時預防因治療不完全而慢性化，是比較慎重的做法。目前文獻上雖沒有高劑量靜脈注射維生素C來治療慢性皰疹性疾病，例如發熱性皰疹或生殖器疱疹的資料，但是卻讓人不得不相信，夠高劑量的維生素C由靜脈給予夠長時間，能讓病毒從體內完全消失。

病毒型肺炎（治療和預防）

病毒型肺炎是肺部的病毒感染，診斷常是由排除而來，意即在排除其它常見的感染致病原例如細菌後所推斷的。病毒型肺炎也常是某一次的感冒或上呼吸道感染後，最終擴散到肺部的結果。

克萊納（1948）報告在五年期間裡42個以維生素C治療病毒型肺炎的案例。克萊納得到的結果和其它種病毒一樣的傑出。一經診斷，克萊納立即以1000毫克的維生素C靜脈注射，並每隔6至12小時重複此劑量。對於嬰兒和小小孩則是每6到12小時給予500毫克維生素C肌肉注射。克萊納的所有個案都在僅僅三劑到七劑維生素C注射後，於臨床上及胸部X光片上呈現出完全的緩解。有趣的是，其中約三分之一的病人被額外給予口服的維生素C，卻沒有觀察到明顯的額外效果。幾乎所有病人都表示在第一劑注射後1小時內就出現好轉。

克萊納（1953）第一次使用維生素 C 作為病毒型肺炎的抗病毒療法，是 1940 年代早期：這個病人拒絕了住院接受氧氣治療的建議，改以一般的支持性療法在家裡療養，突然間發紺（因缺氧而呈現藍紫色）。克萊納推論，維生素 C 或多或少有助於氧氣的運送，因而從肌肉注射 2000 毫克的維生素 C 來治療他。三十分鐘內呼吸狀況就有改善，不再發紺。六小時後再去探視時，病人正在進食，看上去好多了，於是再給予 1000 毫克維生素 C 肌肉注射，接下來每隔 6 小時重複注射 1000 毫克連續三天。據克萊納的記錄，這病人似乎只經過 36 小時就已好轉。而原本只是因為要治療孩童下痢的緣故，公事包裡剛好帶著維生素 C，沒想到一個無比重要的療法卻因克萊納的突發奇想而誕生。

道爾吞（1962）提出維生素 C 有效治療三例病毒型肺炎，和一個他稱為「全身性病毒血症」的案例。雖然他所使用的維生素 C 劑量低於克萊納，但病人恢復的速度卻遠比預期中來的快。其中有一例是一位六十歲的醫師，發燒、咳嗽、全身性搔癢，胸部 X 光顯示肺部受到病毒擴散，而臨床表現實際上更像是流感所併發的肺炎。除了臥床休息和阿斯匹靈，病人只接受了每天 2000 毫克的維生素 C 注射，共三天。道爾吞判定病人的治療效果「極好」，還特別提到病人在第四天恢復力氣，第五天就返回工作。

道爾吞的另一個案例是四十七歲女性，也有嚴重的症狀，疲憊到無法下床，沒有食慾，整個胸部痛，道爾吞稱她為「完全衰弱」。接下來十五天她除了接受 2000 毫克維生素 C 注射共六次外，沒有任何其它藥物。才給完第二劑她就覺得比較舒服，而且要求再額外注射。這個案例特別有趣的地方是，過去曾有多次肺炎病史，然而這一次復原的比以往任何一次都要快很多。

道爾吞描述一位四十一歲男性病人，頭痛、全身肌肉疼痛、疲憊，臨床表現像急性病毒型肺炎，而這段描述也指向流感合併肺炎的診斷。病人連續三天以 2000 毫克維生素 C 注射來治療。一個星期後的回診已

沒有任何症狀，也在幾天前回到了工作崗位。道爾吞還治療過一個他稱之為「全身性病毒血症」的七十二歲男性，十一天內共給予三次的2000毫克維生素C注射，在症狀上有「明顯改善」。

儘管道爾吞在案例描述上，不像克萊納的那樣令人印象深刻，但是在這個較低的劑量下，也仍然有相當明確的反應。這同時也顯示維生素C要劑量夠高，且透過注射方式給藥的重要。很難預料維生素C若以相同劑量的2000毫克口服的話，道爾吞能否看到病人出現相同的療效。

病毒型肺炎是維生素C能輕易治癒的另一種感染。每天足量的維生素C也證實能預防一開始的感染。

流行性感冒（治療和預防）

流行性感冒（流感）是很普遍的病毒感染，常和感冒有關，或由感冒進展而來。儘管流感有時也會影響肺部，和病毒型肺炎相似，但值得一提的是，病毒型肺炎主要影響肺部，而流感則通常影響全身各處。全身肌肉痠痛是典型的流感特徵，並伴隨較不具特異性的症狀，例如頭痛、虛弱、發燒及畏寒。流感沒有傳統的藥物可以醫治，但對於沒有併發症的案例，龜剛胺（rimantadine）和金剛胺（amantadine）是能明顯減輕症狀並加速復原的抗病毒藥物。

擁有很好的治療效果，並指出所需要的維生素C「劑量高低」及「注射次數」，與發燒的反應及病程長短，具有直接相關。

克萊納（1949年7月）未曾詳述有關流感的維生素C治療，其中理由可能是因為他已經在許多嚴重且危急的其它病毒疾病中，提出了極具療效的報告。維生素C用以治療昏迷的腦炎病人，或癱瘓的小兒麻痺病人，的確比治療流感病人更重要也更優先。不過克萊納也曾以維生素C治療過很多流感病例，也擁有很好的治療效

果，並指出所需要的維生素C「劑量高低」及「注射次數」，與發燒的反應及病程長短，具有直接相關。

梅格尼（Magne）（1963）報告了以維生素C治療的130個流感案例：接受治療者男女都有，年紀分佈從十歲到四十歲，維生素C療程持續一天至三天，劑量高達45000毫克。梅格尼採用的方法雖然不同，卻仍然得到很好的療效，其中114例復原，只有16例無明顯反應。如同克萊納的研究裡重複顯現的，維生素C劑量不夠高，將很難會有臨床上明顯的效果。

另一個造成狗跟貓複雜犬瘟熱（distemper complex）的病毒，有點類似流感病毒。犬瘟熱是呼吸道的傳染病，有時候也影響腸胃道，伴隨發燒、遲鈍、食慾喪失和眼鼻分泌物增加。當狗和貓罹患犬瘟熱太嚴重而無法自然恢復時，牠們會失去知覺。這種動物的病毒疾病和人類許多病毒感染一樣，很容易被劑量足夠大的維生素C治癒。

貝菲爾德（Belfield）（1967）提出他以維生素C治療十二隻貓狗的療效：他通常每天給狗2000毫克維生素C靜脈注射持續三天，而貓和小型犬則是每天1000毫克靜脈注射持續三天。其中有兩隻雖然在別的獸醫眼中已經絕望，但後來這十二隻動物卻每一隻都恢復健康。神奇的是，雜誌編輯在這篇文章的開頭加上注解：「獸醫對於狗罹患犬瘟熱這個老問題依舊很困擾」，來證明刊登這篇文章的理由。編輯們特別容易把這種事情當成棘手的問題，而轉向較不具爭議的主題上。

編輯顯然是預期貝菲爾德的這篇文章會收到負評，還加註：簡直快聽到「學術界的朋友在讀到這段文章時的嗤笑聲了」。編輯以防禦的姿態挑動讀者的神經，不要認為期刊編輯是「腦袋有問題」，或提出報告的醫生是「騙子」，只要保持開放的思想就好。編輯宣稱，「我們很清楚無人照料的犬瘟熱病犬會有怎樣的結局，而安樂死並沒有它25年前的專業與尊嚴」。編輯知道讀者不會帶著最開放的心態，但這個訊息仍需要被公開。如果科學是不開放的態度，它就沒有尊嚴也不夠正當。

萊韋克（Leveque）受到貝菲爾德在1967年報告的臨床成果所激勵，決定開始以維生素C治療罹患犬瘟熱的狗。萊韋克一共治療了67例複雜犬瘟熱的狗，也得到很好的結果。他評論說，把維生素C列入治療處方中，可以讓犬瘟熱的恢復有「明顯進步」。

克萊納後來（1974）驗證了貝菲爾德的研究，他指出貝菲爾德藉由每2小時注射好幾克的維生素C「治癒了很多得到犬瘟熱的狗」。克萊納還指出，因為狗能自行製造維生素C，所以維生素C的重要被低估，顯得不具價值。但是，狗（和貓）能製造的維生素C卻沒有像一些野生動物那麼大量，而克萊納反覆由實驗證明，很多病毒感染在維生素C施用未達到某個數值前，不會出現正向反應。這表示狗和貓只能應付輕微的病毒和傳染病挑戰。一旦面臨較大的挑戰，假如沒有隨之供給額外劑量的維生素C，牠們很快就會不可逆轉的生病。

嚴重的流感感染跟大量氧化壓力（oxidative stress）有關這個事實，與維生素C能夠有效治療流感病毒正好相符，而大量的氧化壓力是非常適合維生素C展現強效抗氧化能力的情況。巴芬頓（Buffinton）等人（1992）表示，老鼠感染流感病毒，和牠肺部裡氧化壓力的增加有關。在一個類似的實驗模型中，漢內特（Hennet）等人（1992）也指出，感染了流感的老鼠，維生素C的含量較低，整體抗氧化狀態也降低。因為老鼠很容易合成自己的大量維生素C，這就特別有意義了。病毒如流感病毒，似乎能迅速摧毀動物的抵抗力，即使是像老鼠這種能合成維生素C的動物也不例外。這更強調了補充維生素C的必要，而且要立即且非常高劑量，才能有效對抗流感和其它病毒疾病。

雖然不像其它病毒疾病的報告那般詳盡，適當劑量的維生素C似乎還是對流感有立即效果的。克萊納及其它人所治療的一些病毒疾病，大多是混合型病毒感染，包括流感。正如前面指出，混合病毒症候群通常病毒的負荷量較大，需要更強效的維生素C療法。因此，只要是混合病毒症候群能被克萊納所治癒，包括流感病毒在內，我們就可以很合理的

推論，流感病毒能夠單獨被較低劑量的維生素C所根除。流感已是另一個可治癒的病毒疾病，而且保持充足維生素C，應該很容易從一開始就預防染病。

狂犬病（預防；治療 -?；逆轉 -?）

狂犬病是一個特別可怕的病毒疾病，會造成無情的、幾乎難逃一死的腦炎。最初的症狀出現前的潛伏期很長，平均一至兩個月。傳統治療的目的，是最初接觸到病毒後試著阻止它侵入神經系統，以及使用疫苗，和其它型式的免疫療法。《希氏醫學教科書》聲稱，狂犬病一旦侵犯神經系統將無法治癒。

克萊納在他的出版當中並未報告過狂犬病病患的治療。基於他曾在許多其它病毒疾病上取得的成功，克萊納堅信，施用適當劑量的維生素C能摧毀所有遇到的病毒。假使遭遇「失敗」，克萊納用更大量的維生素C，通常是靜脈給予，通常都能解決。

> 假使遭遇「失敗」，克萊納用更大量的維生素C，通常是靜脈給予，通常都能解決。

阿瑪托（Amato）（1937）曾證實，狂犬病病毒可被維生素C去活性化（殺死）。在很久後，班尼克（Banic）（1975）用天竺鼠實驗了維生素C對狂犬病病毒的效果：有四十八隻動物作為實驗組（使用維生素C），五十隻動物作為對照組（沒有使用維生素C），班尼克發現，以維生素C治療的動物比沒有接受維生素C治療的動物，有較高的存活率，並且在統計上有顯著的差異。他的結論是：維生素C可有效預防狂犬病。班尼克也指出，對已經發生癱瘓的動物，繼續維生素C的使用並沒有任何治療效果。

不過，班尼克只用動物體重每公斤100毫克的維生素C，每天2次

肌肉注射持續七天。反觀克萊納則是在他的一些病人身上使用多達每公斤體重700毫克的維生素C靜脈注射。而且，克萊納的用藥會反覆給予，密集到每兩小時一劑，直到良好的臨床反應出現。再者，克萊納常常額外加上很大量的口服維生素C，隨靜脈注射一起服用。如果班尼克更積極些使用更大量的維生素C，他的結果一定會更加戲劇化才是。如果其它病毒疾病引起的不同程度癱瘓，可以用克萊納這種大劑量的維生素C徹底逆轉，那麼，就算已經癱瘓的動物，班尼克給予更大劑量維生素C的話，其中一些應該有可能得到醫治。

在任何情況下，也絕對沒有理由不以靜脈注射高劑量維生素C來治療所有的狂犬病受害者。即使醫生仍要遵守目前的建議，施打本身是劇毒的長效疫苗，但在同時給予維生素C，也應該是必須採用的。

雖然狂犬病的確像是可以預防的疾病，但卻還沒有那樣的研究，可以合理指稱狂犬病為維生素C治療得以逆轉或治療的疾病。不過，這似乎只是因為缺乏嘗試用大劑量靜脈注射維生素C去治療狂犬病的紀錄罷了。沒有理由懷疑狂犬病不會像前述其它危急生命的病毒疾病一般，對維生素C產生同樣驚人的反應。

愛滋病（逆轉和預防；治療 ？）

後天免疫缺乏症候群（愛滋病）已存在將近二十年，毫無爭議演然已成地球史上最廣為人知的疾病症候群。它是感染人類免疫缺乏病毒（HIV, 愛滋病毒）的人最終會發展成的疾病。除了在那些有很大比例人口已感染的地區，全球愛滋病毒感染的疫情，並沒有呈現減緩的跡象。

看世界衛生組織（WHO）的數字：1991年世界衛生組織估計全球有八百萬到一千萬的愛滋病毒感染者，1993年估計感染人數提高為一千兩百萬到一千四百萬，2000年尾，感染病例數上看三千六百萬。此外，世界衛生組織還估計，1999年已有兩百六十萬人死亡，而2000

年有三百萬人死亡。

在非洲，大多數早期感染和新感染的死亡病例仍持續在發生，世界其他國家不該對這種病毒感到安全。愛滋病毒就像任何其它病毒，會攻擊並感染免疫系統最弱的那些人。營養不良和整體健康不佳，向來是病毒感染的前題。還有，每天攝取的維生素 C 含量和儲存於體內的維生素 C 含量，將是愛滋病毒或任何其它病毒是否會上身的主要因素。所以像愛滋病毒（另外還有伊波拉）這樣的病毒，雖然可以在很多飢餓體弱的非洲國家大流行，同樣也可以攻擊任何其它地方營養缺乏和免疫力缺乏的人。

卡斯卡特（1984）報告了他用維生素 C 治療愛滋病患者的經驗。他的結果明確指出，愛滋病和愛滋病毒感染，是可預防和可逆轉的情形，他臆測，假如積極的維生素 C 治療持續的時間夠長，愛滋病是有可能治癒的。愛滋病的可逆轉性在有了維生素 C 後，可以從最小的症狀緩解和逆轉到愛滋病相關症狀的完全抑制。不過，這個完全抑制和治癒是有所區別，因為，當卡斯卡特建議的高劑量維生素 C 維持方案一旦停藥或大幅減少時，愛滋病症狀通常會再出現。

儘管卡斯卡特偶爾也用靜脈注射維生素 C 來治療愛滋病，但他最常用的還是口服維生素 C。他發現每天約 50000 到 200000 毫克的維生素 C（以抗壞血酸粉末的形式）可抑制很多愛滋病病人的症狀。並且大大降低了愛滋病患續發性的感染。續發性感染是愛滋病患死亡的直接原因，也是造成很多和疾病有關的痛苦。還有一

每天攝取的維生素 C 含量和儲存於體內的維生素 C 含量，將是愛滋病毒或任何其它病毒是否會上身的主要因素。

他發現每天約莫 50 到 200 公克的維生素 C（以抗壞血酸粉末的形式）可以抑制很多愛滋病病人的症狀。

點，當高劑量的維生素C給藥方案已消除臨床症狀，這些病人的症狀雖然能維持不錯的緩解，但他們的輔助T細胞（helper T-cell，免疫細胞）數量，仍顯示有被抑制的證據。〈編審註：T細胞的大量減少，是臨床上診斷愛滋感染的主要依據。〉

卡斯卡特（1981）是首位根據腸道耐受性，描述調整維生素C劑量用法的人。不論是以抗壞血酸，或是以抗壞血酸鹽比如抗壞血酸鈉的形式，大劑量的口服維生素C，確實都會造成水瀉。這在高濃度未被吸收的維生素C到達直腸的時候會發生。高濃度的維生素C很自然會使液體從週圍組織流向它，形成直腸內的大量液體，而需要緊急疏通。這個過程也就是在治療當中必須確實喝大量純水的原因之一。因為在短時間內會有大量液體流失，而維生素C也發揮它本身的輕微利尿（刺激尿液產生）作用。只有**極少數情況下，維生素C會出現負面效應，但當它真的發生（見第四章），通常也只是因為脫水的病人沒有攝取足夠的水分和流質。**

卡斯卡特也發現，任何形式的壓力條件，尤其是病毒感染，會大大的增加體內維生素C的耗損速度。這樣的壓力條件將允許患者吃下比通常會引發腹瀉反應要多得更多的維生素C而不至腹瀉。維生素C匱乏的人，會在腸道前段吸收掉充足的維生素C，因此永遠不會有那種高濃度的維生素C到達直腸產生腹瀉的現象。通常是，病人病情越重或壓力越大，會有越多的維生素C被吸收利用。卡斯卡特提出十年期間他用腸道耐受性這個觀念，以維生素C治療了超過九千個病人的報告。愛滋病是卡斯卡特以維生素C治療的疾病之一，也一致顯示出最大的腸道耐受性。換句話說，愛滋病展現出比大多數其它傳染性或非傳染性疾病，具有更快速地利用及代謝維生素C的能力。或許只有一個急性和大規模的病毒感染，如伊波拉，會持續再需要更多維生素C。

從他用維生素C治療超過250個愛滋病毒陽性患者，包括全面爆發型愛滋病的經驗，卡斯卡特（1990）提出一些相當明確的反應模式。不

意外的，他注意到臨床改善似乎和所給予的維生素C量成正比，這也和開始治療時病人臨床嚴重程度有關。卡斯卡特宣稱，假如攝取足夠的維生素C去中和（neutralize）疾病過程中的毒性，任何愛滋病患都可以得到緩解，而且任何續發性感染都能被充分治療。卡斯卡特進一步發現，CD4細胞數量——愛滋病毒感染者身上會降低的一個重要免疫細胞——常常對維生素C治療有正面反應。在維生素C最佳劑量的給予下，CD4細胞的消耗程度可以減緩，停止甚至逆轉好幾年。由於CD4的細胞數量是立即預後的重要指標，具有特別的意義。當它低於一定的水平而沒有回升，就隨時可能會罹患各種可能危及性命的感染。

不意外的是，他注意到臨床改善似乎和所給予的維生素C量成正比，也和開始治療時病人臨床嚴重程度有關。

在維生素C最佳劑量的給予下，CD4細胞的消耗程度可以減緩，停止甚至逆轉好幾年。

當愛滋病患以病危的樣子呈現在卡斯卡特面前（例如卡氏肺囊蟲肺炎（pneumocystis carinii pneumonia），或附帶廣泛散佈的病毒感染，例如皰疹或巨細胞病毒），他會給病人高達一天180000毫克的維生素C靜脈注射，直到臨床上穩定性足夠了，才改用口服維生素C維持治療。和克萊納的用法一樣，口服維生素C初期通常是與靜脈注射併用。假使病人有狀況無法容忍大量口服維生素C（抗壞血酸），卡斯卡特也會用靜脈注射來開始。病人整體情況一有改善，通常就比較可以容忍口服給藥。為避免復發，卡斯卡特強調，要教導病人終身需藉由腸道耐受性來決定高劑量口服維生素C的重要性。

卡斯卡特並指出，就算愛滋病毒可能完全消除也未必一定能消除疾病的症候群。就好比第一型（juvenile-onset, 幼發型）糖尿病被認為可

能是由於胰臟分泌胰島素的細胞受到病毒破壞，愛滋病可能代表著免疫系統永久損壞的一個狀態。但即便如此，仍舊有很好的理由相信，也許不是所有愛滋病患的免疫系統，都維持在永久損壞的程度裡。因此，完全消除侵犯的病毒，仍有可能治癒一些病人。

卡斯卡特的建議是，每天給予最少180000毫克維生素C靜脈注射至少兩週，並同時口服攝取腸道所能耐受之劑量的維生素C，可能完全的根除愛滋病毒，甚至達到愛滋病的臨床痊癒。不過他也註明，嘗試此法的愛滋病患至少有一人，依這個給藥方案是沒有成功治癒的。

大體而言，所有急性病毒症候群，都有可能以迅速積極的維生素C療法治癒。只不過，有些病毒感染沒有被馬上確實處理轉變為慢性，疾病的過程在病理上就不再和急性時期相同了。急性感染不會有的結果，像是組織的二次傷害和自體免疫反應的煽動，可以改變基本的疾病過程。但這又會反過來改變維生素C和其它藥物或治療的反應。所以任何愛滋病患在轉換成終身腸道耐受劑量的口服維生素C以前，只要有機會，最好都繼續接受高劑量靜脈注射維生素C的每日用藥，也許一個月或是更久。

要完全根除愛滋病比其它病毒感染困難得多，一個可能原因是由於病毒窩藏在之前所提的CD4淋巴細胞。《希氏醫學教科書》上寫著，任何一個被感染的人身上，在潛伏期，約有一百萬個帶有CD4抗原的淋巴細胞含有「穩定併入的病毒原（provirus）」。病毒原是感染病毒的核酸（去氧核糖核酸（DNA）或核糖核酸（RNA）），它實際上是被嵌入在患者宿主細胞的染色體內。使得每一次細胞複製時，會跟隨細胞的DNA一起無限複製。不過，在CD4細胞被任意刺激活化以前，病毒的核酸是不會自己活化產生病毒的。結果就是，這個未活化病毒的傳染窩（reservoir）將使得治療比較不容易進入細胞，包括維生素C。按照邏輯，維生素C必須要以靜脈注射給予，才能超出病毒可能結合的CD4細胞和身體任何其它細胞的壽命。由靜脈給予維生素C，可預期能中和

死亡細胞釋放的病毒DNA或RNA；或者預期會中和DNA或RNA釋放時再次形成的病毒顆粒。

這個相同理由也適用於一些已知和病毒感染有關的癌症〈編審註：如鼻咽癌（E.B病毒）、子宮頸癌（人類乳凸病毒等））〉。有些癌症要達到痊癒的話，維生素C靜脈注射可能要每天使用，持續一個月或更久。較保守的劑量可能只會有臨床症狀的改善，或達到緩解，之後也可能會復發。

愛滋病是以免疫功能受損為特徵的症候群，所以如果會抑制免疫力的毒素來源能夠消除的話，將可以使維生素C治癒愛滋病患的潛力發揮最大效益。賀金斯（Huggins）和李維（Levy）（1999）與其它研究學者長時間觀察，日常接觸的致命齒科毒素，對於健康的影響。這類毒素，不僅直接利用和代謝掉原本要用來維持健康的大量維生素C，這些毒素也進一步發揮對免疫系統和身體毫不留情的負面影響。這類牙齒毒素，包括汞合金補牙的汞，還有根管治療後嚴重感染的牙齒、蛀牙和牙齦（牙周）疾病所發現到的厭氧細菌代謝出來的毒素（庫勒克斯（Kulacz）和李維,2002）。此外，其它生物不相容和有毒的牙科材料，例如很多牙套和矯正器的鎳，其毒性會在嘴巴裡持續多年。如果一個愛滋病人在進行上述維生素C治療的深入療程以前，可以脫離這龐大的日常毒性壓力，那麼戲劇性的逆轉甚至是臨床治癒，就可能成為普遍現象。

相當大量關於維生素C對愛滋病毒感染者有益的研究。已有感染愛滋病毒的男性，湯（Tang）等人（1993）報告，在調整過混淆變數（confounding variable）後，發現愛滋病進展較慢與攝取大量的幾種營養素（菸鹼酸即B_3，維生素C和維生素B_1）有關。艾略德（Allard）等人（1998）可以證實，非常少量的口服維生素C（相對於上述卡斯卡特所用的腸道耐受劑量）加上維生素E，顯示了正面效果。

僅1000毫克的維生素C和800國際單位的維生素E，給愛滋病毒感染者每天使用，三個月後，發現自由基壓力減少以及實際病毒量下降。

連同科特勒（Kotler,1998）在內的作者們建議，愛滋病毒感染者應考慮常規使用抗氧化劑，比方維生素C和維生素E，因為受感染者約只有百分之十的人能負擔得起現有的愛滋病處方藥物。森巴（Semba）等人（1993）也報告，維生素A的缺乏，「在第一型愛滋病毒感染的疾病進展上，似乎是個重要的危險因子」。當然，每天服用合理劑量的抗氧化維生素，來幫助維生素C維持免疫系統，看來是明智的。

雖然卡斯卡特在愛滋病使用很大劑量維生素C的廣泛經驗，證實了長時間施用維生素C對病人有益，甚至提高了CD4淋巴細胞計數，卻還是繼續有研究試圖去質疑維生素C的益處，而不建議使用。

伊拉（Eylar）等人（1996）檢查培養出來的純化人類T細胞，發現在試管中與不同濃度維生素C一起培養這些細胞，暴露至少18小時後，細胞以一種不可逆的方式被破壞。這些作者們單單以此為依據，對愛滋病及癌症病人使用大劑量維生素C提出警告。而且他們的文章標題很多讀者和審稿人通常只看的部分，只陳述維生素C對人類T細胞是有毒以及抑制免疫力的。但這些研究人員卻從未提及**此效果是只在試管中，而非在人體所觀察到的結果**。只有18小時處理的時間是不合理的，假使對於卡斯卡特多年來的愛滋病毒感染者其維生素C攝取有任何一點認知的話，那麼對這些研究員所得到的極端推斷，便會完全不考慮採納。試管的研究可以是非常有價值，但它不能總是直接關聯，並用於身體內所發生的事。這些研究員在警告愛滋病及癌症病人不能使用大量維生素C之前，有義務知道那些已累積的大量正面臨床數據，而那極可能是可提供給他們的最好的治療方法。

維生素C已被證實在全血（whole blood）與培養基中，可直接殺死愛滋病毒。羅爾（Rawal）等人（1995）推論，使愛滋病毒完全失去活性的維生素C濃度，並未顯示出任何可定義為有害影響。而且，在血液中由維生素C導引的愛滋病毒去活性化，並未看到對**血小板**有負面的影響。血小板是血液中黏稠的成分，用來幫助啟動凝血。在輸給病人的血

液製品中，例行加入維生素C，不僅消毒還同時存在改善病人營養的可能。有這麼一個方法能例行消除血液和輸血製品中的愛滋病毒，也可以有效避免輸到來自已感染但尚未產生愛滋病毒抗體的捐贈者，因為感染愛滋病毒的血，在常規檢驗中測不出來的。針對欲輸的血液進行這種有效處理，將可能不需要再對這種血液作傳染源的常規檢測。

> **維生素C已被證實在全血（whole blood）中和在培養基中，都可直接殺死愛滋病毒。**
> **由維生素C導引的愛滋病毒去活性化，並未看到對血小板有負面影響。**

卡明（Cumming）等人（1989）發現，這種不受歡迎的輸血，隨著時間風險似乎會降低。但這種輸血仍然會發生，因為以維生素C預先處理血液，**並在輸血前和輸血後，給予要接受輸血的病人維生素C，以增加對傳播感染的保護力**。至今仍沒有令人滿意的理由。

除了上述能直接殺死愛滋病毒的能力外，維生素C也顯示對已感染愛滋病毒的細胞，具有毒殺能力。里瓦斯（Rivas）等人（1997）表示，在高濃度的維生素C治療下，被感染愛滋病毒之細胞其複製或生存的能力將會減少。稍早前，哈拉克（Harakeh）等人（1990）指出即使維生素C的濃度不足以對感染細胞產生毒性，但仍導致細胞內對病毒繁殖有明顯抑制。維生素C已被證實可抑制讓病毒DNA本身複製的病毒酶（反轉錄酶）。

雖然這些實驗性研究並沒有提供如何以維生素C治療愛滋病毒感染患者的明確指引，但依舊指出，身體達到維生素C需求的最佳濃度，可抑制感染細胞內的愛滋病毒活性，並優先殺死感染細胞，或延緩感染細胞的繁殖。

哈拉克和業里瓦拉（Jariwalla）（1991）調查了維生素C對T淋巴球裡愛滋病毒的複製能力有何影響。他們的研究結果驗證了維生素C的

「強效抗病毒作用」。也暗示維生素C「在控制愛滋病毒感染上具有治療價值」。哈拉克和業里瓦拉（1997）後來進一步探討維生素C在受感染的T淋巴細胞裡，抑制愛滋病毒活性的能力。他們的報告是，維生素C似乎藉由一個獨立的機轉來加速此作用，因此更進一步證明維生素C帶來的好處不只僅有強效抗氧化活性的這個觀念。

維生素C也被證明，能修復愛滋病毒感染患者在傳統藥物副作用所產生的損害，已達到臨床狀態的改善。

疊氮胸苷（zidovudine,AZT）經常用來治療愛滋病毒陽性患者，它有一個常發生的副作用，就是以**肌肉無力**為典型表現的肌肉疾病（myopathy）。阿孫遜（De la Asuncion）等人（1998）推測，這種肌肉疾病主要是因肌肉組織存在於粒線體中的DNA受到氧化損傷。粒線體是細胞能量產生的主要部位，當粒線體功能受損時，是患者察覺肌肉無力的主要原因。這些研究人員總結，大劑量的維生素C以及維生素E，能保護以AZT治療的愛滋病患者和老鼠，免於AZT造成的肌肉氧化損傷。高古（Gogu）等人（1989）之前發表過，單獨的維生素E也能增加AZT的治療效果。維生素C和維生素E都是抗氧化劑，兩者都能減少AZT毒性。

> 大劑量的維生素C以及維生素E，保護了以AZT治療的愛滋病患者和老鼠，免於AZT造成的肌肉氧化損傷。

脊髓病變（myelopathy），即脊髓的病理學，其症候群與第一型人類嗜T淋巴球病毒（human T-lymphotropic virus,type 1,HTLV-1）有關。人類嗜T淋巴球病毒常和愛滋病毒相關聯，以混合感染存在。事實上第三型人類嗜T淋巴球病毒是愛滋病毒早期的標誌。片岡（Kataoka）等人（1993,1993a）報告了七個脊髓病變的病人，七個全部對維生素C治療「反應良好」。

雖然已有人指出，任何型式的壓力尤其是感染，利用與代謝維生素

C的速度會比較快，這是專門在愛滋病毒感染所作的研究。崔庭格（Treitinger）等人（2000）發現愛滋病毒感染者，血漿維生素C濃度比對照組的人還要低。他們的結果暗示，抗氧化防禦的異常與愛滋病毒感染的進展有直接相關。依照類似的方法，穆勒（Muller）等人（2000）發現，**以維生素C和N-乙醯基半胱氨酸（N-acetyl cysteine）作為抗氧化劑補充，只要六天，八個愛滋病毒感染患者在特定免疫功能以及病毒的活性指標上，都出現驚人的效果**。特別是在五個病情進展最嚴重的病人，CD4 T淋巴細胞數量明顯上升，而且這些CD4細胞內的穀胱甘肽（glutathione，另一個重要的抗氧化劑）含量也上升。相反地，血漿中病毒相關的RNA含量則下降。

依芙蘿（Everall）等人（1997）發現，死於神經系統毒性的愛滋病患者，大腦受影響最嚴重的區域維生素C含量有明顯降低。和其它傳染性疾病一樣，必須攝取足量的維生素C才能補充之前的匱乏，以及應付感染本身。斯格尼克（Skurnick）等人（1996）提出愛滋病毒陽性患者和對照組的調查，發現幾乎有三分之一愛滋病毒陽性患者，即使正在補充維生素，也至少有一種抗氧化物低於正常水平。

鮑格登（Bogden）等人（1990）也反映，在他們研究的愛滋病毒陽性患者裡，27%的人血漿維生素C濃度低於正常值。從更普遍的整體抗氧化劑的含量來看，麥勒摩（McLemore）等人（1998）發現愛滋病毒陽性患者比起對照組的人有顯著偏低的水平。巴格齊（Bagchi）等人（2000）指出，愛滋病只是大量自由基和氧化壓力造成部分臨床症狀的多種疾病之一而已。

當進行任何形式的愛滋病或其它疾病的研究時，營養補充的問題是一個特別重要的考慮因素。維生素C是目前數以百萬計的人非常普遍攝取的補充品，但很多探討特定情況下不同藥物效果的研究，卻從未考慮病人是多麼努力在以維生素C和其它營養成分做自我治療。還有，這樣的病人也時常是在他們剛被診斷出後就立即開始積極的補充，而這會進

一步模糊掉同時間任何醫囑用藥之獨特效果的判斷。現代醫學對於當今在很多疾病所見臨床反應改善的原因，有很多說法。很多改善可能是由於自行使用維生素C和其它重要營養物質的增加，以及加入包裝食品的抗氧化物及其它營養物質的含量增加所致。

　　一個合理的結論是，愛滋病毒的感染和全面爆發型的愛滋病，如果長期維持足夠劑量的維生素C，都是可以有效控制的疾病。更有證據指出，許多疾病的病理和許多實驗室檢查的異常，在足夠劑量的維生素C給予之後，可被明顯逆轉或甚至回復正常標準。跟所有其它病毒一樣，也沒有理由不相信，日常夠高劑量的維生素C，甚至可以從一開始就防止大部分的愛滋病毒感染。

　　然而，用維生素C治癒愛滋病和愛滋病毒的感染，仍有待更清楚的證明。因為愛滋病毒感染會在CD4陽性淋巴細胞（也極有可能在其它免疫細胞和組織）休眠的獨特性，使得要完全消滅感染病毒，變得更加困難。首先必須完全移除。讓免疫系統受壓抑的齒科毒素和其餘毒素來源，一旦所有能夠被移除的毒性來源離開身體，配合長期一系列高劑量維生素C靜脈注射，加上接近腸道耐受劑量的口服維生素C，實際上有可能使愛滋病毒感染者痊癒。

感冒（逆轉和預防；治療 -?）

　　普通感冒是急性病毒性疾病，典型特徵為咳嗽、喉嚨痛以及鼻部症狀（流鼻水、鼻塞）。該疾病也被稱為急性鼻炎（acute coryza），或上呼吸道感染。有多種病毒可以導致感冒，其中有一些並不會產生免疫力，同一種病毒可能會使人反複感染。如同大多數其它病毒的感染，醫學教科書宣稱沒有抗病毒劑可用於治療感冒。

　　感冒通常是自限性（self-limited）的，最明顯的典型症狀是持續約一週。然而，重大的感冒也能嚴重抑制免疫系統，緊接著耗損身體的維

生素C存量。感冒亦能導致重疊感染（superimposed infections），變成身體其他器官也受到感染，像是在病毒性肺炎、腦炎或腦膜炎的情況。

鮑林（Linus Pauling）（1970），他是唯一曾兩度獨得諾貝爾獎。他提倡高劑量維生素C用於感冒上，可能比用於任何疾病上，更值得關注。因此為他帶來許多醫療機構成員的批評與攻擊。

鮑林所寫的關於維生素C對感冒有利影響的書，刺激了這個主題的許多後續出版物。但很不幸，他的出版物以及其它許多人，並沒有因此注意克萊納在感冒上對這麼多不同病毒有效使用的維生素C劑量。如本章節先前所言，克萊納使用維生素C治癒的很多比感冒嚴重的病毒疾病，而且散佈全身的病毒量（viral loads）也大得多。但嚴重的感冒很可能也會有跟單純流感同等的病毒量，而克萊納證明治癒流感所需要的維生素C，比鮑林建議的普通感冒用量要大許多，而且維生素C至少有一些得要靠注射，不能只是口服。儘管如此，鮑林能證明維生素C遠比克萊納所用的劑量還小，而且對於普通感冒會有正面效果。

在決定最佳劑量的腸道耐受性方法時，卡斯卡特（1981）發現，感冒似乎需要比這項觀察所發表的研究報告建議的維生素C，要高出許多劑量。更明確地說，卡斯卡特描述「輕微感冒」達腸道耐受度前，通常需要30000到60000毫克的維生素C。他也指出「嚴重感冒」到達腸道耐受度前需要的維生素C，60000到100000毫克以上。根據腸道耐受所需的用量，卡斯卡特建議，把維生素用藥每天分成六至十五個劑量，分次給予，以保持最佳血液和身體組織中的水平。卡斯卡特甚至發現，大多數沒有明顯感染或疾病的正常成年人，在到達腸道耐受前可以容忍4000到15000毫克的維生素C。

在一篇回顧性論文中，漢彌拉（Hemila）和道格拉斯（Douglas）（1999）指出，在他們寫作時有已有超過六十個維生素C對感冒效果的研究被發表。而道格拉斯（2000）等人更於30篇調查口服維生素C治療感冒的效果之後總結，雖然感冒無法以維生素C劑量加以預防，但卻

有減少症狀持續的時間效益，而且有一些證據顯示，越大劑量導致越大的效益。

漢彌拉（1994）更早之前回顧自1971年以來所執行的調查，維生素C對感冒效果的21篇安慰劑研究對照，結論是維生素C能一貫地減少感冒症狀，但不會降低感冒發生率。這些研究的每日劑量相當於1000毫克，或稍微超過1000毫克的維生素C。從疾病持續時間和症狀嚴重度的觀點來看，觀察到的平均降幅為23％。

高登（Gorton）和賈維斯（Jarvis）（1999）設計了前瞻性對照研究，調查維生素C在預防感冒和流感，還有對已罹患者之症狀緩解，會有什麼效益，實驗組跟對照組相互比較。實驗組規律地接受一天三次1000毫克的維生素C。假如實驗組出現感冒或流感症狀，就立刻在前六小時每小時給予1000毫克維生素C，之後恢復維持劑量的時間表（maintenance schedule）。相對於對照組，接受維生素C的實驗組其感冒與流感症狀下降了85％。這個研究的意義，在於確認維生素C在大於維持劑量的「起始劑量（loading dose）」之重要性。雖說這個劑量的大小仍低於克萊納所例行使用，而且是以口服而非靜脈注射來給予，但這個研究與更早的維生素C-感冒研究相比，仍有助於樹立準確給予較大劑量維生素C的重要性。在給予起始劑量之後，可以用維持劑量來繼續，以達臨床效果。

卡羅士奇（Karlowski）等人（1975）發表了一篇來自國衛院的研究，按理說國衛院長期以來都抨擊維生素C對治療感冒的效用。漢彌拉（1996）分析了卡羅士奇等人經常被引用的結果，發現在這實驗裡，對那些每日維持3000毫克劑量的病人，每天再額外加3000毫克的維生素C，結果竟然在感冒持續時間上，明顯縮短17%。但卡羅士奇和他的同事駁回這個結論，認為那是安慰劑效應所造成。他們得出的結論認為是因為安慰劑嚐起來有跟維生素C不一樣的味道。漢彌拉指出，這安慰劑的解釋不可能正確，因為和其它研究所得結果相比，兩者之間症狀的減

少是相當近似的。再者，這17%的改善和漢彌拉（1994）所指一系列21篇安慰劑對照研究中的平均23%改善，也非常接近。

卡爾（Carr）等人（1981）也得出與上述結果一致的數據。他們用同卵雙胞胎作為對照去觀察維生素C對感冒的效果。結論是維生素C可以有效「縮短19%感冒發作的平均持續時間」。

對可能在狝猴（容易被源自人類的感冒病毒所感染之靈長類）引起類似感冒症狀之病毒，莫飛（Murphy）等人（1974）調查維生素C減輕其症狀的效果。這種動物的平均體重是400公克，而有補充維生素C的動物接受口服一天兩次的100毫克維生素C，等同於一個體重70公斤的男性一天接受約35000毫克的維生素C。作者的結論是，雖然維生素C無法預防病毒感染，但確實延緩疾病的發作，減少臨床症狀，也降低因感染而死亡的機會。

愛德華（Edwards,1968）以維生素C治療得到貓鼻氣管炎（feline rhinotracheitis,病毒性感冒的一種類型）的貓。每天一次1000毫克的維生素C由靜脈注射，直到臨床上恢復之後，再繼續每天口服250毫克。有治療的貓平均恢復時間是四點九天，沒有治療的對照組則是十三天。波非（Povey,1969）也報告了維生素C在貓病毒性鼻氣管炎的治療。雖然波非用的維生素C每日劑量（100毫克）比愛德華所用的要小很多，波非依然可以宣告有「一些證據」表明這些「高劑量」的維生素C能縮短恢復時間。

貝菲爾德和史東（1975）提出用維生素C治療一隻鼻氣管炎、生病非常嚴重的暹羅貓。維生素C的起始劑量是靜脈注射8000毫克（每磅體重1000毫克），分兩次給予。第一天過後再給兩劑4000毫克的注射，同時每天在貓食裡也加進2000到4000毫克。病貓恢復得很快，作者宣稱他們用同樣的方法「成功治療了約100個案例」。

肯定沒有理由認為造成普通感冒的病毒，大劑量維生素C的反應，會不如克萊納成功治療其它病毒疾病那樣的正面。假如感冒想在72小

時之內復原，通常靜脈注射大劑量的維生素C是必要的手段。相當輕微的感冒若很快以用腸道耐受劑量的維生素C治療，也可能在72小時之內治癒。但是一旦病毒量繁殖得過大，為了「先」發制人；「病毒」，起始劑量應該要由靜脈注射給予。雖然文獻沒有直接指稱感冒可被維生素C治癒，不過間接證據仍然指向如此。有足夠量的維生素C，確實顯示出症狀的可逆轉性，而每天攝取腸道耐受劑量的維生素C足以預防大多數感冒的發生。然而比起靜脈注射的維生素C，有一個最新開發包封在微脂粒中的口服維生素C，已展現出優異的生物利用率和臨床反應（見第五章）。

伊波拉病毒（治療 -？；逆轉 -？；預防 -？）

由於近年來似乎意圖引發恐懼的新聞報導，一個新的、無法控制的殺手病毒突然的出現——伊波拉病毒以被稱為出血熱病毒而聞名世界。事實上伊波拉病毒最早是在1976年被認識。其他較鮮為人知的相關病毒症候群，包括黃熱病（yellow fever）、出血性登革熱（dengue hemorrhagic fever）、裂谷熱（Rift Valley fever）、克利米亞－剛果出血熱（Crimean-Congo hemorrhagic fever）、凱沙奴森林病（Kyasanur Forest disease）、鄂木斯克出血熱（Omsk hemorrhagic fever）、漢他病毒出血熱（hemorrhagic fever with renal syndrome）、漢他病毒肺症候群（Hantavirus pulmonary syndrome）、委內瑞拉出血熱（Venezuelan hemorrhagic fever）、巴西出血熱（Brazilian hemorrhagic fever）、阿根廷出血熱（Argentine Hemorrhagic fever）、玻利維亞出血熱（Bolivian hemorrhagic fever）及拉薩熱（Lassa Fever）。伊波拉病毒的感染，也被稱為非洲出血熱（African hemorrhagic fever），具有上述病毒感染當中致死率最高的特徵，致死率從53%到88%。

這些病毒性出血熱症候群有著某些共同的臨床特徵。《希氏醫學教

科書》提到，這些疾病的特徵在於微血管脆裂（capillary fragility），意即容易出血，常造成嚴重休克和死亡。這些疾病也往往會消耗和破壞血小板，血小板對於凝血則扮演不可或缺的角色。**而這些病毒疾病的臨床表現就類似「壞血病」**，也是以微血管脆裂和容易出血的傾向為特徵。最明顯的特色是皮膚病灶的出現，由毛囊周圍眾多微小區域的出血進到皮膚。甚至有出血滲入已經癒合的傷疤的情況。

　　典型壞血病會在身體維生素C漸漸耗損過程中緩慢進展。在所有維生素C完全耗竭而廣泛出血以前，對於感染，免疫系統將造成嚴重受損以甚至奪走患者的生命。而伊波拉病毒和其它病毒性出血熱一樣，在有任何致命感染機會確立前，是更可能會引起出血的。而且病毒將會以迅雷不及掩耳的速度消耗並榨乾受害者體內所有可利用的維生素C，以至於疾病出現沒幾天的時間，壞血病的臨終症狀就會出現。

> 這些病毒疾病的臨床表現就類似「壞血病」，也是以微血管脆裂和容易出血的傾向為特徵。

> 病毒將會以迅雷不及掩耳的速度消耗並榨乾受害者體內所有可利用的維生素C，以至於疾病出現沒幾天的時間，壞血病的臨終症狀就會出現。

　　如此徹底的壞血病，使血管尚未達到止血，讓感染有機會引發併發症之前病人就已死亡。而且病毒性出血熱通常只在那些體內維生素C存量低，例如嚴重營養不良的非洲人口中肆虐，並達到流行病的程度。這類感染出血性病毒患者常常在免疫系統啟動恢復以前，就徹底掃蕩維生素C庫存。當人體被感染病毒侵入維生素C便會很快耗盡，免疫系統也同樣會枯竭和受損。而且在遍佈全身的出血已開始後，一切都太遲了！

　　到目前為止，沒有病毒感染被證明對維生素C的適當給藥具有抗藥

性，正如克萊納經典的研究顯示。只是並非所有的病毒，都以克萊納所用的劑量大小之維生素 C 治療，至少結果尚未被發佈。伊波拉病毒感染和其它急性病毒性出血熱似乎是屬於這一類疾病。由於這些病毒有迅速消耗人體維生素 C 庫存這種特殊的能力，為了要有效逆轉甚至治癒這些病毒造成的感染，就可能需要**更大量的維生素 C** 才行。如前面提出腸道對維生素 C 耐受性這個概念的卡斯卡特（1981），推測伊波拉和其它急性病毒性出血熱達到腸道耐受性可能需要**一天 500000 毫克的維生素 C**！研究口服微脂粒維生素 C 在這些進展快速的病毒症候群的效果，將會非常的有趣。

不管這個臆測是否準確，這些感染類似壞血病的臨床表現似乎很清楚的證明，維生素 C 的使用方式必須要積極，且以極高劑量來給予。假若疾病越嚴重，那麼就應給予更多的維生素 C 直到症狀開始和緩。顯然這些是絕對需要靜脈注射高劑量維生素 C 作為初始治療的病毒疾病。口服給藥也應同時開始，直到臨床反應完全以前，靜脈注射途徑都不該捨棄。當出血熱給予維生素 C 的用量過於保守，那麼死亡很快便會發生。

貝菲爾德和史東（1975）報告了治療動物身上各種病毒感染的很大的成效，並強調他們靜脈注射維生素 C 沒有病毒是不反應的。特別是針對病毒疾病，他們聲稱：

抗壞血酸（維生素 C）的靜脈使用對病毒疾病的治療尤其具有價值，因為它似乎是一個非常有效且不具毒性的殺病毒劑。我們還沒見過有任何病毒疾病對這個治療是沒有反應的。而足夠大的劑量的使用是成功治療的關鍵。

依貝菲爾德和史東在動物的病毒感染使用維生素 C 的經驗來看，克萊納在人類使用維生素 C 治療病毒感染的報告更是非凡。這也暗示，伊波拉病毒感染和其它急性病毒性出血熱也應該會對足夠劑量的靜脈注射維生素 C 有所反應。

而有能力產生類似伊波拉出血併發症的另一種病毒疾病是天花

（smallpox）。類似水痘，但更易致命，天花在整個歷史上可能已經殺死了1億人口。天花在營養狀況最匱乏，邏輯上體內維生素C存量屬於最低的那些人口來說，是有史以來最致命的疾病。

文獻中雖然找不到維生素C對天花病毒效果的直接證據，但是天花疫苗當中的病毒，卻可輕易被維生素C殺死。這個被稱為牛痘病毒（vaccinia virus）的病毒，與天花病毒密切相關，因此接種它通常會產生對天花的免疫力。由於牛痘和天花病毒之間的這種相似的運氣，可以避免直接接種一些減弱或減毒形式天花病毒的需要，因而降低了意外感染天花的機會。

克里格勒（Kligler）和伯恩寇夫（Bernkopf）（1937）以及透納（Turner,1964）發現，**相對少量的維生素C就可以輕易殺死這個相關的牛痘病毒**。他們注意到，病毒去活性化的程度，取決於維生素C的濃度及它接觸病毒的時間長短。在永恩布拉特（1935）證明維生素C可將小兒麻痺病毒同樣地去活性化之後不久，這些研究也跟著完成了。所有這些研究都表示，為了指出維生素C能中和或殺死不同微生物的廣泛能力所作的努力。儘管牛痘病毒不是天花病毒，目前提出的一切證據也都強烈主張，適當給予足量的維生素C，應能像其它致命的病毒症候群一樣，輕易的被控制並且治癒天花。

對於還在憂心伊波拉病毒是無法治療的疾病，只能等待他們身體健康被擊倒的那些人，不妨參考最近發表指出無症狀的伊波拉感染確實發生在人類的證據。雷羅伊（Leroy）等人（2000）去檢查一些與罹患伊波拉的病人有直接接觸但從來沒有出現症狀的人。這些人的血液檢測顯示出在感染病程早期有強烈發炎反應發生的證據，而且無症狀的這群人裡，約半數有伊波拉病毒特異性抗體產生。所有這些證據皆提供了對於遇上伊波拉病毒，並不表示會立即死亡的這個概念。伊波拉病毒也極不可能順利讓一個整體營養狀況很好的人患病，還有讓日常攝取腸道耐受劑量維生素C或每日合理劑量微脂粒維生素C的人患病。

非病毒性傳染病與維生素 C

白喉（治療和預防）

　　白喉是嬰兒和小孩常見的急性細菌性傳染病，主要影響上呼吸道，通常會有一層堅硬的膜覆蓋在受影響最嚴重的組織上。事實上白喉這個字面上的意思是「皮革（leather hide）」，意指這一層惡名昭彰出名的假膜是如何的堅硬。這個感染菌叫做革蘭氏陽性桿菌（gram-positive bacillus），會產生迅速蔓延到心臟、神經和腎臟的潛在致命毒素。白喉會從原發感染（primary infection），也會製造疾病特異性毒素（disease-specific toxin），從這兩方面同時引起疾病的傳染病之一。而維生素 C 特別適合治療像白喉這樣的疾病，因為它很獨特，既消除感染，也能中和相關毒素，而且本身不俱任何重大毒性。

> 維生素 C 特別適合治療像白喉這樣的疾病，因為它很獨特，既消除感染，也能中和相關毒素，而且本身不俱任何重大毒性。

　　過去幾十年來，白喉一直有著 5% 到 10% 之間的致死率。這種感染主要以傳統治療，取自馬血清的解毒劑（antitoxin）加上抗生素，例如盤尼西林、紅黴素或克林黴素。對解毒劑的立即過敏反應，整體發生率為 15%。在大一點的孩子身上有 20% 到 30% 的個案，使用解毒劑後會出現血清病（serum sickness）的症候群。所以通常會再持續一到兩週，特點是關節發炎和更久的發燒。此外，也有可能是來自任何一種抗生素的不良反應或副作用。

　　克萊納（1949 年 7 月）以維生素 C 治療白喉上也有過許多成功案例。他十分強調，需要「**頻繁大量劑量**」的維生素 C 由靜脈注射或肌肉注射來治療。一般而言，四歲以上的病人如果可能的話，克萊納會選擇

靜脈注射。每當孩子看起來咽咽一息，無論診斷為何，他都會使用靜脈注射。

關於治療白喉，克萊納還特別提出每隔兩小時只給1000到2000毫克的口服維生素C，通常只會產生一點點反應。假如給予足量維生素C經由靜脈或肌肉注射，要治癒白喉是很容易的事。後來克萊納（1974）宣稱，**當靜脈注射維生素C的劑量以每公斤體重500到700毫克之間**，並用20號針頭，讓它以病患心血管系統能容許的速度去快速輸注，他見證到**白喉、溶血性鏈球菌（hemolytic streptococcus）和葡萄球菌（staphylococcus）的感染能在幾個鐘頭內清除。**〈編審註：上述二種細菌皆是以抗藥性聞名而發展出惡名昭彰的超級細菌如：

> 當靜脈注射維生素C的劑量以每公斤體重500到700毫克之間。
>
> 白喉、溶血性鏈球菌和葡萄球菌的感染能在幾個鐘頭內清除。

MRSA等，令醫院無力招架的元凶細菌。〉既然維生素C也是終極的解毒劑或抗病毒劑（第三章將詳細討論），就不再需要抗毒劑了〈編審註：自從預防針普及後，白喉已不復見，但有偶發個案時，美國疾控中心CDC至今仍以抗毒劑antitoxin為主要治療手段而非維生素C。〉。維生素C對各類中毒的解毒效果，比任何其它已知藥劑的效果來得更廣泛。這也是為何維生素C特別適合用於治療白喉和其他傳染病的另一個原因，因為這些疾病不僅產生特定毒素，還會產生來自微生物代謝以及微生物宿主間交互作用形成醫學上難以辨識的有毒副產物。眾多德國學者〔（班伯格（Bamberger）和溫德（Wendt,1935）〕；班伯格（Bamberger）和蔡爾（Zell,1936）；迪克霍夫（Dieckhoff）和謝勒（Schuler,1938）；斯勒梅（Szirmai,1940）都記錄了維生素C治療白喉的優越結果。

克萊納（1949年7月）並注意到，當白喉對維生素C產生反應時，附著在喉嚨受影響最嚴重的組織上那層堅硬的假膜，會呈現逐漸地分

解，而不是像使用抗毒劑時那樣突然的脫落（蛻皮）。他還說明，以維生素C治癒白喉所需要的時間，是以抗毒劑治療來讓這層膜脫落所需要的時間大約一半。

麥柯米克（McCormick,1951）對白喉會有的出血傾向做了說明，並且指出「壞血病」和「出血傾向」之間的關聯。能同時製造潛在毒素的任何傳染病，預期會更快地消耗人體內維生素C的庫存；假如維生素C沒有迅速大量給予，可預期因這個急性誘發的壞血病，而產生不同部位的出血。白喉病人很容易流鼻血，而當這層假膜被移除時，大出血並不少見。麥柯米克也提到，十八世紀在歐洲的中部和北部，白喉是特別可怕的病，致死率大約80%。他將此歸因於當時缺乏新鮮水果可用，造成普遍維生素C匱乏的原因。

克萊納還曾報告住在同一社區三個得到鼻白喉（nasal diphtheria）的小孩，確切來說，是影響到鼻腔黏膜，從鼻子產生特有的血性分泌液。鼻白喉的膜出現的地方是在鼻腔而非喉嚨。三個孩子分別看不同的醫生，最小的女孩是克萊納照顧的，前24小時裡是每8小時直接以50cc針筒緩慢「注射」1萬毫克的維生素C，然後再多兩次的劑量，間隔12小時給藥。之後就改用口服每2小時1000毫克的維生素C。克萊納並註記，有4萬單位的抗毒劑注射到小女孩的肚子上。另外兩個小孩也接受了抗毒劑，但並未投以任何維生素C治療。他們兩個都死了，而克萊納的病人活了下來，後來成為一名護士。

克萊納以維生素C治療白喉的臨床成功案例，被30年代報告的一些令人印象深刻的基礎研究所支持與報告。哈地（Harde）和飛利浦（Philippe）（1934）以天竺鼠實驗證明，預先混合維生素C的抗毒劑量注射天竺鼠便能存活。而注射沒混合維生素C的抗毒劑量，天竺鼠在四到八天後則斃命。永恩布拉特和瑞門（Zwemer）（1935）發現，維生素C在試管中令白喉毒素不具活性，也有助於保護許多天竺鼠免受被注射白喉毒素的致命結果。他們的結論是，維生素C在白喉毒素之天然抵抗

力的機轉上扮演著重要角色。格林沃德（Greenwald）和哈德（1935）也能證實維生素C可以提高天竺鼠對於注射標準化白喉毒素的抵抗力。他們另外還證實了毒素和維生素C的混合物，比注射純毒素所具的毒性要低得多。漢斯理克（Hanzlik）和特拉達（Terada）（1936）受到刺激進一步調查剛剛提到的兩個研究小組的研究，結果發現注射了致命劑量白喉毒素的鴿子，當給予單次100毫克肌肉注射維生素C後，約有半數存活。他們還發現，那些注射預先混合維生素C的毒素鴿子，則全部存活。於是他們得出的結論是，維生素C是白喉毒素的特效解毒劑。

席格（Sigal）和金恩（King）（1937）檢驗了維生素C對於降低白喉毒素在天竺鼠葡萄糖（糖分）代謝上的負面影響。相較於接受更大劑量的動物，這些研究人員能證明，在那些接受少到只能預防壞血病產生之維生素C的動物身上，注射未達致死劑量的毒素，的確造成比較大的代謝障礙。而這個結論特別重要，因為它證實了最有益保持健康的維生素C劑量，明顯大於僅能預防壞血病的微小劑量。同樣地，金恩和門登（Menten）（1935）也能證明感染了白喉，和患有壞血病的天竺鼠，實際存活時間只有正常對照組動物的一半而已。這個發現與天竺鼠無法自行製造任何維生素C的事實不謀而合。另一方面，老鼠（mouse）是一種對白喉有天然抵抗力，能合成維生素C的實驗動物。

克里格勒（Kligler）等人（1937）去檢驗維生素C對生長中的白喉桿菌培養，而解除白喉毒素的效果。他們發現一定量的維生素C對於降低白喉桿菌產生毒素量的抑制特別具有效果。只不過他們無法明確判斷在降低培養物的毒性時維生素C所利用的機制。他們提出，維生素C可能是影響了細菌的代謝來停止產生毒素，也可能是修改或破壞毒素形成的速度。另一位研究學者馮蓋齊（von Gagyi,1936）發現，酸性培養基所培養的白喉桿菌加入夠多的維生素C，可以在暴露的六小時之內殺死細菌。派克特（Pakter）和席克（Schick）（1938）彙集了更棒的回顧，是有關於很多維生素C在白喉及其相關毒素之效果的早期訊息。

克萊納用維生素C治療白喉所獲得的不可思議的臨床成功，隨著觀察維生素C與白喉之間交互作用的早期實驗室證據，皆明確指出，白喉是一個可以用正確劑量施予維生素C輕易治癒的疾病。因為白喉既是傳染病，也會製造致命毒素，維生素C在以任何口服配方固定給藥之前，剛開始應該由靜脈或肌肉注射給予。再者，就像任何其它可被維生素C治癒的傳染病一樣，高達腸道耐受之口服劑量維持，應能預防受到白喉的感染。而以每日劑量更小的微脂粒維生素C，也應能證明是一個高度有效的防範治療。

百日咳（逆轉和預防；治療 -?）

百日咳，俗稱的哮喘咳（whooping cough），是嬰幼兒最常發生的細菌性呼吸系統疾病。這個通俗的名稱起源於反覆咳嗽之後，呼吸聲變得延長又費力。直至今日，百日咳估計每年造成五十萬人死亡，主要侵犯嬰兒。以抗生素「治療」，主要是為了預防傳染給身邊的人。被感染的嬰兒即使病菌被抗生素清除，剩下的疾程與症狀也通常不會改變。百日咳的病程歷時稍久，有一至兩週的潛伏期，特點是發燒、流鼻水和咳嗽。

疾病嚴重時會有可怕的咳嗽和哮喘發作，持續三至四週。恢復期哮喘發作的頻率會逐漸減少，會再持續四至十二週緩慢復原，但在這最後階段過後，即使一個輕微的、不相干的呼吸道感染，都能再度引發典型白日咳的咳嗽及哮喘復發。百日咳也是另一個會自行製造嚴重毒素的疾病，雖然尚未發展出治療它的傳統抗毒劑。不過，百日咳毒素不被認為具有白喉毒素致命且波及全身的慘況。

很不巧，沒有任何證據可以顯示克萊納曾有機會治療百日咳。其它研究員和醫生雖然有維生素C治療百日咳的一些成功案例，而且使用的劑量比克萊納所用要小很多。因此從各種證據顯示應沒有理由不相信，

克萊納所用的維生素C劑量在百日咳治療上不會如同在其它許多傳染病的治療那樣有效。

歐坦尼（Otani,1936）發現維生素C在百日咳菌的試管裡效果特別犀利，劑量夠大的話具有殺菌作用。經證實百日咳細菌的培養在加入維生素C後對實驗動物所產生的感染力「大大降低」。而且，把維生素C處理過的細菌注射到實驗動物的靜脈裡，白血球的反應會減少。這很可能是一個指標，代表處理過的細菌比沒有處理過的細菌較不具傳染力和毒性。有鑒於此，歐坦尼繼續使用維生素C治療罹患白喉的小孩。在歐坦尼的治療裡維生素C從50到200毫克，每天一或兩次，注射次數在五次到十二次之間。歐坦尼表示，依此方式治療的81個病人，有34個顯示出症狀改善或「痊癒」，有32個顯示部份症狀改善，而15個顯示「中間」反應。歐坦尼給很多百日咳病人用了比克萊納慣用還要低的維生素C劑量，似乎得到相當優異的反應。由於用抗生素消滅細菌已知會影響臨床疾病的持續時間或嚴重性，而維生素C對百日咳毒素的解毒作用，似乎也應驗了維生素C「全方位」的療效。

布朗（Brown,1936）提出一個假設，百日咳的症狀持續較久，是因為百日咳毒素會走神經路線，包括遍佈在呼吸道黏膜上的神經組織，因此會持續長期的敏感性不適（irritability）。歐坦尼（1939）後來又發表了109位百日咳的治療個案。他發現治療的病人從「有感」到「驚人」的效果超過80%。反應較差的一些病人因有額外的感染或其它併發症，而這些患者則需要增加維生素C劑量才能呈現良好的臨床反應。

歐莫羅德（Ormerod）和恩寇夫（Unkauf）（1937）也有百日咳維生素C治療的案例。他們發現維生素C「確實縮短」了百日咳最嚴重的症狀，尤其當疾病的最初症狀出現不久就馬上使用相對「大」的劑量。有9個小孩和1個成人因此被治癒，但口服力道則略顯不足，在八天至十五天期間裡，每天維生素C從150毫克到500毫克之間。

渥寧格（Woringer）和薩拉（1928）先前也曾報告，在他們診所一

些因百日咳就診的嬰兒裡，有四個由於感染的緣故，演變成「壞血病」。這說明了感染與中毒雙管其下，會快速徹底榨乾身體有限維生素C存量的事實。也是治療不管任何原因感染傳染病時，維生素C都是治療必需介入的必要手段的理由。本書從頭到尾反覆出現的一個主題，就是感染和任何種類的生理壓力，將大大增加體內維生素C耗損的速度。而不管這個傳染是否會致命，主流醫學難以辨識出的「**急性壞血病**」，相對是個常見的併發症。

歐莫羅德追蹤了剛才提過更早的研究，報告了他們以口服維生素C治療百日咳的另外17個個案的結果。儘管他們承認由靜脈給予維生素C可能的優勢，但他們還是特別想去評估口服途徑的價值，因為那是一個較不昂貴而應用更廣泛的治療。口服計劃是長期的、逐步減量的給藥方案。第一天的維生素C給藥劑量是350毫克，接下來數天依次是250、250、200、200、150、150、125、125，最後是100毫克。然後以每天100毫克的劑量來維持，直到「症狀完全緩解達兩天」。療程結束時總劑量平均大約是2700毫克。維生素C的治療方案被發現可以「顯著」減少百日咳典型症狀的嚴重性與療癒所需時間。

佛米李恩（Vermillion）和史丹佛（Stafford）（1938）提出26個百日咳的嬰幼童以維生素C治療的報告。他們似乎對於重做那些被引用的，歐坦尼、歐莫羅德、恩寇夫和懷特的早期研究特別感興趣。最早的那16個病人前三天是以每天口服150毫克的維生素C治療，接著再每天120毫克一連三天，最後每天90毫克直到症狀完全消退。其餘的病人則是給予相媲美但各不同的口服劑量維生素C。研究人員的結論是，維生素C除了兩個病人以外，對所有人的症狀緩解似乎都有著「驚人的效果」。他們更進一步得出結論，在任何情況下百日咳患者都應給予維生素C，無論年齡為何，或症狀出現的時間長短。

另外兩位利用維生素C注射治療嬰幼兒百日咳的研究人員，也報告了在控制疾病症狀上的成功。夏沙（Sessa,1940）曾報告，每天注射

100到500毫克的維生素C，能會**減少痙攣性咳嗽**，也加快整體恢復速度。米爾（Meier,1945）同時用注射和口服劑型的維生素C，並發現咳嗽減少了，而且更快恢復食慾，嘔吐也消失。**這個效益在感染的嬰兒身上又似乎特別明顯。**

證據清楚地證實了維生素C在治療百日咳的奇效。文獻中並沒有找到徹底快速治癒百日咳的最適劑量，如同克萊納在其它傳染病的常規使用。但是，「更小劑量」在減少症狀的強度以及時間上，始終比「沒劑量」好得多，而且復原時間也明顯縮短。引起百日咳的細菌培養可以透過維生素C來殺死，百日咳菌產毒的效果也似乎能藉由維生素C來減弱。此外，「壞血病」已被顯示由百日咳桿菌感染所誘發。因此百日咳和所有傳染病都必須要投以維生素C，而日常足量的維生素C使用能預防感染到百日咳。至於克萊納所用的維生素C劑量能為急性感染的百日咳患者做到哪些，還有待觀察。

破傷風（治療和預防）

破傷風是常造成致命神經症候群的一個急性細菌性傳染病。破傷風主要是由一種叫做破傷風梭菌（Clostridium tetani）的萌芽孢子，所產生的極大的神經毒素所引發。這個神經毒素稱為**破傷風痙攣毒素，是人類已知毒素中最強的毒素之一，其它還包括肉毒桿菌毒素。一毫克的破傷風痙攣毒素就能夠殺死五千萬到七千萬隻小鼠！**

> 破傷風痙攣毒素，是人類已知毒素中最強的毒素之一，其它還包括肉毒桿菌毒素。一毫克的破傷風痙攣毒素就能夠殺死五千萬到七千萬隻小鼠！

這種毒素的症狀會產生肌肉痙攣，呼吸困難及癱瘓。傳統破傷風治療是以抗生素、破傷風抗毒劑和破傷風類毒素疫苗來共同治療。給予破

傷風類毒素是為了誘發抗體，中和新產生但尚未結合到目標組織上的毒素。因為破傷風是生理創傷缺氧，導致厭氧菌萌芽並繁殖，所以局部傷口的清潔及照顧，在這種感染的治療上也就相當的重要。

克萊納（1954年7月）覺得有必要修正破傷風是一種普遍難治之症的看法。他相信，破傷風抗毒劑「沒有治療價值」，尤其頻繁給藥時，實際上還有害。克萊納描述一個六歲男孩的案例，當他第一次看到他時已出現毒素相關症狀和肌肉痙攣。這孩子由於下巴痙攣，嘴巴張開弧度不超過30%，任何打開他嘴巴的嘗試都會伴隨突發不自主的下巴緊縮（「牙關緊閉」）。生命徵象顯示低體溫，呼吸短促，脈搏加速，每分鐘120到130下。除了維生素C，克萊納還使用一種叫做甲酚油醚（Tolserol）的肌肉鬆弛劑，來緩解肌肉痙攣預防抽搐發作。克萊納並指出，給予這孩子抗毒劑的治療，是來自「外界壓力」的結果而非他自己的決定。

對這孩子的治療全部以靜脈注射維生素C的方式。前24小時總共注射了22000毫克的維生素C，以三到五小時的間隔分成多次給予。接下來的24小時總共再給了24000毫克維生素C。頭兩天下來，孩子逐漸獲得更多的營養，僅有輕微腹部絞痛困擾而已。接下來兩天克萊納又給了類似劑量的維生素C，只不過多加了五個獨立劑量的靜脈注射破傷風抗毒劑。每一次當抗毒劑給完後，臨床上孩子會惡化，表現出嚴重腹痛，並再度發燒。間歇劑量的盤尼西林和葡萄糖酸鈣也會同時並行。甲酚油醚減輕了孩子的不舒服。最後孩子在住院的第十八天出院，不過克萊納認為孩子應該能在十天前就平安出院的。因為克萊納深信，抗毒劑實際上是會繼續損害健康，而非改善健康。

文獻中沒有找到其它克萊納治療破傷風的個案，但他對一個破傷風的成年女性案例發表了意見，她是在接受破傷風抗毒劑單次劑量的靜脈注射不到一小時後，由於不能呼吸而死亡。這肯定改變了克萊納對於抗毒劑的態度。他確實覺得在疑似感染破傷風桿菌部位的傷口上方，給予

單次劑量肌肉（而非靜脈）注射抗毒劑是合理的，目的是為了更有效地處理新的毒素形成的假設。

　　而根據克萊納治療破傷風那孩子的結果，我們應當牢記，即便有最好的現代醫療照顧，全身型破傷風的整體死亡率仍有20到25%，而且那些存活下來的人通常需要三到六週時間才能完全康復。

　　傑漢（Jahan）等人（1984）進行了一項維生素C治療破傷風效果的簡單研究。有三十一位年齡從一歲至十二歲的破傷風病人，每天靜脈注射投予1000毫克維生素C以及抗毒劑。接受維生素C治療的沒有人死亡，未接受維生素C的人則有將近75%死亡。十三歲至三十歲，年齡層稍大

> 接受維生素C治療的沒有人死亡，未接受維生素C的人則有將近75%死亡。

的病人中，沒有接受維生素C的人有68%死亡，而接受維生素C的則只有37%死亡。毫無疑問的是更大劑量的維生素C也完全地保護了年齡層稍大的這群病人。對維生素C的需求，與病人的身體大小直接成正比。靜脈注射1000毫克的維生素C在一個嬰兒或小孩，比在一個體型更大的青少年或成人，影響要更大的多。

　　有一個相當令人印象深刻，對於破傷風毒性的動物研究，強烈支持克萊納的信念——抗毒劑治療充其量是不必要的，而維生素C本身應能醫治這種狀況，也不會產生任何毒性。迪（Dey,1966）實驗了維生素C對於兩倍最低致命劑量破傷風毒素打進大白鼠體內產生之毒性效果。大白鼠共分為五組。第一組只打了破傷風毒素。第二組同時接受毒素及腹腔內維生素C，隨後為期三天更多的維生素C。第三組前三天先接受維生素C，然後才注射毒素，而維生素C也繼續再給三天。第四組打了毒素，好讓接下來的16到26小時出現局部破傷風症狀，然後才開始給予維生素C並持續三天。第五組打了毒素，好讓接下來的40到47小時出現全身型的嚴重破傷風症狀，然後給予靜脈注射而非腹腔內注射的維生

素C。

　　除了接受毒素但沒有維生素C的第一組動物外，所有動物全部存活。第一組動物在施打毒素後的47到65小時之間死亡。第二組的倖存者裡，受到影響的腿能看出一些很輕微的局部破傷風症狀。第三組的倖存者，牠們在施打毒素前已接受維生素C，並有觀察到毒性症狀。第四組的倖存者，其初始症狀沒有再更進一步的擴展。第五組的倖存者沒有症狀的說明。

　　這個實驗是甚麼意思？一個合理的結論是，在動物模式裡，完全無毒的維生素C劑量，可以徹底解除致死劑量的破傷風毒素，並不需要投予任何的抗毒劑以助於達成這個結果。迪（1967）早期曾表明，維生素C是作為抵消番木鱉鹼（Strychnine）致命性和痙攣性最有效的預防及治療藥劑，而番木鱉鹼是一種會產生和破傷風毒素造成的臨床症候群極為相似的物質。還有，在施打破傷風毒素之前就投予足夠劑量的維生素C，也被證明在防止毒素效果的展現，具有完全的保護力。而且，有鑒於大白鼠是可自行製造維生素C的動物，這個實驗對於以維生素C積極治療疑似破傷風的感染，給予很大的支持。可製造維生素C的動物，如果在面對大量微生物挑戰或微生物相關毒性，仍舊會因為破傷風或其他傳染病而生病。人類沒有製造維生素C的能力，需要儘速以高劑量的維生素C來面對這項挑戰，才能從感染中存活，並減少毒性的副作用。

　　一些早期研究提出了上述正面的臨床效果與用在破傷風患者治療上的可能性。永恩布拉特（1937b）證實在試管中維生素C可將破傷風毒素解除。在早期維生素C未被分離出來並能以商業供應，伊馬穆拉（Imamura,1929）就證明了**卵巢濾泡液**也可以使破傷風毒素去活性化。現在已知這種液體內**含有高濃度的維生素C**。

　　克里格勒（Kligler）等人（1938）發現把維生素C加進生長中的破傷風梭菌培養裡，會降低這些培養液的毒性，降低程度與所加的維生素C含量成正比。他們還發現，維生素C加到純化的破傷風毒素裡可以中

和毒素，中和的程度取決於溫度、維生素C濃度和維生素C暴露的時間。最近，艾勒（Eller）等人（1968）查驗了維生素C殺死在梭菌屬當中若干不同細菌之孢子的能力，包括引起肉毒桿菌中毒及其巨大毒性的細菌孢子。肉毒桿菌細菌是與那些破傷風細菌同一屬的。研究人員不僅表示維生素C以一個藥效－劑量正相關（dose-dependent）的方式來殺死細菌，他們也提出維生素C似乎不會挑起孢子萌芽的毒素釋放狀態，而有很多不同化合物是會誘發這種狀態的產生（韋恩（Wynne,1957）；沃爾德（Ward）和卡洛爾（Carroll），1966）。

　　所有證據皆指出，維生素C是治療感染了破傷風梭菌病人的理想藥劑。在人體、實驗動物以及試管中，破傷風毒素似乎能被維生素C所中和。與破傷風感染相關的病情，有很大一部分是來自其標準治療之一的抗毒劑。的確，對這種抗毒劑的致命反應仍舊會發生，而有些死亡最終被歸咎於破傷風毒素本身，而不是它的抗毒劑治療。所幸維生素C不具有這種毒性。顯示維生素C治癒破傷風的證據在數量上仍然有限，但很顯然破傷風是另一個維生素C可以治療、逆轉並預防的傳染性／毒性疾病。

　　最後應當指出討論的這三個疾病：白喉、百日咳和破傷風，是美國和全世界在嬰兒常規中，針對共同疾病施打的DPT疫苗（diphtheria-pertussis-tetanus）。已有許多對這種疫苗不良反應的個別報告被提出，包括永久的大腦損傷，或是自閉症的腦病變。疫苗接種也普遍出現對身體有一定程度的損害。

　　卡羅柯利諾（Kalokerinos,1981）觀察到缺乏維生素C的原著民嬰兒，在注射疫苗時，因身體額外維生素C的需求，時常陷入壞血病的急性狀態，導致突然死亡。卡羅柯利諾還能確定，常規投予維生素C可以預防猝死，並減少很多疫苗相關的毒性作用。

　　卡羅柯利諾的研究強烈地認為，**嬰兒猝死症候群（sudden infant death syndrome,SIDS）經常是因短時間內施打過多疫苗，以及因太小身**

體無法應付毒性累積傷傷而引起併發症。姑且不論這些疫苗併發症的實際頻率，最重要一點是若能**妥善利用維生素C**，也許就能完全停止對這些疾病進行預防接種的需求。

值得懷疑的是，目前有沒有任何進行預防接種的疾病，是無法以適當劑量的維生素C來預防或治療的。假如沒有接種過疫苗，就不會發生伴隨疫苗而來的負面結果了。不過，如果你必須接受疫苗接種，那麼在接種前和接種後投予大量的維生素C，毒性就會大大地降低，而免疫力會大大提升。

> 如果你必須接受疫苗接種，那麼在接種前和接種後投予大量的維生素C，毒性就會大大地降低，而免疫力會大大提升。

結核（逆轉和預防；治療-?）

結核是由結核分枝桿菌（Mycobacterium tuberculosis）的一種細菌導致的傳染病。叫做結核分枝桿菌的結核菌，特徵是生長速度比其它種類細菌慢。因此，結核屬於慢性病，跟其它傳染病快速發展的症候群相比，它的進展緩慢，對治療的反應也緩慢。儘管結核可以波及身體許多不同器官組織，但最典型的症狀還是在**肺部**的感染。

全世界結核病感染都是疾病和死亡的首要原因。世界衛生組織估計，全球人口中33%有結核的潛伏感染，從這個疫源（reservoir）裡每年大約有八百萬到一千萬例新的活動型結核個案發生。這些個案當中，約有半數是較容易傳染的肺部形式結核病。

肺結核的症狀包括會發展成帶有血絲分泌物產生的咳嗽。常常只有鮮紅的血被咳出，也常有夜間盜汗並伴隨不同程度的發燒。對結核菌有反應的標準藥物治療通常包含兩種或兩種以上，而且抗藥性已普遍存在了。

克萊納或其它研究者以克萊納獨特的高劑量維生素C治療結核病的報告目前尚未看到。但儘管沒有進一步的鑑定，克萊納（1974）的確宣稱「巨大的每日劑量」維生素C也能藉著移除這個生物體的「多醣體包膜」（polysaccharide coat），來治療結核病。這跟克萊納用維生素C治療肺炎球菌感染是同樣的主張。維生素C在人類以及在動物結核病的治療效果，已有相當多的研究，但如何才算肺結核確定病例的治癒所用的維生素C劑量卻從來沒有定義出來。不過，有很多早期研究指出，維生素C有效的控制住臨床結核感染，以及結核菌的實際生長。最起碼，足夠劑量的維生素C似乎可預期，能使大部分活動型結核進入被抑制的潛伏期。這種被抑制的結核病個案，只要維持足夠的每日維生素C劑量，可以預期結核菌長期對健康的威脅有限。

　　歐斯布恩（Osborn）和吉爾（Gear）（1940）做了簡單的觀察：缺乏合成維生素C能力的哺乳動物，是那些最容易受牛和人的結核菌感染的哺乳動物。這些哺乳動物被確認為人類、猴子和天竺鼠。這個簡單的事實也解釋了為何有這麼多結核病的研究是用人類和天竺鼠作為實驗題材。

　　一些早期研究人員檢視了維生素C對結核病患的效果。雖然這些劑量通常很小，仍時常可見正面效益。佩特（Petter,1937）以每日僅150毫克的口服維生素C治療結核病的成人和小孩。即使這麼小的劑量，在治療的49個病人裡也有30個（61%）有明確改善。相同劑量下所治療的24個小孩中，有21個（88%）被認為有改善。在小孩身上能得到比較好的改善，可以解釋為固定劑量的維生素C在比較小的身體能有更好的效果。佩特在有反應的小孩身上，也注意到體重及一般情況的改善。

　　另一位研究者阿爾布雷希特（Albrecht,1938）雖然是經由注射，但只給予他的病人100毫克維生素C，卻在體溫、體重、整體健康、食慾及一些血液檢測都發現正面的反應。巴赫什（Bakhsh）和拉巴尼（Rabbani）（1939）給予結核病患每天口服150到200毫克的維生素C

六週，也得到良好的結果。他們在治療前四天還每天額外給予肌肉注射500毫克的維生素C。研究人員總結，當尿液排泄的維生素C含量低的時候，維生素C的補充最有益於治療。〈編審註：由於維生素C在人體的半衰期（halflife）極短，由其對重症或感染的病人而言，更是如此。血液中短期間來不及被吸收利用的維生素C則會被腎臟由尿液中排出，因此當尿液中發現維生素C濃度低時，也意味著血漿中的濃度亦不足。〉他們還注意到，先前存在貧血的病人通常會有血球細胞計數增加的反應。代表有關感染的發炎指標——沉降速率（sedimentation rate），在超過半數以維生素C治療的病人裡有降低的情形。海斯（Heise）等人（1937）發現，維生素C靜脈注射常使升高的沉降速率降低。

哈塞爾巴赫（Hasselbach,1935）報告了每日投予100毫克維生素C所見到的正面效果。哈塞爾巴赫（1936）並主張對於結核病患，維生素C是一種「補血聖品」，在某些形式的肺出血會得到有利的結果。拉德福特（Radfort）等人（1937）研究了111個極晚期疾病的結核病人。除了有未給予維生素C治療的病人作為對照組，他們給予病人柳橙汁，或是以250毫克的維生素C加在橘子口味的飲品中。通常，柳橙汁這組或添加維生素C的橘子飲品這組，從**紅血球數量**、**血紅素值**和其他幾樣血液檢測來判斷，臨床上都顯示出有較好的反應。赫福德（Hurford,1938）研究66個結核病案例，經由尿液排泄的維生素C來測定，發現其中有64%的病人有維生素C缺乏。以維生素C治療的42個病人當中，有**貧血**的7個人，被認為呈現顯著的改善。

巴巴爾（Babbar,1948）觀察74個結核病患，發現以維生素C治療的病人在**血紅素**含量及**紅血球數量**上，均有「**顯著增加**」的表現。劑量上是每天只用200毫克，分四次口服，為期十週。魯德拉（Rudra）和羅伊（Roy）（1946）觀察肺結核病人十週期間每天給予口服250毫克維生素C的效果。從之前和之後的白血球細胞及紅血球細胞計數的血液檢驗來檢視，他們斷定，附加的維生素C似乎改善了被治療病患的整體

「血液品質」。基於這個改善，他們也建議結核病患「大量攝取」維生素C，將可提高對感染的抵抗力。

沙爾皮（Charpy, 1948）提出以更大劑量維生素C對結核病之影響的一些見解。雖然劑量並不完全相等於克萊納的用量大小，沙爾皮也對六個臨終的結核病患，投予每天15公克的維生素C。由於所挑選的這幾位病患已經很末期，有一位甚至在這個試驗進行前就死亡了。但是，另外五位病人半年後仍然活著，在這段過程**體重還增加了20磅到70磅**不等。他們**不再臥床**，也普遍被認為整體狀況經歷了一個極大程度的改善。儘管沙爾皮注意到結核病灶在治療期間並未消失，他指出，病患似乎「不知道自己存在有極大的結核性病變」。他並提到，每一個病人的維生素C總劑量大約是3000公克，而且沒有任何毒性或副作用產生。

> 每一個病人的維生素C總劑量大約是3000公克，而且沒有任何毒性或副作用產生。

如本段落前面所提到，投予足量的維生素C的確可以預料到能使結核病患者，在一個有生活品質的前提下，與這個慢性感染共存。還應當指出的是，末期病人肺部的結核病灶破壞了大量的肺組織，形成胸部X光片上的結痂外觀。長期感染的病人即使每個結核性微生物都被剷除了，結痂也依然會存在，所以永遠不會呈現出正常的胸部X光檢查結果。

麥考密克（McCormick, 1951）描述了一個以維生素C治療的活躍型結核案例。每天或每隔一天以靜脈注射1000毫克的維生素C，為期三週。此靜脈注射方案配合500mg的口服維生素C，伴隨大量的柑橘汁。麥考密克留意到從治療開始**體溫就下降了**，並維持在正常範圍。此外，**病人完全止住了結核病典型的咳嗽，以及肺部結核病感染的累積分泌物往上咳出的相關咳嗽。**還有，病人在治療期間**增加了大約十磅的體重。**

應該被指出的是，結核病治療的傳統形式沒有只給予幾週甚或幾個月的，傳統的抗結核病藥物要用上多年。像任何其它抗結核病藥物一樣，**結核病人需要終身給予維生素C**，其中超高劑量須延伸一年或一年以上。我們必須記得，結核性微生物的生長非常緩慢，任何型式的治療在短期間內都不會出現戲劇性的變化。這是直接對比於很多其它更為急性的傳染病之維生素C或抗生素的治療。

如前面所提，肺結核典型特徵是咳出鮮紅色的血或帶有血絲的痰。在任何情況下每當鮮紅的血出現，普遍假設為有某種程度的急性出血已出現，儘管是局部化的。博爾薩利諾（Borsalino,1937）研究了140位結核病人，**發現注射100毫克的維生素C能夠迅速把咳血控制下來**，這也許是藉由強化肺部的微血管所致。此外，一旦停止維生素C治療，症狀經常會再次出現。

這種反應的解釋，是肺結核誘發了肺部受影響區域微血管的**病灶性壞血病（focal scurvy）**的狀態。當微血管失去了其結構的完整性，病灶性壞血病直接促使微血管破裂，從而導致咳血。此外，與全身性壞血病一樣，投予維生素C在停止病灶性出血上，產生了非常快速和正面的臨床反應。

維生素C對一些非肺部形式之結核病的影響已被人研究過。維托雷羅（Vitorero）和多伊爾（Doyle）（1938）報告了維生素C治療**腸結核**的好處。他們最初的方案是每日注射500至600毫克的維生素C，當有改善呈現，再逐步減少至每日400毫克，最後是每天200毫克。博根（Bogen）等人（1941）觀察結核病變在不同黏膜對於維生素C治療的反應。他們發現，每天只要在任何現有飲食中補充150毫克的維生素C，對於呼吸道、腸道和直腸看得見的結核性病變，似乎頗具效益，儘管在一般情況下肺結核的表現差別不大。

如同許多其它疾病，研究人員還確定肺結核病人一般擁有較低含量的維生素C。所有結核病人還應當定期補充維生素C，這又是另一個論

點，唯劑量方面仍存疑。普立特（Plit）等人（1998）發現，肺結核患者持續不斷的顯示出氧化（自由基）壓力，這會以大於正常的速率消耗維生素C，即使在六個月「明顯成功」的抗菌治療後也依然如此。

福克納（Faulkner）和泰勒（Taylor）（1937）觀察兩個有活躍型結核病的病人，發現他們需要大約比平時多三倍的維生素C來保持維生素C正常的血漿濃度和尿液排泄量。此外，他們發現這增加的維生素C需求，亦同樣適用於其它兩個病人，一個是**風濕熱**，另一個是**肺膿瘍**，表示在其它的感染，維生素C的利用也是增加的。艾伯希（Abbasy）和張（Chang）以及藍（Lan）（1949）不僅在他們的結核病患身上注意到尿液排泄的維生素C降低，還看出**臨床上最具活躍的結核病患者，在尿液中的維生素C含量最低**。班納吉（Banerjee）等人（1940）也指出，急性結核病患者尿液所排泄的維生素C低了許多。

在一個得到結核病的納瓦霍印第安人（navajo indians）研究裡，皮霍安（Pijoan）和塞德拉切克（Sedlacek）（1943）得出的結論是，結核病人在日常基礎上最低限度需要兩倍量的維生素C，才能維持和正常人相同的血漿維生素C濃度。耶特爾（Jetter）和本巴洛（Bumbalo）（1938）檢驗了尿液排出的維生素C，結果發現37個「活躍型結核病」的孩子，37個全部都有維生素C缺乏。從邏輯上看，他們推論出對這種病人補充維生素C「是應該的」。另一篇刊物中，本巴洛和耶特爾指出，維生素C的補充，多少提高了結核病的孩子尿液中排出的維生素C，但還沒有達到對照組正常孩子的水準。一停止補充，尿液的排泄很快就會降到治療前的水準。他們的結論是，「維生素C缺乏症」是活躍型結核病的本質，而增加維生素C攝取是建議的治療方法。本巴洛（1938）還斷定，或許「發生在小孩任何型式的結核病都有著一些維生

> 37個「活躍型結核病」的孩子，37個全部都有維生素C缺乏。

素C缺乏的傾向」。

巴巴爾（Babbar,1948）治療了74個結核病患，也發現絕大多數治療的病人其血漿的維生素C濃度都偏低。此外，口服補充整整十週後，血漿濃度達到最高，這進一步驗證對付像結核病這種慢性感染，長期（終身）補充維生素C是必要的。蓋茨（Getz）和克爾納（Koerner）（1941,1943）也注意到他們的結核病患者血液中維生素C濃度偏低的問題。

在腸道受結核病波及的患者，杜貝（Dubey）等人（1985）發現到，血漿維生素C濃度以及白血球數量都明顯下降，而且尿液排泄的維生素C也「顯著減少」，據推測這種現象是企圖將匱乏的維生素C存留在體內的原因。在結核性腦膜炎病人，巴哈杜瑞（Bhaduri）和班納吉（Banerjee）（1960）也有血液維生素C濃度降低的記錄。

艾伯希等人也表示在結核病，維生素C的狀態似乎與疾病的活性程度有直接關聯。去檢驗尿液所排泄的維生素C含量，他們發現有23個活躍型結核病的個案其尿液排泄的含量偏低，46個臨床上靜止型結核病（inactive tuberculosis）的個案其尿液排泄的含量正常，而19個臨床上被當作「半活躍性」的個案其數值則是居中。這些觀察報告也可以解釋為，體內維生素C的狀態實際上是預示著活躍型結核病是否會轉變為非活躍（靜止）狀態，或潛伏狀態的決定因子。

海斯和馬丁（1936）能找出每日尿液中排出的維生素C跟結核病感染的活動性程度之間的對應關係。從病人的X光片檢查，他們發現到，最低的尿液維生素C數值（表示身體含量低）與最強的疾病活動性有關。艾文特杜（Awotedu）等人（1984）表示，肺結核患者比正常人有「顯著偏低」的血漿維生素C濃度。此外，他們可以找出低血漿維生素C濃度與X光片上肺疾延伸範圍之間的相關性。

維生素C能減少罹患結核病的可能性也被進行了考察。多尼斯（Downes,1950）發現，跟未接受補充的對照組相比，每天補充包含維

生素C在內的維生素及礦物質治療的那組人，會有「明顯較低」的結核病新案例發生率。雖然如此，多尼斯並不相信這個研究具有統計學上的意義。

蓋茨等人（1951）提出了很好的統計證據，表示體內維生素C含量是判斷結核感染的一個非常有意義的指標。他們觀察1100個在初次檢驗時沒有肺結核的男性。七年間，這群男性當中有28個出現肺結核的X光片證據。調查先前蒐集的數據發現，這28個結核個案均呈現血漿維生素C濃度偏低。而「明顯活躍型」的結核病個案不管在維生素C或維生素A的濃度上，都「顯著低於正常值」。赫梅拉（Hemila）等人（1999）發現，每日從飲食中只要攝取大於90毫克維生素C的人，以及吃大於平均量之水果、蔬菜和漿果的人，罹患結核病的風險很明顯比較低。

> 每日從飲食中只要攝取大於90毫克維生素C的人，以及吃大於平均量之水果、蔬菜和漿果的人，罹患結核病的風險很明顯比較低。

在動物實驗中，以維生素C預防結核病感染的證據也同樣引人注目。易受感染的人及動物，吃到肺部感染含有結核桿菌的人的痰，將會導致**腸道感染結核**。麥康基（McConkey）和史密斯（Smith）（1933）執行了一項實驗，可解釋為體內維生素C含量代表可能感染到腸結核的決定因素。他們用含結核菌的痰餵食天竺鼠，六週到四個月。三十七隻維持部份飲食缺乏維生素C的天竺鼠有三十六隻出現了**潰瘍性腸結核**。另外，三十五隻補充「足量」維生素C的天竺鼠則只有兩隻出現這種腸結核感染。

比爾克豪格（Birkhaug）（1938,1939）發表了一系列研究，觀察維生素C對天竺鼠在結核性疾病過程中所扮演的角色。他在感染結核病的天竺鼠身上證明了有「顯著且漸進」的維生素C缺乏。他還發現，受感

染動物的腎上腺出現了大量的維生素C耗損。對正常動物而言，腎上腺是專門濃縮維生素C的組織。比爾克豪格也注意到在以維生素C治療罹患結核病的天竺鼠身上有一些血液改變，近似於結核病患者以同樣治療所看到的變化。在為期七週的治療後，天竺鼠的紅血球數量和血紅素值在治療後有些微上升，而同一組中白血球數量變得更為正常。因此在投予維生素C治療天竺鼠結核病的臨床病程，比爾克豪格做出了這樣的評估：每天10毫克的維生素C明顯能使體重增加，廣泛性結核感染的發生減少，表示結核病演變為臨床侵略型的機會降低。

由於結核病曾經以「肺癆」聞名，因為在它末期階段，身體會逐漸消瘦，所以**體重增加**始終是結核病治療一個正向的回應。早在1689年，理查·莫頓（Richard Morton）在他的著作《結核病學（Phthisiologia）》中提到以下觀察：「壞血病慣于導致肺部的損傷」，暗指**壞血病使病人容易罹患肺結核**。比爾克豪格也能證明在顯微鏡下，他治療的天竺鼠病灶較少、有更多膠原（需要維生素C來合成的結締組織）來包覆住（walling-off）病灶、整個組織裡結核菌也較少。換句話說，這個劑量的維生素C雖不能治癒感染結核的天竺鼠，但明確顯示出感染已傾向休眠、臨床上變得比較不嚴重，也沒有任何活動型或侵略型感染的現象。實際上，感染是被侷限在受感染動物自己的身體裡。

格蘭特（Grant,1930）也指出，提高維生素C的量似乎可以降低天竺鼠肺部結核病變的嚴重程度和範圍。這可能是因為結核病變能更有效地被包覆（encapsulation）。萊希田特利特（Leichtentritt,1924）餵大量柳橙汁給罹患結核病的天竺鼠。儘管這項研究是在維生素C尚未發現之前，柳橙汁其實早被知道含有不明的「抗壞血病」物質。在正常飲食中補充柳橙汁的天竺鼠，存活天數是正常飲食餵養動物的兩倍。此外，還發現柳橙汁這組會將他們的感染給包覆住，以上述方式把結核病變侷限包封起來。那些被剝奪柳橙汁的動物，則出現非常猖獗、瀰漫性的結核感染（「粟粒狀結核病」）。

粟粒狀結核病是結核病一種極具侵略性的形式，如果不及時加以控制，它可以很快導致受感染的人或動物死亡。霍耶爾（Hojer,1924）注意到顯微鏡底下一個有趣的現象：有結核病的天竺鼠其感染的組織也有壞血病。肌肉、淋巴腺體或脾臟組織中，感染結核的部位既不被任何結締組織包圍，也沒有任何結締組織貫穿。受感染的部位和死亡的組織，正常來說差不多沒有任何明顯邊界或分界，直接過渡到正常、非感染的組織。維生素C在結核病變的自然包封和隔離上似乎發揮了不可或缺的作用，也許有很大程度是在於形成膠原蛋白上所具備的根本作用，而膠原蛋白就是人體主要的結締組織。維生素C也同樣牽涉到癌症病灶部位的包圍。維生素C很可能是隔離和減少身體感知到的任何外來物或不受歡迎的存在的一個主要力量。

　　即便夠大劑量的維生素C仍不一定能治癒肺結核，但因給予最佳劑量的維生素C，而能健康地與結核病慢性感染共存，就顯得不可或缺。當然，侵略性且迅速致命的粟粒狀結核病，就沒有顯示出任何結核病變被包封起來的證據。這強烈暗示**嚴重維生素C缺乏**，是結核病這種無情形式發生的必要先決條件。目前可取得的微脂粒口服維生素C，在控制甚至有可能治療結核病上，將可能產生巨大的影響。

　　不意外的穆里康（Mouriquand）等人（1925）能顯示受壞血病侵害的天竺鼠，疾病進展的更快速。葛林（Greene,1936）等人也能夠證明，長期缺乏維生素C在面對活動型結核時，將造成體重嚴重下降，並縮短了天竺鼠的存活。

　　海斯和馬丁（1936a）表示，即使結核病感染並未根除，在感染的天竺鼠腹部每日注射20毫克的維生素C，可把臨床病程控制的很好。於皮下注射結核性生物體，有接受治療的動物在五個月期間，以「正常」的速度生長，而且「各方面都表現得像對照組」，即使屍體解剖有記錄結核性感染存在於各種組織中的狀況。

　　有更多的基礎研究在執行，檢驗維生素C對結核菌生長的影響。布

瓦塞萬（Boissevain）和斯皮萊恩（Spillane）（1937）都能夠證明，以輔助結核菌生長的人工培養基，再添加相當低濃度（0.001%）的維生素C後，呈現**未見細菌生長**。米爾維克（Myrvik,1954）等人也發現結核菌培養基中加入維生素C能夠抑制結核菌生長。他們進一步確定是因為維生素C的分解產物在該系統中發揮抗菌作用。他們的研究被比約內舍（Bjornesjo,1951,1952）的早期觀察所刺激，他報告的是說，大多數化驗的尿液檢體具有消滅結核菌的能力。結論是，**維生素C和尿中的維生素C代謝產物是殺死細菌的元素**。

結核病雖然不若其它典型有毒的疾病，例如白喉或破傷風那樣地強烈又明確，但也是另一個具有毒性成分的傳染病。結核菌素，是含有結核桿菌生長產物的無菌溶液，目前用於皮膚測試，來幫忙確定一個人是否是患活躍型結核病的高危險群。陽性的結核菌素皮膚反應通常意味著這個人已大量接觸過結核病，而且能呈現出對於現已熟知的結核感染產物的免疫反應。通常這種情況，陽性反應者大約會有10%最終發展成活躍型結核病。這個相同的結核菌素溶液在早期的研究也證實對實驗動物有直接的毒性作用，而這種作用可以被維生素C給抵消。

斯坦貝哈（Steinbach）和克萊恩（Klein）（1936）檢視了維生素C在天竺鼠容忍結核菌素能力上面的效果，大量的結核菌素對這些動物是致命的。微血管出血是急性壞血病典型的發現，在施打毒性劑量結核菌素以後的結核病動物，所化驗的所有組織裡，均能發現。有趣的是，他們發現，當維生素C與結核菌素在注射於動物之前就先直接混合的話，維生素C治療並沒有中和掉結核菌素的毒性。然而，他們能夠證明，每天注射5毫克的維生素C足以保護結核病天竺鼠抵抗致死劑量的結核菌素，那是很容易殺死未補充維生素C的對照組動物的。斯坦貝哈和克萊恩（1941）後來表示了相似的結果：對照組的結核病天竺鼠十六隻當中有十三隻（81%）在重複劑量施打後，死於結核菌素休克。但是，同時用維生素C治療的感染動物，十七隻裡只有三隻死於此劑量結核菌素。

比爾克豪格（1939）發現，在結核病天竺鼠的皮下注射結核菌素所產生的皮膚反應，也被每日口服維生素C明顯抑制。這個皮膚測試相當於人類用來確認過往結核病接觸的皮膚測試。一旦進入動物身上，足量的維生素C顯然能有效地中和結核菌素溶液中的毒性。這有效地免除了免疫系統在皮膚上引發典型發炎反應的需求或刺激（在人類稱為「陽性結核菌素皮膚測試」）。

博伊登（Boyden）和安德森（Andersen）（1956）假設維生素C減少對結核病宿主細胞的代謝性損傷，那是由免疫系統對於釋放的細菌副產物的反應，形成的抗原－抗體複合物導致。這些副產物基本上就是純化的結核菌素溶液中所含之物。這符合比爾克豪格的觀察：維生素C減低敏感的動物和人的結核菌素反應。它也有助於解釋為什麼全身性、粟粒狀結核病是如此的無情。嚴重的維生素C缺乏任憑它開始發展，然後隨著感染未被遏止，結果就造成大量的細菌副產物釋放。最後的結果就是末期的結核菌素毒性和休克，必須要更多的維生素C來抵消衝擊。

比爾克豪格也指出，對結核菌素皮膚發炎反應的抑制程度，與尿液和腎上腺的維生素C含量呈絕對相關，這是用來有效評估動物維生素C儲存量的兩項測量。畢林（Bieling,1925）早些時候僅藉由給予結核病天竺鼠已知能預防壞血病的正常飲食，提出了對結核菌素毒性的相似保護作用。

卡托（Kato,1967）發表了一些對結核菌感染的有毒成分之額外證據。卡托能證明，活的結核菌以及結核菌的「有毒成分」，皆可能有氧化磷酸化（oxidative phosphorylation）的過程。這是製造ATP很重要的化學過程，而ATP乃是人體中涉及能量產生最重要的分子之一。

有一些其它的早期研究者，以小劑量維生素C治療結核，結果未如先前詳細描述的一樣得到同樣的成功。馬丁和海斯（1937）根據對病人X光片的評估、痰的化驗、沉降速率以及結核菌素皮膚試驗，每天只使用200毫克的維生素C，並沒有報告顯示有益的效果。他們也不覺得治

療的患者咳血狀況有好轉。喬斯維奇（Josewich,1939）每天用100至200毫克的維生素C治療結核病患，得出的報告是成效甚微。斯威尼（Sweany）等人（1941）用每天100至200毫克劑量的維生素C治療結核患者，得出的報告也成效甚微。埃爾溫（Erwin）等人（1940）也認為，每日100至200毫克劑量的維生素C在治療結核上沒有任何用處，儘管他們已把改善的食慾和減輕的咳嗽排除在症狀的改善之外。卡普蘭（Kaplan）和桑尼斯（Zonnis）（1940）每天投予200毫克的維生素C為期六個月，某個程度上的結論是：這種療法「沒有得到重大好處」。儘管研究人員承認，「主觀上」和藉由X光片，「實驗組似乎都表現得比較好」，結論依然是如此。一些研究人員的結論，在採信之前甚至還需要更詳細地審查。

很可能，大多數負面結果的結核病－維生素C研究之所以沒有成效，主要是與使用小劑量的維生素C有關。然而，採取的是口服或注射途徑來給藥，也是另一個重要因素。治療持續時間也很重要，因為結核菌生長緩慢，而對任何治療的臨床反應，不能預期像較為急性的疾病那般立即或明顯。結核病用傳統的抗結核藥物要達到最佳效果，需要多年的治療。評估維生素C結核病治療的效用，若還期待維生素C要在幾週、甚至幾個月內，達到沒有什麼其它藥物可以在同一時間內達成的效果，這樣並不公平。此外，疾病的階段也扮演一些角色。末期的結核肺部變化，隨著肺部空洞（cavitational）現象增加和肺組織損壞，也決定著是否小劑量的維生素C可能會有所作為。

這種末期、活躍性的疾病，通常需要更大劑量的維生素C才能出現明確的正向反應。最後，結核感染亦增加維生素C的損耗，使得必要的維生素C日常抗壞血病劑量介於100至200毫克的範圍間。當特定研究中的患者營養不太好時，這日常的小劑量維生素C有可能只防止了壞血病的明顯表現，而無法使疾病的臨床進展出現顯著差異。然而，結核病和其它潛在致命傳染病的晚期症狀，通常就是「壞血病」的症狀。因

此，只用很小劑量的維生素 C 來預防壞血病的明顯表現，在處理結核病上仍然是效益的。就算補充一點維生素 C 也絕對比完全沒有要好的多。

總體而言，結核病未被證實是個可用維生素 C 明確治癒的傳染性疾病。而且在文獻中還找不到任何長期以靜脈施予克萊納所用大小劑量的維生素 C。即使有證據說明在結核感染病灶部位的結痂瘢痕，不會被任何維生素 C 療法所消除，是否維生素 C 可以完全地、可靠地消除末期的結核感染這個問題，仍然沒有答案。然而，絕大多數針對維生素 C 和結核病所作的研究，仍舊肯定指出，即使是節制的、未達最佳標準（suboptimal）的維生素 C 治療，在結核病患身上也能夠產生明確的臨床效益。

最富侵略性的結核病形式，出現在身體最缺維生素 C 的時候。所以常規給予維生素 C，似乎能令活躍型結核轉換成比較潛伏、容易掌握的形式，而在此情況下，一個人的整體壽命和健康，可以預期將維持一定品質。最後，結核病，像許多其它傳染病一樣，似乎是一種喜歡把缺乏維生素 C 的身體當作宿主的伺機性感染疾病。營養不良，特別是沒有任何的補充，是罹患結核病的主要前兆。營養不良的定義在此僅是食物的選擇性貧乏，使維生素 C 的攝取未達標準。饑餓也有容易罹患結核病的傾向，但這種嚴重的熱量限制，不一定會罹患結核病。以幾乎是腸道耐受性的劑量來定期投予維生素 C，可預期不僅能防範結核病，也能防止幾乎所有其它傳染病。結核病作為著名的全球性殺手，或許能很好地被常規口服微脂粒劑型的維生素 C 所消除。

鏈球菌感染（治療和預防）

鏈球菌是可以在人類產生很多疾病和病理的細菌。耐人尋味的是，

> 結核病和其它潛在致命傳染病的晚期症狀，通常就是「壞血病」的症狀。

在臨床上鏈球菌常被發現棲居健康者的皮膚和黏膜上。凱莉（Kelly, 1944）指出，能夠在易受感染的宿主身上引起嚴重疾病的種種微生物，包括不同類型的鏈球菌細菌，在她的研究中所有健康猴子之扁桃腺中都能被找到。這樣看來，當宿主對感染的天然抵抗力受損時，許多具有重要臨床意義的鏈球菌和其它感染就會開始，而已存在、通常為良性的細菌便「掌控」宿主，並以任何一種不同疾病的方式表現。

史密斯（Smith,1913）很久以前指出，他的天竺鼠在飲食狀況不良時更容易受肺炎鏈球菌所影響。當把「新鮮綠色飼料」添加到飲食裡，肺炎發生率則迅速減少。麥卡洛（McCullough,1938）也寫了一篇文獻回顧，提到缺乏維生素C的天竺鼠對鏈球菌和若干其它傳染性病原體容易受感染的狀況。

在本書裡所有不同的鏈球菌感染不會全部都討論。但失控的鏈球菌感染所造成的風濕熱，很值得特別關注，因為至今它仍然會導致大量的疾病。此外，了解風濕熱致病機轉以及對維生素C治療產生正面反應的機制，有助於了解很多其它鮮為人知的鏈球菌感染的病理學和治療。

風濕熱是由被稱為A群β-溶血性鏈球菌感染所導致的結果。作為這些細菌感染的延遲結果，多處發炎典型地出現在**結締組織結構中**，特別是在心臟、關節、皮膚和中樞神經系統。雖然風濕熱也可以發生在成年人，但五歲至十五歲的年紀還是最常罹患的。風濕熱反復發作也是常見的，而且當這些反復發作的疾病無法阻擋時，就有可能出現長期的**心臟瓣膜損傷。**

一次風濕熱發作，呈現出持續的臨床過程，平均三個月左右。當心臟受影響較為明顯時，生一次病的持續時間可以長達六個月。一般會給予盤尼西林（penicillin, 青黴素）來消滅仍然存在的任何鏈球菌，即便抗生素治療無法明顯改善風濕熱發作的病程，更不能減少最終心臟受影響的可能性。然而，盤尼西林在減少風濕熱復發的可能性上，仍扮演重要角色。

鏈球菌感染可能通過多種機轉來啟動其廣泛的發炎作用。許多研究者認為，很多與風濕熱發作相關的損害，來自於鏈球菌產物的直接毒性作用，特別是鏈球菌溶血素（streptolysins S 和 O）（曼德斯（Manders, 1998））。

羅斯諾（Rosenow,1912）在很久以前列舉過一些從肺炎球菌（一種類型的鏈球菌）取得的不同有毒物質，而那足以迅速讓天竺鼠致命或休克。許多研究者也覺得，鏈球菌感染會開啟免疫系統媒介引發損傷，其中，免疫系統會攻擊一些正常組織，好比它是外來的入侵者。另外一個可能的免疫機制是，組織的發炎反應是由於抗原－抗體複合物沉積在受影響的組織所引發並持續。底下將進一步討論，一些研究者舉出很好的例證，說明很多或大多數風濕熱的病狀，**是由嚴重鏈球菌感染的那些人因極度缺乏維生素C所引起的**。此外，這種維生素C缺乏會使病人更容易受感染產生的其他的毒害。

提婆犀那（Devasena）等人（2001）表示，**鏈球菌感染有影響到腎臟的孩子，血漿的維生素C以及紅血球細胞有顯著較低的水平**，代表氧化壓力（自由基）的檢驗是顯著上升。一般原則是，存在的氧化壓力越多，呈現的維生素C就越少；反之亦然。奧蘭（Oran）等人（2001）也表示，急性風濕熱與大量的氧化壓力增加以及自由基增加有關聯。在更早以前，萊因哈特（Rinehart）等人（1936）已觀察到風濕熱的病人血液中的維生素C含量值偏低。此外，萊因哈特（1936）舉出結論，說明對於會引起風濕熱天竺鼠身上看到的典型組織損傷，都與維生素C缺乏有關。接下來將更詳細討論。

雖然沒有發現到克萊納專門治療風濕熱的報告，他在以維生素C治療鏈球菌感染方面，仍報告過優異結果。克萊納（1974）指出，他以靜脈注射維生素C，在每公斤體重給予500到700毫克的劑量範圍內，治癒了「**溶血性鏈球菌**」的感染。

卡斯卡特（1981）報告了三例猩紅熱與另一個由A群 β-溶血性鏈

卡思卡特聲稱，所有三個他的病人

他的維生素C給藥只需要一小時就得到快速的臨床療效。

球菌引起的疾病的成功治療。與疾病相關的典型皮疹，被認為是直接由細菌產生的毒素所造成。卡思卡特聲稱，他的三個病人都有「**典型的砂紙樣皮疹**」，伴隨脫皮，以及根據診斷為猩紅熱的實驗室檢查結果。他的維生素C給藥只需要一小時就得到快速的臨床療效。他覺得這個快速的反應是由於維生素C中和了相關的毒素所致。他補充說，就他個人而言，沒有一例風濕熱對維生素C不會產生快速反應。麥考密克（1951）也報告了幾例猩紅熱成功治療的個案。每天經由靜脈注射和口服途徑投予2000毫克的維生素C。麥考密克觀察到，每個個案的發燒、體溫在幾個小時之內回復正常，而病人在三到四天內症狀便得以消除。

馬叟（Massell）等人（1950）報告了七例用維生素C治療的風濕熱病人。治療期間只以1000毫克的維生素C，每天四次給予，為期八到二十六天。其中一個用維生素C治療的十三歲男孩，關節疼痛在24小時內完全緩解，伴隨著發燒消退。在第二天治療後，就完全退燒。而一個十四歲男孩，已經生病好幾個月，也用維生素C治療，治療的前48小時內他的發燒便完全消退。另一個十五歲的男孩因風濕熱已經病了六個星期，在治療的第二天就呈現完全退燒，而他的其餘一般症狀也迅速獲得改善。另一個風濕熱並且膝蓋疼痛腫脹的十四歲男孩，在維生素C治療的前四天裡，症狀和發燒均逐漸獲得緩解。

上升的沉降速率也能看到大幅的下降。一位風濕熱重病的十一歲女孩，對維生素C的治療有著極大的反應。她的肛溫是40℃，心臟擴大，肝臟變大，手指關節腫脹疼痛，雙腿因心衰竭而腫脹，每分鐘心跳160下。在接下來的七天維生素C治療，發燒和關節疼痛逐漸減輕，直到症狀完全消失。24小時內心跳速率降到每分鐘120下，而且腿部的腫

脹亦完全消除。一位十八歲男性，在維生素C治療的第四天，發燒及關節痛痊癒了。

最後，一個復發性風濕熱的五歲男孩，右膝關節和兩個腳踝的疼痛迅速消失，他的發燒穩定下降直到治療的第八天退燒。上述的每個病人都對相對小量的維生素C出現明顯的反應。整體而言，這訊息更具說服力。通常導致好幾個月嚴重痛苦的疾病，症狀在幾天內因維生素C而獲得控制，以上七個案例皆是！甚至更令人難以置信的是作者淡化結果的方式，提出每天只建議4000毫克劑量維生素C就有「抗風濕作用」的觀察，並且，關於維生素C在風濕熱「可能的治療價值，尚未作出最終的評估」。他們表示，七個病人的治療雖然沒有出現問題，但他們還是強調需要有「審慎的毒性研究」。如果只看本文中作者的結論，沒有理由懷疑維生素C實際上產生如此不可思議的臨床反應。即使沒有這樣的正式建議，單從本文，也足以提出對風濕病患者定期給予至少一些最小劑量的維生素C。

> 通常導致好幾個月嚴重痛苦的疾病，症狀在幾天內因維生素C而獲得控制，以上七個案例皆是！

格萊茲布魯克（Glazebrook）和湯姆森（Thomson）（1942）觀察常規劑量的維生素C在一大群年齡介於十五歲到二十歲學生的影響。在幾個月的期間裡，335個青少年接受了每日100至200毫克的維生素C補充。更大一群對照組1100個青少年，在他們的教育機構裏只接受標準飲食，沒有任何維生素C的補充。效果非常顯著。335個有補充維生素C的青少年沒有人出現風濕熱，但對照組則有16例發生。此外，有補充的青少年沒有人出現肺炎，而對照組的學生有17人罹患肺炎。團體機構的環境下，**肺炎**往往續發於鏈球菌生物體。**扁桃腺炎**，是能決定風濕熱階段的扁桃體鏈球菌感染，在這兩個群體裡都約有9%的發生率。只是，在對照組的扁桃腺炎，感染持續的時間比維生素C治療組還要久。

作者還指出，普通的感冒以及其平均持續時間，兩組的發生率則相同。

從這項研究可以得出有趣的結論就是，即使小劑量的維生素C，也可以非常有效的在第一時間防止鏈球菌肆虐，就如早期階段風濕熱和肺炎的情形。此外，小劑量的維生素C，在防止扁桃腺炎的初步鏈球菌感染，發展成風濕熱更廣泛性的鏈球菌感染上面，也非常有效。最後，研究結果與重大病毒感染例如普通感冒，需要每日大於100到200毫克維生素C以便帶來明顯效益的事實相互一致。低劑量的維生素C對鏈球菌感染似乎也很容易產生影響。

其它研究學者還發現，維生素C可以預防肺炎。金巴羅斯基（Kimbarowski）和馬克羅（Mokrow）（1967）觀察罹患流感（流行性感冒）的新兵：有接受維生素C的新兵得到流感後明顯較少併發肺炎。皮特（Pitt）和科斯特里尼（Costrini）（1979）在訓練營八週期間，對674個海軍新兵進行隨機的雙盲安慰劑對照試驗。雖然主要目的是想看維生素C是否影響普通感冒的發生率，他們得以確定，每天2000毫克維生素C，使得肺炎病例較為減少。八個沒有接受額外維生素C的新兵罹患了肺炎，而有補充維生素C的新兵則只有一個罹患肺炎。回顧這兩項研究，以及上文指出的格萊茲布魯克和湯姆森的研究，赫梅拉（Hemila,1997）發現，這三項試驗裡每一項皆顯示，維生素C組的**肺炎發生率大約降低了80%**。肺炎依這種程度的發生率下降，不像是偶然發生的。沙賓（Sabin,1939）給予恒河猴缺乏維生素C的飲食，在一群二十五隻的猴子中報出5例肺炎發生，而有足夠維生素C的二十一隻猴子則沒有出現肺炎。在另一項動物／肺炎研究，哈姆第（Hamdy）等人（1967）發現，給予肌肉注射維生素C的小羊比對照組的小羊**肺炎發生率減少83%**。有好幾位在德國期刊發表文章的早期研究者（甘德（Gander）和尼德伯格（Niederberger）,1936；佛格（Vogl）,1937；邦霍則（Bonnholtzer）,1937；霍赫瓦爾德（Hochwald）,1937；京策爾（Gunzel）和克勒納特（Kroehnert）,1937；森納瓦爾德（Sennewald），

1938；西爾毛伊（Szirmai），1940）也都發現，維生素C能夠為肺炎的治療帶來好處。並且，維生素C對縮短這種疾病的臨床病程特別有效。西爾毛伊還提出證據指出，組織飽和度對於肺炎的維生素C治療能得到最大好處是有必要的，儘管沒有產生組織飽和度的維生素C劑量也發現到足以改善傷寒和白喉的患者。

埃斯波西托（Esposito，1986）檢視了維生素C對實驗小鼠的肺炎球菌之影響。他發現每天以每公斤體重200毫克的維生素C劑量補充的動物，可以大大強化牠們在受到感染後24小時內，從肺部清除細菌的能力。

雖然肺炎也會由非細菌的微生物引起，但常涉及多重感染微生物的細菌性肺炎，在較年老、免疫功能較低下的病患，依然是個相當普遍的致命疾病。有幾項研究並未鑑別感染的微生物，而著眼在維生素C對肺炎的影響。

斯洛金（Slotkin）和弗萊徹（Fletcher）（1944）報告了維生素C對老年患者在泌尿外科手術後肺部併發症的效果。一個七十三歲的病人，在之前兩次疝氣手術後曾經歷幾次危及性命的肺炎，這一次再度接受大範圍的前列腺手術。手術後他很快又再次出現肺部症狀，伴隨發燒和心跳過快。他一天分次給予了僅100毫克的維生素C，在40小時內看到「驚人的結果」。有另外兩名患者有類似的術後症狀，兩個也都出現類似的反應。

在一個檢查維生素C對老年住院患者急性呼吸道感染（肺炎和支氣管炎）臨床病程之影響的隨機雙盲試驗裡，杭特（Hunt）等人（1994）發現維生素C能夠帶來好處。他以相當少量的維生素C補充（100毫克，每日兩次）發現，補充維生素C的病人比那些接受安慰劑的病人「表現明顯更好」。研究中的所有57名病患都正常地服藥。

中耳炎，是常困擾兒童的耳朵感染，一般續發於肺炎鏈球菌。羅斯金（Ruskin，1938）報告了他**以維生素C治療這種中耳感染的驚人成功**。

雖然沒有報告感染的是哪一種微生物，他在臨床上的成功仍相當一致。羅斯金報告了10例個案，指出他一年來所治療的這十名患者，「全部都在**12小時內**出現症狀的改善，並在四到五天內緩解」。他補充道，「結果實在太驚人」，以至於無法去懷疑「非經腸道給藥」的維生素C之療效。全部的這十個患者都接受了肌肉注射的維生素C。

　　風濕熱和其他傳染病一樣，已被發現與尿中維生素C偏低有關，這是身體整體儲存的維生素C下降的一個指標。阿巴西（Abbasy）等人（1936）觀察了107例急性風濕熱，以及另外86例恢復和康復階段的風濕熱患者。這兩組病人在尿液中的維生素C，相對於64個未受感染的對照組，都明顯缺少。最有可能的是，風濕熱康復的病患，由於持續缺乏維生素C，使得他們很容易有疾病的活化復發。作者們提出了疑問：維生素C缺乏究竟是感染過程的原因抑或是結果？最準確的答案很可能是，既是感染過程的原因，也是結果。感染的過程裡總是會消耗更多的維生素C，至少在風濕熱，維生素C的缺乏似乎直接造成原發性風濕熱以及復發性風濕熱的罹患，同時也蒙受風濕熱引起的特定類型之內部損害。

　　鏈球菌扁桃腺炎和鏈球菌咽喉炎都是可以發展成風濕熱的情況。柯勒翰（Coulehan）等人（1976）對一群868個孩子投予維生素C，進行了雙盲、安慰劑對照的試驗。作者發現，接受維生素C的孩子比接受安慰劑的孩子，喉嚨培養出現 β -溶血性鏈球菌陽性的人數較少。接受補充的孩子與接受安慰劑的孩子相比，也發現到，施予維生素C導致血漿維生素C濃度較高。

　　凱澤（Kaiser）和斯拉溫（Slavin）（1938）發現，血液中維生素C較低的孩子，扁桃腺上鏈球菌的整體發生率較高。此外，血液中維生素C較高的孩子，在扁桃腺上被發現到的鏈球菌，其致病性比較弱（能夠造成臨床的感染和疾病）。具體來說，維生素C水平最低的那些孩子所發現到的鏈球菌，由注射到小鼠而論，有40%是致病性強的。維生素C

中等水平的那些孩子，有30%是致病性強的。而維生素C高於平均水準的孩子則只有10%是致病性強的鏈球菌。作者們也檢查了手術切除的扁桃腺上的維生素C含量。不足為奇，維生素C含量最高的扁桃腺，溶血性鏈球菌的存在率最低。作者認為，扁桃腺組織中維生素C含量較高的孩子，在扁桃腺裡鏈球菌的發生率下降了，暗示著維生素C對體內那些細菌的繁殖有著抑制關係。

同一篇論文中也探討了不同稀釋度的維生素C對致命的溶血性鏈球菌生長的抑制作用。他們發現在21個連續實驗裡，鏈球菌被完全抑制，而在所有情況下對照組的細菌都是自由的增長。肺炎雙球菌是一隻造成肺炎的鏈球菌菌株，也得到類似的結果。哥拿布（Gnarpe）等人（1968）去探查尿液中不同種類細菌的生長，結果發現維生素C對受測的其中一種鏈球菌（糞鏈球菌,Streptococcus faecalis）有殺菌效果。

> 他們發現在21個連續實驗裡，鏈球菌被完全抑制，而在所有情況下對照組的細菌都是自由的增長。

如同許多其它實驗誘發的疾病，天竺鼠因為無法產生維生素C，在評估以維生素C治療鏈球菌感染上一直特別有用。鏈球菌感染在天竺鼠往往致病性極強。威特（Witt）等人（1988）報告說，維生素C缺乏的天竺鼠明顯更容易得到致命的嚴重鏈球菌感染。

更早以前，芬德利（Findlay,1923）已經在他的天竺鼠注意到相似的結果。他發現已被壞血病侵犯的天竺鼠，在注射小量肺炎雙球菌（一種鏈球菌）後，可以應付的和正常天竺鼠一樣好。只是，當注射的微生物劑量稍微提高，有壞血病的天竺鼠的抵抗力就比對照組（有維生素C給予所以沒有壞血病）要更快地瓦解了。對照組的動物活的比較久，感染也較為局部。芬德利再以溶血性鏈球菌重複了這項實驗，因此發現一個能夠殺死有壞血病動物，但令對照組動物存活的細菌劑量。這證實了維

生素C針對於鏈球菌感染的毒性和致命性，具備所有可能的保護作用。

洛克（Locke）等人（1937）能夠很細膩的證明，對兔子以靜脈注射肺炎雙球菌前約十分鐘，給予維生素C靜脈注射，會使動物將細菌自血液移除的能力「顯著」增加。十一隻以這種方式治療的兔子裡有七隻，三十分鐘後的血液培養顯示並無細菌生長，而未以維生素C治療的十二隻對照組兔子裡，有九隻出現細菌的生長。這清楚地表明，維生素C對血液中的肺炎雙球菌具有很強的類抗生素作用。

萊因哈特（Rinehart）和梅蒂耶爾（Mettier）（1934）應用天竺鼠實驗，分別探討單獨壞血病、壞血病結合 β - 鏈球菌感染、以及單獨鏈球菌感染，所造成在人類風濕熱當中見到的心臟瓣膜和肌肉病變的能力。他們發現，有充足飲食的動物，單獨的鏈球菌感染在心臟瓣膜通常「不會產生重大病變」。單獨壞血病如果沒有任何感染介入時，在形成**心臟瓣膜基礎的結締組織（含有膠原）基質，會發現到「明顯萎縮和退化性變化」**。同時有壞血病及鏈球菌感染的動物，有「相當大的頻率」在心臟瓣膜上出現「合併退化和增生」型態的「顯著病變」。這個術語特別重要，因為風濕熱病人在心臟和全身其它地方所見的風濕熱病變，被形容為是最早的退化區域，有時牽涉到組織的死亡（壞死），接著是發炎的「增生」階段。

增生期的原因之一，大概是為了讓細胞倍增，幫助強化已耗盡的膠原支撐組織基質，而膠原通常是構成組織重要的機械性強度所必要的結締組織。要記得膠原的合成絕對是仰賴維生素C的。正如萊因哈特和梅蒂耶爾（1934）所指出的，人類的風濕熱，以及天竺鼠的壞血病結合鏈球菌感染，似乎都會出現原發退化性病灶。此外，一些僅有壞血病而未加上鏈球菌感染的天竺鼠，也出現類似的病灶。為何在不同宿主之間疾病的嚴重程度似乎差異如此之大的原因，可能是相類似的測試條件，依據最初各自差異的維生素C體內儲存量，卻會造成不同特定壓力，不同程度的病理反應。

萊因哈特和梅蒂耶爾（1934）也去探討了給兩隻壞血病天竺鼠注射另一種微生物——艾特利克菌（B. aertrycke）產生的作用。再次，這兩隻動物的二尖瓣（mitral valve）都能看到上述些許程度的退化／增生變化。當把同樣這個微生物注射到有充分補充維生素C的天竺鼠體內，其心臟瓣膜則維持正常。作者認為，鏈球菌以外的感染在合併足夠嚴重的維生素C缺乏時，可能特別不利。

　　萊因哈特等人（1934）還指出，單獨的壞血病可以在天竺鼠的關節產生功能障礙。他們發現，加上了鏈球菌感染後，會加重這些關節的變化，而這些關節病變也就是與風濕熱相互一致的類型。再者，他們注意到，當飲食中存在充足的維生素C時，關節病變不會單純由感染引起。萊因哈特（Rinehart）和梅蒂耶爾（Mettier）（1933）以及麥克布隆姆（McBroom）等人（1937），也認定單獨的急性壞血病若沒有再加上感染，會在天竺鼠的心瓣膜和心臟組織上，出現類似風濕病的退化性變化。然而，萊因哈特等人（1938）發覺，單獨感染，「在有充足飲食的存在下，並不會產生類風濕的病變」。史汀生（Stimson）等人（1934）能夠證明一些缺乏維生素C的天竺鼠，當只給予取自鏈球菌感染的毒素時，會出現風濕心臟病變。

　　萊因哈特等人（1934）並指出，在感染和不同程度維生素C缺乏的實驗性交互作用，從人類風濕熱的流行病學資料，足以強烈的支持他們所達到的結論。坎貝爾（Campbell）和華納（Warner）（1930）指出，營養不良或是「衰弱的」的孩子是最容易出現風濕熱的人。確實，這樣的孩子比較容易缺乏維生素C。他們也注意到風濕熱主要是影響窮人的一個疾病，而貧窮是另一個與營養匱乏和維生素C缺乏相關的因素。達爾多夫（Dalldorf,1933）利用微血管阻力測定，從紐約貧寒之家的孩子當中，估算出35%到66%的「亞臨床（subclilnical）壞血病」發生率。

　　萊因哈特等人還指出，風濕熱的年齡發生率（age incidence）很可能相應於病人身體裡原本存在的維生素C儲存量。《希氏醫學教科書》

主張說急性風濕熱最常侵犯五歲到十五歲之間的人。佛克（Falk）等人（1932）指出，五歲到十四歲間的孩子，每公斤體重需要補充比成人多兩倍量的維生素C，以預防「潛在的壞血病」。這可能是由於這個年紀的積極生長發育高峰所導致。維生素C的需求越大，就越容易功虧一簣，並引起易罹患風濕熱的壞血病亞臨床狀態。

缺乏維生素C是發生風濕熱的主要危險因子，其進一步證據是從風濕熱的季節性發生率所得來的。風濕熱常發生在冬天末期和春天早期。這段期間就是一年當中富含維生素C的新鮮蔬果最不易取得的時間，特別是對窮人而言。

風濕熱發生率的地理分佈也支持了維生素C有助於預防罹患風濕熱這個概念。克拉克（Clarke,1930）宣稱，在「真正的熱帶」不會看到風濕熱。在這些地區，即使是窮人和相對營養不良者，仍是從新鮮蔬果去獲得他們大部分的卡路里，而沒有維生素C缺乏的問題。克拉克三十年間在熱帶地區成千上萬的病人裡，一例風濕熱也找不到。克拉克進一步引用羅傑斯（Rogers,1927）的報告，他在印度加爾各答37年期間所施行的4800例屍體解剖，只找到一例風濕熱侵襲心臟的證據。在印度經常吃甘藍菜和一些其它綠葉蔬菜，而且它們通常只用最小限度的烹調，而烹調是會減少維生素C含量的。

萊因哈特等人（1934）進一步指出，「**潛在的壞血病**」症狀和「**早期的風濕熱**」非常相似，有很多共同點。據他們所稱，這兩種情形的任何一種，孩子都被發現有「整體營養不足、疲倦、食慾喪失、體重減輕、肌肉病變、神經緊張和貧血」。可能這兩種情形基本上是一樣的，只等待足夠暴露於毒性強的**鏈球菌**下，便會發展成**風濕熱**。

最後，萊因哈特等人（1934）聲稱，原已存在的感染，在風濕熱的發展伴演著重要角色。雖然以**扁桃腺炎**、**鼻竇炎**和其餘**上呼吸道感染**來表現的鏈球菌感染，是與風濕熱的發展最為相關，其它的生物也被發現到與此病有關。任何階段的感染，都會進一步耗損體內的維生素C存

量。萊因哈特和他的共同作者們認為，潛在壞血病和感染這兩者，對風濕熱的發展是同時必要的。輕微壞血病加上嚴重感染，或較末期的壞血病加上輕微感染，兩者似乎都會促使風濕熱發生。這兩個情形的交互作用保證會有特別嚴重的維生素Ｃ耗損。此外，他們主張，這兩個情形中的每一個延伸，將有助於解釋任何風濕熱特定的個案，在臨床嚴重程度上已知差別極大的變異性。

鏈球菌感染似乎對維生素Ｃ的治療特別有效。足夠大的維生素Ｃ劑量可以預期能治療大部分的鏈球菌感染，儘管風濕熱並沒有明確顯示可以治癒。但是，藉由維生素Ｃ的給予，即便劑量比起克萊納在其它傳染病使用的量還要低許多，風濕熱的緩解也能明顯加快。假如日常攝取足量維生素Ｃ，包括風濕熱在內的鏈球菌感染應能輕易預防的證據也很強烈。不同的鏈球菌感染所見到的相關毒素，看來都可以被維生素Ｃ輕易的中和掉，這也使得**維生素Ｃ成為治療鏈球菌感染的理想藥物**。抗生素療法亦可使用，但很多情況下可能是非必要的。

痲瘋病（逆轉和預防；治療 -?）

痲瘋病是由跟結核菌同一家族，生長非常緩慢的細菌所造成的另一傳染病。疾病特徵是傳染力低，也非常的慢性。人類的痲瘋桿菌（Mycobacterium leprae）是累積在皮膚和周邊神經，形成各種皮膚病灶以及神經傳導的喪失。神經傳導的喪失會使受影響的部位沒有任何感覺，導致那些部位在無意間受傷，因為病人無法感覺到保護身體免於受傷的疼痛或者不舒服。結果可能出現嚴重的毀容及斷指，變成長期以來一直與這種疾病連結在一起的可怕外觀。然而，隔離痲瘋病患，可能不是必要的，因為疾病的傳播不太可能發生在醫院或病房的設置裡，而且要產生痲瘋病，似乎需要很多年的暴露接觸才行。

維生素Ｃ對痲瘋病和其相關微生物的影響，只能找到數量有限的研

究。跟大多數未被克萊納提出治療報告的疾病一樣，也沒有找到曾使用克萊納之維生素C劑量範圍的研究。事實上，維生素C對此病臨床病程的影響，程度似乎仍未被研究過。

松尾（Matsuo）等人（1975）和（Skinsnes）及松尾（1976）報告以維生素C治療五個痲瘋病患者的「推測性結論」。有一位每天只接受1500毫克的維生素C達四個半月，而其餘四位接受此維生素C療法長達二十四個月，而且都與一種治療痲瘋病的抗菌藥物——氨苯碸（dapsone）併用。五個患者的病變都有類似程度的復原，顯微鏡下細菌外觀的變化，也與病變的復原符合。從這些發現來衡量，維生素C本身加在傳統氨苯碸治療裡，似乎越能讓病變復原。

赫斯廷斯（Hastings）等人（1976）進一步追查松尾等人的研究結果，以觀察具有足墊的小鼠感染了痲瘋桿菌，對不同劑量的維生素C有何反應。研究人員給小鼠的維生素C劑量，相當於在人類的500毫克、1500毫克或4500毫克的劑量。他們發現，六個月後檢查足墊，維生素C對於抑制痲瘋桿菌的繁殖，「統計上有顯著」的效果。此外，他們斷言，細菌繁殖呈現一個劑量的反應關係，這意味著更高劑量的維生素C甚至會產生更明顯的效果。此外還提出，用既有的抗痲瘋病藥物——氨苯碸、氯苯吩嗪（clofazimine）和立汎黴素（rifampin）治療的那些動物，在六個月時沒有發現到細菌。然而，維生素C有著確定的安全性，應該毫不猶豫地將它以合適劑量添加到痲瘋病的傳統治療裡，直到更高劑量維生素C效果的詳細資訊能被取得為止。

其它的研究人員已經在痲瘋病使用過相對小劑量的維生素C，通常也可以觀察到臨床上的改善。貝謝立（Bechelli,1939）以肌肉注射50到100毫克維生素C治療了二十位痲瘋病患者，有超過半數報告出正面的結果。加提（Gatti）和高納（Gaona）（1939）給兩個痲瘋病患者注射100毫克維生素C數週，也得到良好結果。既然痲瘋桿菌生長緩慢，無法期待它以很快的速度或臨床上戲劇化的方式來直接反應，這些反應有

些，無疑代表著添加維生素 C 對整體健康的普遍提升。事實上，辛哈（Sinha）等人（1984）研究了七十個痲瘋病患者，發現他們血液中維生素 C 的濃度明顯下降。任何維生素 C 耗竭的病人給予他維生素 C，不管有沒有痲瘋病的背景，都應能表現出整體健康的改善。

有些其它的研究人員也發現維生素 C 對於痲瘋病的治療是有益處的。費雷拉（Ferreira,1950）在巴西跟一群痲瘋病患一同工作，發現每天注射 500 毫克維生素 C 是有明顯的臨床效益。患者的幸福感提高、食慾改善、體重增加、較少流鼻血，對他們固定服用抗痲瘋病藥物的副作用減少。弗洛克（Floch）和敘羅（Sureau）（1952）使用 500 毫克維生素 C 注射一段長時間，也報告出良好結果。他們還嘗試每天使用 1000 毫克的維生素 C，並宣稱結果更好，甚至建議，可以使用「每天 2 克或甚至 4 克」的維生素 C，對這個疾病做研究。

維生素 C 療法用於治療痲瘋病的另一項好處，由薩胡（Sahu）和達斯（Das）（1994）提出來。這些研究人員發現，在小鼠身上，維生素 C 對防止氯苯吩嗪誘發的染色體損傷是非常有效的。氯苯吩嗪依然是長久以來在痲瘋病治療上常用的重要藥物之一。給所有痲瘋病患者使用維生素 C，不只透露常見與疾病相關的維生素 C 缺乏，也能防止痲瘋病標準藥物治療的副作用。

夠高劑量的維生素 C 看來的確能減緩痲瘋桿菌的生長，而且病人臨床上也獲得改善，至少，疾病過程出現穩定化，並伴隨一些症狀的可逆性。既然痲瘋桿菌和結核病隸屬同一家族，而痲瘋病的傳播如此不易，邏輯上也驗證了，每天攝取足量維生素 C，應能防止痲瘋病，也同時防止結核病的原發感染。

傷寒（逆轉和預防；治療 -？）

傷寒是由傷寒沙門氏菌（Salmonella typhi）引起的細菌性疾病。傷

寒也稱為腸熱病，特點是長期的發燒、腹瀉和腹痛。併發症包括腸道出血和穿孔。已開發國家由於現代化的污水及自來水處理設施，傷寒幾乎已經根除。然而，在比較落後的國家至今仍然是個問題。而且，在未開發國家傷寒的疾病死亡率約為10%，而在有抗生素和營養較好的已開發國家，疾病死亡率則小於1%。

　　文獻上並未發現有克萊納治療過的傷寒報告。法拉（Farah,1938）以靜脈注射維生素C和腎上腺萃取物治療了18個傷寒個案，在減少疾病的時間長短以及死亡的機率上，都報告出巨大的成功。法拉發現維生素C和腎上腺萃取物的給予「打從第一次的注射，就有巨大的效果」。西爾毛伊（Szirmai ,1940）給臨床上很嚴重的傷寒個案，投予300毫克的維生素C注射，對小腸出血的併發症達到了完全的保護作用。德拉蒙德（Drummond,1943）報告了106例傷寒個案的成功治療：以每日的維生素C劑量是1200毫克，其中400毫克是注射，800毫克是口服。雖然在本文撰寫的時候，傷寒在南非的死亡率約為15%，以此維生素C療法治療的106例患者，卻僅有兩例死亡。此外，德拉蒙德評論說，這兩個病人的屍體解剖，透露出「存在的併發症，而這也絕對無法抹滅維生素C的療效」。德拉蒙德還指出，除了兩個病人以外，所有人的「毒性明顯減少」，而且後來那兩個病人證實為甲狀腺亢進。不足為奇的是，德拉蒙德也能夠確定維生素C可以殺死在試管中的傷寒沙門氏菌，他發現，50毫克的維生素C添加到5毫升「有傳染力的培養」裡，會迅速摧毀所有細菌的生長。此外，當維生素C預先添加，培養液裡將沒有細菌生長能被啟動。德拉蒙德斷定，維生素C治療使得傷寒被視為「一種相對安全的疾病」。當然，這些結果也表明，很可能更高劑量

> 維生素C可以殺死在試管中的傷寒沙門氏菌，他發現，50毫克的維生素C添加到5毫升「有傳染力的培養」裡，會迅速摧毀所有細菌的生長。

的維生素C能得到更具戲劇性的反應，如同克萊納和其它人所取得在許多傳染病的成果。

正如史東（Stone,1972）所指出，一些不同菌株的沙門氏菌也會產生重要的毒素。這些毒素的特徵為影響腸子內襯的細胞，進一步加重伴隨沙門氏菌感染而產生的腹部症狀。史東進一步指出，此類感染再加上這個毒性成分，使得維生素C成為特別好的治療劑，因為它已證實對這麼多其它毒素有效，不論是否為細菌本身所產生的毒素。此外，即使傷寒對於抗生素有反應，還是希望可以不要使用它，以避免任何從這些藥物而來、意想不到的副作用。如果夠高劑量的維生素C能被證明是適當的單一治療，因為它也許就是可以實現的。

希爾（Hill）和蓋倫（Garren）（1955）報告了高濃度維生素C在小雞對於傷寒之抵抗力的影響。他們發現，「高濃度的所有已知必需維生素C」可以增加這個抵抗力。而且他們還指出，維生素C具有「抗氧化劑」的功能。

雖然不能明確指出維生素C可以治療傷寒，但毫無疑問，維生素C可以迅速和有效地扭轉症狀，並能減少併發症的可能性和程度，包括死亡。克萊納所用的大小劑量，也許能使這種感染迅速並徹底的根除。按照福斯特（Foster）等人（1974）的觀察來看，這尤其的重要。他們指出，用於治療傷寒的抗生素之一氯黴素（chloramphenicol），往往會導致病人出現貧血，因此增加整個疾病的負擔。使用維生素C作為傷寒的唯一治療將防止這個可能的副作用。此外，只要充足攝取每日維生素C的劑量，那麼這種感染從一開始就似乎不會發生。

瘧疾（逆轉；治療 -?；預防 -?）

瘧疾是世界上最常見的傳染病之一，一年有兩億到三億個病例，每年導致一百萬人到兩百萬人死亡。瘧疾是由被稱為原蟲（protozoa），

來自於瘧原蟲（Plasmodium）的微生物所引起。當這些微生物經由被感染的蚊子叮咬皮膚而進入人體，隨後併入紅血球細胞後，通常會引起一種瘧疾症候群。原蟲是動物王國裡最簡單的生物體。他們是一種單細胞，其大小範圍介於肉眼可見，和光學顯微鏡下難以看見之間。一般情況下，他們是自由生活的，但某些類型可假設是以寄生存在。當瘧疾，原蟲寄生在被感染者的紅血球細胞，實質上是利用這些細胞作為一個培養媒介，來繁衍自己的生命週期，這將導致宿主紅血球細胞最終斷裂和破壞。這些瘧原蟲的重複感染也很常見，因為這個主要感染不會產生保護性免疫反應。最近，瘧疾已再度死灰復燃，因為感染微生物氯喹（chloroquine）這個藥物的抗藥性增加了，也因為感染蚊蟲對一些更便宜的殺蟲劑的耐藥性也日益增加。

> 瘧疾病人靜脈注射1000毫克劑量的維生素C。他發現這個劑量防止了此病常見到的發冷，使體溫下降，也提高了整體幸福感。

洛采（Lotze,1938）以維生素C注射來治療瘧疾患者。300毫克靜脈注射劑量之後，他發現健康的人在24小時內排出大約50%，而急性瘧疾感染之病人則排泄的很少。與其它傳染病一樣，這個發現表示，瘧疾病人比正常人需要更大量的維生素C。洛采也給他的瘧疾病人靜脈注射1000毫克劑量的維生素C。他發現這個劑量防止了此病常見到的發冷，使體溫下降，也提高了整體幸福感。他還注意到，在治療期間，血紅素和紅血球細胞計數是穩定的。治療期間，沒有發生「溶血危象（hemolytic crisis）」，或者說，受感染的紅血球細胞沒有大規模破壞，即使一直有一些猜測認為這種反應有可能發生於瘧疾的維生素C治療。事實上，洛采評論，維生素C受感染的紅血球細胞，似乎有抗溶血的作用。

雖然發現治療後的血紅素值和紅血球細胞計數都下降，但這可能代

表一個癒合反應,而非一個危機反應,因為瘧疾感染在所有感染的紅血球細胞最終死去,然後被新形成而未感染的紅血球細胞取代之前,是不可能完全解決的。這個維生素C的治療下,也可以看到異常血清蛋白檢測的正常化。

其他作者也檢驗了維生素C值與瘧疾感染之間的關聯。據米勒(Millet,1940)的觀察,營養不足加上維生素C攝取不夠,將導致腎上腺皮質功能欠佳。這可能是由於腎上腺通常有非常高濃度的維生素C,也意味著維生素C在腎上腺皮質功能中的重要作用。作者注意到,隨後的瘧疾感染,接下來可能導致一組症候群,其特徵為腎上腺功能不全(adrenal insufficiency)的症狀。

米勒建議,在瘧疾的正確治療裡,應密切注意適當的飲食。克里希南(Krishnan,1938)也檢查了印度孟加拉地區(Bengal)正常人以及瘧疾病人維生素C的排泄和飽和度。他指出,大多數健康的兒童有正常的維生素C飽和度,而大部分的瘧疾病人明顯缺乏維生素C。作者認為,在慢性瘧疾有亞壞血病(subscurvy)的狀態,那會在瘧疾發燒的急性發作期間更進一步惡化。恩喬庫(Njoku)等人(1995)也指出,瘧疾病人血液中的維生素C含量在感染期間和感染之後,均明顯下降。

莫爾(Mohr,1941)還發現瘧疾患者呈現維生素C的消耗增加。他發現投予維生素C 250毫克加上鐵質補充,可以加速瘧疾患者貧血的正常化。此外,他發現這個給藥配方能增加網狀紅血球細胞計數,這是新的紅血球細胞形成再生率的一個指標。莫爾強調,傳統的抗瘧藥物治療以外添加維生素C治療是適當的,而萊萬德(Levander)和埃傑(Ager)(1993)亦提出了類似的建議。

達斯(Das)等人(1993)也建議,維生素C應添加到抗瘧疾的治療裡。這些研究人員表示,當瘧疾患者血液中維生素C的含量下降,代表著氧化壓力增加。無論哪種情況先發生,維生素C始終是當氧化壓力增加和自由基增加時,任何其它治療上合理的添加物。在瘧疾氧化壓力

的增加給予維生素C添加物治療也被其它研究人員所報告過〔（薩林（Sarin）等人,1993；米甚拉（Mishra）等人,1994）〕。溫特（Winter）等人（1997）已證實，維生素C會增強依昔苯酮（exifone）的效果，此一藥物是用來對抗多重抗藥性菌株惡性瘧原蟲（Plasmodium falciparum）的抗瘧疾藥物。

麥基（McKee）和蓋曼（Geiman,1946）觀察感染瘧疾寄生蟲的猴子其維生素C的狀態。發現，受感染的動物平均血漿維生素C含量低於未受感染的動物身上平均水準的一半。伯克（Bourke）等人（1980）探討維生素C對小鼠抵抗瘧疾感染能力的影響。他們給感染的小鼠每日腹腔注射維生素C，劑量為每公斤體重500毫克，於引入感染的五天前開始注射。這些小鼠血液中寄生蟲數量表現出38%的降低，而牠們的平均存活時間比沒有治療的對照組感染小鼠多出67%。

他們以每公斤體重1000毫克劑量的維生素C注射於另一組小鼠，但在引入感染當天才開始注射。這個更大劑量的維生素C對於血液中寄生蟲數量的降低，稍微沒那麼的有效（23%對比於38%），但這些小鼠卻存活得更久。他們平均存活時間比對照組多出了133%。看來更大劑量的維生素C，需要一些時間來「迎頭趕上」感染引入前就開始的較低劑量維生素C所發揮的作用。正如改善的存活時間所顯示，較大劑量的維生素C，臨床反應終究要好得多，即使是比較晚才開始。

更多基本研究已經從試管的環境下，去觀察維生素C對瘧疾寄生蟲本身，以及對於受瘧疾感染之紅血球細胞的影響。瑪瓦（Marva）等人（1989）發現，維生素C在銅離子的存在下，對惡性瘧原蟲的寄生性生長具有破壞性影響，而惡性瘧原蟲是造成人類一種特別有侵襲性的瘧疾之微生物。瑪瓦等人（1992）進一步研究了維生素C對於瘧疾被寄生之紅血球細胞的影響。他們注意到，被寄生的紅血球細胞集中了比非感染紅血球細胞兩倍半多的維生素C。此外，他們也發現，維生素C選擇性地在感染之紅血球細胞內，具有促氧化（prooxidant）作用，而這可使

寄生蟲被破壞。

然而在非感染的紅血球細胞，維生素C具有更典型的抗氧化（antioxidant）作用，以促進並保護正常之細胞功能。因為當寄生蟲繼續繁殖時，釋放出耐人尋味之含量的鐵，而維生素C看起來是能對受感染紅血球細胞內的寄生蟲，具有破壞性、促氧化的作用。鐵和維生素C間的正確比例，能促進促氧化而不是抗氧化活性（赫什科（Hershko），1989）。鐵在促使維生素C對瘧疾寄生蟲的破壞作用上，具有和銅一樣的功能，如同瑪瓦等人（1989）所提以及前面所闡述的那般。

維生素C在預防和有效處理某些瘧疾治療衍生的併發症上，也是一項重要的營養素。那拉奎（Naraqi）等人（1992）報告了一例靜脈注射奎寧（quinine）治療後急性失明的個案。不過這個病人使用維生素C、維生素B複合體以及類固醇，結果最後視力完全恢復。

關於瘧疾和維生素C的文獻似乎都清楚地表明，維生素C有助於扭轉瘧疾感染的臨床和實驗室指標。回顧相關文獻，沒有發現到克萊納所使用大小之劑量，或甚至還稍高劑量維生素C的證據。雖然不能明確斷言維生素C能治癒瘧疾，但也無法排除這個可能性。就如許多其它已考查過的傳染病，文獻中強烈暗示，一個有較佳營養狀況和較多身體維生素C存量的人，沒那麼容易在第一時間就感染到瘧疾。不過，這一次在這個例子，維生素C的保護作用不能被當作是絕對的。如果一隻或多隻受感染的蚊子可以直接提供足夠大的寄生蟲量，那麼無論病人的維生素C狀態如何，都有可能罹患瘧疾。然而，假如罹患者不是維生素C耗竭的病人，那麼復原仍應該可以進行得更快速、更有效率。

布魯氏菌病（逆轉；治療-?；預防-?）

布魯氏菌病是由布魯氏菌這一屬的細菌所引起的傳染性疾病。對人類而言，疾病的傳播來自受感染的動物。常見的傳播來源是經由受污染

的乳製品，如牛奶、乳酪和奶油。最初，布魯氏菌病的表現為發燒症候群，通常沒有特定感染源的證據。往往會出現關節及肌肉疼痛。布氏菌病很難診斷，除非有高度懷疑，而且病人住在這種感染常發生的地區。這種感染在活動期（active phase）可以位於任何器官，使得這種疾病沒有一個完全典型的表現。抗生素治療會令這種疾病縮短其持續時間，也減少併發症的發生率。然而，許多情況下甚至用了抗生素治療，也仍舊會復發。布魯氏菌病的常見名稱，波狀熱（undulant fever），來自於在這種疾病所見到的頻繁復發。許多人在孩童時期罹患了布魯氏菌病，而在他們的餘生出現間歇性的復發。布魯氏菌病發病率最高的流行地區在地中海流域、阿拉伯半島、印度和拉丁美洲。

密克（Mick, 1955）報告了12例布魯氏菌病患者的維生素C治療。一位三十五歲女性約15年來已飽受極度疲勞所折磨。她有經常性的頭痛，關節和腹部疼痛。每六至八個星期，她會有一次為期三到五天的發燒，介於37.2℃到38.8℃之間，她的慢性症狀在發燒期間也會變得更加強烈。在布魯氏菌病被「診斷」出來，首次症狀發作的十多年後，開始以每日3000毫克劑量的維生素C治療。大約十五個月後，病人終於報告說，在開始維生素C治療約四個月後，她不再有任何發燒。她聲稱自己感覺比在過去的十一年中任何時候還要好，除了偶爾頭痛之外，她報告說所有她早期的症狀都消失了。

另一個已至少生病了六年，有三年無法工作的五十二歲男性，也開始以每天3000毫克的維生素C治療，沒有併用其餘的療法。最後他恢復了大約70磅，而他六英呎兩英寸高的體格起初只有129磅重。他已完全沒有症狀，並能從事全職工作。當密克以口服維生素C得不到良好的反應時，他一週會加上兩到三次靜脈注射的1000毫克維生素C。他所報告的12例裡只有一個沒有對維生素C治療產生戲劇性的反應，而這位病人拒絕接受靜脈注射。所有這12位密克所描述的患者都病得很嚴重，而且至今他們也已經病了好幾年甚至幾十年了。密克的結論是，維

生素C的治療對於布魯氏菌病「大有可為」。

布拉（Boura）等人（1989）報告，14個慢性布魯氏菌病病人的維生素C，在血液和某些白血球細胞（單核細胞）的含量「明顯低於正常」。他們也表示，只要十五天的維生素C補充，便能使一些有助於打擊布魯氏菌病的單核細胞免疫功能，其特定參數有明顯的恢復。

密克所使用的維生素C劑量，清楚地顯示，布魯氏菌病的症狀和疾病過程本身，可以獲得逆轉。然而，卻無法明確的說，布魯氏菌病能以維生素C治癒。但由於疾病症狀很容易被相對低劑量的維生素C療法所逆轉，因此，足夠大劑量的維生素C來預防布魯氏菌病，似乎是有這個可能性。不幸的是，文獻中沒有找到明確的資料，可以支持這種說法。

旋毛蟲病（逆轉；治療 -?；預防 -?）

旋毛蟲病是一種吃到生的或未煮熟的，含有旋毛蟲（Trichinella spiralis）包囊（cysts）的豬肉所造成的疾病，而旋毛蟲是最小的寄生蛔蟲之一。一旦被吞下，包囊會溶解，而這種寄生蟲會成熟。然後成熟寄生蟲的幼蟲會沉積在腸道的內襯，淋巴系統就從這裡把寄生蟲傳播到全身各處，在那兒它們可以再回到包囊型態。臨床上，患者最初體驗到腹瀉、噁心、腹痛及發燒。當寄生蟲從腸道階段進展完後，症狀可能包括：肌肉的疼痛和腫脹、出汗、失眠、眼皮浮腫、食慾不振、咳嗽和極度虛弱。

克萊納（1954年4月）描述一個三十一歲男性病人的個案，他表現出大部分旋毛蟲病典型的徵候及症狀。直到康復後他才終於回想起曾吃到生的香腸。克萊納沒有指明具體劑量大小，僅說給這個病人「注射了大劑量的維生素C」。在給了至少五種不同抗生素的十天期間裡，觀察到病人的情況惡化。在病人陷入「半昏迷狀態」之後，添加了氨基苯甲酸（para-aminobenzoic acid, PABA）到治療裡。接著他開始出現良好反

應，然後復原了。氨基苯甲酸是否需要投予維生素C才能促成病人的復原，目前還不清楚。當然，病人生病的夠嚴重以至於迅速消耗掉體內貯存的維生素C，單單在此基礎上，維生素C療法去支援病人的一般免疫狀態，也是合理的。

達烏德（Daoud）等人（2000）調查了包括維生素C在內的抗氧化劑組合，對於大白鼠感染旋毛蟲的病程有何影響。這個組合包括維生素A、C和E，以及硒。每日的維生素C劑量非常的小，以70公斤重的人來說相當於大約200毫克。但即使在這樣低的劑量，還是觀察到幾個重大影響。作者發現在初期（腸道期），旋毛蟲感染某種程度上被抗氧化劑所加重，大概是因為攻擊寄生蟲的天然氧化劑也減少了。但是他們發現，旋毛蟲的寄生蟲到達肌肉後，抗氧化劑抗寄生蟲藥（甲苯咪唑（mebendazole））的組合，導致肌肉中的幼蟲數量，相對於沒有治療的，要「大大的減少了」。相較於只用抗寄生蟲藥治療的，幼蟲數量也顯著的減少。

森奴泰特（Senutaite）和畢如李維修斯（Biziulevicius）（1986）也觀察了維生素C在大鼠對旋毛蟲感染之抵抗力的影響。他們給予每隻大鼠每日維生素C（50毫克）劑量，相當於在70公斤的人或動物身上大約35000毫克的量。相對於沒有給予維生素C的受感染動物，給予維生素C的受感染動物可以發現到比較高的抗體效果。最重要的是，以維生素C治療的受感染動物，在三十天的治療後，肌肉的寄生蟲（幼蟲）數量減少了大約40%。這顯著的降低是因為單獨使用維生素C治療，而沒有用到傳統的抗寄生蟲藥。

> 以維生素C治療的受感染動物，在30天的治療後，肌肉的寄生蟲（幼蟲）數量減少了大約40%。

一旦腸道遭遇最初的寄生蟲挑戰，而寄生蟲的同化（或吸收，assimilation）已經發生，維生素C和其它抗氧化劑似乎在縮短旋毛蟲病

的病程以及減少感染的急性強度上，扮演著重要的角色。看來維生素 C 最好是作為用在這種感染之傳統治療上的重要附加療法，而不是只用來當作治療的唯一藥物。文獻中沒有發現任何支持證據是特別表明維生素 C 能防止罹患旋毛蟲感染。和微生物一樣的，腸道假如遇上足夠多旋毛蟲包囊的急性挑戰，儘管有大量的維生素 C 存在，也一樣會引發感染。

其它傳染病或致病微生物與維生素 C

阿米巴痢疾（逆轉和預防；治療 -?）

阿米巴性痢疾是由痢疾阿米巴（Entamoeba histolytica）這隻致病菌株的原蟲所引起的疾病。這種寄生蟲持續感染著大約 1% 的世界人口，在貧窮和未開發國家的發病率最高。在症狀方面，這種感染可能導致嚴重的腸胃道症狀，包括造成結腸潰瘍的腸道發炎。含有血液和黏液的腹瀉很常見，並合併相關的腹痛。有些病人會發展成阿米巴性肝膿瘍。

約瑟羅夫斯凱雅（Veselovskaia,1957）每天使用僅 150 毫克的維生素 C，從 106 例患者中，發現阿米巴病的嚴重程度和維生素 C 含量之間的明確相關。有血的腸蠕動較常見於維生素 C 缺乏的患者。索柯羅瓦（Sokolova,1958）以每日 500 毫克的維生素 C 治療阿米巴感染患者。併用其它常規治療之下，接受維生素 C 的患者，疾病持續的時間縮短，嚴重痢疾相關的症狀也很快消除。艾瓦諾夫（Ivanov）等人（1991）觀察了 287 例阿米巴腸道感染的病人，發現有「維生素 C 和 B 缺乏」的五個病人，有「經歷了一次猛暴性的病程」。猛暴性病程是非常迅速、任由疾病進展的。

如同一些已經討論過的其它傳染病，阿米巴病的劇烈程度和臨床活

動程度的差異性很大。如結核病可以是非常活躍，造成臨床上元氣大傷，也可以是潛伏的，相對無關緊要的，阿米巴感染也同樣，可以介於休眠和非常活躍的感染之間。亞歷山大（Alexander）和梅勒尼（Meleney）（1935）發現，在兩個田納西鄉村社區裡有同樣高的阿米巴感染發生率。不過，其中一個社區被留意到，特別缺乏膳食維生素和卡路里含量，而且急性痢疾阿米巴感染很常發生。然而，在膳食品質較高的社區裡，則罕見阿米巴感染的急性表現。

　　埃爾斯登－露（Elsdon-Dew, 1949）觀察生活在南非同一個社區裡的班圖人、印第安人和歐洲人，注意到阿米巴感染以不同的方式影響這三個種族。班圖人吃大量的玉米，阿米巴感染後最常出現急性猛暴性痢疾。印地安人愛吃大量的咖哩和米飯，只有極少數會出現急性痢疾，但最後常常併發肝膿瘍。歐洲人有較為均衡且充分的飲食，比較少嚴重的阿米巴感染。埃爾斯登－露（1950）比較了來自同樣國家兩個不同地區的非洲人，在那些飲食中有大量蔬菜的人裡，也發現出奇地低的阿米巴性痢疾發生率。新鮮蔬菜是膳食維生素C的重要來源。

　　浮士德（Faust）等人（1934）發現，只餵食鮭魚的狗，會喪失牠們對阿米巴感染的抵抗力。前面提過，狗可以製造一些維生素C，但產生的量與山羊這樣的動物比較，是相對少量的。很顯然，長期缺乏維生素C的飲食，可以讓一隻狗容易受到阿米巴感染，儘管狗擁有內部合成少量維生素C的能力。只含鮭魚的飲食無法提供更多維生素C。當給阿米巴病的狗用生的肝臟和肝萃取物餵食，其腸道內的潰瘍會有癒合的趨向〔（浮士德和卡基（Kagy）, 1934；浮士德和史瓦茲維德（Swartzwelder）, 1936）〕。只餵食生牛乳的猴子則顯示出腸道阿米巴原蟲數量的減少，或者在某些情況下，能顯示出感染寄生蟲的徹底消滅〔（科舍爾（Kessel）和柯康（K'e-Kang）, 1925）〕。

　　上述的研究清楚表明，適當的營養直接關係到阿米巴感染的嚴重度。雖然從以上資料看來無法精準決定出最重要的營養素，然而上面提

到的所有與較不嚴重的感染相關的飲食，都有較高含量的維生素C。薩頓（Sadun）等人（1950）發現，餵食缺乏維生素C飲食的天竺鼠，即使微生物的接種劑量實在很小，也一樣特別容易受到阿米巴的感染。薩頓等人（1951）能更明確地證明維生素C攝取量與阿米巴感染的傳染力和毒性之間的關係。

給四十三隻天竺鼠以缺乏維生素C的飲食餵養，並接種特定劑量的阿米巴原蟲，結果87%出現腸道病變，而100%死於感染。然而，在同樣的飲食加上維生素C補充的四十八隻天竺鼠，只有67%後來感染，而最終只有27%死於感染。有十九隻以「輕微致壞血病（scorbutogenic）」的飲食餵養的天竺鼠，則出現「中間」效果。作者的結論是，缺乏維生素C會使阿米巴感染嚴重許多。他們並注意到，從接種到死亡的平均時間，維生素C補充的動物比維生素C缺乏的動物要延長了約33%。整體來說，容易感染阿米巴、缺乏維生素C的動物，比起那些有維生素C補給的動物，臨床病程更加嚴重，也比較快死亡。

阿米巴痢疾似乎給予很小劑量的維生素C就可以有相當好的反應。更大劑量，到達克萊納所用的劑量水準的話，應該會有更快且更富戲劇性的臨床反應。藉由維生素C給予，阿米巴痢疾的症狀是可逆的，而且在足夠高的劑量下快速治癒是有可能的。雖然在文獻中找不到治癒的確鑿證據，但所引用的研究報告還是強烈暗示，這是另一種可用每日足夠大劑量的維生素C加以預防的傳染病。總之，維生素C的缺乏和阿米巴痢疾的傳染力及嚴重程度之間絕對有關，而且值得令人信服的。

桿菌痢疾（治療和預防）

這是一種腸道感染及發炎的症候群，由志賀氏菌或一種叫作痢疾桿菌（Shigella）的細菌所引起。有幾株志賀氏菌也會進一步產生讓臨床表現更複雜嚴重的細菌毒素。志賀氏菌的感染同時具有傳染力及毒性的

特色，這使得維生素C成了治療這種感染特別有用的藥物，不論它是單獨使用，或與更傳統的抗菌藥物搭配使用。

克萊納（1949年7月）報告了他以維生素C治療這種類型的痢疾所取得的巨大成功。他一再發現「500到1000毫克劑量下的維生素C」經由肌肉注射，很容易治癒這種感染。他還指出「一天出現10到15次血便」的兒童，會在48小時內排乾淨，且在同一時間回復到正常飲食。

本所（Honjo）等人（1969）給十一隻猴子施予小劑量的志賀氏菌。七隻二十週內未曾給予維生素C的猴子，有三隻在細菌誘發試驗後四到十二天內，出現「臨床上顯著的痢疾」。相較之下，四隻按時給予維生素C，暴露在相同細菌挑戰下的對照組猴子，則沒有一隻出現任何痢疾的臨床跡象。有趣的是，這四隻猴子接受細菌誘發試驗，並剝奪其維生素C的猴子，有兩隻在觀察期間發生了嚴重的壞血病，其中一隻甚至死亡。也許猴子的個體敏感性，所以是否是維生素C缺乏的感染變得很明顯。而且因為細菌誘發試驗帶來的額外壓力，維生素C缺乏可以發展成完全的壞血病。這似乎類似先前在闡述風濕熱臨床病程時探討的，感染程度與維生素C缺乏程度之間的相互作用。

本所和今泉（Imaizumi）（1967）調查了死於天然痢疾的猴子（非實驗室產生的）。發現他們腎上腺的平均維生素C含量比健康的對照組還要低了60%左右。同樣，在實驗室誘發的志賀氏菌痢疾動物身上，腎上腺維生素C含量，在發病高峰期間，降低到正常對照組的約莫55%。相反的，受感染的猴子，平均肝臟維生素C含量與健康對照組的動物相比，則顯著上升。通常在腎上腺能發現高濃度的維生素C，或許在某種程度上，腎上腺是作為一個調節水庫（reservoir），可及時補給身體其它需要更多維生素C的部位。肝臟是中和毒素的主要場所，而維生素C是毒性主要的中和劑。其他研究者已經證明，促腎上腺皮質激素（ACTH,腎上腺刺激激素）也能增加肝臟維生素C的含量〔（福布斯（Forbes）和鄧肯（Duncan）,1954；龜太（Kameta）,1959〕。〔（傑佛瑞

（Jefferies），1965〕或許很多有毒性成分的傳染病，例如一些志賀氏菌的感染，只要腎上腺貯存的維生素C尚未耗竭，都能呈現出這種肝臟維生素C的含量增加。

　　維生素C似乎能明確地減輕志賀氏菌感染相關的症狀。克萊納的研究指出這種疾病可能可以輕易用足夠的維生素C來治癒。然而，志賀氏菌感染後，消耗腎上腺維生素C存量和增加肝臟維生素C存量的能力，似乎更像是對傳染病的一種非特異性的反應，尤其這是一種會產生細菌毒素的傳染病。然而，從維生素C治療痢疾桿菌感染的有限資料當中，也應至少有了正當理由，在任何其它藥物和提供給這類病人的支持性措施當中，添加維生素C。克萊納的成功也強烈暗示，除非急性暴露的程度相當大，否則按時給予適當劑量的維生素C，應能防止志賀氏菌的肆虐。

假單胞菌（綠膿桿菌）感染（治療和預防）

　　克萊納（1971）在假單胞菌（Pseudomonas）感染的治療上擁有一些經驗。假單胞菌是衰弱和虛弱的病人最常出現的一種細菌，通常是很難加以控制和根除的感染。綠膿桿菌（Pseudomonas aeruginosa），是相當常見的菌株，也和各種毒素的產生有關。

　　克萊納觀察到假單胞菌與重度燒燙傷的關聯。他斷言毒素或細菌的傳播進入血液，可能導致病人死亡。克萊納會每隔二到四小時在整個燒燙傷部位上，施予3%的維生素C溶液噴劑，大約五天。他也同時給予口服和靜脈的維生素C。靜脈注射的維生素C劑量為每公斤體重500毫克，稀釋成每1000毫克的維生素C至少18cc的注射液。第一次注射以20號針頭所能允許的最快速度來給予。最初幾天每八小時會重複注射，然後改為每12小時重複注射。口服維生素C給到腸道耐受的劑量，方式類似於前面所述卡斯卡特（1981）的方式。由於大劑量的維生素C會降低鈣

離子的數值，因此每天也給予一克的葡萄糖酸鈣。克萊納說，根據這個用藥方案，假單胞菌的感染不成問題。他還補充說，甚至當留意到的燒燙傷是處於病程後期，已存在的假單胞菌感染便能在幾天內被消滅，燒傷部位會「留下乾淨健康的表面」，產生明顯疤痕的機會也減到最低。

卡爾森（Carlsson）等人（2001）發現，維生素C和亞硝酸鹽配合，對於顯著抑制人體尿液中綠膿桿菌的生長，非常有效。作者聲稱，他們的研究結果可能有助於解釋維生素C在治療和預防尿路感染的好處。羅爾（Rawal）等人（1974）發現，維生素C能抑制16種不同菌株的綠膿桿菌在試管中生長。他們還表示，維生素C在提高一些不同抗生素對體外培養的綠膿桿菌生長的作用，相當有效。作者證明了維生素C能治癒綠膿桿菌感染的小鼠，但當治療中加入了紅黴素，達到療效所需的維生素C會比較少。最後，他們能顯示囊腫纖維化（cystic fibrosis）當患者的肺部感染到綠膿桿菌，以維生素C和抗生素的組合來治療，在臨床上很容易獲得控制。在臨床試驗的尾聲，五個試驗病人中有四個人還想繼續這個組合療法，這也進一步代表這個療法的有效性。

臨床上，囊腫纖維化的病人在肺部感染上可說是吃盡了苦頭。羅爾（1978）稍後表示，當綠膿桿菌細胞於同一時間暴露在維生素C底下，對五種不同抗生素的效果將會變得「越來越敏感」。羅爾和查理斯（Charles）（1972）顯示出，維生素C在活體外與抗菌藥物，磺胺甲噁唑（sulfamethoxazole）與甲氧苄啶（trimethoprim）併用，殺死綠膿桿菌的效果奇佳。

中西（Nakanishi,1992,1993）發現，維生素C合併抗生素，於局部敷用，可確保綠膿桿菌從治療的褥瘡處消失不見。

看來維生素C是個治療假單胞菌感染的好藥，因為它似乎能根除感染，並中和任何相關毒素。此外，由於這些細菌往往只感染免疫系統受損的病人，因此，每天充足的維生素C用藥，應能防止大多數假單胞菌於一開始的感染。

落磯山斑疹熱（治療的；預防 -?）

　　這是一種有時會致命，由落磯山熱立克次體（Rickettsia rickettsii）這隻細菌引起的急性傳染病。落磯山斑疹熱也稱之為蜱熱（tick fever），通常是透過受感染的蜱蟲叮咬而傳染的。臨床上，落磯山斑疹熱的特徵為突發性，發燒會持續兩到三週。皮疹一般出現在疾病的第一週，最初侵犯身體的週邊部分，然後逐漸往中心蔓延到身體的軀幹。肌肉酸痛，嚴重的頭痛和極度疲憊都是相關的症狀。

　　史密斯（1988）報告說，克萊納是治療落磯山斑疹熱的權威，因為他的醫療執業所在地，就位於該國家受感染的蜱蟲常被發現的區域。史密斯寫道，克萊納治療的一例末期落磯山斑疹熱，出現了戲劇性的臨床反應。這個病人體溫為40.2℃，全身起典型皮疹，血液檢測呈陽性，在克萊納看到他時，已處於昏迷狀態。

　　克萊納每六小時給予30000毫克的維生素C靜脈注射。他也給了大劑量口服的對氨基苯甲酸（para-aminobenzoic acid, PABA）。對氨基苯甲酸的治療計畫是每隔兩小時6000毫克，給三個劑量，然後每隔兩小時4000毫克12個劑量，最後是每隔四小時4000毫克，直到整整24小時都不再發燒為止。在這個維生素C對氨基苯甲酸的合併治療下，這名病人在開始治療後約六小時內，清醒有意識了，也恢復理性。在第六天病人就完全恢復出院回家。

　　克萊納還治療過一位落磯山斑疹熱的十二歲女孩。她有典型的皮疹，以及40.5℃的體溫。儘管有氨基苯甲酸和氯黴素的治療，但到第三天她的情況開始不妙。於是緊接著投予靜脈注射30000毫克的維生素C，才兩個小時，她就變得有精神、有反應，看起來「幾乎是痊癒了」。她繼續接受30000毫克的維生素C靜脈滴注，並於七天之內康復出院回家。

　　克萊納也治療過自己兒子的落磯山斑疹熱。即便他的兒子病得很

重，最終還是對維生素C、強力黴素（vibramycin）和對氨基苯甲酸有所反應，在第四天恢復了。對於落磯山斑疹熱，克萊納發現，只要維生素C按時間以每公斤體重500到900毫克的劑量給予，向來都能逆轉這種疾病。落磯山斑疹熱似乎是另一種能被維生素C輕易治癒的疾病，儘管傳統療法也都不保證存活。但靠服用維生素C預防這種疾病則是不太明確，因為蜱蟲在叮咬的時候，能夠傳播相當大量的微生物。

斑疹傷寒（typhus）（而非「傷寒（typhoid fever）」）是由立克次體細菌引起的另一種傳染性疾病。津瑟（Zinsser）等人（1931）指出，「普通的天竺鼠」似乎擁有一些對付斑疹傷寒感染的抵抗力，這種限制生物體的傳播，致使動物「幾乎必然的康復」。然而，在以「缺乏維生素的飲食」去飼養的動物，對斑疹傷寒感染的反應通常很具戲劇性：病情嚴重而廣泛，但通常體溫不會升高，有時反而下降，有些時候是在沒有任何斑疹傷寒感染的臨床特徵的情況下死亡。作者指出，斑疹傷寒的死亡率與戰爭及饑荒有歷史性相關，兩者都和維生素C及其它營養素的剝奪有關。

葡萄球菌感染（治療和預防）

克萊納（1974）沒有詳細發表過葡萄球菌的感染。然而，他的確報告過用「20號針頭以病人的心血管系統能允許的最快速度」，在靜脈注射每公斤體重500到700毫克之間範圍劑量的維生素C後，迅速解決了「葡萄球菌的感染」。

雷博拉（Rebora）等人（1980）觀察了兩個「白血球殺死細菌的能力」有缺陷的孩子。這兩個孩子都特別容易受到葡萄球菌的反復皮膚感染。這些作者報告，維生素C「能有效的延遲，最終抑制感染事件」。中西（1992,1993）報告說，直接在褥瘡上局部塗敷維生素C，能夠「顯著」提高抗生素的殺菌效果。中西還注意到，在添加維生素C之前，一

直對抗生素有耐藥性的金黃色葡萄球菌，隨後從傷口消失了。

莱德曼（Ledermann, 1962）報告了一個左臉頰上有潰瘍的老婦個案。為了讓這個病灶癒合，已經嘗試過很多的治療。細菌培養檢測到金黃色葡萄球菌的存在。在潰瘍已存在超過三年，甚至越變越大，才開始維生素C的治療，且在幾個星期後，完整地癒合。莱德曼還指出「沒有觀察到壞血病的跡象」。這是維生素C在癒合過程中一個很重要性的證據，特別是當有致病菌必須在同一時間去處理它時。

古普塔（Gupta）和古哈（Guha）（1941）能證明，在維生素C濃度低於抑制某些白喉和鏈球菌所需的濃度下，金黃色葡萄球菌的生長就可以被抑制，而白喉和鏈球菌所造成的臨床感染也很容易對維生素C治療起反應。葡萄球菌感染也會產生毒素，這將放大感染引起臨床疾病的嚴重程度。兒玉（Kodama）和小島（Kojima）（1939）得以證明維生素C能使葡萄球菌相關毒素變得無害。

安德瑞森（Andreasen）和弗蘭克（Frank）（1999）研究肉雞身上對抗感染的白血球細胞。他們發現，這些白血球細胞在試管中加上維生素C處理過後，大大增加這些細胞殺死金黃色葡萄球菌的能力。在天竺鼠，納爾遜（Nelson）等人（1992）顯示，雖然在燒、創傷的時候蓄意去感染金黃色葡萄球菌，但只要給足夠劑量的維生素C（每天每公斤體重375毫克）依然能使燒燙傷的動物體重增加，並降低其代謝速率。

這樣看來，金黃色葡萄球菌感染，也應當使用克萊納所用之劑量的維生素C。如同其它傳染病，在這裡維生素C尤其可貴，因為它消滅細菌的同時還可以中和細菌毒素。就跟其它傳染病一樣，維生素C一向可以用來優化傳統抗生素治療的表現。但是，抗生素有非常不良的副作用，因此，假使主治醫師認為病人的病情沒有危急到非抗生素治療不可，那麼應當考慮維生素C作為單一藥物治療。因為它能治癒葡萄球菌感染，所以維持劑量的維生素C在預防被這種感染所控制，應該非常的有效。

錐蟲感染（逆轉和預防；治療 -?）

錐蟲感染是來自於一種原生動物。歐麥爾（Umar）等人（1999）報告，相當小劑量的維生素C（每公斤體重100毫克）可以防止肝臟酵素的升高，而那跟兔子感染到布氏錐蟲（Trypanosoma brucei brucei）有關。作者由此資訊來推測，從這種感染而來的肝臟損傷，可能主要是源自氧化壓力的增加。

查加斯病（Chagas' disease）是一種錐蟲疾病，單單在中美洲和南美洲就有約1800萬人感染。許多案例一開始的感染是因為輸了被污染的血液。拉米雷斯（Ramirez）等人（1995）發現，經龍膽紫處理過、蓄意感染克氏錐蟲（Trypanosima cruzi）、收集而來的血液，在加上維生素C以後，輸血前達到殺菌消毒所需要的龍膽紫，通常比所需要的還少。雖然作者提到，龍膽紫已被認為沒有嚴重的副作用，他們的結論是，合併使用維生素C能儘量減少或消除在一些動物研究中看到的致癌副作用的可能性。多坎波（Docampo）等人（1988）先前就得出結論，維生素C對感染克氏錐蟲的血液，有類似殺菌的貢獻。莫拉埃斯－索薩（Moraes-Souza）和波爾頓（Bordin）（1996）也報告，龍膽紫、維生素C和光照，可將存在捐贈血液中的克氏錐蟲「有效的去活性化」。

佩拉（Perla,1937）在天竺鼠的研究發現到，相當小劑量的維生素C（每公斤體重大約20毫克）提高了這種動物對布氏錐蟲感染的抵抗力。斯特蘭奇維斯（Strangeways,1937）發現，在試管中維生素C加上谷胱甘肽（glutathione）能很容易殺死培養的錐蟲。

上述資料顯示了，即使是低濃度的維生素C也對錐蟲感染具有毒殺力。看來，更高劑量的維生素C，肯定會有更明顯積極的效果。但是否能治癒這種感染，則有待明確確定。基於這個輸血──滅菌的研究，若服用足夠量的維生素C就可以避免這種感染，似乎也是合乎邏輯的。

維生素 C 抗菌效果的一些機轉

維生素C除了是有效的抗氧化劑外，其在臨床上的抗菌效果，也有很多正面的作用。儘管可能不那麼顯而易見，因為維生素C對各種感染的一些正面效果，最終可能還是歸因於它的抗氧化特性。然而，許多其它抗氧化劑根本達不到維生素C在整個生物系統中所佔有的重要性。把維生素C當作只是一種抗氧化劑，可就大大低估，也扭曲了維生素C對於人體積極影響的範疇。一些造成維生素C擁有強效抗菌作用的可能機轉，包括了以下內容（應加註的是，其中一些研究是在動物身上所做，因而維生素C的功效，能總是以結論性的外推法適用於人類身上。）：

1. **促進干擾素的製造**。干擾素是天然合成的抗病毒糖蛋白。干擾素是由感染病毒的細胞產生，隨後能增加附近細胞對病毒攻擊的抵抗力。

2. **吞噬細胞功能的增強**。吞噬細胞是吸收微生物以及與感染有關之細胞碎片的白血球。

3. **白血球細胞中維生素C的選擇性濃縮**。在免疫系統中一些最主要細胞，集中了比血漿濃度高出80倍的維生素C。這確保藉由富含維生素C的白血球細胞移動，得以額外運送維生素C到感染部位。

4. **細胞型（Cell-mediated）免疫反應的增強**。細胞型免疫反應是指T淋巴細胞，以及在攻擊一特定傳染病菌時的活化反應。

5. **促進白血球細胞產生細胞激素**。細胞激素是某些白血球細胞所釋放的非抗體蛋白質，在產生免疫反應的時候，作為細胞間的調節介質或媒介。

6. **抑制各種形式的T淋巴細胞凋亡**。T淋巴細胞是免疫系統的一個構成部分；增加它們的數量和生存能力可以強化免疫系統。

7. **促進巨噬細胞產生一氧化氮。**白血球細胞產生大量的一氧化氮，而一氧化氮是殺死入侵微生物的物質之一。

8. **促進T淋巴細胞的增生。**

9. **促進B淋巴細胞的增生。**

10. **抑制神經胺酸酶（neuraminidase）。**某些致病的病毒和細菌會利用神經胺酸酶這個酵素，以免被困在天然防護線的粘液上。透過抑制神經胺酸酶，維生素C有助於優化這一道防禦機制。

11. **促進抗體產生，並增加補體（complement）的活性。**好的抗體功能對於對付感染和毒素都很重要。補體系統是一群複雜的蛋白質，彼此交互作用以毒殺目標細胞，並調節免疫系統的其他功能。

12. **增強自然殺手細胞（natural killer cell）的活性。**自然殺手細胞是可以直接攻擊並毒殺諸如腫瘤細胞的小淋巴細胞。其活性不是抗體依賴性的（antibody-dependent）。

13. **增進前列腺素的形成。**前列腺素是各種生理過程的強效調控劑，包括T淋巴細胞功能的調節。

14. **提高在淋巴細胞中的環磷酸鳥苷（cyclic GMP）濃度。**環磷酸鳥苷在調節不同的生理反應扮演著核心作用，包括免疫反應的調節。環磷酸鳥苷對正常的細胞增生及分化相當重要。它也調節很多賀爾蒙的作用，而且似乎也調控著平滑肌的放鬆。

15. **加強局部過氧化氫的產生和（或）與交互作用，而過氧化氫能殺死微生物。**維生素C和過氧化氫能溶解某些細菌，如肺炎球菌的保護莢膜。

16. **組織胺的解毒。**維生素C的這個抗組織胺作用，對於局部免疫因子的支援是很重要的。

17. **氧化壓力的中和，將進一步改善感染過程。**感染會在局部產生自由基，而那會進一步加深並強化感染過程。

18. **非特異性的免疫力增強，並提高疫苗接種效果。**維生素C可以提高疫苗接種所取得的免疫反應。

19. **維生素C的黏液溶解作用（祛痰效果）。**此特性有助於把厚重的分泌物液化，增加對感染之免疫力的取得。

20. **讓細菌細胞表面的性質發生可能的改變。**曾有人提出，維生素C可以改變細菌的細胞表面，使之變得更容易被一些抗生素所滲透。

　　假使你自己進行文獻的搜索，你會發現一些文章並不支持前面引述論文所得出的結論。然而，必須強調的是，這種差異絕大多數與維生素C的劑量有關。曾有大量研究得到的結論是說，在不同的研究模式中，維生素C並沒有用處，或者並不重要。幾乎所有的研究所使用的維生素C劑量，從小幅到大幅，都低於欲達到特定正面結果或效果所需要的劑量。不幸的是，許多這些研究人員仍堅持不符合事實的說法，認為維生素C在特定研究應用中，價值很低或不具價值，當這個唯一真正有真憑實據的結論其實是，很小劑量的維生素C在特定研究應用中，才是價值很低或不具價值。

摘要

　　關於維生素C對各式各樣的微生物，和它們所產生疾病的影響，已有大量的研究被進行。許多傳染性病原體及其相關疾病，可單單用維生素C加以完全預防、輕易逆轉，也通常是可以治癒。弗雷德里克‧克萊納醫師，開創了維生素C使用劑量，超出多數其餘研究人員的用法，或甚至想像之外的用法。這麼做往往讓克萊納在他的病人得到極其不可思議的結果，雖然很多其它臨床醫師用更小劑量的維生素C，也能達到樂觀但不太引人注目的結果。

維生素C無疑的是治療幾乎任何病毒感染的理想藥劑。有很多文獻記載顯示，相當大劑量的維生素C及時給予，可以把嚴重感染的病人，甚至從昏迷狀態拯救回來，最終完全治癒。無論兇悍、極其殘酷的病毒症候群受害者是否有給予其他藥物，所有這類病人都應當投予巨大劑量的維生素C。此外，在非常嚴重的案例，也必須採用靜脈注射的維生素C，因為當口服維生素C不能改善臨床病況時，仍然常看到經由靜脈給藥圓滿的達到成功治療。

許多傳染性疾病還會產生毒素，而那會增加疾病的嚴重程度和死亡的機會。維生素C是極其強效的抗毒劑，這使得它成為同時產生毒素的傳染病一個理想的治療藥劑。很不幸抗生素治療沒有這種能力。使用維生素C作為抗毒藥物，將在下一章裡更充分討論。

對無法「違抗」現代教科書和臨床手冊規定的臨床醫生或病人而言，維生素C變成了理想的藥劑，把它添加到任何其它施用的建議標準治療當中。這當然也包括抗生素，克萊納經常把它加到他的維生素C治療裡併用。正如克萊納（1974）所言：**「抗壞血酸（維生素C）是提供給醫師的最安全也最有價值的物質。經由正確的使用，很多的頭痛和心痛得以避免」**。

Chapter

03

終極解毒劑

" Science commits suicide when it adopts a creed. "

「當科學只採納一種信條時，無異是自取滅亡。」

—— 赫胥黎（Huxley）

總論

維生素C已被證實有能力中和各式各樣的有毒物質，當中有很多在化學結構上是完全不相干的。通常，維生素C和特定毒素是以化學方法直接交互作用，使毒性降低或不具毒性。這就是所謂的化學解毒劑效果。然而，維生素C也可以作為毒素或毒物的生理解毒劑。因為當**維生素C協助解除或修復特定毒素所引起的損害，無需直接與毒素進行交互作用，就能產生這樣的解毒效果**（諾瓦克（Nowak）等人,2000）。在第二章中已經說明，維生素C對於中和或消除微生物生長所製造的副產品，以及一些化學成分各自不同、威力強大的**內毒素**和**外毒素**之作用，極其有效。此外，當這個毒素是**化療**的藥物時，維生素C經常會**加強**那個藥物的**抗癌**作用，而**不會增加藥物引發的毒性作用**。在有肝臟腫瘤的小鼠裡，特普（Taper）等人（1987）顯示，維生素C與另一種維生素的組合，能夠增加六種不同細胞毒性（cytotoxic）藥物的療效，而且不會增加它們不受歡迎的有毒副作用。

一些有毒物質也被記載著具有**致癌**效果。這些毒素有很多證實會**增加維生素C的消耗**。這是證據裡頭很重要的一部分，意味著維生素C在中和毒素所佔的角色。卡拉布里斯（Calabrese, 1985）發表了很重要的部分毒素清單，那些毒素會降低維生素C含量，而且其毒性或致癌效果是可以被維生素C所改變的。儘管仍不盡詳實，但這份清單只是為了強調維生素C，在減輕或消除化學結構不同之物質的毒性上，所具備的多功能性。卡拉布里斯列出以下幾項毒素：

1. 一些氯化烴類殺蟲劑和有機磷類殺蟲劑
2. 有毒元素：砷、鎘、鉻、鈷、銅、氰化物、氟化物、鉛、汞、硒、二氧化矽和碲
3. 工業烴類：苯并蒽酮、苯、氯仿、甘油、聯氨、多氯聯苯、三硝基甲苯和氯乙烯

4. 氣體污染物：一氧化碳和臭氧

補充維生素C是相當重要的，即便那只是為了讓身體的維生素C存量回復正常。然而，補充卻也是必要的，因為若有一個特定化學毒素入侵，解毒時，血清中維生素C含量會降低，因毒素正在被中和瓦解，代表體內維生素C的耗損。**在排毒過程中維生素C含量的下降**會使得身體應付其它挑戰的能力變得更加困難。但在極端的情況下中毒過深的話，可能很快就會發生因中毒而引起的**壞血病**，這是一種即便解毒完成後，仍能在短期內使病人因維生素C極端耗損而致死的狀態。在這一章節裡，你將看到大量的證據存在，足以表示**毒素造成的維生素C含量下降**，實際上是在指出，可利用的維生素C正盡可能在努力中和（消除）更多的毒素。缺乏維生素C狀態應該要立刻補足，唯一的理由就是維生素C耗盡，確實會減弱免疫系統，讓身體暴露於其它疾病之下。

雖然很多毒素已證實在無法製造維生素C的人類身上，會耗損維生素C的含量，但在能夠製造維生素C的動物身上，看到的則通常是相反的效果。動物只要是毒素的量沒有太大，或呈現馬上就要超出維生素C製造的負荷時，動物體內維生素C的含量，會精準地上升。這使得程度較輕的所有中毒「自動」被這類動物藉著增加維生素C的生產所消除。朗格內克（Longennecker）等人（1939）和朗格內克（Longennecker）等人（1940）指出，製造維生素C的大鼠，對於很大量一般認為有毒的有機物，會用增加維生素C的形成來反應。康尼（Conney）等人（1961）也注意到，有一些「擁有完全不相關之化學及藥理性質」的藥物，「明顯促進」大鼠的維生素C排泄，這表示在這

> 很多毒素已證實在無法製造維生素C的人類身上，會耗損維生素C的含量，但在能夠製造維生素C的動物身上，看到的則通常是相反的效果。

些藥物帶來的毒性挑戰中，肝臟的維生素C製造增加了。康尼等人所發現的，會刺激大鼠維生素C合成、代謝分解和排泄的藥物清單，包括下列各項：

1.　鎮靜催眠藥：丙酮氯仿（chloretone）和巴比妥（barbital）

2.　止痛藥：氨基比林（aminopyrine）和安替比林（antipyrine）

3.　肌肉鬆弛劑：鄰甲基苯海拉明（orphenadrine）和甲丙氨酯（meprobamate）

4.　風濕病藥：苯基丁氮酮（或保泰松）（phenylbutazone）和羥基保泰松（oxyphenbutazone）

5.　尿酸排泄劑：苯磺唑酮（sulfinpyrazone）

6.　抗組織胺：鹽酸苯海拉明（diphenhydramine）和氯環嗪（chlorcyclizine）

7.　致癌烴類（碳氫化合物）：3-甲基胆蒽（3-methylcholanthrene）和3,4-苯并芘（3,4-benzpyrene）

　　您是否熟悉任何上面提到的藥物，其實也不重要。重要的是，維生素C似乎是個天然的解毒劑，可以抵消（中和）這些藥物，以及許多其他被身體視為有毒的毒素或藥物。所以了解維生素C能有效地解毒各式各樣迥異的、繁雜的毒素很重要。

　　維生素C除了具有對這麼多毒素的直接抗氧化作用，從而把它們變成低毒性的或無毒的代謝物外，認識維生素C在藥物解毒機制中還具有另一個重要作用，即是它能促進肝臟中幾種藥物解毒代謝酵素的活性（贊諾尼（Zannoni）等人,1987）。施瓦茨曼（Schvartsman,1983）認為，維生素C刺激肝臟酵素系統的作用，「可能就是在治療中毒時，維生素C使用增加的主要理由」。人們早已知道，肝臟的主要功能之一就是解毒，而提高維生素C似乎直接刺激了這個解毒機轉的活性，以及對特定毒素自由基破壞的直接抗氧化作用。

這一章將要研究維生素C對於特定毒素的解毒能力已有的記載。雖然維生素C經常能提供許多不同類型中毒的完全治癒或絕對保護，但這項資訊卻還是很少出現在任何醫學教科書中，而全世界有許多人仍繼續為此遭受苦難，毫無必要地死於這種中毒，只因為現代醫學尚未了解這種有效的治療。此外，即使某一特定毒素無法被維生素C所中和或清除，這個毒素所造成的（細胞組織）損害，依然（幾乎）總能藉由足夠劑量的維生素C給予，而有重大修復。幾乎所有的毒素，都是透過產生大量破壞組織和破壞酵素的自由基，**促成不同程度的損害。以維生素C為首的抗氧化劑治療，仍然是對付自由基攻擊的最佳良方。**

雖然有許多抗氧化劑有助於對付不同醫療情況與中毒所看到的過量自由基，但要能夠理解並非所有的抗氧化劑都完全一樣，效力也不全然相等，這相當重要。查林（Challem）和泰勒（1998）指出，人類的身體無法用自身內部產生的抗氧化劑，例如SOD（超氧化物歧化酶,superoxide dismutase）和**尿酸**等，**完全代償所缺乏的維生素C**。但可以肯定的是，抗氧化劑這一群，會試圖藉由增加另外一些活性去代償缺少的那一些。然而，維生素C可能是唯一一種抗氧化劑，無法從飲食中完全且安全剃除，而改用任何其它抗氧化劑來取代的，無論它們劑量為何，或是如何組合使用。弗雷（Frei）等人（1989,1990）指出，**維生素C是血漿中唯一可以提供完整的保護、防止血中脂肪（脂質）代謝分解（過氧化）的抗氧化劑。**他們還聲稱，維生素C是人體血漿中最有效的抗氧化劑，提供血液中脂蛋白完整的保護，避免活化的白血球細胞（巨噬作用，即消滅異物時）所造成的氧化損傷。〈編審註：因為脂質是人體細胞膜結構的主要成份，因此更凸顯維生素C對細胞保護及修補能力的重要性。〉

> 維生素C是血漿中唯一可以提供完整的保護，防止血中脂肪（脂質）代謝分解（過氧化）的抗氧化劑。

特定毒素與維生素 C

酒精（乙醇）

正如大多數人所知，過量的酒精顯然是一種中毒。少量酒精的毒性程度仍有爭議。和其它很多毒素相同，當遇到酒精中毒時，肝臟是代謝酒精的主要器官。

蘇西克（Susick）和贊諾尼（1987）研究維生素 C 在人類對酒精中毒的作用。20名健康男性在飲酒前，給予維生素 C 或安慰劑兩週。服用維生素 C 的受試者表現出比較好的運動協調性和顏色辨別度，這是酒精毒性減弱的證據。維生素 C 從血液的排除也「顯著增加」。克萊納（1971）聲稱，**40000毫克**的維生素 C 加上**維生素 B₁ 靜脈注射**，能「抵消」醉酒中毒的作用。克萊納還聲稱，同樣的療法，對服用安塔布司這個戒酒藥（Antibuse）（雙硫侖 disulfiram）後，又不巧喝了大量酒精的人，能夠「拯救他的生命」。這種藥物是用來使酗酒者在喝酒後感到噁心，藉以打破他們的習慣，卻也能令他們致死。因為它防止酒精被完全代謝，導致體內乙醛濃度變高。而維生素 C 可以除去乙醛的毒（見下頁）。

米格（Meagher, 1999）表示，健康的人體在攝取酒精後氧化壓力會增加，它是以**脂質過氧化（LPO 即氧化脂肪）**的產物增多來呈現。他們還表示，在酒精引起的肝炎，或是非酒精中毒的慢性肝病患者，血液中氧化壓力的異常也明顯升高。而維生素 C 在已患有酒精中毒肝病的病人身上，能夠降低異常升高的氧化壓力。他們的結論是，在酒精性肝病發生之前，維生素 C 顯然有降低肝細胞的氧化壓力，並減少酒精性肝病變的產生。

周和陳（2001）可以顯示，酗酒者血液裡的抗氧化酶和抗氧化劑濃度，包括維生素 C，都是下降的。他們建議，應該長期用抗氧化劑的

補充治療酗酒者的長期自由基損傷，其中包括維生素C，以便將身體的長期氧化損傷降低到最小。馬婁塔（Marotta）等人（2001）也提出類似的建議，他的結論認為，「有效的抗氧化劑補充」療法能夠降低氧化壓力增加的實驗室證據。而這樣的補充尤其應該要有正確劑量，因為，酒精攝取的利尿（增加尿液形成）特性，和尿液中維生素C的大量損失有關（法伊祖拉（Faizallah）等人，1986）。這意味著酗酒者代謝維生素C更快，也更快把它從尿液中排出，因此有必要謹慎地補充，以減少酒精的長期毒性損害。

喝酒喝得較少，似乎與較少的維生素C和其它抗氧化劑的耗損有關。11個「顯然健康」的受試者，在一段總共歷時十二週「適度」飲酒的療程後，其血中維生素C含量降低大約12%到15%（凡德岡（van der Gaag）等人,2000）。有趣的是，在酒的級別方面，喝啤酒和「烈酒（spirirs）」的，可看到維生素C含量輕微下降，但喝紅酒卻不會。即使維生素C含量只是輕微下降，也很可能是代表酒精在任何劑量中都有毒性的證據。

另一種有毒物質乙醛，是酒精（乙醇）的主要分解產物之一（科恩（Cohen）,1977）。維生素C似乎對任何未排出的乙醇，初步分解為乙醛方面，具有直接的作用（賈爾斯（Giles）和梅吉奧里尼（Meggiorini），1983；蘇西克和贊諾尼,1984），也對乙醛透過跟血中蛋白質更多更穩定的鍵結而在促進解毒方面，具有直接的作用（圖馬（Tuma）等人，1984）。

維克拉馬辛（Wickramasinghe）和哈桑（Hasan）（1992）觀察喝酒的人，其血清對體外淋巴細胞的毒性作用。他們相信毒性是由於存在著不穩定的乙醛──蛋白複合物，使乙醛破壞並**毒害淋巴細胞**。而維生素C能夠減少這種細胞毒性的影響，更進一步證明了它使用於酒精中毒是正確的。維克拉馬辛和哈桑（1992）在七個健康志願者身上看到，急性飲酒之前，給予1000毫克的維生素C三天，能減少喝酒後，乙醛所引

起的相關毒性。克拉斯納（Krasner）等人（1974）能夠證明白血球細胞中，維生素C含量與乙醇從血液清除率的直接相關性。

斯普林思（Sprince）等人（1975,1979）探討大鼠身上乙醛引起的毒性。他們發現，維生素C對乙醛的毒性症狀和飲酒致死，能提供足夠的保護。奧尼爾（O'Neill）和羅汪（Rahwan）（1976）也顯示，小鼠暴露於可引發症狀之劑量的乙醛，當給予維生素C後，「乙醛引起的毒性會有統計上顯著的下降」。莫爾德汪（Moldowan）和阿科羅努（Acholonu）（1982）也發現，幫小鼠注射致命劑量的乙醛之前90分鐘，先給予一劑維生素C，可降低死亡率。田村（Tamura）等人（1969）也從老鼠的研究裡，證實維生素C和葡萄糖及半胱氨酸（cysteine）在阻止乙醛對於小鼠致命的影響上，有著明確的解毒效果。

納瓦森理特（Navasumrit）等人（2000）也在小鼠身上顯示，酒精會增加自由基的產生，以及損傷DNA的頻率。**用維生素C加以預先處理的方法，可減輕酒精引發的細胞膜氧化壓力增加，也因此得以避免DNA損傷頻率的增加。**

雷什（Suresh）等人（2000）探討了大劑量維生素C在大鼠身上對酒精所產生毒性的影響。劑量為每100克體重給予200毫克的維生素C，等同於給一個150磅重的人140000毫克的維生素C。相較於只給予酒精（乙醇）的大鼠，提供維生素C很明顯能減少酒精引起的毒性，而反映在降低的三酸甘油脂和肝臟酵素值上面。比內爾（Busnel）和萊曼（Lehmann）（1980）在小鼠身上檢查酒精對於游泳行為運動方面（肌肉）的干擾。這相當於一個人喝醉酒走路的有效實驗室檢測。他們發現，較大劑量的維生素C（每公斤體重125毫克和500毫克）完全地阻止酒精導致的異常游泳行為，而較小劑量的維生素C（每公斤體重62.5毫克）則無明顯影響。每公斤500毫克的劑量，相當於給一個150磅重的人

Curing the Incurable
維生素C救命療法

投予35000毫克的維生素C，而同一人的最低劑量等於略低於4400毫克的維生素C。比內爾和萊曼的這項研究是另一個明顯的例子，**說明治療任何中毒的情況，維生素C的正確劑量有多麼重要。這也顯示出劑量不到位將很難達到臨床的成果。**

這項研究說明治療任何中毒的情況，維生素C的正確劑量有多麼重要。劑量不到位將很難達到臨床的成果。

關於維生素C在天竺鼠對酒精中毒的影響，有大量的研究在進行。尤尼斯（Yunice）等人（1984）發現，給予維生素C能明確有效加速天竺鼠血液中被注射的乙醇清除。尤尼斯和林德曼（Lindeman）（1977）也得以證明，維生素C可以完全防止68%的小鼠因急性酒精致死劑量中毒的致命結果。金特爾（Ginter）和佐奇（Zloch）（1999）可以證明五週的前置處理期間裡，接受最大量維生素C的天竺鼠，代謝酒精的速度比接受最少量維生素C的天竺鼠要快得多。

尤尼斯等人還表示，補充較大量維生素C，相較於接受明顯較少維生素C，更能幫助施打乙醇的天竺鼠**增加體重**。施打乙醇的動物，比起對照組，維生素C在肝臟、腎臟和腎上腺的濃度比較低，這代表乙醇的毒性使得維生素C的利用增加。蘇雷什等人（1999）也發現，給予天竺鼠酒精，會降低其組織中維生素C的含量。

金特爾等人（1998）給天竺鼠餵食了①未添加維生素C、②「中等含量」維生素C和③「高」含量維生素C的飲食，為期五週。之後注射了經計算過會導致急性中毒劑量之乙醇。而作為慢性酒精中毒的模型，針對上述攝取不同含量維生素C的其他幾組天竺鼠，每週分別給予劑量較低的酒精，為期五週。相較於未補充維生素C的動物，有補充維生素C的動物其組織中，維生素C濃度最高的天竺鼠，肝臟和大腦的乙醇和乙醛含量有「明顯下降」。牠們肝臟酵素和膽固醇的指數也都比較低。作者總結，給予「大量」的維生素C似乎加速了乙醇和乙醛的新陳代

謝，同時減少了一些對身體的不良影響。

蘇雷什等人（1999a）探討「大劑量」維生素 C 在天竺鼠對酒精所導致，LPO（脂質過氧化）增加的影響。他們發現，給餵食酒精的動物補充維生素 C，會降低氧化壓力，也降低酒精毒性的引發，並增加酵素活性的程度。蘇西克（Susick）和贊諾尼（Zannoni）（1987a）讓天竺鼠維持在不同劑量的維生素 C 之下。提供乙醇劑量，使那些肝臟的維生素 C 含量在每 100 克肝臟低於 16 毫克的動物，發現其麩草酸轉氨酶（SGOT, 一個肝臟酵素）提高了十二倍。然而，對那些肝臟的維生素 C 含量超過這個準則的動物，同樣劑量的乙醇，對其麩草酸轉氨酶的上升，有「明顯的抑制」（60%）效果。蘇雷什等人（1997）觀察天竺鼠身上被酒精引發的**血脂上升**（三酸甘油脂，TG），也發現到維生素 C 可以讓這個上升有明顯的減輕。蘇西克等人（1986）也能證實，足夠量的維生素 C 在天竺鼠，於慢性飲酒的毒性作用具有顯著的保護效果。

人類的短期和長期酗酒，不管是在發病率或死亡率（morbidity）上，都造成巨大的損害。贊諾尼等人（1987）發表過一篇回顧性論文，清楚地呈現，**足夠劑量的維生素 C 是解酒最好的方法**，能防止未來酒精引發的傷害，並修復過去酒精造成的（肝）損傷。帕萬（Pawan）（1968）則舉出一個研究例子，質疑了在人類維生素 C 加速乙醇清除率的能力。

> 足夠劑量的維生素 C 是解酒最好的方法，能防止未來酒精引發的傷害，並修復過去酒精造成的（肝）損傷。

但正如經常發生的情況一樣，維生素 C 的使用劑量過小。據帕萬報告，急遽給予 600 毫克的維生素 C，對乙醇的清除率並沒有影響。600 毫克的維生素 C 在成人，對任何形式之重大毒性的臨床現狀，不太可能產生嚴重影響，除非症狀是與毒素引起的壞血病有關。乙醇和維生素 C 的累積研究顯示，維生素 C 肯定能減少酒精對身體的損害，尤其是對肝

臟。此外，探討急性酒精暴露和維生素C的研究也指出，**高劑量的維生素C**，才是**代謝酒精**以及**醒酒**最好也最快的方法，而不是熱咖啡和強迫移動。但顯然，遣送酒醉者（急性酒精中毒者）最好的處理方法，還是指定開車司機比較好。

巴比妥酸鹽

巴比妥酸鹽長期以來被用在**催眠**或**麻醉**的應用上。苯巴比妥酸鹽是巴比妥酸鹽類藥物的一種，一直被用來處理**癲癇**。過量的巴比妥酸鹽在體內，會導致**中樞神經系統的抑制**。

克萊納（1971）曾報告過以維生素C扭轉急性巴比妥酸鹽中毒有意想不到的成功。有一個病人吃了2640毫克的他布比妥（talbutal）這個中效型的口服巴比妥酸鹽，送到急診室克萊納的面前時，量到的血壓是60／0。根據血壓的標準，這可說是勉強活著而已。克萊納以50毫升的注射器把12000毫克的維生素C打入靜脈裡，緊接著再由靜脈緩慢地滴注維生素C。僅僅10分鐘內，病人的血壓提高到100／60。病人在三小時後醒了，完全地恢復，而他在12小時內總共接受了125000毫克的維生素C。

克萊納還報告了另一位速可巴比妥酸鹽（secobarbital）過量的病人。在接受42000毫克的維生素C後醒來的這個病人，「是以20號針頭所能帶給血流的最快速度，經由靜脈注射的」。最終病人於24小時內接受了靜脈注射的75000毫克，以及口服的30000毫克維生素C。

克萊納聲稱，他的這個維生素C給藥方案，「至少有15例巴比妥酸鹽藥物中

克萊納「至少有15例巴比妥酸鹽藥物中毒」成功醫治的案例，是如此的富有戲劇性，以至於不給這種療法的話應屬醫療疏失」。

毒」成功醫治的案例，代表這種情況「不應該有死亡發生」。克萊納（1974）探討了維生素C在巴比妥酸鹽藥物中毒（及一氧化碳中毒）方面的巨大效果，他評論說，**「結果是如此的富有戲劇性，以至於不給這種療法的話應屬醫療疏失」**。

高（Kao）等人（1965）在狗和小鼠的實驗顯示注射「大劑量」的維生素C，有助於逆轉巴比妥酸鹽造成的中樞神經系統的抑制作用。他們發現，這種情形下維生素C可以使急性中毒的動物改善其血壓和呼吸。

一氧化碳

一氧化碳中毒的發病機轉和**變性血紅素血症**（methemoglobinemia）很類似，在後面的章節會加以討論。一氧化碳和**血紅素**（hemoglobin，血紅蛋白）的鍵結，比**氧氣和血紅素的鍵結更加緊密**，造成和一氧化碳結合而非和氧氣結合的所有血紅素，會喪失攜氧能力。一旦結合在血液中的一氧化碳過多時，會在所有人體組織中迅速增加缺氧的面積，最終將導致全面死亡。

克萊納（1971）報告了一例可能是一氧化碳中毒的成功案例。在一個寒冷的日子，昏迷的病人被帶來克萊納的診間，病人是在他的卡車駕駛座被發現，引擎正在運轉而窗戶緊閉著。克萊納推測是一氧化碳中毒，及時拿50毫升的注射器透過20號針頭，以12000毫克的維生素C打到靜脈裡。**病人10分鐘內就甦醒**，而且納悶為什麼自己會在醫生的診間裡，並且在45分鐘內又回去上班了。

克萊納（1974）對於一氧化碳中毒，提出了進一步的建議。他注意到房屋失火的受害者，特別是兒童，常死於一氧化碳中毒。他建議，**在治療任何形式煙霧吸入的患者時，以每公斤體重500毫克劑量的維生素C，能馬上抵銷一氧化碳的毒性作用**。克萊納指出，這是特別值得在煙霧暴露後盡快使用的介入性治療，因為「煙霧中毒」的一些症狀可能會

延遲到48小時後才出現。

雖然克萊納對維生素C在一氧化碳中毒之療效的觀察，是唯一在文獻中被找到的，它們仍舊是非常可觀。臨床醫師應當毫不遲疑，對一氧化碳中毒的治療施予大量維生素C靜脈注射，因為維生素C對於這種情況，似乎是個明確的治療選擇。

內毒素

內毒素是和某些細菌的外膜有關的毒素之一，只有**當細菌被破壞或殺死時，才會釋放出來**。內毒素不是分泌出來的，其毒性通常比**外毒素還要低**，而外毒素則是由微生物的代謝所分泌，不是微生物死亡的結果。

德拉福恩特（De la Fuente）和維克多（Victor）（2001）表示，維生素C是個可以保護小鼠**淋巴細胞**，防止內毒素引起氧化壓力的抗氧化劑之一。卡德納斯（Cadenas）等人（1998）表示，增加膳食維生素C，可以抵禦內毒素對天竺鼠**肝臟蛋白質**引起的氧化損傷。他們還顯示，在天竺鼠體外，維生素C抑制了內毒素引起的氧化壓力指標之上升。羅哈斯（Rojas）等人（1996）發現，天竺鼠的內毒素休克會完全耗盡心臟組織中的維生素C，而維生素E的數值則不受影響。並發現，補充維生素C後，能讓心臟氧化壓力的實驗室指標明顯下降。這些作者們的結論是，心臟的維生素C是一個標的物質，會被足量的內毒素所耗損，而維生素C在心臟組織中，對內毒素所引起的自由基損傷具有保護作用。根據把**心臟疾病**連結到**牙周（牙齦）病**（卡茨（Katz）等人,2001；阿布－拉亞（Abou-Raya）等人,2002；鄧（Teng）等人,2002）、或內毒素存在下的牙周疾病（艾羅（Aleo）等人,1974），以及**增加維生素C含量與降低心臟病發生率**（許（Khaw）等人,2001；賽門（Simon）等人,2001）這些資料來看，又會特別的有意思。

拉隆德（LaLonde）等人（1997）研究了遭受**三度燒傷**，導致肝臟氧化壓力過多的大鼠。雖然20%的燒傷面積並沒有令動物死亡，**但額外的內毒素卻造成很多燒傷動物死亡**。這是與肝臟抗氧化防禦系統的實驗室證據下降有關。**維生素C是肝臟消耗最多的抗氧化劑**，而給予維生素C和其它幾種抗氧化劑，能避免動物死亡。

內毒素還會有其它重大的毒性作用。德威戈（Dwenger）等人（1994）給羊從靜脈注射內毒素，並監測一些實驗室參數在注射內毒素之前，經由靜脈給予維生素C，有助於防止只注射內毒素時會出現的**肺高壓**。貝尼托（Benito）和博斯（Bosch）（1997）發現，膳食中維持低含量維生素C的天竺鼠，對於內毒素非常敏感。在這些天竺鼠的肺部，沒有可偵測到的維生素C，而且牠們的維生素E含量也顯著的下降。這些研究人員總結，補充維生素C對於**保護肺部**，抵禦與內毒素存在有關的氧化損傷，有很大的關係。和這類似，富勒（Fuller）等人（1971）也表示，攝取極少量維生素C的天竺鼠，對於內毒素所引起的**休克**很敏感。死亡的動物其組織損傷最為嚴重的地方，是在**肺部**和**心臟**。

維克多等人（2002）發現，用內毒素去進行試驗的免疫細胞，其維生素C的含量比較少。維克多等人（2000）以內毒素去誘發小鼠的休克，並給予維生素C，去觀察對**巨噬細胞**這個重要的免疫細胞的功能，會產生甚麼影響。結果發現，**在面臨大量的內毒素時，足量的維生素C基本上能使巨噬細胞的功能正常化**。艾羅和帕德（Padh）（1985）觀察纖維母細胞這一個已知對內毒素的毒性特別敏感的特殊細胞類型。他們發現到，內毒素是以一個取決於劑量（dose-dependent）的方式，直接抑制纖維母細胞對維生素C的吸收。**存在的內毒素越多，最後存在細胞內的維生素C就越少**，而細胞內是需要維生素C的。內毒素對維生素C吸收的這種抑制，在腎上腺細胞也呈現類似的情況（加西亞（Garcia）和穆尼西奧（Municio），1990）。

這種對維生素C吸收的抑制是別具意義的，因為它暗示著，其中一

個內毒素特別負面的影響，就是為了保持足夠的維生素C，不使它進到細胞裡。這個發現也暗示，假如當存在的內毒素夠多，即使血液中的維生素C達到特定數值，也不保證可以把足量的維生素C運送到一些組織。事實上，修（Shaw）等人（1966）就發現，每公斤體重僅200毫克劑量的維生素C，並沒有降低特定劑量內毒素帶給大鼠的致命影響。如同許多其它毒素和感染一樣，不夠多、或者未達最佳標準的維生素C劑量，對於臨床結果通常沒有足以辨識的效果。艾羅（1980）也推斷，**維生素C能有助於防禦內毒素引起的細胞生長修復障礙**。這是「受到疾病過程影響的結締組織，其復原和再生」很重要的一項功能。

引證維生素C對細菌產生的內毒素所引發疾病之療效的上述研究細節，再次地提供一個說明，何以維生素C是適用於所有傳染病的理想藥物。維生素C幾乎在所探討的每一種傳染病治療上，已被證實高度有效（見第二章）。許多晚期的感染，都有其各自相關的毒素和毒性作用，而維生素C在治療感染與治療相關毒素上，似乎都是一個理想的藥物。

> 許多晚期的感染，都有其各自相關的毒素和毒性作用，而維生素C在治療感染與治療相關毒素上，似乎都是一個理想的藥物。

變性血紅素血症（高鐵血紅蛋白血症）

變性血紅素血症可能不是一個大家所熟知的術語，但它卻是一個潛在致命的情況，其特徵為血液中的**變性血紅素**（methemoglobin, 或稱為高鐵血紅蛋白）含量增加。變性血紅素無法和氧氣結合並輸送氧氣，而這就解釋了血液中與這類型血紅素相關的毒性。身體裡變性血紅素的含量較高，代表著全身有較大程度的缺氧。這個情形可以是各式各樣毒素造成的幾類重大傷害之一。然而，取決於很多因素，在某一情況下會造

成變性血紅素血症的特定毒素，在不會引發變性血紅素血症的不同臨床條件下，也可能藉由其它機轉而致命。

普爾哈爾（Prchal）和詹金斯（Jenkins）（2000）列舉了一些會造成變性血紅素血症，或與之相關的藥物及其它化學藥品。主張使用維生素C治療或預防相關變性血紅素血症的研究，被標註在藥物或化學藥品後面的括弧中：

藥物：

- 乙醯氨基酚（Acetaminophen）（卡利森（Cullison）,1984；薩維德斯（Savides）等人,1985；耶勒（Hjelle）和格奧爾（Grauer），1986）
- 氨苯碸（Dapsone）（奈爾（Nair）和飛利浦（Philip）,1984；迪萬（Diwan）等人,1991）
- 氟他胺（Flutamide）（舍特（Schott）等人,1991）
- 甲氧氯普胺（Metoclopramide）
- **硝化甘油**（Nitroglycerin）
- **巴拉刈**（Paraquat）
- 乙醯對氨苯乙醚（Phenacetin）
- 苯多胺吡啶（Phenazopyridine）（pyridium）
- 伯氨喹啉（Primaquine）
- 磺胺甲噁唑（Sulfamethoxazole）

化學藥品：

- 乙醯苯胺（Acetanilide）（庫斯伯特（Cuthbert）,1971）
- 苯胺染料（Aniline dyes）（馬戈斯（Magos）和西佐（Sziza），1962；野村（Nomura）,1980）
- 一氧化氮（Nitric oxide）（多奇（Dotsch）等人,1998）

- **亞硝酸鹽**（Nitrites）（斯多賽德（Stoewsand）,1973；布蘭科（Blanco）和梅亞德
- （Meade）,1980；多伊爾（Doyle）,1985）
- 亞硝酸戊酯（Amyl nitrite）
- 異亞硝酸鹽（Isobutyl nitrite）
- 亞硝酸鈉（Sodium nitrite）（博堯伊（Bolyai）等人,1972；卡拉布雷斯（Calabrese）等人,1983；卡普蘭（Kaplan）等人,1990）
- 硝酸鹽（Nitrates）（赫尼斯（Hirneth）和克拉森（Classen）,1984）
- 硝基苯（Nitrobenzenes）／硝基苯甲酸鹽（nitrobenzoates）（江譚（Chongtham）等人,1999）
- 硝基乙烷（Nitroethane）（指甲油去除劑）
- 硝基呋喃（Nitrofurans）
- 4-氨基联苯（4-Amino-biphenyl）

萬狄杰克（Van Dijk）等人（1983）報告了一例蓄意**硝酸鹽中毒**的一頭母牛。作者宣稱，維生素C在治療所產生的變性血紅素血症上沒有效果，但是，這頭牛的維生素C劑量，大約相當於給一個150磅的男性略大於1000毫克的維生素C。麥康尼克（McConnico）和布朗尼（Brownie）（1992）使用了相對較高劑量的維生素C，在兩匹因為吃了枯萎的紅楓樹葉而急性中毒的馬，治療其明顯的變性血紅素血症，並報告了優異的結果。除了輸血和補充水分，維生素C是這些馬僅有的重要治療方式。作者們下了具體的決定，在他們的治療計畫裡不使用**甲基藍**（methylene blue）。當在回顧維生素C的文獻時，每一次都要試著去換算看看，這一個治療情況下維生素C約等於多少的人類劑量。全世界還有數以百萬計的病人，由於那基於微小劑量，有時候小到很可笑的劑量、草率又不科學的結論，因而未能受益於維生素C，但事實上，當

全世界還有數以百萬計的病人，由於那基於微小劑量，有時候小到很可笑的劑量、草率又不科學的結論，因而未能受益於維生素C。

有比較高的劑量時，這個情況會是很容易治癒的。

普爾哈爾和詹金斯（2000）注意到，甲基藍這個常用於治療變性血紅素血症的藥劑，在一種稱為 **G6PD 缺乏症**（葡萄糖 - 六 - 磷酸鹽去氫酵素缺乏症，俗稱**蠶豆症**）的病人身上，不應該給予。不過，他們補充說，維生素C可以作為一種有效的替代。

此外應記住，變性血紅素血症也可以非預期地，發生在即使基因都完好，而且無任何已知遺傳性缺陷的人身上。赫爾戈維奇（Hrgovic）（1990）使用靜脈注射的維生素C，成功治療了一名因母親在生產時，接受**丙胺卡因**（prilocaine）這個局部麻醉劑而呈現變性血紅素血症的新生兒。考慮到維生素C很安全的臨床特點，在進一步尋求診斷的同時，給任何**發紺**（嘴唇發紫，缺氧）的病人用維生素C去治療，可能是個好主意。當手術中出現發紺時，這就特別的重要，顯示出可能存在的、**麻醉誘發**之變性血紅素血症，而那是能以靜脈注射維生素C輕易治療的（陶（Tao）等人，1994）。

通常，變性血紅素在血液中的正常含量是1%或更少（歸（Kueh）等人,1986）。變性血紅素上面的**鐵**，是氧化型式的鐵，而維生素C是能把三**價鐵**的型式還原成二**價鐵**狀態的藥劑之一，而二**價鐵狀態會將血紅素恢復為正常、能攜帶氧氣的狀態**。

甲基藍仍是變性血紅素血症最常用的治療。不過，維生素C已被用作單獨的治療，也證實了非常有效（奈爾和飛利浦,1984）。事實上，維生素C治療人類變性血紅素血症的有效劑量，仍遠遠低於克萊納所使用在各式各樣中毒和感染上十分有效的劑量。就跟很多其它情況一樣，治療變性血紅素血症的維生素C最佳劑量，其真實有效性很可能仍有待

確定。此外，維生素 C 療法還可用於協助控制一些遺傳型態的變性血紅素血症（賈菲（Jaffe），1982；什韋佐娃（Svecova）和博默（Bohmer），1998；奈爾和飛利浦，2000）。

五十一種個別毒素

對乙醯氨基酚（Acetaminophen）是常用的非處方藥之**止痛劑**，如果過量是會致命的。急性中毒可表現為不同程度的**肝毒性**，包括急性肝衰竭。彼得森（Peterson）和諾德爾（Knodell）（1984）給小鼠施予可殺死大量肝細胞之劑量的**對乙醯氨基酚**，發現在一小時前或一小時後，給予每公斤體重 1000 毫克劑量的維生素 C，可產生顯著的保護（或修復）效果。羅梅洛－費雷（Romero-Ferret）等人（1983）最多用到每公斤體重 200 毫克劑量的維生素 C，在被施予潛在致命劑量之對乙醯氨基酚的小鼠，並沒有提高存活率。**抗壞血基棕櫚酸**（ascorbyl palmitate）這個維生素 C 的衍生物，以每公斤體重 600 毫克的劑量，於小鼠由對乙醯氨基酚引起的肝臟損害，能有顯著的保護作用，而這同樣劑量的常規型態的維生素 C，則不具保護效果（約恩克（Jonker）等人,1988；米特拉（Mitra）等人,1991）。這些研究很清楚地支持著克萊納的發現，就是特定情況下必須使用足量的維生素 C，否則，可能就完全得不到有益的效果。

對乙醯氨基酚在貓身上也有潛在的致命力。伊爾基（Ilkiw）和拉特克利夫（Ratcliffe）（1987）報告了一隻十四個鐘頭前吃下對乙醯氨基酚的貓。這隻貓被描述為已然「**瀕死並且發紺**」。使用了維生素 C、N-乙醯基半胱氨酸（N-acetyl cysteine）和甲硫基丁氨酸（DL-methionine）的治療後，讓這隻貓在接下來**十二天內**，獲得臨床上的康復。

乙醯苯胺（Acetanilide），**苯胺染料**（Aniline）**和安替比林**

（antipyrine）是三個結構上與苯（benzene）類似的芳香族化學藥品（以下將會討論）。對於大量有毒化學物質的一個重要代謝解毒途徑，是羥基化作用（hydroxylation），那是一個加上氫氧根離子（OH-）的過程。這個解毒過程要維持最佳功能，必須要有維生素C。阿克塞爾羅德（Axelrod）等人表示，維生素C匱乏的天竺鼠，要花費更多的時間，才能把乙醯苯胺、苯胺染料和安替比林羥基化。換句話說，維生素C匱乏的天竺鼠體內，每一樣化學藥品的半衰期都比較長，因為維生素C充足可增加每一種化學藥品羥基化的速率。

丙烯荃（Acrolein）對人體極其有毒，它的形成通常來自某些空氣污染、**燃燒**的**汽油**或**煙草**的分解。納爾迪尼（Nardini）等人（2002）探討了丙烯荃在人類支氣管所引發的毒性。丙烯荃藉由一種機轉（細胞凋亡）來引起細胞的死亡，而那會被補充的維生素C而強烈抑制。維生素C也有助於加速細胞重要的**穀胱甘肽**（glutathione）存量之恢復，而穀胱甘肽的存量在丙烯荃的暴露下，是會很快被耗盡的。

阿魯穆加姆（Arumugam）等人（1997）和（1999）表示，丙烯荃是在動物身上促使維生素C代謝消耗的另外一個毒素。大鼠急遽接觸於丙烯荃下，會出現維生素C、維生素E和**穀胱甘肽**的含量降低，以及常見的毒素接觸，可預期氧化壓力和脂質過氧化作用之增加。這些研究指出，維生素C對於避免及修復丙烯荃所造成的損傷，是非常完美的。

在存活率的研究中，斯普林斯（Sprince）等人（1979）顯示，維生素C合併L-半胱氨酸和硫胺素（維生素B1），對給予致命劑量丙烯荃的大鼠，提供了很大程度的保護作用。對照組的存活率只有**5%**，而以上述混合療法所治療的大鼠卻有**90%**的存活率。

黃麴毒素（Aflatoxin）對肝臟具有毒性，也已知會**致癌**，是一個從含有花生幼苗的黴菌而來的有毒因子。（Netke）等人（1997）表示維

生素C可保護天竺鼠免於黃麴毒素的急性中毒。塞勒姆（Salem）等人（2001）則指出維生素C降低了黃麴毒素對兔子生殖系統的負面影響。維爾馬（Verma）等人（1999）表示，**維生素C在試管中對受黃麴毒素誘導而破裂的紅血球細胞提供了重大保護**。博斯（Bose）和辛哈（Sinha）（1991）則顯示，給予小鼠維生素C，會降低骨髓細胞內黃麴毒素所引起染色體異常的發生率。最後，雷伊那（Raina）和哥塗（Gurtoo）及巴塔查亞（Bhattacharya）等人（1987），能證實**維生素C可以降低黃麴毒素在一些細菌引起突變的能力**。

丙烯醇（Allyl alcohol）是一個有機化合物，具有腐蝕性，倘若吞嚥下去或吸入的量夠多，是會致命的。在長期的接觸下會傷害**肝臟**或**腎臟**。格拉斯科特（Glascott）等人（1996）檢查所培養的、曝露於毒性劑量丙烯醇的肝細胞。他們發現在這些細胞中，維生素C和維生素E兩者，對丙烯醇的致命效果均具有保護及獨立的影響力。

安非他命（Amphetamine）是一種對神經系統有刺激效果的化學藥品。拜爾（Beyers）（2001）報告過一個**搖頭丸**（Ecstasy）過量以維生素C治療的案例。搖頭丸是安非他命的衍生物。這病人是一個十七歲的男孩，送來的時候呈昏迷狀態，抵達醫院前還曾有過**癲癇大發作**（Grand mal seizure, 僵直陣攣發作）。這位作者花了三十分鐘，給予靜脈注射僅1000毫克的維生素C，二十分鐘內病人就「**完全清醒並能講話**」。維生素C在同樣這段時間內，把尿液的酸鹼值從7.5降到5.0，而這很有可能加速安非他命從尿液中排泄。然而，單單從尿液增加搖頭丸的排泄，是不太可能導致這麼快又戲劇性的臨床恢復的。

懷特（White）等人（1988）利用大鼠能證明，維生素C可以減少和安非他命的施用有關的行為影響。德索萊（Desole）等人（1987）也得到相似的結論。米奎爾（Miquel）等人（1999）提出，**維生素C在大**

腦中似乎具有抗多巴胺的效果，而穆勒（Mueller）和昆科（Kunko）（1990）則指出**安非他命促進多巴胺的釋放**。瓦格納（Wagner）等人（1985）說明，**預先施予維生素C處理過，在臨床上可以降低甲基安非他命（methamphetamine）對大鼠的神經毒性**。德維托（De Vito）和瓦格納也發現到，預先以維生素C和其它抗氧化劑處理過，似乎可減少甲基安非他命的施用對大鼠腦中多巴胺的長期耗竭。在一個十六歲女孩，因過量安非他命而出現**精神病**（精神分裂或現稱：思覺失調）的症狀，佩里（Perry）和尤爾（Juhl）（1977）建議給予**維生素C加上氟哌啶醇（haloperidol）來治療**。勒貝克（Rebec）等人（1985）報告，**維生素C能大大地增加氟哌啶醇的抗安非他命效果**。這些作者指出，維生素C「在調整氟哌啶醇和其它相關藥物的行為影響上，具有重要的作用」。

整體而言，證據似乎指向維生素C在控制安非他命過量的症狀上，是有好處的，這或許是藉著加速安非他命自尿液從體內排除，來對抗安非他命導致多巴胺釋放增加的效果。看來，**維生素C在保持大腦中穩定的多巴胺含量上，似乎發揮著很重要的作用**。

芳香族碳氫化合物（Aromatic hydrocarbons）（蒽（anthracene）和3,4-苯并芘（3,4-benzpyrene））在維生素C的存在下，比較**容易被解毒**，也**比較不具致癌性**，並且更容易排出（沃倫（Warren），1943）。

苯并蒽酮（Benzanthrone）是一種在**染料**的工業製造中會遇到的化學物質。同樣具有毒性，迪威迪（Dwivedi）等人（2001）指出，其存在會**消耗維生素C**以及另一種抗氧化劑**穀胱甘肽**。達斯（Das）等人（1994）探討苯并蒽酮在天竺鼠的毒性，結果發現，相對少量的維生素C（每公斤體重50毫克），使暴露於苯并蒽酮的動物，其肝臟、睪丸、腎臟和膀胱，在顯微鏡下的形態和生化變化都有著「顯著的改善」。潘迪亞（Pandya）等人（1970）發現對天竺鼠施予苯并蒽酮，會造成**血**

液、腎上腺及肝臟內的維生素C含量「明顯降低」。這些研究人員還注意到，只要每天每公斤體重給予25毫克劑量的維生素C，有補充維生素C的天竺鼠相較於維生素C耗竭那一組的天竺鼠，苯并蒽酮引起的**死亡率**會有**40%**的下降。

迪威迪等人（1993）也研究了苯并蒽酮塗在小鼠皮膚上造成的毒性。他們發現，維生素C口服或者塗在皮膚上，對皮膚及**肝臟**，針對苯并蒽酮引起的毒性作用，都能「**形成巨大的保護效果**」。

維生素C對於減少苯并蒽酮沉積在組織上，以及增加其尿液和糞便的排除，都有很好的效果。加爾格（Garg）等人（1992）顯示，將天竺鼠預先以維生素C處理，可使苯并蒽酮的**排泄率增加32%**，而此毒素在組織的**滯留則減少約50%**。達斯等人（1991）也在天竺鼠身上發現，維生素C可以增加苯并蒽酮的排泄並減少其滯留。加爾格等人建議，給予接觸苯并蒽酮的產業工人維生素C，能預防毒性的症狀。

苯（Benzene）是揮發性的液態碳氫化合物，它是**煤礦蒸餾**所產生出來的副產品。它在化學實驗室裡常作為**溶劑**使用，也是一種已知的**致癌物**。邁耶（Meyer）（1937）觀察到一個在苯工廠重度慢性苯中毒的工人，出現了「**像壞血病那些病人會有的症狀**」。邁耶十分驚訝地報告說，在這位病人的尿液中開始溢出大量維生素C前（即達到飽足劑量之前），總共給予了11500毫克的維生素C（其中有6300毫克是靜脈給予）。邁耶也注意到，當達到這個飽和度，然後維持每日劑量的維生素C之後，「病人的客觀和主觀的症狀都有了大幅的改善」。

凱沙拉（Cathala）等人（1936）報告了由**苯**引起，而以維生素C成功治療的**類壞血病**狀態。卡斯特羅維利（Castrovilli）（1937）也發表了支持凱沙拉等人結論的證據。鮑曼（Bormann）（1937）也指出，接觸了苯的工人，尿液中的維生素C含量較低。而在兔子的研究裡，鮑曼發現，補充維生素C似乎延緩了與苯中毒相關症狀的出現。里波維斯基

（Libowitsky）和塞弗（Seyfried）（1940）把**微血管脆弱性的增加**和他們所研究的工人有接觸到苯，這兩者聯繫在一起。微血管脆弱性增加是維生素C缺乏會有的症狀。他們發現給予維生素C能減少這種症狀的發生。福斯曼（Forssman）和弗呂克霍爾姆（Frykholm）比較了環境中有接觸和沒接觸到苯的工人，結果發現有接觸到苯的工人，「比起對照組沒接觸苯的工人，有明確地顯示出維生素C的飽和狀態較延遲」。這個發現也符合，接觸苯的工人會有較大量的維生素C消耗。

如前所述，維生素C的需求增加，就表示維生素C的消耗增加，這是維生素C對毒素產生中和作用的一個典型指標。貢特亞（Gontea）等人（1969）表示，苯中毒在天竺鼠體內降低了**血液**中的維生素C，也降低了**肝臟**和**腎上腺**中的維生素C濃度。布朗尼（Browning）（1952）也在討論慢性苯中毒的跡象和症狀時，概述了一些他所注意到的發現，如同邁耶所指出的，像**壞血病**一樣的表現。這個觀察也符合了長期接觸苯，會造成十分有害的維生素C存量消耗。勞瑞（Lurie）（1965）提出建議「**給予維生素C作為苯中毒預防的進一步救援**」，是「一種合理的做法」。

艾爾達謝夫（Aldashev）等人（1980）發現，比起沒有毒物曝露的工人，曝露於苯煙霧和其它芳香族碳氫化合物煙霧的工人，欲達到血液中的目標濃度，需要有更大量的維生素C。作者認為，這些研究結果，以及從天竺鼠收集得來的另外資料，指出暴露於「苯及其甲基衍生物蒸氣之含量上升的工人」，應該給予較高劑量的維生素C。

卡拉布雷斯（Calabrese）（1980）推測，包括維生素C在內的幾種營養素含量不足，會增加苯的毒性作用，包括苯所導致的白血病。這點特別重要，因為，有類似曝露但在不同營養水平的不同工人之間，臨床毒性的證據也有著高度的差異。饒（Rao）和斯奈德（Snyder）（1995）還報告說，維生素C可以減少苯的毒性。這些作者發現，在人類白血病細胞的研究中，有一些不同於苯的代謝產物，似乎會導致自由基的堆

積。這種自由基的堆積，邏輯上是強效抗氧化劑例如維生素C就一個很容易指向的目標。

吳（Wu）等人（1996）從大鼠的肝細胞標本中發現，維生素C依劑量的多寡，對於溴苯這一個和苯相關之化學物質的毒性作用，提供了保護。他們還發現，用溴苯短期和長期來誘導，都能看到保護效果。在暴露於苯和不同劑量維生素C的天竺鼠，更多的維生素C能夠減少苯與蛋白結合的發生。這種效應被認為和減輕毒性是一致的（澤幡（Sawahata）和尼爾（Neal）,1983；斯馬特（Smart）和贊諾尼（Zannoni）,1984；斯馬特和贊諾尼,1985；斯馬特和贊諾尼,1986）。貢特亞等人（1969）也從天竺鼠一個實驗系統中的研究發現，**維生素C的劑量增加，能減少苯的毒性症狀，死亡率也降低57%。**

四氯化碳（Carbon tetrachloride）（CCl4）是透明、易揮發的液體，在**藥物製劑**中作為**溶劑**使用。吸入四氯化碳的蒸氣**會抑制中樞神經系統**，通常對**肝臟**和**腎臟**有毒性作用。

在大鼠實驗中，施維塔（Sheweita）等人（2001）和施維塔等人（2001a）得到結論：重複劑量的**維生素C**和**維生素E**可以減少四氯化碳對**肝臟**的毒性作用。他們能顯示用這兩種抗氧化劑，可使得毒素引發的肝指數呈現出客觀的正常化。阿迪穆伊瓦（Ademuyiwa）等人（1994）也證明了**維生素C可防止四氯化碳在大鼠引起的肝臟損傷。**

孫（Sun）等人（2001）表示，四氯化碳是會消耗維生素C的毒素，尤其是在**肝臟**。他們發現，維生素C在大鼠肝臟的濃度，於注射四氯化碳後24小時內顯著降低了，儘管在血漿中的維生素C濃度還沒有被明顯地影響到。貢斯基（Gonskii）等人（1996）也同樣發現，對大鼠注射四氯化碳降低了肝臟中的維生素C濃度。此外，他們還發現大鼠**肝臟的「整體抗氧化活性」會因為這種有毒物質而下降。**

幾個研究小組都報告，很多四氯化碳會導致肝臟的損傷，可能是由

於氧化壓力的增加，和自由基增加的跡象。正如許多其他的毒性，這是一個非常適合用維生素C去治療的情況（梅拉羅（Maellaro）等人,1994；太田（Ohta）等人,1997；張（Zhang）等人,2001；孫等人,2001）。蘇萊曼（Soliman）等人（1965）用老鼠進行實驗，發現施打LD10（lethal dose）（能殺死10%試驗組的致命劑量）的四氯化碳前，先靜脈注射30毫克的維生素C，能完全預防給予這兩種藥物的三十隻小鼠的死亡。作者還指出，這個維生素C劑量，把在顯微鏡下所見的四氯化碳引起的異常組織變化，降低到最小。

查特吉（1967）能證明，維生素C可以防止四氯化碳中毒大鼠的另一種有毒表現。他指出，**四氯化碳致使大鼠的性腺退化**，而他能夠用**維生素C**防止這種毒素引起的退化，並使**性腺正常化**。

氯黴素（Chloramphenicol）是一種廣效抗生素，也具有很大的毒性。佛拉米（Farombi）（2001）研究給了氯黴素的大鼠，結果發現在給藥後，**維生素C、維生素A和 β-胡蘿蔔素**的濃度全都「顯著降低」。與這些抗氧化劑含量的減少相符，佛拉米也表示，**氯黴素明顯增加大鼠的氧化壓力**。班納吉（Banerjee）和巴蘇（Basu）（1975）利用小鼠的實驗報告得出，**氯黴素顯著降低組織中的維生素C濃度**，尤其是在**肝臟**。阿拉比（Alabi）等人（1994）則探討氯黴素在體外對人類血漿維生素C含量的影響：增加氯黴素的劑量，會明顯地降低這些維生素C的含量。

除了上述氯黴素會像其它毒素一樣消耗維生素C存量的證據以外，拉瓦爾（Rawal）（1978）指出，把維生素C加在細菌溶液裡，加強了氯黴素作為抗生素對付細菌的效果。於常規中加維生素C於氯黴素的使用，似乎在降低其毒性的同時，還增加了氯黴素的抗菌效果。

氯仿（Chloroform）曾廣泛應用於作為吸入性麻醉劑。它的吸入很容易對**肝臟**和**腎臟**造成毒害。田村（Tamura）等人（1970）研究在小

鼠身上，維生素C對氯仿毒性的解毒效果。結果發現越大劑量的維生素C有越好的保護能力，使50%的小鼠免死於氯仿致死劑量的傷害。每公斤體重400毫克的維生素C劑量，可將死亡率減少到40%，而每公斤體重600毫克的維生素C劑量，則將死亡率減少到只剩10%。最後，**以每公斤體重1000毫克**的維生素C劑量，讓所有暴露於氯仿的小鼠**100%**的**存活**下來。套句作者的說法，在這樣的劑量水平下，「氯仿的毒性被視為零」。

　　順一雙氨雙氯鉑，俗稱順鉑（Cisplatin），是一種化療（**抗腫瘤藥物**），用來對付各種癌症。它也有明顯的毒性副作用，包括引起**基因變異**，從而**導致新的癌症**或**繼發性癌症**。維生素C降低了順鉑藥物複合物在人類淋巴細胞培養中（布萊西雅克（Blasisak）和柯瓦力克（Kowalik),2001），以及在**子宮內膜癌細胞**（布萊西雅克,2002）引起**DNA損傷**的能力。尼菲克（Nefic）（2001）還表示，維生素C使順鉑在人類**淋巴細胞培養中造成染色體損傷的能力降低**。吉里（Giri）（1998）表示，可見維生素C可以預防順鉑導致的小鼠**骨髓細胞染色體的損傷**。

　　順鉑也會造成**腎臟損傷**、**聽力損傷**和其它**非特異性的氧化損傷**。谷力吉安圖內斯（Greggi Antunes）等人（2000）指出，維生素C取決於劑量的方式，保護大鼠的腎臟免於順鉑的毒性作用。阿本羅斯（Appenroth）（1997）也表示，當維生素C和維生素E一併給予時，在保護大鼠腎臟對付順鉑引起的毒性上，表現得更好。雷巴克（Rybak）等人（1999）總結出，順鉑對大鼠所造成的**聽力損傷**，是由更多自由基（氧化壓力增加）的產生所引發。洛佩斯－貢拉來茲（Lopez- Gonzalez）等人（2000）說明，可以用抗氧化劑的治療，其中包括維生素C，來減輕大鼠的這種聽力損害。最後，歐拉斯（Olas）等人（2000）表示，維生素C可以預防順鉑造成的脂質過氧化作用，和**血**

小板裡其它氧化壓力的指標。

　　氰化物（Cyanides）都是毒性極強而且作用迅速的毒素，它能使細胞快速死於缺氧。與其它毒素會消耗維生素C的作用一樣，輿石（Koshiishi）等人（1997）得以證明，浸泡在鈉氰酸酯溶液中的一種特定植物，表現了其維生素C含量明顯的消耗。這種溶液是用來作為**除草劑**的。這些作者們指出，這個訊息代表氰化物的毒性，其中至少有一個機制是透過氧化壓力的誘發，而那會消耗維生素C。

　　坎德薩米（Kanthasamy）等人（1997）從大鼠細胞的培養中，能顯示出氰化物藉由產生活性氧化物（reactive oxygen species），和氧化壓力的整體增加，來引起毒性。符合維生素C的有效抗氧化劑特性，這些作者表示維生素C可減少這個氧化壓力，並阻止氰化物所引發的細胞死亡。米爾斯（Mills）等人（1996）利用相同的細胞系（cell line），也能證明**維生素C有助於防止氰化物造成的細胞死亡**。中尾（Nakao）（1961）則表示，氰化物加速了大鼠組織（腸道）標本中維生素C的代謝消耗（氧化作用）。

　　環磷醯胺，商品名癌德星（Cyclophosphamide），是使用在各種癌症的**化療藥劑**。它也是**器官移植患者**常用來**抑制免疫系統**（抗排斥）的治療之一。有趣的是，環磷醯胺本身在藥理學上是惰性的，但藉由**肝臟**的酵素系統，會產生出幾個具活性的代謝產物。

　　李（Lee）等人（1996）報告了環磷醯胺引起**致命心臟毒性**的一些案例資料。以「傳統療法」治療的**10**例中，有**9**例死亡，另一例則進入**慢性鬱血性心臟衰竭**的狀態。然而，接受維生素C「抗氧化劑治療」和茶鹼的三個病人，有一個被報告說從急性環磷醯胺的毒性下倖存。

　　正如許多其它強力的毒素，環磷醯胺**增加了氧化壓力，也產生過量的自由基**（凡卡提森（Venkatesan）和張卓卡森（Chandrakasan），

1995）。凡卡提森和張卓卡森指出，環磷醯胺中毒的大鼠，顯示出**血液**及**肺部**組織中脂質過氧化的程度上升，也符合了這個發現。維生素C和**穀胱甘肽**的含量則相對應地降低了。在類似的動物模型中，凡卡提森和張卓卡森（1994,1994a）也在環磷醯胺中毒的大鼠肺部灌洗液裡，看出下降的維生素C和穀胱甘肽含量。

　　維生素C可以讓來自環磷醯胺的**肝毒性**的一些指標回復正常。高希（Ghosh）等人（1999）注意到，環磷醯胺會讓兩種常見的肝指數（麩草酸轉氨酶（**SGOT**）和麩丙酮酸轉氨酶（**SGPT**））明顯升高，而**維生素C**的補充可以讓這些肝指數**正常化**。凡薩維（Vasavi）等人（1998）發現，用環磷醯胺治療的大鼠，出現了顯著的**血脂異常**，包括**總膽固醇和三酸甘油脂的明顯上升**。此外，他們發現，「好」的膽固醇（高密度脂蛋白膽固醇（**HDL-cholesterol**））因為這個毒素的治療而**降低**了。然而，所有這些毒素引起的異常，都能「藉著維生素C的共同施予而矯正回來」。

　　有一些研究人員去探索維生素C對環磷醯胺誘發之染色體損傷的影響。維賈亞拉克什米（Vijayalaxmi）和韋尼（Venu）（1999）發現，給予小鼠相對低劑量的維生素C（每公斤體重10到60毫克），能有效地減少在顯微鏡下這種染色體損傷的證據。加斯卡德彼（Ghaskadbi）等人（1992）也在小鼠身上看到，更廣泛劑量範圍的維生素C（每公斤體重1.56到200毫克）對於**環磷醯胺**的毒性，「表現出明顯的抗突變效果」。他們還注意到，「劑量－反應的關聯非常的明顯」，代表較**大劑量的維生素C，會有較強的抗毒性作用**。

　　其它研究人員探討了維生素C**避免環磷醯胺誘發染色體損傷**的能力，以及預防動物胎兒**出生缺陷**的能力。科拉（Kola）等人（1989）在懷孕的小鼠身上，發現每公斤體重800毫克的維生素C劑量，使環磷醯胺誘導的染色體異常有顯著地降低，也使「存活的胎兒數目明顯提高」。弗格爾（Vogel）和施皮爾曼（Spielmann）（1989）也在懷孕的

小鼠身上，發現每公斤體重25～1600毫克劑量範圍的維生素C，能減少來自環磷醯胺的染色體損傷。他們認為維生素C「**似乎可保護早期胚胎免於具遺傳毒性之藥物，例如環磷醯胺所導致的損傷**」。皮藍斯（Pillans）等人（1990）研究了更高劑量維生素C對環磷醯胺中毒之懷孕小鼠的影響。施予每公斤體重3340毫克劑量的維生素C，「不會與明顯的毒性作用有關聯」，而且「維生素C於環磷醯胺的毒性表現具有保護效果」。此外，在這維生素C劑量水平下，「所有胎兒都是正常形態，胎兒體重也沒有減輕」。

克里希納（Krishna）等人（1986）在沒有懷孕的中毒小鼠身上，顯示出這個大劑量水平的維生素C，對防止染色體的損傷提供了很好的保護。很有意思的是，皮藍斯等人給他們的懷孕小鼠施加最多達到每公斤體重6680毫克劑量的維生素C。對一個200磅的人，這是大約等於607000毫克的維生素C劑量。在這一劑量下，他們卻發現胎兒死亡有46%的發生率，即使在較低的劑量是明確對胎兒有保護作用的。雖然很不常見，但這些研究人員可能在無意中已界定了一個維生素C劑量，超過此劑量，至少對懷孕小鼠而言，就不應該急遽給予了。它指出了一項事實，就是好東西過多了也可能有害，即便是維生素C也一樣。不過，正如許多研究中所顯示，能一貫地產生正面結果的最高維生素C劑量水平，是很少有人達到的。

環孢菌素（Cyclosporine）是一種通常用於**器官移植**病人的藥物，以抑制免疫系統，預防**排斥**反應。杜拉克（Durak）等人（1998）在以環孢菌素治療的兔子，證明了環孢菌素誘發**腎臟**細胞的損傷。他們指出，維生素C和維生素E減輕了環孢菌素造成的這種損害，也減少了氧化壓力的增加。沃爾夫（Wolf）等人（1997）利用大鼠肝臟細胞的培養，顯示了環孢菌素類似的毒性作用，以及維生素C和維生素E類似的保護效果。作者的結論為，環孢菌素對大鼠肝細胞造成毒性，至少有一

部份是透過氧化壓力的增加。貝尼托（Benito）等人（1995）發現，環孢菌素在大鼠肝臟和腎臟標本的電泳模式，引起了某些變化。研究人員還表明，在所使用的劑量下，維生素C和維生素E在這些模式中，均「能夠防止大約**30%**環孢菌素所導致的效應」。

羅哈斯等人（2002）從人類淋巴細胞的培養，**觀察到環孢菌素引起細胞死亡**，而維生素C和**N-乙醯半胱氨酸**則可減輕這種毒性作用。

在肺移植的病人，威廉斯（Williams）等人（1999）發現存在著持續性的氧化壓力，以及受損的抗氧化狀態。這些研究結果強烈顯示，維生素C治療可能對於降低器官排斥有益處。斯拉基（Slakey）等人（1993）和斯拉基等人（1993a）也認為，自由基的增加，或氧化壓力的增加，可能是器官移植排斥反應過程很重要的一部分。他們研究接受心臟移植的大鼠。同時給予環孢菌素加上維生素C和維生素E的大鼠，移植的器官展現了長期的存活。維生素C的劑量也相當大，等於是200磅重的人每天大約100000毫克。

毛地黃（Digoxin）是通常用於**治療心臟衰竭**或某些心律不整的一種心臟病藥物，儘管當毛地黃給予過量時，會出現毒性反應。迪（De）等人（2001）對山羊肝臟組織的標本，進行了毛地黃效果的研究。這種藥物會造成了氧化壓力是可測得出的增加，同時降低了一種重要的抗氧化劑**穀胱甘肽**的含量。**維生素C**能夠明顯抑制這些毛地黃所引起之毒性的表現，而且作者認為，毛地黃的毒性可能是自由基增加的結果。

多巴胺（Dopamine）是在**中樞神經系統**中的一種**重要神經傳導物質**。然而，當在體內失去平衡時，多巴胺也是一個「**已知的神經毒素**」，那很可能在幾種神經退化性疾病發展中，扮演著其中的角色（斯托克斯（Stokes）等人,2000）。斯托克斯等人在從神經組織取得的細胞培養裡，顯示出多巴胺可以增加氧化壓力以及細胞死亡。**維生素C對**

多巴胺引起的毒性，具有保護作用。

左旋多巴（Levodopa），一種用於治療**帕金森氏症**的藥物，是多巴胺的前驅物。**左旋多巴也已被證明會導致神經組織的毒性。**帕爾多（Pardo）等人（1993）指出，在人類神經組織的培養中，左旋多巴的毒性作用可藉由維生素C的給予來預防。此外，在此系統中，左旋多巴的毒性與苯醌（quinone）的含量增加有關，而這也可以用維生素C來加以預防。在大鼠神經組織的培養中，梅納（Mena）等人（1993）和帕爾多等人（1995）顯示，維生素C完全阻斷左旋多巴造成的苯醌產生，從而減少了在這些培養裡觀察到的左旋多巴之毒性作用。

阿黴素（Doxorubicin）是蒽環類（anthracycline）**抗生素**的化學名稱，它以其商品名阿黴素而著稱。阿黴素被認為是常用的**化療藥物**裡，抗腫瘤活性最為廣效的藥物之一。只不過，隨著累積劑量的增加，它也**是非常毒的藥物**。根據福田（Fukuda）等人（1992）的報告，這種藥物毒性的一個機轉，是增加的氧化壓力，表現出來的則為**增加的脂質過氧化反應**。吉塔（Geetha）等人（1989）指出，維生素C和維生素E在大鼠身上能減少阿黴素誘發的脂質過氧化反應總量。藤田（Fujita）等人（1982）也表示，維生素C**能顯著延長**了用阿黴素治療的小鼠和天竺鼠**的壽命，而同時還保有藥物的抗腫瘤作用**。他們並指出，維生素C能夠阻斷用阿黴素治療後，常見於血液和肝臟中增加的脂質過氧化反應。

科巴切（Kurbacher）等人（1996）在體外（in vitro）檢查培養的人類**乳癌**細胞中，維生素C與阿黴素之間的交互作用。結果發現，**維生素C本身對癌細胞具有殺傷力**，而且，**在此系統中也明顯地提高阿黴素的細胞殺傷能力**。即使給予的維生素C劑量還不具備直接的細胞毒性，但它也仍然能夠提高阿黴素的細胞殺傷能力。

當使用的時間夠長，阿黴素是以導致**嚴重心臟毒性**而聞名的。達洛

茲（Dalloz）等人（1999）在大鼠身上顯示，阿黴素會降低心臟裡的維生素C和維生素E的含量，同時增加脂質過氧化的程度。作者認為，這些結果支持著使用高劑量的抗氧化劑來對抗這種毒性的概念。小島（Kojima）等人（1994）探討在小鼠模型中阿黴素導致的心臟毒性。他們發現，**苯亞甲基抗壞血酸鹽**（benzylidene ascorbate）這個維生素C的衍生物，對於**降低**與阿黴素引發之毒性有關的**心臟酵素升高，非常的有效**。在小鼠和天竺鼠，新報（Shimpo）等人（1991）則是報告，維生素C雖然在他們所研究的環境下，並未減少阿黴素的抗腫瘤作用，但卻能顯著延長給予這個藥物的動物壽命。此外，這些作者們聲稱，「在電子顯微鏡下，能證實阿黴素導致的心臟毒性是可以有效預防的」，這代表顯微影像也符合了維生素C提供的正面臨床效果。

當靜脈注射的阿黴素不小心跑到了皮膚下，而不是在靜脈裡，會造成嚴重的**局部皮膚損傷**。哈加里拉迪（Hajarizadeh）等人（1994）能夠證明，當濃度為每一毫升含有一毫克的維生素C，與阿黴素一起給予時，把這個混合物直接注射到豬的皮膚下，所造成的**潰瘍發生率**，從**87%**降低到**27%**。作者認為這個配方可能對於接受阿黴素輸注的人會有幫助。

最後，阿黴素已被證明會引起**染色體的損傷**，而這可以被維生素C所阻斷或減輕。塔瓦里斯（Tavares）等人（1998）則表示，維生素C「顯著降低」了阿黴素所引起的，在大鼠骨髓細胞裡染色體損傷的頻率。在這相同類型的細胞，安圖內斯（Antunes）和高橋（Takahaski）（1998）也證實了維生素C對這種損害的防護能力。他們還表示，**維生素C對阿黴素所致染色體損傷的保護效能，是「由使用的劑量大小而定」**。

鹵化乙醚（Halogenated ethers）是已知會能**致癌**的毒素。斯拉姆（Sram）等人（1983）分析了一群職業當中暴露於二（氯甲基）乙醚和氯甲基甲基乙醚的77名工人。給予這群工人維生素C（每天1000毫

克）五個月期間，從開始到結束都抽了血液樣本。並以沒有任何職業暴露在毒素下的工人當作對照組。斯拉姆等人去檢驗血液樣本中的淋巴細胞，結果能確定，這個相對較低劑量的維生素C，**顯著降低了「基因損傷的風險」**，而這是從補充維生素C的工人染色體異常的頻率下降，所得到的暗示。

硫酸聯氨（Hydrazine sulfate）是一種用來作為**殺菌劑**的化學藥劑。拜爾（1943）在缺乏維生素C的天竺鼠身上，用它來實驗性地誘發**肝臟損傷**。這種類型的損傷稱為**脂肪變性**（fatty degeneration），與肝臟內脂肪累積的增加有關。拜爾能顯示，給予缺乏維生素C的天竺鼠聯氨，比起給予「足量」維生素C和聯氨的天竺鼠，「肝臟中平均多出了**50.3%** 的脂肪」。拜爾亦能夠證明，給予較多維生素C的天竺鼠肝臟裡，脂肪變性的顯微鏡下變化遠遠較少，也「相對輕微」。

異丙異菸聯氨（Iproniazid）是一種單胺氧化酶抑制劑（monoamine oxidase inhibitor），最初是為了**結核病**的治療而開發的。雖然由於**肝毒性**而不再使用，異丙異菸聯氨在被發現到可減輕一些結核病患者的抑鬱狀態後，也被用來作為**抗憂鬱劑**。

松木（Matsuki）等人（1992）從大鼠身上發現，維生素C明顯抑制了異丙異菸聯氨引起的自由基增加。松木等人（1994）後來報告說，大鼠的肝臟在有維生素C給予之下，異丙異菸聯氨所誘發的細胞死亡，「定量和定性上均有顯著減少」。

有一個和異丙異菸聯氨相關的藥物異菸鹼醯（isoniazid），仍然用來治療結核病，它也被發現會產生自由基。松木等人（1991）注意到，維生素C也能**明顯抑制這個氧化壓力的增加**。異菸鹼醯也像異丙異菸聯氨一樣，會引起藥物造成的**肝炎**，而松木等人認為維生素C可減少或抑制異丙異菸聯氨對肝臟的這種毒性作用。

異丙基腎上腺素（Isoproterenol）是作為**呼吸道鬆弛劑**以及**強心劑**的一種藥物。異丙基腎上腺素的心臟刺激作用，能**很快致毒**。在大鼠身上，布倫（Bloom）和戴維斯（Davis）（1972）注意到，當異丙基腎上腺素給予微克劑量時，會使心臟收縮強度增加，但是給予毫克劑量時則**會殺死心臟細胞**。心臟病發作時，心臟細胞會死亡，在細胞分解時，會有脂質過氧化的產物大幅增加的現象（尼爾瑪拉（Nirmala）和普凡納克里斯南（Puvanakrishnan），1996）。在培養的大鼠心臟細胞裡，維生素C可減少異丙基腎上腺素所引起的傷害（拉莫斯（Ramos）和阿科斯塔（Acosta），1983；阿科斯塔等人，1984；皮爾孫－羅特爾特（Persoon-Rothert）等人，1989；莫亨（Mohan）和布倫，1999）。皮爾孫－羅特爾特等人還表示，自由基的形成是異丙基腎上腺素對心臟細胞引發毒性的可能原因。

拉莫斯等人（1984）能夠證明，異丙基腎上腺素的毒性造成大鼠心臟細胞內鈣離子的逐漸累積，而**維生素C阻止了很多這種細胞內的鈣離子增加**。拉基（Laky）等人（1984）證實，抗**壞血酸鎂**這一個維生素C的礦物鹽，對異丙基腎上腺素導致大鼠心臟的毒性，具有保護效果。

甲醇（Methanol），也被稱為**羥基甲烷**或**木精**，是許多商業上可用**溶劑**的一個成分。**雖然甲醇本身幾乎無毒，它的立即分解產物卻有著極高毒性**，而且誤食足量的甲醇是可能致命的。

甲醇直接的氧化產物是**甲醛**。在牛的組織萃取液中（西普（Sippel）和福桑德（Forsander），1974）和天竺鼠的肝臟標本裡（蘇西克和贊諾尼，1984），維生素C已被證明會加速這個氧化轉換。**防腐用的甲醛是含有劇毒的**。斯普林斯等人（1979）表示，給予這種毒素的大鼠，維生素C可以輕易分解並快速殺死約90%大鼠之甲醛劑量的致命毒性。即使採用較小劑量的維生素C（每公斤體重約50毫克），在此甲醛劑量下，也大約有55%的大鼠存活。克萊納所用大小的維生素C劑

量，似乎會有更加引人注目的保護效果。

米奎爾（Miquel）等人（1999）利用小鼠顯示，給了一個劑量的甲醇之後，維生素C會減少異常的身體運動。斯庫來德斯卡（Skrzydlewska）和法畢祖斯基（Farbiszewski）（1996,1997,1998）表示，大鼠甲醇中毒，將導致**肝臟、紅血球**細胞和**血清抗氧化機制**的受損，連同代表脂質過氧化和抗氧化壓力增加的實驗室數值出現異常。可預期的是，維生素C應能可靠地減少或阻斷這些類型的變化。

普恩（Poon）等人（1998）發現，曝露在**長期吸入性接觸甲醇**環境的大鼠，在二、四和八週之後，尿液的維生素C會與劑量有相關的增加。普恩等人（1997）也研究了三甲醇（（tris）（4-氯苯基（4-chlorophenyl）））這一個甲醇衍生物對大鼠的毒性。和甲醇曝露一樣，他們觀察到尿液中維生素C的排泄增加，這是大鼠在任何毒素下會預期有的反應，而那在數量上並不會立刻就表現出很極端的數據。他們還看到對肝臟直接的毒性作用，有許多細胞都承受致命的影響。法畢祖斯基等人（2000）也能夠顯示，其它抗氧化劑也可以提高大鼠腦部甲醇毒性的防禦力。

N-甲基-D-天冬氨酸（N-methyl-D-aspartate）（NMDA）是一種具**神經毒性**的物質，在大鼠神經元的培養中，會引起細胞死亡。馬耶夫斯卡（Majewska）和貝爾（Bell）（1990）表示，在比較低的NMDA劑量下，維生素C對NMDA引起的損傷有著「完全的保護」。他們也表示，維生素C能「顯著地降低了」由較高劑量的NMDA所引起的「細胞死亡」。貝爾等人（1996）後來在神經元的培養中，顯示出維生素C於NMDA引起的損傷有類似之保護作用。

當發現**甲基丙二酸**（Methylmalonic acid）在血液中升高時，有時候是**維生素B₁₂缺乏**的一個指標。只要給大鼠足夠的甲基丙二酸，就會

發生**癲癇**。費格拉（Fighera）等人（1999）表示，以維生素C和維生素E預先處理，就能降低這些毒素誘發癲癇發作的持續時間。

翠西（Treasy）等人（1996）在一個由於失天性代謝缺陷，造成血液中甲基丙二酸過多的七歲男孩身上，證實了維生素C治療的重大好處。而且具體來說，維生素C治療解決了這個男孩身體的皮膚病灶（**濕疹**）、**血液中過量的乳酸**以及他的**黃疸**。

嗎啡（Morphine）是一個廣為人知的**鴉片類止痛藥**，當它過量時很容易致人於死。鄧拉普（Dunlap）和萊斯利（Leslie）（1985）發現，給予小鼠每公斤體重1000毫克劑量的維生素C，對呼吸抑制造成的死亡有顯著的防護效果。威利特（Willette）等人（1983）也利用小鼠來研究，發現非常低的維生素C劑量（每公斤8毫克），仍可能引起嗎啡止痛效果的減弱。另外，他們表示更大劑量的維生素C，依照劑量多寡而定，會產生更大的抑制作用。

菸鹼，或尼古丁（Nicotine），是非常有毒的物質，由於在香煙中的存在而眾所周知。然而，尼古丁還可用做**殺蟲劑**和**殺寄生蟲劑**。

田村（Tamura）等人（1969）研究尼古丁對小鼠的毒性。他們能顯示每公斤體重400毫克劑量的維生素C，有助於保護小鼠免受尼古丁溶液注射的致命影響。

哈利米（Halimi）和曼朗（Mimran）（2000）探討維生素C在抽菸的自願受試者對尼古丁中毒的影響。即使只給予了小劑量的維生素C（約200毫克），也能夠阻止尼古丁造成的環式鳥漂呤磷酸（cyclic GMP）的降低。環式鳥漂呤磷酸在所有細胞中，對調節正常細胞功能是一種重要的物質，而且氧化壓力的增加似乎也會降低其含量。

對於懷孕的大鼠，馬瑞茲（Maritz）（1993）能夠顯示，小劑量的維生素C（每公斤重1毫克）阻止了母體尼古丁的曝露，包括幾個新

生兒**肺**部之化學物質的毒性作用。馬瑞茲也指出，**尼古丁的毒性作用，使母親肺部中的維生素C含量減少了76%。**

　　硝酸鹽（Nitrates）和**亞硝酸鹽**（nitrites），以及與它們相關的化合物，當攝取到**夠大的量時**，可以有**明顯的毒性**。加西亞－羅氏（Garcia-Roche）等人（1987）在大鼠身上顯示，每日劑量的維生素C，反映在幾項肝臟的實驗室化驗以及肝臟的顯微鏡檢查，都對硝酸鹽和亞硝酸鹽在**肝臟**的毒性作用，呈現出明顯的保護效果。

　　當身體對於治療心臟病所用的硝酸鹽化合物建立起耐受性後，已知會出現硝酸鹽效果的降低。這種耐受性似乎至少有部分是源自於氧化劑壓力（oxidant stress）的增強，加上**硝酸鹽引起的血管舒張功能受損，**而血管舒張可以促進血液循環。芬克（Fink）等人（1999）在狗身上發現到，維生素C能抑制這個硝酸鹽引起的氧化劑壓力，減輕硝酸鹽耐受性的臨床表現。

　　維生素C對硝酸鹽和亞硝酸鹽的影響，在**胃癌**的研究中也可以看到。有利於發展成胃癌的原因之一，是飲食中存在過量的硝酸鹽和亞硝酸鹽，它們會產生**亞硝基胺**（nitrosamine）這個致癌物。卡明斯（1978）、施梅爾（Schmahl）和艾森布蘭德（Eisenbrand）（1982）、大島（Ohshima）和巴爾奇（Bartsch）（1984）以及巴爾奇（1991）指出，在胃裡把硝酸鹽和亞硝酸鹽轉換成亞硝基胺和其它致癌的氮－亞硝基化合物這一反應，可以被維生素C所抑制。福曼（1991）另外還注意到，吃**水果**和**蔬菜**的保護效果，很大程度上有可能是因為增加了膳食的維生素C。塞拉（Sierra）等人（1991）和斯萊瓦塔納庫（Srivatanakul）等人（1991）也表示，人類額外的維生素C攝取，會減少尿液中檢測的亞硝基胺出現。施（Shi）等人（1991）研究**已罹患胃癌的病人，發現這類患者與正常對照組相比，尿液中有較高含量的硝酸鹽，和較低的維生素C含量。**沃克（Walker）（1990）建議要使用維生素C，來減少飲

食中的亞硝酸鹽轉化為致癌化合物。瓦夫日尼亞克（Wawrzyniak）等人（1997）可以在體外「模擬的胃內容物」證明，維生素C似乎能減少添加到系統裡可測量的亞硝酸鹽含量。

　　類似抑制硝酸鹽轉化為致癌化合物，在小鼠身上也可以得到證明。佩雷斯（Perez）等人（1990）顯示，當小鼠也餵食高劑量的硝酸鹽時，維生素C有助於阻斷氮－亞硝基化合物的形成。

　　過氧亞硝酸鹽（peroxynitrite）這個亞硝酸鹽的衍生物，似乎是一種重要的破壞組織的化合物，它使受影響的組織裡，氧化壓力大大地增加。懷特曼和哈利韋爾（Halliwell）（1996）指出，維生素C和**穀胱甘肽**這兩者，都能「有效地防止」這個化合物好幾項可測量的毒性作用。桑多瓦爾（Sandoval）等人（1997）觀察培養的人類和老鼠細胞，發現在這些培養當中，**維生素C減少了過氧亞硝酸鹽所造成的細胞死亡**。

　　柯克（Kok）（1997）假設，維生素C可防止在大腦中過氧亞硝酸鹽的形成，**而且維生素C的大腦濃度下降，可能在肌萎縮性脊髓側索硬化症（amyotrophic lateral sclerosis）的發展上扮演著一個角色（ALS，盧‧賈里格症（Lou Gehrig's disease），也稱漸凍人）**。維生素C過氧亞硝酸鹽所致腦部損傷的保護作用，也被范特索力（Vatassery）所提出（1996）。

　　范‧德‧弗里葉特（Van der vliet）（1994）已經發現，過氧亞硝酸在人體血漿中的存在，會迅速消耗掉現有的維生素C，而這項觀察，對有足夠維生素C存在時，過氧亞硝酸鹽的毒性及其代謝分解是相符合的。他們還觀察到過氧亞硝酸鹽會導致脂質過氧化，因此總結出，它可能造成抗氧化劑的整體耗損，並且造成氧化壓力和損傷的增加。博姆（Bohm）等人（1998）還觀察到，維生素C與其它抗氧化劑（維生素E、β-胡蘿蔔素）配合，在保護細胞免受過氧亞硝酸鹽的毒性上十分有效。施等人（1994）得出結論，認為維生素C可能對過氧亞硝酸鹽提供了「解毒途徑」。基爾希（Kirsch）和格魯特（Groot）（2000）觀察，維生素C

對過氧亞硝酸鹽引起的幾種不同的氧化反應，有著強力的解毒劑效果。

　　過氧亞硝酸鹽似乎對心臟有一些值得注意的毒性作用，而維生素C被觀察到是可以抵消這些毒性作用的。卡內斯（Carnes）等人（2001）證明了異常的心臟節律——**心房顫動**（atrial fibrillation），「和心房氧化壓力的增加，以及過氧亞硝酸鹽的形成有關」。他們表示，43個病人在**心臟搭橋**手術之前和之後的五天補充維生素C，**明顯降低了手術後心房顫動的發生率**。有補充維生素C的患者，手術後有**16.3%**的心房顫動發生率，而沒有補充維生素C的對照組患者，則有**34.9%**的心房顫動發生率。在大鼠的心臟，高（Gao）等人（2002a）能指出，在對部份心臟試驗性中斷血流後，維生素C和穀胱甘肽衍生物可以減少受損心臟組織的數量。作者認為，這種效應至少有部份是由於心臟組織中，有毒的過氧亞硝酸鹽的形成減少所致。

　　科學證據表明，維生素C在**阻止**硝酸鹽和亞硝酸鹽轉換成已知的毒性化合物和**致癌**能力上，是非常有效的。同時，維生素C還可用於直接減輕相關的亞硝酸鹽化合物的毒性。

　　二氧化氮（Nitrogen dioxide）是一種主要對**肺部**有毒的氣體。一旦進入呼吸道，它會在局部轉換為**硝酸**和**亞硝酸**，並對它們所接觸的細胞施加直接的毒性作用。人體會接觸到二氧化氮，常是發生在**電弧焊接工、消防員**，和那些工作中會接近**爆炸物**的人。此外，二氧化氮也可以產生自農作物**厭氧發酵**作用的副產品。

　　涂（Tu）等人（1995）研究二氧化氮對體外培養之人類**血管細胞的直接毒性**。他們發現，維生素C在保護細胞免受這些毒性的影響上，具有重要的作用。此外，他們也發現，**穀胱甘肽**在提供這種保護作用上，**與維生素C**一起配合，非常地有效。庫尼（Cooney）等人（1986）表示，維生素C和穀胱甘肽能夠藉由與另一種化合物——嗎啡的化學反應，去抑制二氧化氮形成致癌化合物的能力。宮西（Miyanishi）等人

（1996）也表明，維生素C可減輕二氧化氮對小鼠的致突變（導致突變）作用。

根據其作為一種毒素的特性，哈利韋爾等人（1992）顯示，二氧化氮會迅速消耗掉人體血漿中的維生素C含量。與此類似的報告是萊昂（Leung）和莫羅（Morrow）（1981）表明，曝露於二氧化氮中，大大降低了天竺鼠**肺部**的維生素C濃度。從哈奇等人（1986）的研究當中也暗示維生素C對二氧化氮之解毒的重要性。這些研究人員均指出，天竺鼠因維生素C的缺乏而使二氧化氮對肺部的毒性提高。博姆等人（1998）表示，維生素C、維生素E和 β-胡蘿蔔素全都會一起協力作用來防禦二氧化氮的毒性。

黃麴毒素（Ochratoxin）是一種**黴菌毒素**（mycotoxin），來自黴菌的毒素。黃麴毒素沒有已知的商業用途，但它使用在實驗上，可以**導致癌症**，並引起**基因損傷**。它是一種天然產生的黴菌毒素，以一種污染物被發現存在於**玉米、花生**、儲存的**穀物、棉籽、動物飼料**和**腐爛的植物裡**。普福爾−萊茲科維克茲（Pfohl-Leszkowicz）（1994）顯示，維生素C能減少大鼠腎臟與肝臟中被黃麴毒素所誘發的腫瘤。格羅斯（Grosse）等人（1997）也在暴露於黃麴毒素的小鼠腎臟中，展現了這種維生素C的抗癌效果。馬夸特（Marquardt）和弗羅利希（Frohlich）（1992）則顯示，維生素C可以減輕黃麴毒素在蛋雞的毒性。

拉因圖拉（Rahimtula）等人（1988）在大鼠和小雞兩種動物都顯示出，黃麴毒素增強了脂質過氧化以及氧化壓力，暗示著這個作用就是黃麴毒素毒性的原因。赫勒爾（Hoehler）和馬夸特（1996）也在小雞身上證明了黃麴毒素會增加脂質過氧化。他們表示，雖然小劑量的維生素C沒有效果，但是維生素E卻能減少這種增加。

博斯和辛哈（1994）則是在小鼠身上顯示，相對較低的維生素C劑量，在減少黃麴毒素導致的**精子異常**上，是相當有效果的。

氧氟沙星（Ofloxacin）是一種**抗生素**，在細小裸藻（Euglena gracilis）這個微生物上會觀察到引起突變。埃布林格（Ebringer）等人（1996）指出，維生素C能「顯著降低」這種氧氟沙星的「**基因毒性**作用」。

　　臭氧（Ozone）是種氣體，也是種在吸入夠高濃度時，會破壞**肺部**的強效氧化劑。眼角膜也可能成為其氧化作用的標的。韋伯（Weber）等人（1999），小鼠急性暴露在臭氧中，會降低外層皮膚的維生素C濃度，這「提供了臭氧對於外層皮膚引發氧化壓力的進一步證據」，同時也證明了在毒素存在下典型的維生素C消耗。

　　卡里（Kari）等人（1997）在大鼠肺部顯示出，對臭氧所致毒性的保護作用，「有一部份是透過增加肺部表面浸潤液體裡的抗壞血酸而調節的」。維斯特（Wiester）等人（1996）發現，用來沖洗已適應臭氧的大鼠肺部的液體中，維生素C的含量升高了。他們還發現，這個改變的程度，和沖洗液中所含的維生素C濃度有關。

　　柯達凡第（Kodavanti）等人（1995,1995a）聲稱，天竺鼠的維生素C若缺乏的話，肺部所見的急性臭氧毒性將會增強。而當人類受試者暴露在吸入性臭氧裡，穆德威（Mudway）等人（1996）發現，**吸入的臭氧越大量，消耗的維生素C就會越多**。這些研究人員也表示，臭氧的毒性作用使維生素C的消耗，比穀胱甘肽的消耗還迅速。庫拉金（Kratzing）和威利斯（Willis）（1980）也能證明，臭氧的暴露降低了小鼠肺部的維生素C含量。

　　市籟（Ichinose）和莎凱（Sagai）（1989）發現，天竺鼠在臭氧和二氧化氮的長期合併暴露下，將導致氧化壓力的大幅度增加，這可從脂質過氧化物的增加來判斷。此外，在天竺鼠的模型中，伊登（Yeadon）和佩恩（Payne）（1989）也顯示，維生素C可以防止臭氧誘發**支氣管**的過度反應。在另一個實驗系統，科托維奧（Cotovio）等人（2001）能

證明，培養的人類**皮膚細胞**，由於暴露在臭氧下而使氧化壓力提高。他們還發現，維生素C對防止臭氧引起的細胞氧化性損傷是有效的。認知到這個臭氧所造成的氧化壓力升高，曼佐（Menzel）（1994）建議要定期補充維生素C和維生素E，並且還說，**這樣的補充對於保護兒童的肺部發展尤其重要。**

維生素C在植物身上，也展現了對諸如臭氧暴露所誘發的氧化壓力，可能是個防護劑。白天樹葉中的維生素C含量被發現會有波動，在環境臭氧暴露最多的時候，顯示出最高的含量，而這便代表一個可能的適應性反應。

巴拉刈（Paraquat）主要用做**除草劑**。巴拉刈除了能夠誘發變性血紅素血症之外，也會對**肝臟、腎臟**和**肺**部造成傷害。施瓦茨曼（Schvartsman）等人（1984）能證明維生素C可以延緩死亡，甚至還能使給予致命劑量巴拉刈的大鼠存活率些微上升。相似地報告中，馬特科維奇（Matkovics）等人（1980）能夠顯示，維生素C改善了暴露於巴拉刈的小鼠之存活。洪（Hong）等人（2002）認為，注射維生素C對維持巴拉刈中毒者血液裡足夠高的整體抗氧化狀態，以加快他們的恢復，是非常重要的。

以巴拉刈作為一種毒素的角色相符的報告，南方（Minakata）等人（1993）可以呈現，人類血清中存在的巴拉刈，很明顯地加速血清中現有維生素C的破壞（利用）。

卡佩萊蒂（Cappelletti）等人（1998）觀察在體外培養的人類肺細胞，維生素C和N-乙醯半胱氨酸這兩種強效的抗氧化劑，對於巴拉刈毒性的保護作用。他們發現到，這兩種抗氧化劑減少了巴拉刈對這些細胞造成的死亡。

另一個有關維生素C處理巴拉刈毒性所具有的重要性的例子，是來自南方等人（1996），他們研究無法合成維生素C的突變異種大鼠。這

個突變種在給予巴拉刈後，很容易出現毒性，而正常的大鼠在給予巴拉刈後，就像沒給過的正常大鼠一樣。這個實驗裡的主要差異，在於大鼠回應毒性壓力時，製造維生素C的能力。

感覺上，巴拉刈也會造成重大的氧化性傷害。維斯馬拉（Vismara）等人（2001）表示，維生素C能夠「**大大減少**」巴拉刈對青蛙胚胎的氧化損傷的毒性。

維生素C在治療巴拉刈中毒上的另一個潛在好處，來自藤本（Fujimoto）等人（1989）的研究。他們從兔子腎臟的標本，顯示維生素C對巴拉刈的累積，具有取決於劑量的抑制作用。作者認為，這種效應也支持著維生素C作為巴拉刈毒性之解藥的選擇。

苯環利定（Phencyclidine）是會**導致幻覺**的**麻醉劑**，俗稱PCP或**天使塵**。它是一種被濫用的**街頭藥物**，最常經由**吸食**而非口服，來讓使用者對這種藥物得到更好的效果。拉波爾特（Rappolt）等人（1979）描述了天使塵輕度、中度或重度過量的影響。重度過量通常是經由口服，而輕度過量則通常為煙吸方式。在所有三階段的天使塵過量，作者都使用維生素C作為成功治療計畫的一部分。在中度與重度過量，作者的建議是靜脈注射維生素C。

維生素C對天使塵中毒的正面效果，一部份和尿液的酸化而加速天使塵自尿中排泄有關（拉波爾特等人,1979a；漢密爾頓和賈奈特,1980）。維生素C的抗壞血酸型式，是使用的藥劑之一（辛普森（Simpson）和卡雅渥（Khajawall）,1983）。事實上，疑似天使塵中毒的患者，都可以施予維生素C，以作為隨後尿液中驗出天使塵的確診（考爾（Kaul）和達維多（Davidow）,1980）。

吉安尼尼（Giannini）等人（1987）報告說，當給予天使塵中毒者維生素C時，也可當作有效的**抗精神病藥物**。他們還發現，**氟哌丁苯（haloperidol）和維生素C一起使用，比任何一種藥單獨使用的抗精神**

病效果都要更好。阿羅諾（Aronow）等人（1980）主張給天使塵中毒而昏迷的病人，**每六小時靜脈滴注2000毫克的維生素C**。儘管研究人員顯然認為，維生素C只有在促使尿液酸化對天使塵的排泄才有幫助，但是毫無疑問的，有更廣泛的解毒作用正在發生。韋爾奇（Welch）和科雷亞（Correa）（1980）報告過以每隔六小時250毫克的維生素C併入用藥，成功治療一位天使塵中毒的十一天大小嬰兒。

苯酚，或石炭酸（Phenol），是非常毒的化合物，通常由口服或皮膚吸收而中毒。由於苯酚是苯的主要代謝物，它也被稱為羥基苯（hydroxybenzene）（斯馬特和贊諾尼,1984）。先前苯被指出，至少有一部份能以維生素C來解毒。

斯哥佛佐瓦（Skvortsova）等人（1981）觀察長期暴露於苯酚的大鼠。他們研究碳水化合物和脂肪的代謝，以確定苯酚所引起的實驗室檢驗異常。結果顯示，**維生素C**以及**硫胺素（B₁）和泛酸鈣**（calcium pantothenate），能使這些苯酚造成的實驗室異常值正常化。他們建議，給暴露在苯酚的工廠工人補充這些營養素，可以「**更有效防止苯酚中毒**」。〈編審註：腸道的宿便中也經常自行產生苯酚，且為大腸癌致病的主要原因之一。〉

2-氨基-4,5-二氯苯酚這一種苯酚的衍生物，在體外對大鼠腎臟組織有直接的毒性。范倫托維克（Valentovic）等人（2002）表示，組織以**維生素C和穀胱甘肽**預先處理得以減少毒性。范倫托維克等人（1999）也提出，大鼠腎臟組織的標本以維生素C預先處理，降低了2-氨基-5-氯苯酚的毒性。洪等人（1997）研究4-氨基-2,6-二氯苯酚這個密切相關的化合物對大鼠**腎臟的毒性**。在這個實驗中，把這種毒素直接給予大鼠，其腎毒性相當明顯。維生素C對此化合物所測的毒性作用「提供了完整的防禦」，再者，作者認為，**此毒素的氧化似乎是腎毒性的主要來源**。

納焦娃（Nagyova）和金特爾（Ginter）（1995）研究了2,4-二氯苯酚在天竺鼠的毒性作用。他們發現，給有這種毒的天竺鼠低維生素C攝取，明顯降低其重要肝臟解毒酵素的活性。他們也證明，在給予毒素並加上較高劑量維生素C的天竺鼠，這種肝臟解毒酵素則不會出現降低的情形。

丁香酚或黃樟素（Eugenol）是一種用作牙科止痛的苯酚衍生物。佐藤（Satoh）等人（1998）顯示，維生素C能「**徹底清除**」溶液中的丁香酚，而且能降低丁香酚在一些培養的細胞系中的毒性。

氨基苯酚（Aminophenol）化合物也顯示對**腎臟**有毒。松（Song）等人（1999）指出，當給予小鼠氨基苯酚（p-aminophenol）時，維生素C能防止其毒性產生。洛克（Lock）等人（1993）表示，維生素C完全阻止兔子腎臟細胞懸浮液裡的4-氨基苯酚對大鼠所造成的死亡。

多氯聯苯化合物（Polychlorinated biphenyl compounds）（PCBs）是用作電氣設備的傳熱介質和絕緣體的一群物質。他們往往在**動物組織**裡累積，造成一些不同的毒性作用，包括**癌症**。

許多研究人員已證實，大鼠長期暴露於多氯聯苯的環境下，將導致維生素C的血液濃度增加，尿液的維生素C排泄增加，以及肝臟的維生素C濃度增加。這是能夠中和毒素的動物，藉由合成自己的維生素C，對應毒素的典型反應。研究人員還發現，在所測量的地方，多氯聯苯的曝露會導致血液中膽固醇的上升，而這是另一種對於有毒素例如多氯聯苯的存在，非特異性但一致性的回應（周（Chow）等人,1979；周等人,1981；堀尾（Horio）和吉田（Yoshida）,1982；堀尾等人,1983；太田（Oda）等人,1987；河合－小林（Kawai-Kobayashi）和吉田,1988；長岡（Nagaoka）,1991；派利席爾（Pelissier）,1992；普恩（Poon）等人,1994；朱（Chu）等人,1996；望月（Mochizuki）等人,2000）。藤原（Fujiwara）和栗山（Kuriyama）（1997）也指出，接受多氯聯苯試

驗後的大鼠，看到其維生素C含量升高，乃是由於預期合成增加，而不是減緩維生素C分解的機制。德沃拉克（Dvorak）（1989）在以多氯聯苯餵養的豬血液和尿液裡，發現到類似的維生素C含量上升。像大鼠一樣，**豬**面對有毒性的挑戰時，也能做出**合成維生素C**的反應。

河合－小林和吉田（1986）以及齊藤（Saito）（1990）的研究，也證實了增加的維生素C對抵消多氯聯苯的毒性是有用的。這些研究人員表示，餵食多氯聯苯的大鼠，其脂質過氧化和氧化壓力都有增加。其它的研究學者（堀尾等人,1986；鈴木（Suzuki）等人,1993；松下（Matsushita）等人,1993）研究無法製造維生素C的突變大鼠，結果發現，對於解毒多氯聯苯和其它毒素所需的幾種肝臟酵素系統，維生素C在一般性支援和最大的誘導作用上，都是必要的。

查克拉博蒂（Chakraborty）等人（1978a）也證實，這種多氯聯苯的毒性「劇烈干擾」正常大鼠肝臟細胞的顯微型態。不過這些研究人員也表明，給這些動物補充維生素C，對肝臟細胞表現在顯微鏡下因毒素引起的變化，「能發揮一定的保護效果」。

紫質（Porphyrins）在紅血球細胞的血紅素裡會被看到。一些紫質能吸收光能而產生自由基，被認為具有**光毒性**（phototoxic）。博姆等人（2001）描述了兩種類型的光毒性紫質。他們指出，**維生素C**，尤其是當結合 β-**胡蘿蔔素**和**維生素E**時，有助於防止細胞培養裡這些紫質的毒性。

醌化合物（Quinone compounds）已知具有毒性作用。瓦姆瓦卡斯（Vamvakas）等人（1992）顯示，2-溴-3-（氮-乙醯半胱氨酸-硫基）對苯二酚會造成培養的大鼠腎臟細胞的存活率下降。這個存活率的降低，是根據暴露時間和所使用毒素的濃度而定，而維生素C對此毒性作用提供了一些保護。

黎爾（Liehr）（1991）指出，**維生素C能減少倉鼠被雌激素誘發腎臟腫瘤的發生率和嚴重程度**。這個研究學者假設，雌激素被氧化成醌的代謝物，因此具有**助長腫瘤**的效果。而黎爾認為，維生素C在此系統中的抗腫瘤作用，可能是由於維生素C對形成醌代謝產物具有抑制作用。

田山（Tayama）和中川（Nakagawa）（1994）表示，苯基苯二酚（phenylhydroquinone）在體外培養的倉鼠**卵巢細胞**中所引起的**染色體缺陷**，可被**維生素C**所**抑制**。蘭伯特（Lambert）和伊斯特蒙德（Eastmond）（1994）也發現，維生素C可以「**顯著抑制**」苯基苯二酚對倉鼠**肺部細胞**所造成的染色體損傷。

銣（Rubidium）是一種稀有的金屬元素，其衍生化合物有可能會造成嚴重的健康危害。銣化合物廣泛的應用在整個工業界，包括**醫藥**、**攝影**和**電子**領域。詹森（Johnson）等人（1975）報告說，這些化合物的大量攝入，會引起急性的中毒。以大鼠為實驗，查特吉等人（1979）研究了「亞急性氯化銣中毒」的影響，針對肝、腎和腦組織中的維生素C代謝以及某些酵素之間的關聯性。雖然大鼠每天補充的維生素C劑量相當低（每公斤體重100毫克），仍然可以觀察到，對於銣的毒性所引起的「某些肝臟酵素的改變」以及「肝臟和腎臟的顯微變化」，因此具有一些保護作用。

硒（Selenium）是一種非金屬元素和**重要的礦物質**，是**穀胱甘肽過氧化酶**（glutathione peroxidase）這個重要酵素的成份。然而，**過度暴露**於硒和硒有關的化合物，也會產生**劇毒**的。西佛（Civil）和麥克唐納（McDonald）（1987）報告一個急性硒中毒的案例，是一個十五歲女孩，故意喝下400毫升標記為「每毫升含5毫克硒酸鈉」的綿羊藥劑。作者計算了她的硒酸鈉劑量，對動物來說是「最低致死劑量的數倍」。此外，還發現她的血液含量「至少」高於正常範圍的20。因此她接受

肌肉注射和口服的**維生素C**，加上二巰基丙醇（dimercaprol）這個重金屬螯合劑的治療。在事件發生後的六個月，觀察到她的狀況很好。

在大鼠的研究，史文貝力（Svirbely）（1938）指出，儘管大鼠有能力製造維生素C，硒中毒還是降低了體內維生素C的含量。很明顯的，這個研究中的劑量夠大，足以壓過大鼠肝臟對於毒性攻擊的代償。史文貝力還注意到，這些**動物硒（硒化合物）的含量，會因維生素C的補充而減少。**

在大鼠胚胎的培養加入足夠多的**硒酸鈉**，會引起先天性畸形。宇佐美（Usami）等人（1999）能表示，維生素C可以減少這種畸形的發生率。作者的結論是，氧化－還原的狀態對於硒所引起的先天性缺陷之發展，有非常重要的相關。

寺田（Terada）等人（1997）表示，另一種硒化合物亞硒酸（selenious acid），在內襯血管細胞的培養中可以誘發出重大損害。但當維生素C跟著亞硒酸一起給予，則會觀察到這種損害降低了。

希爾（Hill）（1979）發現，高劑量的硒能令小雞的生長明顯遲緩。希爾也注意到，增加飼料中的維生素C，能減少這種生長遲緩。

雅克－西瓦（Jacques-Silva）等人（2001）在小鼠身上發現到，二苯基二硒化物（diphenyl diselenide）降低了血液中血紅素的含量。他們指出，當給小鼠這種形式的硒時，也同時給維生素C，小鼠的血紅素含量「明顯更高」。小鼠其肝臟的維生素C含量也增加了，這與毒素的存在一致。此外，這些研究人員表示，維生素C能「顯著降低」接受二苯基二硒化物的大鼠，其肝臟和大腦中硒的沉積。他們認為，他們的研究結果代表「維生素C對有機硒化物中毒，可能有一定的保護作用」。

現有文獻證明硒中毒的個案，使用維生素C當作其中一種治療藥劑，是有其道理的。

鍶（Strontium）是一種金屬元素。雖然不是特別有毒，但是當服

用過量時，它可以取代骨頭中的鈣，最後降低了骨頭的強度。奧爾特加（Ortega）等人（1989）在小鼠實驗系統探討了維生素C以及一些螯合劑。把鍶注射到小鼠的腹部以後，維生素C是唯一能明顯提高鍶從糞便排泄的解毒藥。此外，他們還發現，對於降低各種組織裡鍶的濃度，維生素C是最有效的螯合劑之一。

磺胺類藥物（Sulfa drugs）是**抗菌化合物**，大部份已經被更有效、也更不具毒性的抗生素所取代。施羅普（Schropp）（1943）報告了磺胺吡啶（sulfapyridine）對一個五歲男孩可能的有毒副作用。這男孩的X光片證實為**肺炎**。在他接受第一劑磺胺吡啶的八小時後，出現了發熱性皰疹，而且牙齦變得又紅又腫，很容易出血。**牙齦**的惡化和壞血病患者的牙齦相符合。小男孩的磺胺吡啶沒有停用，但之後的每一劑磺胺吡啶，都會同時給予僅僅50毫克的維生素C。據施羅普聲稱，這個臨床結果「令人震驚」。第一劑的維生素C給完10小時後，**男孩口腔和牙齦的疼痛消失得無影無蹤**，舌頭腫脹也消除。這個情況的一種解釋是，在一個因嚴重感染而將維生素C消耗殆盡的身體裡，磺胺吡啶的毒性又進一步消耗掉維生素C。然而，小劑量的維生素C卻對緩解壞血病的急性表現非常的有效。

麥考密克（1945）注意到磺胺類藥物常伴有毒性作用。麥考密克報告了一例成功以維生素C治療的「磺胺中毒」。病人是「中年女性」，整個身體和「黏膜」都起疹子。這是因為手痛而擦了「磺胺軟膏」後發生的。她的尿液顯示「**明顯的維生素C缺乏症（C-avitaminosis）**」，於是接受了每天500毫克的維生素C為期一週，因而有了「**迅速順利的復原**」。麥考密克作出很有見地的觀察：對一個藥劑比如磺胺類藥物的敏感性、過敏或特異反應（idiosyncrasy），實際上很可能是嚴重維生素C缺乏症的急性表現。這個缺乏可能會因感染的代謝需求，以及藥物消耗維生素C的毒性作用而提前發生。麥考密克建議，每當發現維生素C

的含量降低，這應該是所有急性感染會有的情況，則**不管正在給予病人任何形式的「化療」或「效療」，都應該將維生素C包含在治療內。**

　　蘭道爾（Landauer）和梭佛（Sopher）（1970）報告了雞胚胎中維生素C對磺胺毒性的影響。單獨把**磺胺**注射到受精卵內，會**明顯增加出生的缺陷**。當把**維生素C**添加到磺胺時，這些作者也注意到，「非常正常的胚胎出現的機率大大提高了」。

　　四環黴素（Tetracycline）是一種**抗生素**，能夠對**腎臟**形成傷害。波利克（Polec）等人（1971）研究在大鼠和狗靜脈注射四環黴素所引起的腎臟損傷。他們發現，**維生素C的注射能預防這種損傷**。而且他們還指出，在注射四環黴素之前的五到十分鐘就施打維生素C，其保護效果比注射順序相反的時候還有效得多。

　　鉈（Thallium）是一種金屬元素，具有有毒的鹽類。鉈的毒性特點是各種**神經**和**精神症狀**，而且還會導致**肝臟**和**腎臟**的傷害。阿本羅斯（Appenroth）和溫內費爾德（Winnefeld）（1998）表示，維生素C對鉈在大鼠的腎臟毒性具有保護作用，即便在腎臟中的金屬濃度並未受影響。

　　硫代乙醯胺（Thioacetamide）是一個已知的**肝臟毒素**和**致癌物**。孫等人（2000）顯示，當大鼠暴露在硫代乙醯胺時，對肝臟的傷害還會伴隨氧化壓力增加的證據。此外，肝臟的**維生素C**和**維生素E**的濃度，也會大幅降低。這個證據就跟在許多其它毒素所見到的情形一樣，而且也暗示著，施打維生素C可能會減少硫代乙醯胺所造成的損害。

　　丙戊酸（Valproic acid）是一種用來治療**癲癇**的藥物。已知它會導致藥物引起的**肝炎**，這有時會造成**肝衰竭**和**死亡**。在大鼠肝細胞的培

養，尤利馬－羅密（Jurima-Romet）（1996）證實了丙戊酸和其代謝產物有著「取決於劑量的細胞毒性」，這可由**乳酸脫氫酶（LDH）**這個肝臟中找到的酵素並發現其含量上升，來得到印證。維生素C和維生素E能於丙戊酸代謝產物引起的細胞損傷，表現出具有保護作用。

毒蕈中毒

即使在今天，致命的中毒仍持續在發生，例如蘑菇在野外被錯認而吃下肚。吃了有毒的品種，是會引發惡性又嚴重的中毒。**毒鵝膏**（Amanita phalloides），也被稱為「**死帽蕈（death cap）**」，是特別有毒的蘑菇種類，一般會在**24小時後**造成**心臟、肝臟**及**腎臟**細胞**不可逆轉的傷害**。這類型的中毒，死亡的可能性從**50%**到**90%**。吃下這些蘑菇會導致多種毒素的傷害（福爾施蒂希（Faulstich）和魏蘭德（Wieland），1996），而只要吃了小至四分之一大小的蘑菇傘，約20克，通常就足以致命。

萊恩（Laing）（1984）報告過一個因蘑菇中毒而成功的治療計畫。這個治療方案包含每天給予3000毫克靜脈注射的維生素C，加上硝呋齊特（nifuroxazide）和雙氫鏈黴素（dihydrostreptomycin），一共三天。萊恩指出，有一位巴斯蒂安（Bastien）博士，在1950年代就已經發現這個方法，到1969年為止成功地治療了15個病例。萊恩還評論，巴斯蒂安博士曾兩次當眾吃下很容易致命之劑量的蘑菇（約70克），只為了給自己治療，並示範它令人難以置信的效果。萊恩聲稱，這種方法在法國成了一些醫學中心的治療選擇。

> 巴斯蒂安博士曾兩次當眾吃下很容易致命之劑量的蘑菇，只為了給自己治療，並示範3000毫克靜脈注射的維生素C，令人難以置信的效果。

另一種有效的抗氧化劑是 α-硫辛酸（alpha lipoic acid），也已被證明對加速蘑菇中毒的復原非常有效。伯克森（Berkson）（1979）報告了六例蘑菇中毒導致肝臟損傷的成功治療。還有一種有效的抗氧化劑是**氮-乙醯半胱氨酸**（N-acetyl cysteine），也被證明在蘑菇中毒的治療上非常有效。蒙塔尼尼（Montanini）等人（1999）報告了在他們的加護病房裡治療的11例患者。有十例成功恢復，而有一個已罹患肝病的病人需要肝臟移植。

目前，在毒蕈中毒一致又有效的逆轉上，維生素C和其它抗氧化劑所應當扮演的重要角色，仍未獲取正式的承認。和很多其它情形一樣，相對較小劑量的維生素C通常被使用於這種情況，即使前面提到萊恩的研究還是證明那樣的劑量可以是非常有效的。

再一次，使用克萊納大小之劑量的維生素C來治療蘑菇中毒，文獻中並沒有找到這樣的研究。就像很多其它疾病，有充分的理由相信，要逆轉這種情況，如果使用這樣的劑量，會有更高比例的個案，能恢復得更完全。如本書涵蓋的許多其它情況，目前作者們所報告的蘑菇中毒治療，甚至都沒有報告或是指出維生素C的作用，只是否認抗氧化劑，比如 α-硫辛酸的效果，而且沒有更進一步的解釋（古索（Gussow），2000；康氏現行治療（Conn's Current Therapy），2001）。

在美國和世界上許多其他地區，毒蕈中毒仍經常在成人和許多兒童之間造成不必要的死亡。考慮到蘑菇中毒毫不留情和漸進式的特點，任何的記載或是臨床上有效的可能性，都應該把所有療法列入治療計畫內。

六種殺蟲劑（農藥）

農藥是用於刻意去毒害齧齒類動物、昆蟲、某些植物和一些不受歡迎的真菌之物質。農藥有很多不同化學結構，但是它們通常都很容易因

維生素C的中和而失效。維生素C也往往很容易能修復許多因農藥造成的損害。後面將明白解釋，很多農藥一般會在體內造成重大破壞，是因為透過**脂質過氧化**作用、**自由基與氧化壓力的增加**。正如之前提到過的，處理氧化壓力的增加，是只要有足夠的維生素C就很容易達到的一項工作。

克萊納（1971）曾報告三個年輕男孩，他們嚴重曝露在噴灑農藥飛機的農藥噴霧之中。最小的七歲男孩，因為有較大男孩的掩護，只接觸到一點點農藥。最大的十二歲男孩接受了克萊納的治療，每八個小時用50cc注射器給予10000毫克的維生素C。這個孩子在**住院第二天就回家了**。另一個孩子則**沒有接受任何維生素C的治療**，只接受「支持性療法」。於是這孩子出現**化學性燒傷**和**皮膚炎**，而且在住院的第五天死亡。這樣的臨床反應非常符合以下關於維生素C與各類殺蟲劑解毒的各種資料。所討論的每個農藥在首次提到時都會以斜體字來標示。

甲基紫精化合物（Methylviologen compounds）例如**敵草快**（diquat）和**巴拉刈**，是會在標的植物造成過量自由基，而導致嚴重氧化壓力的除草劑。在使植物致死的過程中，它們會造成**葉綠素**的喪失，而這時維生素C能發揮阻斷效果的作用（貝利尼（Beligni）和拉馬蒂納（Lamattina），1999）。在大鼠的肝細胞發現，**敵草快也誘導了自由基致命性的增加**。但中川等人（1991）也表示，只要維持細胞維生素C的水平，這類的增加就不會發生。

硫丹殺蟲藥（Endosulfan）、**磷胺或大滅蟲**（phosphamidon）及**代森錳鋅**（mancozeb）餵食這些藥劑的小鼠，其**精子**都具顯著毒性的這三種農藥。其毒性作用包括**降低精子數量**，以及增加外觀上的異常。可汗（Khan）和辛哈（1996）指出，這個毒性作用也會因施打維生素C而降低，即使施打的最大劑量（每公斤體重40毫克）比起克萊納使用的

劑量來說，是非常低的。可汗和辛哈（1994）也能證明，在小鼠身上使用非常低的維生素C劑量，對上述三種農藥引起的**染色體異常增加**，也都能有減輕的效果。這種異常會導致**突變**，以及可能的**出生缺陷**，或者**癌症**。

有機磷農藥（Organophosphorus pesticide）的毒性通常可用維生素C治療來減輕、阻斷或修復。基坦耶力（Geetanjali）等人（1993）表示，維生素C足以保護小鼠對抗農藥**樂果**（dimethoate）在**骨髓細胞誘發的染色體異常**。〔霍達（Hoda）和辛哈（Sinha）1991,1993〕也表示，維生素C可以顯著減輕**馬拉松**（malathion）和**樂果**在小鼠身上引起的**染色體異常**，以及在果蠅（Drosophila）身上的致命性突變。巴拉松（parathion）和馬拉松是已知會延緩大鼠生長速率，並造成肝臟和腎臟組織中顯微鏡下毒性證據的兩種有機磷殺蟲劑。查克拉博蒂等人（1978）指出，暴露在那些的大鼠，維生素C對於「抵抗生長遲緩以及顯微下組織異常，是非常有效的」。霍達等人（1993）能證明，在小鼠精子細胞中，維生素C阻斷了馬拉松和樂果引起的細胞分裂速率的抑制作用。

維生素C對另一種有機磷農藥——**乙基毒死蜱**（chlorpyrifos-ethyl）（CE）的毒性之影響，也被拿來作研究。居爾泰金（Gultekin）等人（2001）探討維生素C和維生素E對乙基毒死蜱在大鼠**紅血球細胞**造成的氧化損傷，所具備的保護作用。他們發現直接給予大鼠乙基毒死蜱，會增加紅血球細胞內的脂質過氧化和抗氧化壓力，而維生素C和維生素E能減少這種毒性的表現。所給的維生素C，也是相對較低的劑量（每公斤體重200毫克）。

有機氯農藥（Organochlorine pesticide）的毒性通常可用維生素C治療來減輕、阻斷或修復。斯特里特（Street）和查德威克（1975）報告在大鼠對於肝臟解毒的酵素系統的破壞，**DDT**、**狄氏劑**（dieldrin）

和**林丹**（lindane）是「強烈的誘導劑」。此外，他們也報告了在這種有毒農藥的暴露下，會造成維生素C的形成和排泄增加，這是會製造維生素C的動物，對於毒素介入時的預期反應。作者們還發現，在缺乏維生素C的天竺鼠，這些農藥的解毒能力會減少，形成有較多量的農藥殘留物累積在組織裡。斯特里特和查德威克總結，在有效的代謝分解和解毒這些農藥上，**肝臟**的**維生素C**含量具有「核心的重要性」。

蒂瓦里（Tiwari）等人（1982）也探討在大鼠身上的林丹中毒。他們發現，給林丹中毒的大鼠分次口服補充維生素C，不僅「抵消了生長遲滯，所有進行研究的肝功能指數也都保持在近乎正常的參考值」。柯內爾（Koner）等人（1998）觀察大鼠的林丹及DDT中毒現象。結果發現，同時給予相對較小劑量的維生素C（每公斤體重100毫克），有顯著減少這些農藥導致的氧化壓力，或在紅血球細胞中抑制免疫系統的能力。

記載維生素C對預防、減少或修復農藥所致毒性損傷的有效性，還有一些額外研究是來自於以下作者：

1. 維爾馬（Verma）等人（1982）：馬拉松和二甲硫吸磷（thiotox）對魚類的影響

2. 薩曼塔（Samanta）等人（1999）；薩胡（Sahoo）等人（2000）：六氯化苯（hexachlorocyclohexane）對大鼠的影響

3. 查特吉等人（1981）：氯丹（chlordane）對大鼠的影響

4. 阿格拉瓦爾（Agrawal）等人（1987）：艾氏劑（aldrin）對魚類的影響

5. 班迪歐帕德耶（Bandyopadhyay）等人（1982）：狄氏劑對大鼠的影響

6. 哈桑（Hassan）等人（1991）：異狄氏劑（endrin）對大鼠的影響

7. 拉吉尼（Rajini）和克里希納庫瑪利（Krishnakumari）（1985）：亞特松（pirimiphos-methyl）對大鼠的影響

8. 瑞姆（Ram）和辛格（Singh）（1988）：加保扶或克百威（carbofuran）對魚類的影響

9. 葛巴柯錫克（Grabarczyk）等人（1991）：氯苯嘧啶醇（fenarimol）對人類白血球細胞的影響

10. 瓦格斯塔夫（Wagstaff）和斯特里特（1971）：狄氏劑、DDT和林丹對天竺鼠的影響

整體來說，農藥是一群化學結構不同的化合物，它們在足夠大的劑量下，對大多數動物和其它生物系統都會出現明顯的毒性。看來，農藥的毒性很大程度是來自於**誘發了氧化壓力**，有細胞內和細胞外**自由基含量的增加**，以及脂質過氧化增加的實驗室證據。

這種毒性機制，很適合用像維生素C這種強效並分佈廣泛的抗氧化劑去治療。而且，維生素C對於用來消除農藥和許多其它毒素的肝臟解毒酵素途徑，在其誘導和效力上，有著無與倫比的重要性（和斯特里特，（1971）；贊諾尼,1972）。

幾乎所有認定維生素C在農藥的解毒上有侷限性或沒有價值的研究，都是使用極低劑量的維生素C。遇到臨床上瀕死的急性中毒情況，克萊納（1971）會由靜脈施予高達每公斤體重1200毫克的維生素C。對一個200磅重的人來說，這相當於超過100000毫克的維生素C。此外，克萊納主張，如果臨床表現沒有明顯改善，只要等一小時後，便再重複某個特定劑量。正如克萊納很喜歡提出的，無論存在於人體內的毒性為何，尤其是一次確定的（而不是正在進行的）情況，比如被蛇咬了後，病人必須有足夠的

> 遇到臨床上瀕死的急性中毒情況，克萊納（1971）會由靜脈施予高達每公斤體重1200毫克的維生素C。對一個200磅重的人來說，這相當於超過100000毫克的維生素C。

維生素 C 以使它完全失效（中和）。否則，正面的臨床反應很可能極為有限，或根本不會發生。已有這麼多的動物研究指出，對各種毒藥來說，當維生素 C 的劑量比克萊納所成功使用的還要少這麼多，就能有如此有效的解毒，這真的是很了不起。

放射線（輻射）

用其它討論的毒素從意義上看，輻射線並不是實物，但它卻是**非常毒**的東西，有著很清楚而明顯的毒性作用。就像其它討論過的毒素一樣，證據清楚地表明，維生素 C 有助於**防止輻射造成的傷害**，並修復**先前輻射暴露所引起的損傷**。在這裡所要提出的輻射之特定類型，是「游離輻射」，這要跟「非游離輻射」做一個區別。非游離類型包括光、無線電波和雷達波的輻射。這種輻射通常被認為是無害的，因為這種輻射的影響並不明顯且以現有的技術馬上就能加以測量。另一方面，游離輻射會產生破壞性影響，通常從大量的自由基來衡量，包括氧化壓力和立即細胞損傷的其它指標。典型游離輻射的例子，包括 X 射線、γ 射線，以及來自中子、電子、質子或介子的粒子**轟擊**（particle bombardment）。

輻射的毒性通常透過不同的方式來損害身體。輻射傷害可以導致**基因突變**，導致**癌症**，導致**先天缺陷**的增加。此外，重大的游離輻射暴露，很容易抑制**骨髓**製造。所有的組織都會受到影響，而相關症狀通常與受影響組織中，自由基及氧化壓力大量上升的影響相互一致。而像維生素 C 這樣有效的抗氧化劑，就非常適合用於應付重大輻射曝露所釋放出來的大量氧化壓力的攻擊。

阿拉－凱托拉（Ala-Ketola）等人（1974）研究，維生素 C 是否可以預防全身游離輻射所造成的死亡。這些研究人員發現，給予**伽瑪輻射暴露**後的大鼠相對較小劑量的維生素 C，其存活率有顯著的增加。從輻射照射前一週到輻射照射後一個月，每天給予每公斤體重僅 80 毫克的維

生素 C 劑量。治療組的二十五隻大鼠只有一隻死亡，而對照組的二十五隻則有九隻死亡。看來越大劑量的維生素 C 會產生越戲劇化的結果，似乎也是合理的，**特別是如果輻射劑量提高到一個沒有維生素 C 介入下，就可預期 100% 的老鼠將全數死亡的程度。**

克萊納（1974）斷言維生素 C 會「**防止輻射灼傷**」。此外，在解決癌症病人放射治療的問題上，克萊納還宣稱，「大量使用維生素 C，將使晚期的案例有可能進行長期的**放射治療**」。布魯門索（Blumenthal）等人（2000）從小鼠發現到，維生素 C、維生素 E 和維生素 A 能夠減少癌症治療使用的放射免疫療法在「正常」組織所造成的毒性。具體來說，抗氧化劑的組合使用，大大地減少了游離輻射對骨髓的傷害。抗氧化劑也提高了游離輻射的所謂「最大耐受劑量」。歐肯尼夫（Okunieff）（1991）研究小鼠癌細胞，並找到證據指出，給予足量維生素 C 後，「給癌症病人的輻射劑量得以提高，雖會因此增加急性併發症，但腫瘤控制的可能性卻能有預期的增加」。

甘迺迪（Kennedy）等人（2001）近來發現，**維生素 C 和維生素 E 能成功的治療骨盆腔部位的癌症**，在作完放射治療療程後，放射線造成的**慢性直腸炎**的症狀。像是**出血、腹瀉和疼痛**這些症狀，都能獲得改善，而且在 20 名患者裡有七個報告說「回復正常」。一年後接受訪談的十個病人，全都「回報說他們的症狀有持續改善」。很明顯，是使用相當小的維生素 C 劑量取得了這個正面的結果（每次 500 毫克，一天三次）。克雷奇施馬爾（Kretzschmar）和埃利斯（Ellis）（1974）評論接受放射治療的患者，斷言「每日足夠劑量的抗壞血酸，不管是靜脈給予或口服，都可以防止或盡可能**減少白血球細胞在曝露於 X 光後的下降**」。他們進一步指出，維生素 C 治療「對於患者的一般狀況也有明顯改善，而 X 光線病（X-ray sickness）則非常輕微，或完全沒有」。

正如其它的毒素，游離輻射會輕易消耗掉維生素 C 的量，因為任何輻射傷害產生的**自由基負載**，很容易增加現存維生素 C 的代謝分解。雪

弗恩（Chevion）等人（1999）表示，進行**骨髓移植**前，所給予用來摧毀病人骨髓的全身照射，會「造成抗氧化能力的明顯下降，及氧化劑壓力的過度增加」。穆昆丹（Mukundan）等人（1999）研究接受放射治療的**子宮內膜癌**病人。他們發現另一種支援維生素C生理作用的重要抗氧化劑——**穀胱甘肽**，在血漿和紅血球細胞中的含量，相較於正常的對照組婦女，所有放射治療的病人都比較低。史匹里薛夫（Spirichev）等人（1994）針對俄羅斯車諾比（Chernobyl）核電站的工作人員，以及在附近一個城市的學齡前兒童，檢驗了他們維生素和微量元素的狀態。雖然**車諾比**核反應爐的爆炸是發生在1986年，作者卻發現，他們所檢查的人裡，大多數仍有**維生素C、葉酸和維生素 B₁、B₂ 及 B₆ 的嚴重缺乏**。這些缺乏就代表著，因殘留輻射效應而來的維生素C和其它營養素，加速分解可能都還在進行中。梅垣（Umegaki）等人（1995）表示，小鼠接受全身X光照射，顯著降低了骨髓中的維生素C含量。骨髓由於迅速增殖的細胞，一直都對於輻射的毒性作用特別敏感。

小山（Koyama）等人（1998）能夠在培養的輻射照射細胞中顯示，在照射之前給予維生素C，可以減輕自由基負載。此外，在照射之後給予維生素C，仍然能有效地減少自由基的負載。最後，這些研究人員表示，在照射後20小時才給予維生素C，依然能夠減少人類細胞研究當中的突變頻率。

薩爾馬（Sarma）和克沙凡（Kesavan）（1993）可以證明，維生素C和維生素E都能夠減少暴露於全身**伽瑪刀**照射的小鼠，其**骨髓染色體損傷**的數量。此外，這些研究人員也表示，這兩種維生素，在照射後兩小時給予所提供的保護作用，和在照射之前給予是一樣多的。寇諾帕卡（Konopacka）等人（1998）也能得到類似的結果，他們是給小鼠**維生素C、維生素E和 β-胡蘿蔔素**的抗氧化劑組合，來減輕伽瑪射線引起的染色體損傷。福緬科（Fomenko）等人（1997）則發現，含有維生素C、維生素E和 β-胡蘿蔔素的抗氧化劑混合物，「可靠地降低」曝

露於 X 光的小鼠骨髓細胞染色體損傷的證據。他們還表示，這種抗氧化劑混合物「明顯降低」小鼠脾臟細胞在長期照射後的突變率。

　　納拉（Narra）等人（1993）已研究過，故意暴露於放射性物質後，維生素 C 可能防止毒性發生的能力。有時拿來治療**甲狀腺功能亢進**的一個碘的放射性形式，即碘 131 放射性核種，連同維生素 C 一起注射到小鼠身上。作者去觀察它對小鼠精子細胞的影響，發現維生素 C 的加入，很明顯增加了這些細胞的存活。作者認為，維生素 C 可用來防止意外曝露或醫療上刻意照射的輻射傷害，「尤其當放射性核種是併入體內，並以長期的方式來給予其劑量」。

> 維生素 C 可用來防止意外曝露或醫療上刻意照射的輻射傷害。

　　如上文引述顯示維生素 C 對輻射所導致染色體損傷具有保護能力的資料所預期的，許多研究也都指出，維生素 C 可以防止輻射引起的 DNA 損傷以及升高的癌症機率。寇諾帕卡和瑞佐斯卡－沃爾尼（Rzeszowska-Wolny）（2001）表示，**維生素 C、維生素 E 和 β-胡蘿蔔素**的組合，降低了對培養的人類**淋巴細胞的 DNA 損傷**。當維生素在輻射照射前及照射後被添加到細胞裡，這種效果都能觀察的到。李亞布琴科（Riabchenko）等人（1996）表示，這相同組合的抗氧化劑，可以增加被輻照小鼠脾臟中「DNA 修復的效率」。安川（Yasukawa）等人（1989）也能夠證明，維生素 C 能明顯抑制培養的小鼠細胞被 X 光誘發，**轉變為癌細胞**。作者認為，他們的資料「作為輻射致癌的化療預防指南，是有幫助的」。

　　游離輻射也被報告出，會減少完整的血管所製造的前列環素（prostacyclin）。前列環素是已知最強的**血小板凝集抑制劑**（抗凝血劑），而血小板的凝集通常會啟動凝血。前列環素對血管壁肌肉也有放鬆效果（血管舒張），而這往往讓血管維持在較為擴張的狀態。艾鐸爾

（Eldor）等人（1987）發現，維生素C能**提高**輻照的牛之內皮細胞（內襯於血管壁上的細胞）製造前列環素的能力。翁（On）等人（2001）還觀察了輻射線照射對大鼠**主動脈內皮細胞**的破壞性影響。他們發現，以維生素C預先處理，可以防止輻射阻斷血管舒張的能力。

夏皮羅（Shapiro）等人（1965）探討維生素C保護濃縮於溶液當中的重要酵素系統與防禦游離輻射的能力。他們得出的結論是，維生素C「在低濃度下可以保護高濃縮於溶液裡的酵素」。他們聲稱，維生素C由於低毒性，相當有希望作為防止輻射的保護劑。

紫外線（UV）光雖然技術上不列為游離輻射的一種形式，但也可能會導致類似的組織損傷。然而，紫外線的波長不具有強大的組織穿透力，其造成的損害很大程度上也只局限於**皮膚**或**眼睛**。維生素C似乎在減輕這類型的輻射損傷，也扮演重要的角色。

米雷萊斯－羅莎（Mireles-Rocha）等人（2002）指出，紫外線輻射的吸收是形成受損細胞產生**自由基**的原因。當曝露於過多紫外線輻射時，這些都是會曬黑的皮膚細胞。在一項對健康志願者的試驗中，作者想去探究引起皮膚發紅（曬傷的早期階段）需要的最小紫外光劑量。他們發現，口服**維生素C**和**維生素E**提供了這種形式輻射傷害的重大防護。埃伯萊因－康尼格（Eberlein-Konig）等人（1998）以雙盲、安慰劑對照的方式，進行了類似的研究。他們也發現，口服維生素C和維生素E的組合，降低自由基所導致的曬傷反應。

維生素C在動物對紫外線造成皮膚損傷的保護作用，還有人進行過類似的研究。穆瓦松（Moison）和貝捷斯博根凡西尼高文（Beijersbergen van Henegouwen）（2002）發現，局部塗敷（非口服）的維生素C和維生素E，對於豬的皮膚暴露於UVB（B型紫外光）照射所引起的脂質過氧化作用（氧化壓力或自由基）的增加，**提供了完整的保護**。小林（Kobayashi）等人（1996）檢測UVB在小鼠皮膚所引發的自由基和發炎反應的增加。他們發現，在UVB照射前注射維生素C的衍生物，很

明顯減少了一些氧化壓力增加的實驗室指標。

諾伊曼（Neumann）等人（1999）利用新的生物模型來確定紫外光的毒性，他們使用的是孵化的雞蛋裡的胚胎卵黃囊。雖然單獨的 **UVB** 會造成「**嚴重的光毒性傷害**」，維生素 C「可使 UVB 造成的傷害顯著且大幅度地降低」。有趣的是，其它抗發炎藥物也做了測試。阿司匹林（aspirin）沒有維生素 C 來得有效，而吲哚美辛（indomethacin）這個強效的消炎處方藥物，對 UVB 引起的毒性作用則根本沒有保護效果。

在細胞或培養的細菌，維生素 C 對 UVB 毒性保護效果的研究，所得到的結果跟上述的哪些也是類似的。在人類皮膚細胞，宮城（Miyai）等人（1996）觀察了一個維生素 C 的「穩定衍生物」，發現在 UVB 的照射後，此衍生物顯著地改善了細胞的存活。被殺死的細胞碎片也比較少有大的去氧核糖核酸（DNA）片段。在暴露於 UVB 的一種光合細菌裡，黑（He）和哈德（Hader）（2002）發現，維生素 C「展現出對脂質過氧化及 DNA 鏈斷裂的重大保護作用」。他們還發現，維生素 C 的存在，在輻射照射的細菌當中，導致一個「明顯較高的存活率」。

紫外線就像游離輻射一樣，也可以**引起基因損傷**，最終導致**癌症**。卓斯提（Dreosti）和麥高恩（McGown）（1992）在輻照小鼠和輻照小鼠的**脾臟細胞**（體內及體外）觀察到，以維生素 C 預先處理能顯著地減少了染色體損傷的微觀證據。丹恩（Dunham）等人（1982）研究了補充維生素 C，對於小鼠對紫外線引起的**皮膚癌**發生率有何影響。結果他們發現，維生素 C 在研究的小鼠身上，「降低惡性病變的發生率和延緩發病」，提供了「**顯著的效果**」。

雷奇格（Raziq）和加法里（Jafarey）（1987）也報告了一些研究，有關於輻射暴露後維生素 C 對天竺鼠的影響。每一隻暴露的天竺鼠每天只給 5 毫克的維生素 C。結果，維生素 C 治療的天竺鼠和對照組的天竺鼠，兩組之間並無顯著差異。這些作者在他們的討論裡承認，給天竺鼠的維生素 C 劑量，大約相當於一個 150 磅的人給予 500 毫克。當在處理

全身暴露於輻射的毒性時，這是難以置信的小劑量維生素C。

須特別注意的是，儘管在作者的討論中他們承認了維生素C劑量的微小，但他們依然對其研究毫無遲疑地下了毫不保留的總結：「因此，維生素C在輻射曝露後才給予，對於輻射作用沒有影響」（進一步強調）。不幸的是，這並不能代表一個研究資料的適當或明確概述。許多看到這樣一篇文章的人，仍然不知道維生素C對輻射毒性的真實效用，因為，搜尋文獻的人，經常只讀作者的文章摘要，他們相信作者是坦誠的，並有能力好好地總結出他們結果的。

看來，維生素C在預防和治療輻射損傷上，顯然是個有效的藥劑。治療這種情況應該都要包含維生素C，因為它無毒性的本質，以及所記載的療效。的確，馬勒席爾（Mothersill）等人（1978）宣稱，「無論詳細的機制是什麼，現有證據表明，**維生素C是一種輻射防護劑**」。更重要的是，留意上述文獻中所描述的損傷類型，是很像你在**核彈輻射微塵**，或來自核電廠外洩或暴露的污染之後，所會看到的損傷類型。基於克萊納極高劑量維生素C的研究，任何人若有重大的輻射曝露，不論原因為何，儘快靜脈注射維生素C，似乎是明智的。只有當證據表明輻射造成的自由基過量已控制住後，才能改以較低劑量的口服維生素C來長期維持。

只使用夠小的劑量，永遠都可以得到荒謬的結論，那就是維生素C對於修復輻射損傷沒有效果。

> 只使用夠小的劑量，永遠都可以得到荒謬的結論，那就是維生素C對於修復輻射損傷沒有效果。

番木鱉鹼和破傷風毒素

番木鱉鹼和**破傷風毒素**的中毒，**被歸類在同一組**，是因為它們在**中樞神經系統**中的作用模式和作用部位，**非常相像**。確實，這些物質嚴重

中毒的臨床表現很像，而且**維生素C對這兩種毒素的保護效果也類似**。

迪（Dey）（1967）在小鼠能夠證明，維生素C「**完全抵消了番木鱉鹼的痙攣和致命的作用**」。此外，迪證實維生素C的保護作用，「**直接取決於血漿中的抗壞血酸含量**」。更早以前迪（1965）已經

維生素C「完全抵消了番木鱉鹼的痙攣和致命的作用」。

表示，維生素C在體外直接中和番木鱉鹼的毒性，很可能是非常有效的。迪利用富含維生素C的檸檬汁來培養番木鱉鹼而證明了這一點。另外，迪顯示，當果汁被加熱到會使許多維生素C內容物被破壞的攝氏50度這個溫度時，解毒作用便喪失。因此迪得出了結論：維生素C「在非常高劑量下，對番木鱉鹼具有保護作用」。迪（1967）還引證了比較早期的研究，那個研究指出，在受壞血病侵犯的天竺鼠身上，番木鱉鹼的毒性明顯提高，這項觀察與已發現的維生素C中和番木鱉鹼的能力不謀而合。賈漢（Jahan）等人（1984）也能夠顯示，維生素C能顯著地降低番木鱉鹼在小雞造成類破傷風狀況的能力。

第二章中的一些細節，已經探討過維生素C中和破傷風毒素的研究。扼要的複述，克萊納（1954）討論了一個因破傷風毒素產生，而出現嚴重症狀的六歲男孩，其破傷風感染的成功治療。克萊納覺得，這個男孩的臨床病程，強烈暗指破傷風抗毒劑的毒性，妨礙了男孩的恢復，並且**需要注射維生素C來同時抵消這個毒性**。賈漢等人（1984）也可以顯示，劑量遠低於克萊納所提倡的維生素C治療，能夠拯救所有31個破傷風患者，其年齡介於一歲到十二歲。只不過，年紀大一點的孩子，對於**破傷風感染**和**毒素**的致命影響，顯示出比較少的保護效果，這是因為，同樣固定劑量的維生素C，在比較大的身體裡顯示出的影響較小。

迪（1966）研究了在兩倍已知最小致命劑量的破傷風毒素下，維生素C保護大鼠的能力。迪能夠清楚地證明，可以給予足夠的維生素C去

完全消除原本會致命劑量的破傷風毒素。這並沒有破傷風抗毒劑的協助，而**破傷風抗毒劑也會有它本身的重大毒性。**

永恩布拉特（1937）表示，在試管中，維生素C也可以中和破傷風毒素。總括來說，整理出來的臨床及實驗室研究結果，非常明白指向維生素C是中和破傷風毒素之毒性作用的最佳藥物。而雖然維生素C和番木鱉鹼交互作用的研究比較少，看來維生素C也一樣可能是中和這種毒素的最佳藥物。

九種毒性元素

水銀（汞）（Mercury）有三種主要的化學形式，全部都對人體有毒。水銀可以用**非結合**的元素形式存在，作為一種無機汞鹽類，以及一種有機汞化合物。**汞中毒**，特別是當**輕度**和**慢性**的中毒時，在人體會引起廣泛的臨床發現。而事實上，因為這些觀測的發現通常是如此細微，特異性也不夠，因此很少會考慮慢性汞中毒的這個診斷。這些臨床觀察結果，包括**失眠、緊張、震顫、判斷力**和**協調力**不佳、**清晰度和有效率思考能力降低、情緒不穩、頭痛、疲倦、喪失性欲**和**憂鬱**，往往用過度想像的結果來一筆帶過。低程度的汞暴露，通常是源自於**牙齒汞合金充填**的**汞不斷汽化**，隨著**咀嚼**，也會急劇增加汞蒸氣的產生。維米（Vimy）和洛謝德（Lorscheider）（1985）表示，從這種汞合金補牙所釋放的汞含量，佔有或超出了在不同國家，環境汞暴露的建議門檻限制之「主要百分比」。

另一個常見的，重要而且慢性的汞暴露，來自於**海鮮**的攝取。幾乎所有的海鮮都有一些**甲基汞**（methylmercury），這是汞特別有毒的一種形式。馬哈菲（Mahaffey）（1999）指出，**大型的肉食性魚類**有著濃度最高的汞。此外，現在已經知道，孕婦肚子裡胎兒的發育，對於母親飲食當中此種形式的汞，特別敏感。施托伊爾瓦爾德（Steuerwald）等

人（2000）指出，孕婦常吃這種海鮮，與嬰兒「**神經發育缺損的風險增加**」有關。

　　儘管已知對人類和其它動物的劇毒，水銀仍然繼續在工業應用上廣泛的使用。大量意外的工業接觸，將會導致**急性汞中毒**。不過，汞的急性和慢性暴露，都可以被維生素C有效的治療，而且通常這種中毒的傷害，人部份能夠預防或及時修復。

　　哈金斯和李維（1999）反覆觀察到，當汞合金補牙被移除時，35000到50000毫克的維生素C注射（靜脈），能夠減少，並經常能**徹底阻斷任何汞急性毒性的能力**。只不過，較低劑量（25000毫克）的維生素C輸注，偶爾也會讓一些急性汞中毒的症狀出現。在汞合金補牙的實際鑽鑿，病人的嘴巴內及嘴巴周圍，汞蒸氣會大量增加的過程中，**較高劑量的維生素C對於提供完整的保護**，似乎是必要的。當維生素C的輸注從處理牙齒之前就開始給予、牙齒處理期間持續輸注，並在牙齒治療完後繼續一段時間的使用，那麼，即使是病情最嚴重的病人，在牙科治療結束時，也經常會感覺到比剛開始治療時還要舒服。儘管面臨著額外的**急性汞暴露**，和牙科治療本身不可避免的創傷，也仍比帶著毒牙輕鬆許多。

　　從已進行的汞毒性和維生素C之重大研究來看，上述哈金斯和李維根據經驗所得的觀察，應該也不足為奇。查普曼（Chapman）和謝弗（Shaffer）（1947）探討維生素C減輕**含汞利尿劑**對狗之毒性的能力。那個時候，人類的**利尿劑**往往是以**汞**為基底的化合物，在給予這種利尿劑之後促死會突然間發生。對查普曼和謝弗來說，去評估可能可以讓這種致命反應較不會發生的解毒劑，具有重大的意義。他們發現，當時常用的含汞利尿劑之一「莫魯來」（meralluride）（商品名為汞希德林

> 當汞合金補牙被移除時，35000到50000毫克的維生素C注射（靜脈），能夠減少，並經常能徹底阻斷任何汞急性毒性的能力。

（Mercuhydrin）），在維生素C存在下，它所具有的毒性明顯減輕。特別是他們發現，對狗施加藥物時再額外添加維生素C的話，「莫魯來」的致命劑量顯著提高。換句話說，所給的維生素C越多，要產生致命影響所需要的「莫魯來」也越多。

羅斯金（Ruskin）和詹森（Johnson）也注意到使用含汞利尿劑的偶發性促死現象，他們研究了在分離的兔子心臟標本，維生素C對莫魯來和其它含汞利尿劑的解毒效果。藉以觀察到這種有毒的利尿劑確定會**產生心臟毒性**，他們得以確立，維生素C在比查普曼和謝弗所使用的還要更大劑量下，會有更為明顯的解毒作用。後來，羅斯金和詹森（1952）觀查「莫魯來」對大鼠心臟和腎臟標本的毒性。他們發現，維生素C可以防止「莫魯來」引起的耗氧效應，他們認為這是直接促進組織呼吸的保護效果。這種對組織呼吸的幫助，完全符合維生素C在臨床上保護整個動物防禦汞的能力，一如前文中查普曼和謝弗的研究所述。

一些研究人員也曾利用天竺鼠來探討**汞**和**維生素C**之間的關係。布萊克史東（Blackstone）等人（1974）研究天竺鼠，給予不同劑量的維生素C和氯化汞型式的汞。他們發現，**給予維生素C，會導致肝臟和腎臟中汞的沉積增加。**

因為這些是解毒和排泄的器官，所以這不見得是不良的影響。有點相反的是，他們還發現，繼續給予維持劑量維生素C的天竺鼠，汞還顯著降低了維生素C在**大腦**、腎上腺和**脾臟**的濃度。

穆雷（Murray）和休斯（Hughes）（1976）探究布萊克史東等人的研究，發現到一種維生素C的給藥方案，似乎會增加口服形式的**有機汞**（碘化甲基汞，methylmercuric iodide）或無機汞（氯化汞，mercuric chloride）在組織裡的濃度。這些研究學者把這個訊息解讀為一個警告，反對服用大劑量的維生素C。只不過，在這項研究裡，沒有去驗明特定劑量維生素C的實際臨床保護作用。此外，提高儲存形式的汞，可能是汞的臨床毒性能夠降低的方式。

早些時候的研究學者證實，臨床上維生素C相當能預防汞的毒性。卡羅爾（Carroll）等人（1965）能在大鼠身上顯示，事先給予維生素C可以防止**腎臟**來自於氯化汞的傷害。沃泰（Vauthey）（1951）以天竺鼠做實驗，找出能在注射一小時內殺死**100%**天竺鼠的汞氰化物之特定劑量。然而，當他讓天竺鼠在注射汞之前，保有一個**大劑量的維生素C**，則牠們當中有**40%**存活下來。此劑量算是「普通」大劑量，相當於體重約150磅的人每天35公克。不過，它仍遠低於克萊納的「天量」。原本足以致命的注射，在比克萊納的標準還低的維生素C劑量下，仍然能提供足夠的保障。梅文（Mavin）（1941）早些時候也發現對氯化汞的類似防護作用。莫克拉尼亞茨（Mokranjac）和彼得羅維奇（Petrovic）（1964）則發現，汞中毒以後**持續**給予維生素C，是決定存活率的關鍵因素。他們在對天竺鼠施加一個未治療會百分之百致命的氯化汞劑量以前，先每天給予200毫克的維生素C。當施加了氯化汞後，再**每天服用200毫克劑量的維生素C，持續二十天，那麼全部的天竺鼠都能存活**。當施加氯化汞後**沒有繼續**給予維生素C時，有一些天竺鼠**仍會死亡**。當維生素C只在施加完氯化汞後才每天給予，二十五隻天竺鼠裡有九隻死亡。當維生素C只在施加完氯化汞後單次大量注射，二十五隻天竺鼠裡有八隻死亡。正如克萊納在這麼多不同傳染病所證明的，維生素C對汞中毒的最佳效果，取決於劑量的大小，以及給予的持續時間。

維生素C的抗氧化活性，很可能讓宿主在防禦汞引起的毒性上，具有保護作用。格魯納特（Grunert）（1960）可以指出另一種有效的抗氧化劑即 α-硫辛酸，只要使用的劑量夠大，也能夠**防止小鼠的汞中毒**。然而，α-硫辛酸似乎也顯著增加了汞經由膽汁從糞便的排泄（格雷古斯（Gregus）等人,1992）。這將使 α-硫辛酸成為與維生素C共同**治療汞中毒的好藥物**。

潘達（Panda）等人（1995）觀察了植物模型中，汞所引起的**染色體受損**之證據。他們發現，包括維生素C在內的抗氧化劑，對氯化汞的

「禍及子孫（遺傳毒性）賦予了保護效果」。

在組織中的汞含量增加，對過程中所儲存的汞是否呈現相對無毒，幾乎是不重要的。臨床上維生素C有效中和汞，有一部分可能是涉及到，汞與維生素C相互作用，而以更不具毒性的形式來儲存。事實上，這是一個很好的理由，解釋了為什麼在著手規劃積極的解毒時，必須要十分謹慎。**在很多不同的解毒劑下，汞和許多其它儲存的毒素，可以隨時自儲存的部位移出。在它們持續排泄的路徑上，劇毒的毒素在淋巴和血液裡再現時，假如一個人沒有受到防護，其臨床狀況是可能會出現明顯惡化的**〈編審註：因此，作者常在其論述中強調過去常用的螯合療法如EDTA、DMPS、DMSA等，會因為患者體內氧化能力不足（維生素C存量太低）而無法招架螯合過程所釋出於血液系統中的重金屬，因此主張螯合療法必須與維生素C靜脈注射同時進行的重要性。〉。通常，安全的排毒，必須緩慢並加以控制，而且過程發生時，必須能明智地使用無毒的螯合劑和毒素中和劑。

因為維生素C在臨床上已被有效地用來降低汞的毒性，很多人只是認為，維生素C與汞螯合（chelates）並加以連結（binds），且加速它自**尿液**從身體排泄。然而，事情似乎並不是這樣。德克斯（Dirks）等人（1994）檢查了維生素C靜脈給藥後，汞自尿液從身體的排泄。結果發現，輸注高達60000毫克的維生素C，並沒有造成尿液排泄的汞有任何顯著的增加，只有微小的、無統計學意義的增加。汞離子（無機汞）和甲基汞（有機汞）都是優先由**膽汁**而**非尿液**來排泄（格雷古斯和克拉森,1986），而膽汁的排泄有很大一部分最終會從**糞便**出去。阿伯格（Aberg）等人（1969）在健康的自願者得出的報告是，**甲基汞**主要經由**糞便**排泄，儘管有少量確實是經由尿液排除。蓋奇（Gage）（1964）研究大鼠有機汞形式的排泄，也得到類似的結論。這樣看來，不同藥物對於汞排泄之影響的研究，最好應把它聚焦在**糞便排泄**的檢測。

蓋奇（1975）後來報告在大鼠肝臟標本，**維生素C分解有機汞化合**

物的不同機制。他發現，維生素 C 的**抗氧化**特性，是**把有機汞形式還原成無機汞元素形式的原因**。這個機轉代表著汞的**相對解毒**，因為臨床上，**有機汞形式的毒性比還原形式的汞（無機汞）還要強**。維生素 C 雖無明顯**促進汞排泄**，但對**汞**的這種**生物分解**作用，毫不含糊地減少體內汞毒性的這項事實有重大貢獻。

　　毒素與傳染病一樣，在加速維生素 C 的耗損和代謝，導致血液、組織和尿液裡維生素 C 的含量降低。汞的情況也是這樣，在前文所描述，布萊克史東（1974）的研究就已提到，他們的天竺鼠在給予汞之後，發現到一些組織中的維生素 C 含量耗損了。查特吉和帕勒（Pal）（1975）也能證明，施加汞於大鼠身上，會降低**尿液**中和**肝臟**中的維生素 C 含量。菲席克（Ficek）（1994）能夠顯示，**氯化汞、氯化鎘和氯化鉛，造成大鼠胸腺中維生素 C 含量的大幅下降**。這不僅支持了毒素消耗掉維生素 C 的事實，也意味著一個另外的機轉，就是說毒素比方汞，會削弱免疫功能。**胸腺**是重要的免疫細胞（**T 細胞**）製造和調節上非常重要的一員。很有可能，**胸腺中維生素 C 濃度的耗竭，對患者的免疫防禦構成了重大的負面影響**。

　　在一個半世紀前，巴德（Budd）（1840）觀察到，壞血病患者「**必須很嚴謹避免每一種形式的汞**」。他還補充說，他注意到「**壞血病症狀似乎在出現前，便因吃下去的汞而加劇的例子**」。任何**汞**的存在，都會迅速在這些患者身上造成**維生素 C 存量的徹底耗竭**，所以，壞血病就快速、清晰地表現出來。顯然，任何情況下的汞中毒都需要給予維生素 C，即使只是針對試圖去恢復汞引起的維生素 C 急性耗竭。

　　文獻所引用的全部證據，都強烈支持維生素 C 能很有效消除不同的汞化合物之毒性的能力。維生素 C 對汞臨床上負面影響的毒性之防護能力，是很清楚而明確

文獻所引用的全部證據，都強烈支持維生素 C 能很有效消除不同的汞化合物之毒性的能力。

的。證據還表明，維生素C在加速這些重金屬毒物的**排泄上**，並沒有扮演重要的角色，儘管它能使儲存形式的毒性變小許多。然而，當暴露於汞的病人之後要服用排毒藥方〈編審註：泛指螯合劑：如：DMPS、DMSA 或 EDTA 等。〉時，必須考慮到適當的照顧，因為儲存形式的汞，在毒素移除及排泄進行當中，會再次讓解毒中的病人中毒。

鉛中毒（Lead poisoning）通常是一個慢性的過程，因長期、低程度的暴露於這種有毒金屬，而產生各種症狀。身體最常受到影響的系統，是**胃腸道、血液**及**神經系統。腎臟**也通常會受到波及。有一些和鉛結合，促使鉛去活性化並排泄的螯合劑，以原始傳統的方式來治療這種形式的中毒。

使用克萊納大劑量維生素C來治療鉛中毒的研究，還尚未出現。不過，顯著較小劑量的維生素C對於鉛中毒的好處，確實存在有大量的研究能證明。正如這麼多在第二章討論的傳染病一樣，更大的維生素C劑量，對於這種形式的毒性有什麼用處，仍然有待明確確定。

福爾摩斯（Holmes）等人（1939）對有嚴重鉛暴露的工業區工廠裡的全體工人進行檢驗。在一群被認為有慢性鉛中毒的17人當中，每天給予僅僅100毫克的維生素C。不到一週內，有治療的工人，大多數都能**正常睡覺**，更能**好好進食**，也不再有**震顫**發生。

愛馬仕等人已觀察到，慢性鉛暴露的症狀**類似早期的壞血病**。每天100毫克的維生素C劑量，就足以很快解決即將到來的、臨床上怵目驚心的壞血病症狀。鉛和很多其它毒素，會迅速代謝掉維生素C，並耗盡它的存量。許多強效的毒素，其臨床毒性有很大一部分，是早期壞血病相關症狀的出現，而那幾乎總能對很小劑量的維生素C有極大反應。甚至當維生素C也不一定直接中和或消除這個可疑的毒素時，維生素C解除了因鉛中毒所引起的壞血病症狀，也都足以令許多這一類中毒的患者，減輕很多痛苦。然而，埃文斯（Evans）等人（1943）400名有工

業接觸到鉛的男性工人，使用相同的小劑量維生素C，卻沒有報告出像福爾摩斯等人一樣的成功。當然，對這種小劑量維生素C的反應，差異是可以很大的，取決於先前存在於接受治療的工人體內維生素C的存量，和所暴露毒素的多寡。假如由埃文斯等人治療的工人在工作上，比由福爾摩斯等人治療的工人，有更多的毒素接觸（意味壞血病更嚴重），那麼每天100毫克的維生素C，就不能指望得到任何明確的改善，因為杯水車薪維生素C會很快被代謝。

甘茲亞（Gontzea）等人（1963）研究了長期被一家鉛蓄電池廠雇用的工人。他們發現，血液中維生素C的含量低於正常值。阿尼特（Anetor）和阿德尼伊（Adeniyi）（1998）還發現，比那些沒有鉛暴露的對照組，有著明顯更高血液鉛濃度的奈及利亞鉛作業工人，他們的維生素C排泄量很明顯比較少。維生素C的排泄量低，通常直接反映著維生素C的血液體內含量低。為了防止鉛導致的壞血病症狀發生，或者減少過量鉛存在所必然造成的維生素C缺乏之結果，明智的作法是任何與鉛接觸的人，都應給予至少一定劑量的維生素C。馬奇蒙特－羅賓森（Marchmond-Robinson）（1941）說，暴露在鉛煙、鉛塵毒性下的汽車工人，每天就算只要給予50毫克的維生素C，也都能清楚地看到有益的效果。

坦登（Tandon）等人（2001）使用小劑量，但還是遠大於上文指出的研究裡所用劑量的維生素C，結果在血液鉛含量相對高的印度銀提煉工人身上，取得了非常有效的成果。每天**250毫克**劑量的維生素C，能**大大降低血液裡的鉛含量，並且逆轉了常與鉛毒性有關的一個酵素抑制作用**。

阿爾特曼（Altmann）等人（1981）對已知鉛中毒的**懷孕**婦女進行了研究。這些研究人員發現，相對於未經治療的鉛中毒母親，維生素C和磷酸鈣結合的療法，得以使母親**乳汁鉛含量減少15%**。這種療法更了不起的是，**胎盤的含鉛量被發現降低了90%**。

口服維生素C與注射乙二胺四乙酸（EDTA），對於移除動物體內的鉛，有著相當的能力，亦即牠們尿液裡排出的鉛是等量的。

戈耶爾（Goyer）和謝里安（Cherian）（1979）發表了對大鼠的鉛毒性治療。他們發現，**口服維生素C與注射乙二胺四乙酸（EDTA）**，對於移除動物體內的鉛，有著相當的能力，亦即牠們尿液裡排出的鉛是等量的。乙二胺四乙酸是很著名的，和**鉛**結合的**螯合劑**，而它也是身體排出鉛主要的醫學治療方法之一。或許更好玩的是，戈耶爾和謝里安證實，維生素C和EDTA的結合，在排出鉛上，效果大於EDTA單獨使用**的兩倍**。此外，他們更發現，維生素C-乙二胺四乙酸的結合，對於把鉛從**中樞神經系統**排除，非常的有效，而中樞神經系統是鉛中毒主要的重災區之一。與上文所指的汞情形不一樣，維生素C能促進鉛的排除，以儲存形式累積，而這只是臨床上的解毒而已。

弗洛拉（Flora）和坦登（1986）也從大鼠的研究發現，維生素C螯合已被人體吸收的鉛非常有效，在第一時間去防止鉛在腸胃道吸收也非常有效。莫頓（Morton）等人（1985）也證實，**維生素C能夠減少大鼠的腸道對鉛的吸收**。此外，尼亞茲（Niazi）等人（1982）可以表明，維生素C能夠提高大鼠**腎臟**中鉛的**排除**。

另外，達萬（Dhawan）等人（1988）能顯示，維生素C能加強傳統的螯合劑在大鼠腎臟與**肝臟移除鉛**的效果。他們也指出，**這種加上維生素C的聯合治療，能進一步促進了尿液中鉛的排除，並且逆轉鉛對可測量的血液酵素活性的毒性作用**。維基（Vij）等人（1998）能夠證明，**維生素C顯著降低中毒大鼠血液和肝臟的鉛濃度，並有效地恢復鉛所導致，某些將藥物代謝的酵素，在血液中的合成及活性度的特定異常**。顯然，維生素C對實驗性大鼠研究的鉛中毒有很多好處。

無疑的，維生素C的抗氧化活性，對組織裡鉛的濃度，和鉛在體內

的有毒活性，發揮了一定的作用。需要注意的是，其它抗氧化劑也已知能減少鉛毒性的程度。達萬等人（1989）可以指出，當**維生素E**這個重要的抗氧化劑，和鉛一起給予大鼠時，能夠減少鉛毒性的嚴重度。血液和肝臟的鉛濃度，都有顯著減少。

由帕桑尼（Upasani）等人（2001）指出，維生素E或維生素C的抗氧化能力，能減少鉛中毒的大鼠身上所見的一些特定氧化產物，從而保護動物免於鉛引起的毒性。居雷爾（Gurer）等人（1999）發現，同為有效抗氧化劑的 **α-硫辛酸**，能增加接觸鉛的細胞培養之存活。徐（Hsu）等人（1998）則發現，維生素C和維生素E兩者，都能夠保護大鼠的精子，抵禦鉛所導致的特定毒性作用。他們認為是這兩種維生素，抑制鉛引發的**自由基生成**，因而對氧化損傷提供了一些保護。

最近更多的人類研究，也得出了和戈耶爾及謝里安的大鼠研究相似的結論。所有這些研究已得出結論：維生素C能促進鉛從身體的排泄。賽門和于代斯（Hudes）（1999）檢查了19578個年齡介於六歲和九十歲的受試者，其維生素C的血液濃度和鉛的血液濃度之間的關聯性。結果發現，血清維生素C濃度高，血液鉛濃度升高率大降，有著獨立的相關。

> 最近更多的人類研究，已得出結論：維生素C能促進鉛從身體的排泄。

休士頓（Houston）和詹森（Johnson）（2000）也能夠證明同樣的相關性。他們認為，他們的資料可能代表**維生素C可以防止過量的鉛存在體內**。與此說法一致的是，鄭（Cheng）等人（1998）從他們747名男性的流行病學研究裡得到結論：維生素C的膳食攝取量低，可能會使血液的鉛含量增加。

索萊爾（Sohler）等人（1977）檢查了1113個**精神科門診病人**的血液含鉛量，發現鉛的含量從百分之3.8至53微克不等。這些門診病人當中有47位，給予每天2000毫克的維生素C和30毫克的**鋅**。經過幾個月

的治療，**血液的鉛含量均呈現明顯減少**。這個結果當然意味著，維生素C可能對降低血液的鉛含量有直接的作用，而且它並不只是與降低含量後的事實有關而已。弗拉納根（Flanagan）等人（1982）更能顯示，鉛在體內的滯留，因維生素C的給予而直接降低了。他們對85位同意為了執行研究而喝下含鉛飲料的志願者，進行研究。他們還發現，**維生素C和EDTA**都能夠減少鉛的滯留，這也進一步支持了上述戈耶爾和謝里安所執行的動物研究之結果。

道森等人（1999）檢查了75個沒有工業鉛暴露史的成年男性吸煙者，其血液裡的含鉛量。雖然200毫克的維生素C並沒有對血液或尿液的鉛含量造成影響，但1000毫克的維生素C每天一次，為期一週的療程，卻造成**血液裡鉛含量以非常驚人的81%下降**。有趣的是，這兩個劑量的組別，其血清的維生素C含量都呈現出明顯上升，這代表僅僅依賴血液的維生素C含量而忽略了尿液，去評估特定維生素C劑量的臨床適當性，是有可能產生誤導的〈編審註：即尿液中出現了一定的維生素C含量，才能確定體內所需求的維生素C是足夠的，因此，維生素C的尿液檢查試劑棒是臨床上值得利用的方法。〉。

在另一項研究裡（勞韋里斯（Lauwerys）等人,1983），以1000毫克的維生素C一週只給予五天，而不是天天給予，結果導致血液裡鉛含量較不顯著的降低。這些下降範圍在11%到23%之間。每天補充1000毫克的維生素C，看來是真的非常小的劑量，在這個劑量下，讓血液鉛含量降低的一些良好反應，是可以預期的。當然，有著不同慢性疾病的不同人，他們日常維生素C需求有可能相差就很大的。更可能，長期的遠超過1000毫克的每日維生素C劑量，這對血液中的鉛含量將產生更一致和戲劇性的減少。

皮勒摩（Pillemer）等人（1940）報告說，維生素C在於保護天竺鼠不發生與大劑量碳酸鉛有關的神經症狀，其中包括肌肉痙攣甚至癱瘓，相當的有效。獲得大量補充維生素C的天竺鼠，二十六隻中只有兩

隻出現神經系統的症狀，而且二十六隻都沒有死亡。在另外一組，二十四隻給予較少維生素C的天竺鼠，有十八隻出現神經症狀，其中十二隻最後死於鉛中毒。為了劑量上的一些參考，假設天竺鼠平均體重約400克，「高」劑量的維生素C大致相當於一個正常成年人3500毫克的每日劑量，而較低的每日劑量則大約相當於155毫克（還是比每日建議攝取量要高很多）。不過，維生素C對於解鉛毒的特效，是由比克萊納使用的還低很多的劑量就能得到證實的。如果用更高的劑量，相信對臨床解鉛毒的效果，可能會更加令人吃驚的成果。

在大鼠這種可以合成維生素C的動物，魯德拉（Rudra）等人（1975）指出，鉛的毒性存在，會誘導肝臟增加維生素C的合成，以作為保護和代償的回應。另外，他們也顯示，有鑑於**鉛中毒**大鼠的**嚴重貧血**，可以藉維生素C的「**同時補充達到相當大程度的恢復**」。在另一個大鼠的研究，達利（Dalley）等人（1989）發現，早期給予維生素C，會顯著降低股骨（大腿骨）、腎臟、肝臟和血漿中鉛的濃度。

維生素C對動物細胞培養中的鉛毒性，也顯示了保護作用。費雪（Fischer）等人（1998）發現，維生素C**減少**鉛引起的**細胞毒性**作用，也**抑制**了培養細胞**對鉛的吸收**。

在另一個實驗動物模型，維生素C對鉛毒性的保護作用，也已被證明無誤。漢文（Han-Wen）等人（1959）觀察維生素C防止暴露於高濃度鉛的蝌蚪死亡的效果。最初，他們在高含鉛量的水中放入一百隻蝌蚪，24小時後發現有八隻死亡。接下來，倖存的蝌蚪被分別放入含有維生素C和不含維生素C的水箱。再過六天後，沒有維生素C的水中**88%**的蝌蚪死掉了，而有維生素C的水中則**沒有蝌蚪傷亡**。至少在這個實驗中，關於夭折，維生素C針對鉛毒性的保護能力似乎是絕對的。

曾有其它研究人員宣稱，維生素C對於治療鉛中毒沒有效果。丹嫩貝格（Dannenberg）等人（1940）聲稱他們使用「極大劑量」的維生素

C，來治療一個被認為嚴重慢性鉛中毒的二十七個月大的幼童，並報告說，維生素C對於治療這個孩子「沒有效果」。然而，他們的「極大」劑量維生素C其實是很小劑量，以克萊納的劑量標準來說，這個劑量幾乎是無足輕重的。

這孩子每天總共接受到350毫克的維生素C（100毫克口服，250毫克靜脈注射），這相當於150磅重的成年人每天只有大約1500毫克。此外，即使血液鉛含量比正常值高出了大約12，他們的小劑量也只維持了十七天而已。克萊納（1974）自己評論了丹嫩貝格的團隊所作的研究，宣稱假使丹嫩貝格「**每隔2個小時**，給予**每公斤體重350毫克**的話，他就會看到不同的結果」。按照保守的計算，這種維生素C劑量，比丹嫩貝格的團隊所用的劑量，大了100倍左右。即使像丹嫩貝格和他的聯合研究員這樣的醫生，無庸置疑是很真誠的，卻有很多醫生只會去看他們所發表文章中的結論而已，並且，對嚴重中毒有效、有極大益處的治療，卻也從未延伸到許許多多的患者身上，尤其是兒童。如果能有足夠高劑量的維生素C被用於任何形式的中毒，那麼臨床成功幾乎是總能取得的。

在鉛中毒上，永遠應該要使用維生素C。至少，那可以減輕毒素造成，體內維生素C的消耗，並可避免壞血病的急性表現。然而，大多數情況的鉛中毒如要逆轉臨床症狀，看來夠高劑量的維生素C應該會很有效。還有，在提高其它**鉛螯合劑**之效能上，即使只是加上未達標準的劑量，**維生素C也可以很明確地作為一個難得的輔助劑**。

銘（Chromium）是一種金屬，在**微量**下被認為是人類**重要的營養素**〈編審註：鉻是一種能減少人體胰島素阻元達到調整血糖與防止大腦退化的重要微元素。〉。但是，巨量的暴露則對人體有劇毒。鉻和其衍生的鉻酸鹽化合物，有著各式各樣的工業應用（電鍍）。超過50種職業的鉻酸鹽曝露，經常足以引起皮膚炎，那是一種反應性的皮膚發炎。雖然鉻

是以用來電鍍其他金屬的合金而著稱，它也常見於**水泥**和**印刷油墨**當中。這讓一大批經常與這類物質有工作接觸的人曝露在鉻之下，使得鉻成為全世界工業界裡最常見的**接觸性過敏原**（米爾納（Milner）,1980）。鍍鉻業的工人已被報告出血液和尿液中維生素C和其它維生素的含量偏低（卡里莫夫（Karimov）,1988）。這可能是每當有毒素存在，維生素耗竭的速度就會加快的反映。

米爾納報告了一例三十三歲男性個案，是個印刷公司領班，他的手七年來被診斷為鉻皮膚炎，並以抗組織胺和類固醇充分治療。然而，這個疾病終於因為越發的「腫脹、滲漏、浸潤，和裂開」，逐漸發展成手和手腕處的嚴重不適。這些惡化的症狀都不再受口服或注射的類固醇所控制。手套和護膚霜對他都不適用，因為在確定列印有否被正確執行時，他的觸感很重要。

他們為這個領班準備了10%的維生素C（抗壞血酸）溶液。在工作時，每小時他會把手浸入這個溶液當中一次，然後把它吸乾。溶液會每日更換。經過一週的治療，他的症狀大幅度減少了，並在一個月內他就完全脫離類固醇和抗組織胺的治療。多年來，他保持這種情況繼續使用維生素C溶液來控制都是有效的。

鉻皮膚炎對上文米爾納所描述維生素C治療的反應，在大鼠的研究裡也有觀察到。扎米茨（Samitz）等人（1962）推論，在這些動物維生素C可以作為鉻中毒有效的解毒劑，包括內部的和外部的接觸都是。皮羅齊（Pirozzi）等人（1968）顯示，維生素C的局部使用，明顯縮短了天竺鼠因鉻形成的皮膚潰瘍與癒合所需的時間。扎米茨等人（1968）假設，參與鉻的解毒和預防鉻皮膚炎的主要機轉，就在於維生素C的還原能力。扎米茨和卡茨（1965）發現，維生素C也可以防止吸入性鉻酸煙霧的毒性。扎米茨和許拉格（Shrager）（1966）也證明了維生素C可以預防對鉻酸鹽敏感的人所會出現的過敏反應。

利托（Little）等人（1996）檢查了維生素C防止鉻對體外培養人

包括半胱氨酸和穀胱甘肽在內的 5 種測試藥劑當中，維生素 C 是唯一能「提供全面防護」的藥劑。

體皮膚細胞的毒性之能力。他們發現，包括半胱氨酸和穀胱甘肽在內的 5 種測試藥劑當中，維生素 C 是唯一能「提供全面防護」的藥劑。這是一個很好的例子，用來說明所有的抗氧化劑能提供的，對氧化損傷的保護程度皆不盡相同這一個事實，而且，即使抗氧化劑不可相互替換，他們卻能加強彼此之間的影響。

　　沃波爾（Walpole）等人（1985）報告了一個兩歲兒童吃到鉻的急性中毒，用含有維生素 C 的療法而成功治療。作者認為早期給予維生素 C，是他們的療法最重要的部分。事實上，作者寫道，對於毒性最強的各種形式的鉻，「從理論及實驗上，抗壞血酸都是非常令人滿意的解毒劑」。只不過，作者只給了這孩子每天口服 1000 毫克。儘管這孩子最終從急性中毒痊癒（也就是說沒有死），他在那次意外吃到重鉻酸鈉溶液約兩個月後，開始出現**癲癇**。回想克萊納在這麼多有毒的情況下，使用高出許多的維生素 C 劑量，而且是**靜脈**或**肌肉注射**而非口服所取得的成果，那麼，假如劑量更大的維生素 C 經由注射給予的話，很有可能，這孩子可以有更全面、更快的恢復。

　　柯拉勒斯（Korallus）等人（1984）也報告了鉻中毒（六價鉻）的維生素 C 治療。他們的結論是，維生素 C 對這種類型的中毒「是真正的解藥」，也是「治療的選擇」。他們進一步建議，維生素 C 靜脈輸注治療，應「盡早」開始，以防止或減輕小鼠在這種中毒中常見的腎臟損害。

　　據蘇薩（Susa）等人（1989）報告，由六價鉻引起的腎臟損害，可同時注射維生素 C 來加以抑制。扎米茨（1970）則報告說，鉻酸鹽中毒的大鼠，及時給予維生素 C，會是個「有效的解毒劑」。扎米茨也報告說，10% 的水溶性維生素 C 溶液，顯著縮短了天竺鼠被鉻酸鹽誘發的潰

瘍癒合時間。最後，扎米茨指出，同樣的**10%**維生素C溶液，用在保護對鉻酸鹽敏感的印刷工人及石版印刷工人，是「證實有效的」。扎米茨主張，維生素C對**有毒六價鉻**的去活性機轉，「牽涉到還原成**三價鉻**，和隨後複雜的三價鉻金屬之形成」。

迪等人（2001）最近研究維生素C在預防或扭轉鉻所引起的細胞膜損傷的保護作用。他們注意到，毒性的減弱，是靠維生素C和其它細胞的還原劑，而使有毒六價鉻逐步還原所致。儘管迪在大鼠所使用的維生素C每日劑量，對一個150磅的人而言，甚至不到500毫克，不過他們卻發現這個劑量，提供了鉻所引發在腎臟和肝臟特定的酵素缺陷，雖然不完全但重要的有恢復。

納（Na）等人（1992）還指出，維生素C防止了鉻酸鈉引起的腎毒性。是否以更大的維生素C劑量，能更有效地扭轉這個實驗中看到的毒性作用，目前還是未知數。

布蘭肯希普（Blankenship）等人（1997）從細胞的研究中表示，維生素C而非維生素E，能夠保護細胞免受暴露於鉻酸鈉後的崩解和死亡。他們進一步指出，這兩種維生素，都能夠「顯著的抑制」與鉻酸鈉接觸有關的染色體缺陷。懷斯（Wise）等人（1993）可以證實，在動物細胞培養中，維生素C能阻斷鉻酸鉛所造成的染色體損傷。拉埃（Rai）和拉埃薩達（Raizada）（1988）表示，維生素C和穀胱甘肽「明顯抵消」細菌培養中鉻的毒性。金特爾（Ginter）等人（1989）能夠證明在天竺鼠，維生素C對於鉻的毒性作用和致突變作用，都能提供一定的保護。

維生素C也被認為是鉻的螯合劑（連結劑）。坦登和高爾（Gaur）（1977）對維生素C從實驗室動物的組織中去除鉻，和試管內動物細胞標本去除鉻的能力進行比較。結果維生素C被證明，將鉻從試管內標本中去除是最有效的。

儘管有上文指出的所有資料和證據，有些研究人員由於不明原因，

還是繼續對維生素C用於鉻毒性提出「警告」。布雷德伯里（Bradberry）和維爾（Vale）（1999）主張，沒有臨床證據證實，維生素C減少「**全身性鉻中毒**」的發病率或死亡率。或許這些作者並未對全球醫學文獻作出詳盡審查，也或許他們選擇忽略或駁回上文沃波爾等人引用及討論的報告之正確性。如果維生素C能對一個原本註定會死，或**腎衰竭**的鉻中毒者，有明顯的幫助，那麼，這個資訊就不能被忽略，或減化。當這種形式的毒性沒有真正的獲得減緩時，尤其更是如此。此外，維生素C治療不具毒性的特點，並沒有讓任何臨床醫生意識到它的好處而經常使用它，即使只是拿來當作更無效和更傳統療法的輔助手段。這是梅爾特（Meert）等人（1994）所建議的，他曾報告過，以換血和洗腎去拯救一個鉻酸銨這種巨毒中毒的孩子，是徒勞無功的。作者顯然想要幫忙預防未來還有孩子死於類似的情況，因為他們建議，「**立即、大劑量**」的維生素C可急遽減輕鉻的毒性，並使「**細胞毒性變弱**」。

　　靜脈注射維生素C的給藥方式，看來是各種形式**鉻中毒**的治療選擇。最佳劑量仍有待訂定，而克萊納大劑量的維生素C對於這種形式的毒性之影響，依然未知。不過，可預期這種劑量會有高度有利的臨床反應，也是非常符合邏輯的。

　　既然維生素C的還原能力，看似在中和有毒的鉻化合物中發揮了突出的作用，在治療方案中再添加其他強效的抗氧化劑，例如 α-**硫辛酸**，也似乎合乎情理。最後，應銘記的是，所有這些治療介入措施，都可以加進任何較為「傳統」類型的治療一起執行。除了最罕見的例外，對於任何特定有毒或傳染性情形，維生素C和抗氧化劑治療將有助於提高其他任何療法的效果。

　　含砷制劑（Arsenicals）是含砷化合物，對人體有毒，在某些情況下有**致癌**的能力。慢性砷暴露通常會導致不同程度的**四肢肌肉無力**，有時候會進展到外觀上的**肌塊消瘦**。可能也會發生**大腦退化**性疾病。典型

的**皮疹**會出現，許多其他非特異性的徵候和症狀也會因這類型中毒而出現，其中包括**噁心、嘔吐、腹瀉**或便秘、肝臟腫大、**腎功能異常**、以及**造血機能**受損。目前，只有一些化學螯合劑能提供治療。洗腎也被報告能從身體除去一些砷（瓦齊里（Vaziri）等人,1980）。

解毒砷和其相關化合物，以及許多其他有毒化學物質的最重要途徑，是**化學還原法**（Chimical reduction）（埃利希（Ehrlich）,1909）。而化學還原是**抗氧化劑**例如**維生素C**的主要功能。

福蘭德（Friend）和馬奎斯（Marquis）（1936）指出，五例出現砷中毒跡象的病人，其體內維生素C的含量**相當低**。這些給予「胂凡納明」（arsphenamine）這個含砷的早期**梅毒**治療藥物的病人。他們可以推論出，維生素C含量由於具毒性的治療因此下降了，這也和任何重大毒素會消耗或過分利用維生素C存量，相符且一致的觀察。

在肝臟可以製造維生素C的動物，例如大鼠，以砷試驗會提高肝臟和血漿中的維生素C含量（西奈拉（Schinella）等人,1996）。但假如針對可製造維生素C的動物測試砷（或任何其他重要的毒素），只要劑量夠大的話，這些維生素C含量終將會下降，並且保持在低水平。

在天竺鼠身上，蘇茲貝格（Sulzberger）和奧澤（Oser）（1935）能證明，對一種胂凡納明化合物（新胂凡納明（neoarsphenamine））所產生的毒性反應，可被富含維生素C的飲食所抑制。另外一位研究員科米亞（Cormia）（1937），證實了飲食中維生素C含量低的天竺鼠，對新胂凡納明會產生極大的毒性反應，而給予更多維生素C的天竺鼠，則對此毒性具有防護力。麥克切斯尼（McChesney）等人（1942）也發現了在他們測試的大鼠中，維生素C顯著降低了新胂凡納明的毒性。麥克切斯尼（1945）稍後聲稱，他的實驗證明了，當新胂凡納明存在血液裡需要解毒時，維持血液中高濃度的維生素C是必要的。

戴諾（Dainow）（1935）注意到，靜脈輸注維生素C縮短了患有胂凡納明相關皮膚炎的三個病人的恢復時間。過去，維生素C也有效地

用於幫助臨床醫生避免梅毒患者，在給予新肿凡納明時會出現的偶發嚴重反應。邦德森（Bundesen）等人（1941）在皮膚上做了新肿凡納明的貼片測試，來確定哪些患者對梅毒的新肿凡納明治療，嚴重反應的風險最高。他們證明，即使嚴重的反應者，在作貼片測試以前加上維生素C，通常可以完全消除皮膚的反應。作者們用這些結果來支持他們的論點：於治療大部分梅毒病人時，若在新肿凡納明之外加上足夠的維生素C，可能發生的毒性反應絕大多數都能大大減輕或避免。拉赫瑞（Lahiri）（1943）也能從自己以及其他人的觀察得出結論：給予足夠的維生素C，是「**避免抗梅毒治療中對砷無法耐受最安全的方法**」。

近來，查特帕德耶（Chattopadhyay）等人（2001）表示，在大鼠特定卵巢和腦部功能上，維生素C針對**亞砷酸鈉**的毒性起了保護作用。對於這些研究人員而言，這是特別重大的發現，因為他們給了大鼠一個劑量的砷，而那個劑量是接近印度一些飲用水的砷污染的程度。

維生素C除了直接消除含砷化合物毒性的能力以外，也被證明可能**提高梅毒治療裡砷的效果**，這是在**青黴素**發現以前，治療這種疾病的重要方法。羅斯金和西爾伯斯坦（Silberstein）（1938）治療了14例梅毒血清試驗（Wasserman沃瑟曼測試）都呈陽性的病人。此外，所有14個病人診斷出梅毒都經歷了很長時間，從八個月到二十年不等。他們全部都接受過新肿凡納明的療程，不論有沒有包含**鉍**（bismuth）。在**添加維生素C治療之後**，他們的沃瑟曼測試**14**例中有**10**例從陽性變為陰性，代表對感染有效的控制，和可能的**根除**。典型的治療療程包含約20次的注射，每兩個星期給一次。有可能，維生素C本身可以根除感染。但所給的劑量在短文當中則並未透露。

顯然剛才所討論的，單獨維生素C在治療梅毒上就有功用，不過還要再指出的是，近來發現**維生素C與另一個砷化合物**併用，有助於控制某一特定形式的**癌症**。格拉德（Grad）等人（2001）發現，維生素C增強了**三氧化二砷**殺死某些惡性細胞（**多發性骨髓瘤**）的能力。對於殺死

一特定種類的白血病細胞,高等人(2002)也顯示出維生素C和三氧化二砷之間類似的相互作用。巴哈萊特納－霍夫曼(Bachleitner-Hofmann)等人(2001)亦報告了類似的結果。

目前還沒有找到砷中毒在人身上的最佳大劑量維生素C治療的直接研究。然而與其他許多毒素一樣,**維生素C和砷的交互作用**,在科學文獻中有更充足的證據,建議以足量的維生素C靜脈注射,及時治療急性砷中毒,在臨床上應該會非常有效。而類似劑量的維生素C,在逆轉慢性砷或砷化物中毒所引起的變化上有多少效果,不是那麼的清楚。不過,在慢性中毒也嘗試看看同樣高劑量的維生素C似乎是個很好的理由。

鎘(Cadmium)是一種工業用量很大的金屬。單單在美國,每年就使用了**1億磅**的鎘。鎘是合金裡的成分,存在於**導電體、電鍍、陶瓷、顏料、假牙、塑膠穩定劑**和**蓄電池**裡。鎘也用在**攝影、橡膠、電動機**及**航空**工業上。空氣傳播的鎘污染,是冶煉廠、金屬加工爐和**煤及石油的燃燒**所造成的(羅伯遜(Robertson),2000)。

急性鎘中毒會伴隨有**肺部**症狀。如果曝露後大難不死,就可能會出現長期的肺部缺損,**腎衰竭**也可能發生。慢性鎘中毒的特徵,尤其在肺部和腎臟的損害。因此,慢性曝露可能最終導致**肺氣腫**。儘管漸進性的腎衰竭較罕見,但腎臟通常是以慢性**尿蛋白**溢出而表現出損傷。

雖然沒有找到直接說明維生素C在急性或慢性鎘中毒對人體影響的研究。然而,有一些動物研究,支持著維生素C對人類鎘中毒是非常有用之治療的可能性,就跟很多其他毒素及有毒元素一樣。

有人曾對那些和人一樣、不能自行產生維生素C的天竺鼠,做了一些維生素C和鎘的研究。納焦娃(Nagyova)等人(1994)在天竺鼠喝的水裡,加了12個星期的鎘(每天給每隻動物1毫克)。有一組天竺鼠維持「低」劑量的維生素C(每隻動物每天給予2毫克),而另一組則

接受「大量」的維生素C（每隻動物每天給予100毫克）。給予高劑量維生素C的天竺鼠，在顯微鏡下的直接檢查，反映出**腎臟的損害明顯降低**了。

此外，在「大量」維生素C的組別中，腎功能的血液檢驗（肌酸酐（creatinine）、血清尿素氮（BUN））沒有明顯被鎘所影響，即使同樣的檢驗在「低」劑量維生素C組別的動物裡，有明顯的惡化。但應該強調，在這個實驗中所給的維生素C「高」劑量，約相當於150磅（70公斤）的人僅約5000毫克而已。然而作者仍讚賞這些低劑量維生素C的影響，並總結認為，維生素C「可以**有效地防護**」鎘在天竺鼠所引起的**腎臟損傷**。

庫博娃（Kubova）等人（1993）檢驗鎘在「低」劑量和「高」劑量的維生素之下，對天竺鼠免疫功能的毒性作用。鎘和維生素C的劑量，是和納焦娃等人研究中所提到的一樣。這些研究人員得出結論：**高劑量**的維生素C能減少鎘對**免疫系統**的毒性作用。所檢驗的免疫參數，包括特定白血球細胞消滅微生物和其他顆粒物質，以及血液中**T細胞**活性程度的能力。

胡德佐娃（Hudecova）和金特爾（Ginter）（1992）研究了在天竺鼠，鎘的毒性作用以及維生素C對脂質過氧化（LPO）的保護作用。**脂質過氧化是氧化壓力的直接實驗室指標，而氧化壓力是許多毒素構成傷害的主要途徑之一**。正如鐵棒會被氧化形成鐵鏽，重要的脂肪（血脂）在體內可以氧化，或「生銹」，而形成脂質過氧化物。**脂質過氧化物**也可以視為**退化性疾病**的一種分解產物。使用和上述納焦娃等人和庫博娃等人所用的相同鎘和維生素C的劑量，胡德佐娃和金特爾證明，給予「**高**」劑量維生素C的天竺鼠，比給予「**低**」劑量維生素C的天竺鼠，有**明顯較低程度的脂質過氧化作用**。針對鎘造成的損傷，這是給天竺鼠帶來有益效果的進一步實驗室證據。當鎘引起的損傷減輕了，就如納焦娃等人在腎臟中所示，脂質過氧化作用一般也會跟著減少。古普塔

（Gupta）和卡爾（Kar）（1998）能在小鼠身上顯示，維生素C可以減少因鎘而升高的脂質過氧化的特定實驗室指標。

　　針對維生素C補充的天竺鼠，對其器官所累積的鎘也進行了檢驗。卡卓拉波娃（Kadrabova）等人（1992）發現，維生素C似乎對防止鎘累積在試驗動物的大腦、心臟和睪丸中，特別有效。卡拉布里斯等人（1987）研究了維生素C對鎘堆積於血液和頭髮的影響。即使在研究中採用的是小劑量、500或1000毫克的維生素C，他們卻仍然推論，維生素C並未顯著影響血液或頭髮中的鎘含量。

　　從鎘毒性及維生素C的天竺鼠研究中，指出了幾個層次的保護作用。維生素C明確地**防止**鎘對**肝臟**引起的傷害。它可以減少鎘對組織形成氧化損傷的實驗室證據（增加的脂質過氧化）。此外，維生素C可減少鎘對**免疫系統**的毒性作用。最後，**維生素C還可以減少在天竺鼠幾樣重要器官的鎘累積。**

　　許多研究學者還調查了大鼠的鎘中毒以及維生素C的有益影響。在一項簡單的生存研究中，白石（Shiraishi）等人（1993）給大鼠一個會導致93%死亡率之劑量的鎘。並在另一組以維生素C預先處理過的大鼠，也給了相同劑量的鎘，但結果證明致命的影響很小。此外，**鎘對肝臟的直接毒性，因維生素C的預先處理而有明顯降低**。萊爾（Lyall）等人（1982）發現，增加鎘的劑量會對大鼠造成逐步增加的**腎臟**傷害。他們並發現，低維生素C組織含量與腎臟損害的嚴重程度密切相關。查特吉等人（1973）指出，大鼠**鎘中毒**會造成**嚴重的貧血**，而給予維生素C可以逆轉這個異常。在體外培養的小鼠細胞中，法赫米（Fahmy）和阿里（Aly）（2000）能證明，維生素C對**氯化鎘**誘發的**染色體損傷**，提供了明顯的保護。

　　福克斯和弗賴伊（Fry）（1970）及福克斯（1975）研究在飼料中維生素C的補充，於鎘在幼年日本鵪鶉毒性作用的影響。這種鳥類已知有非常快的生長速度，而且它對膳食欠缺和毒素是非常敏感的。鎘劑量

造成這些鵪鶉**嚴重貧血**和**生長遲緩**。若在給予鎘時外加維生素C，「對貧血有顯著的保護作用」，同時也對生長遲緩有著較不明顯的保護作用。他們還得出結論，維生素C對於鎘毒性的保護作用，並不包含防止鎘的吸收。

在一些動物模型裡，維生素C似乎會影響膳食中鎘的吸收或生物利用率。瑞貝克（Rambeck）和吉略特（Guillot）（1996）從肉雞發現到，**每公斤飼料裡添加1000毫克**的維生素C，使鎘在腎臟和肝臟的累積降低了**49%**之多。羅特（Rothe）等人（1994）則發現，在豬的商業飼料裡每公斤添加1000毫克的維生素C，會使鎘在腎臟、肝臟和肌肉組織的含量減少35%至40%。

從這些研究中似乎有理由總結出，鎘是另一種在人體可以由適當劑量的維生素C來有效治療的毒素。只不過，尚缺乏確實的資料來支持這個具體的結論。

釩（Vanadium）是一種用於**鋼鐵**和化學工業的金屬。它也使用於合金。慢性中毒在人體可引起**腹部絞痛**和**腹瀉**。**腎臟**和**血液**也是釩長期暴露的災區，會造成**腎功能缺損**和**貧血**。還有一種**吸入性**中毒，主要影響的是**肺部**。更大量、急性的**口腔接觸**，也可以導致**肝臟毒性**。

多明哥（Domingo）等人（1985）在小鼠身上發現，維生素C對於可能是致命劑量的含釩化合物，具有重要的保護及解毒劑效果。瓊斯（Jones）和貝辛格（Basinger）（1983）也發現，在小鼠身上，維生素C對兩種釩化合物而言是一個有效的解毒劑。這些作者研究了18種不同解毒劑，其中有許多屬於有效的金屬螯合劑，他們的結論是，在治療釩中毒的療效上，**維生素C「似乎是最有希望的」**。多明哥等人（1986）也發現，在接觸釩之後立即給予維生素C，對防止小鼠的釩中毒是非常有效的。

查克拉博蒂等人（1977）注意到，大鼠的釩中毒，會使肝臟的維生

素C含量降低，也減少尿液中的排泄。扎博羅夫斯卡（Zaporowska）（1994）也證明釩中毒降低了大鼠**肝臟、腎臟、脾臟和腎上腺**的維生素C含量。這些研究結果皆表明，釩作為一種毒素，會消耗了大鼠的維生素C存量。

查克拉博蒂等人也注意到，大鼠的肝臟和腎臟，受到釩所損傷的微觀證據，在給予維生素C後「**有明顯恢復的跡象**」。這些發現也與唐納森（Donaldson）等人（1985）的意見一致，他發現，給予小鼠釩之前，先給牠們維生素C，會使肝臟中的**脂質過氧化**顯著減少，而這也代表氧化壓力的程度有所減輕。這群研究人員還發現，小鼠以維生素C預先處理，能顯著降低釩的臨床毒性，這從較少的呼吸抑制和肢體麻痺可見一斑。

希爾（Hill）（1979）能由小雞證實，維生素C降低了和因釩給予而產生的生長遲緩。奧斯特豪特（Ousterhout）和貝爾格（Berg）（1981）也發現，維生素C可保護母雞，免於釩使雞蛋產量及**體重下降**的毒性作用。杜桑特（Toussant）和拉特蕭（Latshaw）（1994）也一樣達到相似的結論。班納德捷利（Benabdeljelil）和傑生（Jensen）（1990）還發現，維生素C可保護蛋雞的**蛋**，不受和飲食中過多與釩有關的污染，使蛋白（蛋清）品質的下降。

高梅茲（Gomez）等人（1991）留意到，給予維生素C並無法明顯增加餵食釩的大鼠，其尿液中所排出的釩，或減少組織濃度。但針對小鼠，多明哥等人（1990）卻顯示出，維生素C能提高所給的釩自尿中排除。維生素C有助於排除釩的能力，似乎還不確定，即便在多項動物研究中，它明顯地降低釩的毒性。

關於釩中毒，跟很多其他金屬中毒一樣，由於維生素C屬於一種強效的還原劑（抗氧化劑）因而發揮大部分的正面影響。費勒（Ferrer）和巴倫（Baran）（2001）認為，維生素C是釩可能的**天然還原劑之一**。宋（Song）等人（2002）也已證實維生素C把釩化合物還原的強大

能力，同時還進一步證明，對同一種釩化合物，以維生素C相較於另一重要的抗氧化劑——**穀胱甘肽**，其在還原能力上有著巨大的優勢。

維生素C還原釩的能力，在**治療躁鬱症**上也一直有實用價值。內勒（Naylor）（1984）報告，**在躁症和憂鬱症兩者，體內釩的含量都升高**。表示這兩種情況，至少有一部分，是過多釩的毒性作用所引起的可能性。

躁鬱症的既定治療，如硫代二苯胺類藥物（phenothiazines）和單胺氧化酶抑制劑（monoamine oxidase inhibitors），已被證明有助於使**釩還原**成較不具活性的形式。內勒也補充，**維生素C已被報告能夠有效治療憂鬱症和躁症，可能都要歸功於它還原釩的能力**。亞當－維齊（Adam-Vizi）等人（1981）可以顯示，釩能抑制在大腦中協助聯絡神經元的一種重要酵素。他們並指出，維生素C可以逆轉部分釩的這種抑制作用。即使不是直接與憂鬱症和躁症有關，這項研究也有力地指出，釩在一些神經系統疾病上有著毒性作用，而維生素C能扮演阻止或逆轉釩的一些毒性作用。

總體而言，科學文獻並沒有直接說出，施予維生素C對於人體急性或慢性釩中毒的影響。然而，在一些動物研究卻是相當令人信服的，而且，在有關**躁鬱症**的資料上，也指出了維生素C在**人類釩中毒治療**上所發揮的重要作用。維生素C，即使是大劑量靜脈注射的安全性，都應能充分證明，不管用任何其他傳統方式治療急性或慢性的釩中毒，加上維生素C都是正當的。釩中毒的科學文獻裡有肯定的表示，即時給予足量維生素C，將可能消弭釩的臨床毒性。即使維生素C並沒有降低釩的組織含量，或**增加釩從尿中的排除**，也都是如此，因為那有點類似已發表文獻中所言，汞的毒性與維生素C的情況。

鎳（Nickel）是另一種用於各類合金的金屬。當工業的接觸夠多時，已知會造成明顯的**肺部毒性**。鎳也是一種**強大致癌物**，尤其針對**呼**

吸道的組織。

　　陳（Chen）和林（Lin）（2001）探討了氯化鎳對人類**血小板**（血液中啟動凝血的凝集因子）的影響。他們發現，暴露於鎳的血小板，脂質過氧化的這一個氧化壓力的指標會提高，而**維生素E**和**穀胱甘肽**的含量則呈現下降。他們並指出，**鎳降低了血小板粘在一起的能力**。在此系統中，維生素C明顯增加血小板聚集，降低脂質過氧化的程度，並且增加維生素E和穀胱甘肽的含量。作者得出結論：維生素C在於鎳對人類血小板的毒性能夠提供保護。此外陳和林（1998）還發現，維生素C可以減少暴露於鎳的人類**胎盤組織中**脂質過氧化的活性。避免出生有缺陷的嬰兒。

　　在人類淋巴細胞的培養中，沃茲尼亞克（Wozniak）和布拉夏克（Blasiak）（2002）顯示，鎳會引發有關促使DNA損傷的一種作用。該項研究還顯示，以維生素C預先處理，可以減少這種傷害，意味著，維生素C對於鎳能導致突變或癌症的基因毒性上，提供了某種程度的保護。迪爾（Dhir）等人（1991）能夠顯示，給小鼠餵食一種含**高濃度維生素C**的植物，會使**骨髓細胞染色體損傷明確減少**。奧西波娃（Osipova）等人（1998）也還發現，以維生素C預先處理，增加了暴露在**硫酸鎳**的人類淋巴細胞的生存能力（存活百分比）。

　　佩米諾娃（Perminova）等人（2001）在一項與維生素C減少鎳對人類的臨床毒性，有更直接相關的研究，觀察從一家銅鎳硫化物加工廠的冶煉車間工人身上所取出的淋巴細胞。依身體裡的鎳含量，從毛髮的分析去估計，並在**每天給予1000毫克維生素C一個月後，工人淋巴細胞的微觀檢查（細胞微核的數目）被發現有明顯下降。微核的數目越多代表染色體損傷的數量越多**。因此，這些微觀檢查的結果表示，相當少量的維生素C補充，就能夠減少職業暴露於鎳的工人，染色體遭受破壞的程度。

　　查特吉等人（1979）證實，維生素C可以使接受毒性劑量的鎳之大

鼠，恢復遭損壞的生長速率。此外，他們表示維生素C「**很大程度地**」**恢復**在**肝臟**和**腎臟**裡**許多酵素的活性**。達斯等人（2001）研究鎳在大鼠誘發脂質過氧化活性增加的能力。對實驗的動物，脂質過氧化活性是毒素所引起氧化壓力的直接指標。鎳很明顯增加了脂質過氧化的活性，如同時給予維生素C，能顯著地減少這種脂質過氧化活性的增加。另外，達斯等人測量肝臟中三種重要抗氧化劑酵素的含量，以及另一種重要的抗氧化劑，**穀胱甘肽**的含量。鎳確實會降低這些酵素和穀胱甘肽的含量，但在維生素C同時給予之下，對鎳所誘發的這種肝臟毒性則提供一個「相對保護」。

陳等人（1998）發現，給接受氯化鎳的大鼠合併維生素C給予，其脂質過氧化（氧化壓力）的程度會比較低，兩種肝臟酵素的含量也會比較低，而脂質過氧化和肝臟酵素都是直接反映鎳所誘發的肝臟毒性。陳等人（1998a）能在小鼠身上顯示，**維生素C加上穀胱甘肽**，能降低肝臟中鎳所誘發的脂質過氧化，並降低肝臟中的鎳濃度。

如同鉻，鎳在一些人身上會引發有毒的接觸性**皮膚炎**。梅蒙（Memon）等人（1994）給對鎳敏感的人進行了幾種藥劑的測試。20%濃度的維生素C製劑，可以很明顯地對一些受測者有幫助，而很常使用的1%氫羥腎上腺皮質素（hydrocortisone）製劑則沒有顯著的影響。

對於鎳毒性和維生素C的累積研究，都強烈表明，比那些研究中所使用的維生素C劑量更高，無論是從臨床上或是實驗室檢測來看，都可以有甚至更大的效果。與其他有毒元素一樣，人體鎳中毒的案例，科學文獻中似乎沒有提供很好的理由，去禁止、或警戒使用比較大劑量的維生素C。

鋁（Aluminum），這個在地球地殼中含量最豐富的金屬，並不具備明確有用的生物功能。鋁的暴露可以來自飲用水、鋁容器和炊具以及多種含鋁藥物，甚至許多腋下止汗劑。其毒性特別容易出現在**大腦**、**肝**

臟、**腎臟**和**骨頭**中。「去鐵胺」（Deferoxamine）這種螯合劑，是鋁中毒的常用治療。

安納恩（Anane）和奎比（Creppy）（2001）從人類皮膚細胞的培養顯示，**脂質過氧化**這個氧化損傷在血液中的重要表現，會被鋁的存在所引發。這些研究學者能表明，包括維生素C在內的抗氧化物治療計畫，在很大程度上能阻斷鋁增加脂質過氧化活性的能力。作者認為，脂質過氧化的活性，是促進鋁對細胞毒性作用的一個重要因素。斯溫（Swain）和茜尼（Chainy）（2000）還能顯示，維生素C可以防止小雞的大腦，被鋁所引發的脂質過氧化活性的增加。

與目前討論的一些其它有毒元素相反的是，有證據指出，維生素C能促進鋁從體內排除。富爾頓（Fulton）和杰弗瑞（Jeffery）（1990）給兔子喝含有氯化鋁和維生素C的飲水。相對於飲用水只含氯化鋁的兔子，發現同時接受維生素C的兔子，表現出更多的鋁排除。除此之外，維生素C並不會增加鋁在被研究的任何組織當中累積，維生素C甚至還能防止鋁在骨頭的堆積。

維生素C也已被證實，對鋁之於染色體的破壞能力，提供了保護。迪爾等人（1990）指出，維生素C在小鼠骨髓細胞裡，可以抵禦一些鋁所造成的染色體斷裂。羅伊（Roy）等人（1992）還指出，維生素C在暴露於鋁的小鼠骨髓細胞中，可以減少染色體損傷的指標與微核的形成。這兩項研究均表明，維生素C很可能對於鋁有毒地**誘發突變**和**致癌**的能力，提供了部分的保障。

雖然探討維生素C和鋁毒性的研究，相對來說是比較少的，但比起其它研究較多的有毒元素，仍然有一些針對毒性作用防護的相似模式出現。再說，看來維生素C除了消弭鋁的毒性之外，也有助於促進鋁從體內排出。由於維生素C對大多數人來說，毒性很低或沒有毒性，因此，在可能遭受鋁中毒的病人，於治療方案當中納入維生素C，似乎也是很合理的。

氟或氟化物（Fluorine,fluoride）在體內，對於幾個酵素系統是一種有毒的抑制劑，而眾所周知，它也會減少組織含氧量。雖然長久以來，氟化物都被提倡是用來作為**減少蛀牙**的藥劑，但是假使攝取的時間夠長，氟化物也會有毒性，已是一個不爭的事實。它的鹽類形式之一，氟化鈉，一直被用來作為除蟲的農藥。同樣的這個形式，一般用在**牙膏**裡，目的是防止蛀牙。

　　氟化物毒性最常見的形式之一，是**氟斑牙**（dental fluorosis）。有很大程度，是由於牽涉到牙釉質逐步惡化的情形，在美容外觀上，使這個診斷最終仍無可避免的事實。即使是那些提倡自來水加氟的人，通常也同意，有氟斑牙證據的孩童，已隨著時間而攝取了太多的氟，並且，不再鼓勵進一步接觸氟化物。

　　齲齒（蛀牙）的發生率，與**鉛**在血液中的較高含量有關（摩斯（Moss）等人,1999）。儘管找不到任何一篇直接探討血液維生素C含量和齲齒嚴重程度的研究論文，但在關於維生素C與鉛的章節中所概述的整體資料來看，很有可能是日常足量的維生素C補充，對齲齒會有一些保護效果。維生素C會降低血液中的鉛含量，繼而導致較低的齲齒發生率。

　　確實，維生素C無毒性的特性，和它被記載的許多其他優點，使得它在減少蛀牙上，比攝取各種形式的氟化物，更令人滿意。當氟化物累積夠多的量在體內，總是會有毒的，然而很少人能期待，最終在他們牙齒中的氟化物是「最佳」含量。累積將會繼續下去，而且大多數有重大暴露的人，尤其是那些喝下含氟自來水的人，可以預期會受一定程度的氟化物毒性。在這麼多社區，存在有自來水加氟過程的地方，維生素C的補充，將會是一個絕佳的替代方案。

　　古普塔等人（1994）表示，氟斑牙，長期以來被視為是一種不可逆的情況，也可以用包含**維生素C**、**維生素D**和**鈣**的治療計畫，非常有效地治療。幾乎所有接受治療的孩童，最早期的氟斑都能證明是完全可逆

的。氟斑牙較嚴重的案例沒有得到完全的消除，但還是表現出顯著改善。特別值得一提的是，維生素C的治療計畫，「**顯著減少**」了血液、**血清**和**尿液**中的氟含量。古普塔等人（1996）能夠顯示，如上文所使用的類似的維生素C治療計畫，也能扭轉早期的**氟骨症**（skeletal fluorosis），以及**氟斑牙**。

雷迪（Reddy）和斯里康提亞（Srikantia）（1971）在猴子的實驗中誘導出**氟骨症**。他們能證明，飲食中「足夠的鈣和維生素C」能減少氟化物對骨骼的毒性作用。這些毒性作用，包括X光下呈現**骨質疏鬆**，以及在骨頭裡特別活躍的一種酵素，**鹼性磷酸酶**（alkaline phosphatase）的**異常升高**〈編審註：這項指數的升高可做為骨損傷與癌症患者骨轉移的重要依據。〉。

在文獻中也有人討論過氟化物的其它毒性作用，以及用維生素C所作的有效治療。古納夏琳（Guna Sherlin）和維爾馬（2000）表示，**氟化鈉**在大鼠所造成的**鈣**和**磷**含量的下降，可以被同時給予的抗氧化劑，包括維生素C所略微阻止。納雅耶納（Narayana）和奇諾伊（Chinoy）（1994）觀察到氟化鈉在大鼠**精子**細胞，會誘發幾種不同類型的損傷。在這些氟所引起的毒性作用上，維生素C被注意到能帶來重大的恢復。

這樣看來，假使每天採取足夠劑量的話，維生素C對許多氟化物的毒性作用，可以提供顯著的保護。在治療任何嚴重的急性氟化物中毒時，都包含高劑量的靜脈注射維生素C，看來也似乎合理，比方說，吃到含氟化合物的殺蟲劑，例如氟化鈉。〈編審註：齒科氟化物的普遍使用亦是氟中毒的主要隱憂之一。〉

毒液

克萊納（1957）報告了治療一例，被**黑寡婦蜘蛛**咬傷而急性中毒的三歲半女童的偉大成就。他回想起女童病倒的那天，正玩到一半時，

「從她的肚子上敲下一隻大黑蟲」。她的病情發生得很突然，胃口盡失，而且肚子「感到緊緊的劇痛」。她幾乎是馬上就覺得作嘔，並約六小時後開始嘔吐。整個晚上斷斷續續地嘔吐，然後 12 小時之後發燒了。她的母親也注意到孩子的肚臍周圍有發紅的情形，「伴隨著極度的腫脹和僵硬」，碰觸到那個位置會引發劇烈疼痛。接下來的幾個小時，孩子的病情急劇惡化。當她逐漸「神志不清」時，「講話變得語無倫次」。這個小女孩發病後約 18 個小時，克萊納第一次見到她時，他用放大鏡，能夠辨識出蜘蛛咬傷「明顯」的毒牙印痕。克萊納發現這孩子對他的問話沒有反應，幾近昏迷，並出現吃力的呼吸。她的腹部被形容「像硬板一樣」。克萊納對他的診斷很有信心，先給了孩子靜脈注射的**葡萄糖酸鈣**。之後**15分鐘內，給予靜脈輸注的4000毫克**維生素 C。

　　儘管克萊納知道這個小女孩算是「病危」，他仍然確信他的治療會成功，也讓父母在家中處治孩子的病情，沒有住院。六小時後，他已能對女孩的腹部施力撫摸，而且小女孩的發燒從 39.7℃ 降到了 38.3℃。克萊納又再給她**4000毫克維生素 C 靜脈輸注**，並在此時鼓勵她自行補充水分。再過六小時後，發燒降到 37.7℃，小孩雖「無精打采，但睡不著」，不過可以輕易喝下少量的流質食物。第二天早上，12 小時後，孩子「清醒了，相對活躍，不那麼痛了，肚臍周圍約一半的腫脹和變色已經消失」。

　　克萊納接著又再給她 4000 毫克維生素 C **靜脈注射**，以及 3000 毫克**肌肉注射**。接下來的三天，孩子每隔三**至四小時服用1000毫克**的維生素 C，病情穩定進步中。第四天給予一點點灌腸後，女孩**排出大量血便**。血便通常暗示胃或腸道有出血。此外，蜘蛛的毒素可能太快消耗掉小女孩身體的維生素 C 存量，以至於這種流血代表一個**急性壞血病**症狀，表現出壞血病引起的出血。排完便後，孩子的胃口回復了，而且她迅速就回復到完全正常的狀態。據克萊納報告，在他的行醫生涯中，他曾成功地治療過「**八個證實為黑寡婦咬傷的案例**」。除了單次劑量的葡

萄糖酸鈣以外，克萊納還建議，**每公斤體重至少給350毫克維生素C靜脈注射**，並視病人的臨床情況加以重複給藥。

克萊納（1971）也描述治療了另一個極富戲劇性的例子，是以靜脈注射維生素C治療**毒液中毒**。這名成年男子在十分鐘前被貓毛蟲（puss caperpillar）咬了，因而來到克萊納診間。克萊納起初認為是黑寡婦蜘蛛所咬傷，並從靜脈給了他1000毫克的葡萄糖酸鈣。那男子覺得沒有改善，而且開始告訴克萊納說「他就要死了」。克萊納注意到病人變得發紺（青藍色），代表**毒液差不多要搶走他生存所需的氧氣了**。克萊納意識到他的病人已經瀕臨死亡，**便把12公克的維生素C抽到一支50cc的注射器裡。用20號針頭，以最快的速度推送活塞，將維生素C打入靜脈。**

甚至在注射還未完成前，病人即大聲地說，「感謝上帝」，而他的臨床狀況改善之快，就像先前迅速惡化一樣的快。臨床上克萊納相信，病人會很快死於**休克**和**缺氧**。克萊納認為，非常快速地給予12到50克的維生素C，可以產生了「瞬間氧化」作用，那會迅速恢復血液中的含氧量。

克萊納（1971）並指出，當有毒的、感染性的、或過敏的「刺激」，需要「快速逆轉」的時候，維生素C的劑量「必須介於每公斤體重350到1200毫克之間」，也「必須由靜脈注射給藥」。一般來說，這種做法應該保留在當醫生感到死亡幾乎迫在眉睫的臨床情況；否則，準備一瓶點滴，維生素C加進去靜脈輸注，才是最佳方法。

克萊納（1954a）還報告了一個四歲孩子，被一條成年的高地大毒蛇（moccasin）「全力襲擊」的而成功治療的案例。克萊納共用了**12公克**的維生素C，**有效地消滅已經釋放到小孩子身體裡的蛇毒液**。史密斯（1988）在彙報克萊納的成果時，注意到這小女孩，她的小腿嚴重疼

> 據克萊納報告，在他的行醫生涯中，他曾成功地治療過「八個證實為黑寡婦咬傷的案例」。

痛，「被咬後的二十分鐘內已經在嘔吐」。克萊納第一次先給**靜脈注射4000毫克**的維生素C。女孩在**30分鐘**內停止哭泣了，可以喝水，甚至笑得出來了。她坐在急診室的床上說：「走吧，爸爸，我現在好了，我們回家吧」。因為還有輕微發燒，以及小腿的持續疼痛，克萊納再給她**4000毫克的維生素C靜脈輸注**，然後那一天稍晚又給最後一次4000毫克。她沒有用到任何抗生素或抗血清。克萊納描述，「在被咬傷**38**小時後，她就完全恢復都正常了」。

　　克萊納比較了上述這個小女孩的案例，以及另一個也是被大毒蛇所咬的年僅十六歲女孩。從毒牙印痕的外觀來看，克萊納推測，大毒蛇的尺寸大致和咬傷小女孩的那隻一樣大。這位年紀稍大的病人沒有接受任何維生素C，但給了**三次劑量**的**抗蛇毒血清**。她的手臂腫成了對側手臂的**四倍大小**，需要用到**嗎啡來止痛**，並且需要**住院治療三個星期**。

　　史密斯引用克萊納描述他處治蛇毒中毒病人的方法：

　　當你見到病人時，所有會遇到的毒液都可能存在。要解決咬傷，給予足夠的抗壞血酸鈉是很重要的。你給的劑量越多，將會越快治癒。我們現在根據被咬者的體重，例行性給予10到15克抗壞血酸鈉。然後在口服腸道耐受性容許下，盡可能給予多的藥物，通常是每四小時5000毫克。

　　史密斯還講述了一例克萊納所遇到，被毒蛇咬傷，去別家急診處理過的病患。在先前的醫師曾試圖切開被咬的部位後，因為那部位已嚴重感染，病人也發燒到40℃。克萊納開始給病人每日兩次靜脈**滴注15000毫克的維生素C**，並加上每四小時口服5000毫克的維生素C。同時，也給予青黴素，而病人七天內就回去上班了。

　　雖說克萊納在於以維生素C治療毒蛇咬傷上，並沒有報告過很多例的經驗，他還是有信心，適當劑量的維生素C能治癒任何類型的毒蛇咬傷。他斷言，必須使用較大劑量，介於40000到60000毫克範圍的維生素C，來消除毒蛇咬傷的毒液，比方像大隻的**響尾蛇**或**水腹蛇**

（cottonmouth）（克萊納,1974）。

由此看來確實，應該要把維生素C添加到任何蛇、動物或昆蟲叮咬的治療中。奇倫托（Cilento）等人（1980）有寫，**因為維生素C「是無毒性、非特異性的抗毒劑，所以任何類型的叮咬，不用等待罪魁禍首被指認出來，都可以使用」**。

克萊納在這一領域提出了兩個更重要的意見。他認為，各種抗毒劑製劑往往使病人更糟。此外，克萊納（1974）指出，不論所處理的是哪一種情況，在確保能有正面的臨床反應上，給病人的維生素C劑量「是最重要的決定因素」。克萊納接著又說，從獲得正面臨床反應的角度來看，每天**30000毫克的維生素C**，似乎是關鍵，不分年齡和體重。這是一個一般規則，儘管對小嬰兒和幼兒，可能要產生正面的臨床反應所需的維生素C，會較少一些。克萊納補充，在一些「病理情況，例如，**巴比妥酸鹽類**藥物中毒、**毒蛇咬傷**或**病毒性腦炎**」，有些人可能就需要更大的劑量的維生素C了。

實際上，對於一些代謝人體儲存的維生素C如此之快的急性病毒性症候群，克萊納建議，劑量「**絕不要低於每公斤體重350毫克**」，**每一小時重複給予**，共**6**到**12**次劑量。根據臨床改善的情形，劑量可以隔開二至四個小時，直到病人痊癒。此外，克萊納（1971）發現，對於病危的人，像是**病毒性腦炎**而**昏迷**的病人，維生素C的起始劑量，應該要高達**每公斤體重1200毫克**。這可解釋為初次劑量100公克的維生素C。在文獻中，治療中毒或傳染性疾病的維生素C劑量，通常還不到克萊納用於達成他那驚人臨床成功的典型劑量的1%。

> 因為維生素C「是無毒性、非特異性的抗毒劑，所以任何類型的叮咬，不用等待罪魁禍首被指認出來，都可以使用」。

摘要

根據這一章中提到的資訊，維生素C仍然那麼少被用來治療不同的毒性狀態和急性中毒，這絕對很令人訝異。傳統醫師似乎一直沒有充足的可用資訊，「著手」運用維生素C那驚人的療癒力及治療特性。卡拉布里斯（1979）做了相當數量的關於維生素C的初步研究，有鑒於這麼多污染物對人類的健康和維生素C代謝的影響，他撰寫了一篇文章，研究是否應該增加維生素C的建議攝取量（RDA）。

卡拉布里斯表示，人們「普遍相信」，維生素C「顯著影響超過**50種以上**污染物的毒性和致癌性，其中許多是在空氣、水和食物的環境裡，無處不在的」。但難以置信的是，在發表了這項聲明後，卡拉布里斯卻還是下此結論：「從污染物相互作用的知識觀點而言」，「資料上無法提出正當理由來變更」維生素C的建議攝取量。

卡拉布里斯和其餘像他一樣的人所作的聲明，都迴避了一個重要的問題：需要多少的資料，才能夠建議每日常規攝取更多的維生素C？在任何有毒的病人身上例行使用維生素C，克萊納的資料已足以令人信服，而且，在這一章中提到很多研究報告，只是有助於強調克萊納在這麼多不同的情況，給予**高劑量**的維生素C處方，於科學上是正確的。只不過，就我所知，自克萊納死後，沒有醫師曾在這麼多情況下，有系統並持續地使用夠大劑量的維生素C。但顯然沒有好理由不這樣做。

更重要的是再一次指出，每當使用維生素C，其劑量高低的重要性。在每一次特定的臨床情況，如果沒有給出足量的維生素C，想要的恢復就不會發生，無論適當的最佳劑量維生素C原本可以對此情況如何的有效。假如您查看在這一章被引用的很多科學文章，將會發現，研究維生素C的專家們，所探討的是維生素C在介於每公斤體重1毫克，到每公斤體重超過6000毫克的劑量下，對他們實驗中的有毒對象所具有的效果。一點都不奇怪，相差6000倍之大的維生素C劑量範圍，會有

著各式各樣的臨床反應。不幸的是，閱讀其中這一些論文，會發現儘管用非常小的劑量，還是有許多研究人員很容易得出這樣的結論：維生素C對於某些類型的中毒是沒有用的。一旦任何劑量的維生素C都無法改善某種臨床情況，就經常會作出維生素C對那種類型的毒性「毫無益處」的結論。一個比較誠實也比較科學的結論會是：在這個劑量下的維生素C，沒有任何益處，但使用更大劑量的好處仍未可知。但諷刺的是，即使在很小的劑量下，維生素C也常顯示具有正面效果。或許這也是為什麼，有那麼多研究學者，甚至從來沒有考慮過使用更高之劑量的原因之一。

回顧文獻，會發現幾乎所有形式的毒性，無論是急性或慢性，似乎都該使用維生素C。所檢查的每種毒素，都加快維生素C的消耗，而維生素C的消耗如果不能及時、積極去補充治療，也會迅速產生它本身嚴重的問題。事實上，**壞血病的急性表現（即敗血症），往往是中毒的人死前的最後一個症狀。**

雖然身為一種抗氧化劑是很重要的，維生素C對於有效治療有毒的形勢上，也具有其正面效果。它能夠直接把這麼多不同的毒素，還原成毒性較低或無毒的代謝物，這還不是它唯一的重要作用。其他的抗氧化劑有助於支援維生素C的正面效果，也應該自由使用，但絕不應完全取代維生素C。

除了劑量的重要性，給藥途徑的重要性，無論再怎麼強調也不為過。口服維生素C由於會產生腹瀉（維生素C激增）的效果，總是有自身限制的。另外，對病危患者，由靜脈快速推注，或靜脈緩慢滴注維生素C來給藥，都可能是挽救病人，或對毒素佔上風的唯一途徑。**肌肉注射維生素C則只用於無法取得靜脈通道時，還有當口服維生素C提高血液濃度速度不夠快時。** 然而，可以的話，**靜脈注射**或**肌肉注射**之外，永遠應該再加上**口服**的維生素C。積極的補充水分，也是永遠該維持的。

雖說單獨使用克萊納之大小劑量的維生素C，往往就能治癒各種化

學中毒，而將維生素C添加到任何治療急性或慢性中毒狀態的標準療法當中，也不該有任何勉強才是。那心不甘情不願的醫生，最終讓步，在中毒治療計畫加上了即少量的維生素C，便很快就會意識到，原本的標準療法，不知何故變得更加有效了。

高劑量維生素 C 的安全性

" Opinions are caught like an infection,
and put into practice without examination. "

「意見好比傳染病，在未經求證前早已四處散播。」

—— 巴爾扎克（Balzac）1799-1850

總論

維生素C除了有其眾多和實質的臨床好處之外,也是無論在任何診斷下都能給予病人,最安全及毒性最低的療法之一。每個人都經常需要一些維生素C,而維生素C的給予,只有極少數的臨床情況會發生潛在的問題。一些研究學者對於這些情況下維生素C的適當劑量表示憂慮,而這些問題的正確性,也將一併詳細說明。

長期高劑量補充

靜脈注射維生素C已經證明為**非常安全**的維生素C補充形式。卡夏里(Casciari)等人(2001)報告,「**癌末病人**」用**每天50000毫克**的維生素C**靜脈輸注**,長達八週。在這樣的給藥之下,「血球計數和化學參數」並未顯示出任何毒性或副作用的證據。卡羅克里諾(Kalokerinos)等人(1982)也針對靜脈注射維生素C的安全性,提出了報告,他指出,「光是在**澳洲**,就有約莫100個醫生」對病人施以**每天高達300000毫克**的維生素C。這些作者尚且提到,「大多數情況下,結果都很驚人,唯一的副作用就是**帶來長期的健康**」。

> 有約莫100個醫生」對病人施以每天高達300公克的維生素C。
>
> 「大多數情況下,結果很驚人,唯一的副作用就是帶來長期的健康」。

卡斯卡特(1981)對他的病人,採用將維生素C提高到「腸道耐受性」劑量的方法(請參閱第二章,愛滋病的治療),經常以口服的抗壞血酸,給予病人每天大於200000毫克的維生素C。卡斯卡特(1985)聲稱,過去14年來他曾以維生素C治療超過11000位病人。有關於在24小時內,範圍從4000毫克到超過200000毫克的劑量,他的評語是,這

些劑量的維生素C「顯然沒有系統性的難度」。截至1993年為止，卡斯卡特的病人數已超過20000人，而且這樣的劑量也都沒有遇到明顯的困難（卡斯卡特,1993）。一些他的愛滋病患者（卡斯卡特,1984年），每天固定接受的維生素C在25000到125000毫克之間不等，其劑量的差別，只取決於反映疾病活性程度以及腸道耐受性的波動。卡斯卡特指出，偶爾有病人稍微抱怨脹氣、腹瀉或胃酸過多，這比較常出現在健康的病人身上，反而「病得很重」的患者很少發生。他宣稱，即使這麼高劑量的每日維生素C，他也「想不起有什麼病人曾因大劑量的抗壞血酸而受過損傷」，除了少數人，會在他們嘴裡用維生素C漱一漱口後才吞下，而對法瑯質起了一些溶解的作用。

卡斯卡特也談到，一些作者認為與維生素C治療有關的幾個可能副作用的發生率。卡斯卡特注意到，在他所使用的維生素C劑量下，**並沒有出現草酸鹽的腎結石**，並且，注意到先前有結石的病人也沒有再發生。卡斯卡特多方面的臨床經驗，直接駁斥了認為大劑量維生素C會導致腎結石形成這樣一個普遍但錯誤的觀念。

卡斯卡特也說，「一千人裡有三個人」出現「輕微的疹子」，但在沒有中斷維生素C之下，疹子便消失了。泌尿道方面，他指出「有六個病人出現輕微的解尿疼痛」，但是也指出，「急性和慢性的尿路感染」往往能用維生素C加以根除。有少數病人，在某些類型的珠寶首飾下，會使「皮膚變色」，那可能是由於維生素C的排毒功效。卡斯卡特報告說，少數病人在低劑量維生素C下，口腔內會出現小潰瘍，但隨著劑量增加到腸道耐受劑量後，便會消失。他還發現，有「隱藏消化性潰瘍」的幾個病人可能會有痛感但其它人則從中受益。卡斯卡特也評論，高劑量維生素C有助於痛風性關節炎，他只看見效益，而無惡化的情形。

莫提爾（Moertel）等人（1985）在100例末期大腸癌患者，進行了一項前瞻性、雙盲的研究，探討每天10000毫克維生素C，相較於安慰劑對照組的影響。除了少數患者使用維生素C有比安慰劑出現了稍多的

胃灼熱（作者認定為「不具統計意義」的差異）之外，所有病人都沒有檢測到「維生素C具體毒性的明確證據」。然而，所使用的維生素C形式可能是抗壞血酸。假若以抗壞血酸鈉來給予維生素C的話，可能就不會產生任何的胃灼熱了。

使用維生素C的平均時間是二點五個月，其中持續時間最長的為十五點六個月。儘管受試者預期會對任何即便只有輕微毒性的藥劑，也都特別敏感的生病病人，每日10000毫克的劑量，他們的耐受度都非常的好，沒有觀察到明顯的副作用。更早以前，庫里根（Creagan）等人（1979）曾給123位被認為「不適合」化療的末期癌症病人，使用抗壞血酸來給予10000毫克的維生素C，或者安慰劑。這些患者都病得很嚴重，平均存活時間為七個星期。不過，他們對維生素C的耐受度非常好，僅有輕微的噁心和嘔吐，其發生頻率和服用乳糖安慰劑者一樣多。作者還特別指出，即使一些病人接受維生素C超過六個月以上，此療法也沒有造成腎結石。

班迪希（Bendich）和朗塞特（Langseth）（1995）整理了一篇很棒的回顧性論文，其中討論了長期補充維生素C的安全性。除了上文提到的報告，許多其他的維生素C治療試驗，也報告說，大多數研究者和臨床醫生所用的「大劑量」範圍內的維生素C沒有副作用。五項給予維生素C或安慰劑的雙盲研究裡，每天的維生素C劑量範圍介於400到4000毫克，而治療的持續時間從一個月到二十四個月之間（盧德維格松（Ludvigsson）等人,（1979）；伯西（Bussey）等人,1982；麥基翁-艾森（McKeown-Eyssen）等人,1988；泰勒（Taylor）等人,1991；歐西利西（Osilesi）等人,1991）。

在其它六項沒有採用雙盲法、也沒有給予安慰劑的臨床試驗中，長期給予維生素C並沒有造成任何副作用。維生素C劑量是每天500到5000毫克，治療期間則從一個月至三十個月（勒克斯（Lux）和梅（May）,1983；（Melethil）等人,1986；布羅克斯（Brox）等人,1988；

戈多（Godeau）和比爾林（Bierling），1990；
麗凡（Reaven）等人，1993；夏爾馬
（Sharma）和馬圖爾（Mathur），1995）。
在一篇論文裡，他們回顧大量的維生素C
的相關研究，其中漢克（Hanck）（1982）
也確認了長期補充的卓越安全性。貝斯
（Bass）等人（1998）在一項雙盲研究中，
發現**給予維生素C，即便對早產兒也是非常安全的**。

> 在一項雙盲研究中，發現到給予維生素C，即便對早產兒也是非常安全的。

　　結論很顯然就是，維生素C是一種非常安全的補充，而且已經有很大的劑量、給予了很長時間，卻無任何重大問題發生。能夠像維生素C一樣不具副作用的處方藥、非處方藥或補品很少，如果有也為數不多。儘管維生素C所具有的最大的彈性之一，在於可攝取之任何物質的劑量，也仍是如此。輕度的胃灼熱或胃不舒服，這類輕微的腸胃道作用，僅限於單純抗壞血酸形式的維生素C（俱酸性）。維生素C（已與小蘇打中和）的**抗壞血酸鈉**形式，也同樣有效，而且此劑型不會讓胃不舒服。

維生素C是否造成腎結石？

　　抗壞血酸的維生素C，首先代謝為**氧化的抗壞血酸**，亦即**脫氫抗壞血酸（DHAA）**。維生素C是作為一種抗氧化劑，當它在執行主要任務時，先貢獻出兩個電子給另一種化合物時，脫氫抗壞血酸就立刻產生出來了。其他抗氧化劑（如維生素E、硫辛酸、穀胱甘肽等）和一些酵素，可以迅速使得脫氫抗壞血酸再變回強效、非氧化形式的抗壞血酸（朗（Long）和卡爾森（Carson），1961；巴蘇等人，1979；羅斯和波德（Bode），1992；波德等人，1993）。但是，當這個再生未發生時，維生素C就會進一步的代謝分解。維生素C的主要代謝途徑，如下所示（戴

維斯（Davies），1991）：

1. 維生素C（抗壞血酸）轉變為脫氫抗壞血酸
2. 脫氫抗壞血酸轉變為二酮古洛糖酸（diketogulonic acid）
3. 二酮古洛糖酸轉變為來蘇糖酸（lyxonic acid），木糖（xylose），蘇糖酸（threonic acid），或草酸（oxalic acid）（草酸鹽（oxalate））

草酸鹽，是維生素C在體內被利用和充分分解後的主要**代謝產物**。草酸鹽被認為是一個真正的代謝「**終產物**」，因為，沒有證據指向哺乳動物的組織會再進一步利用它，或再進一步分解它（哈格勒（Hagler）和赫爾曼（Herman），1973）。因為大多數**腎結石**的主要成分是**草酸鈣**（杰安提（Jayanthi）等人,1994），因而，許多傳統的醫生就簡單地推論：大量的維生素C補充會導致腎結石。單單就這個原因，很多病人似乎仍被他們的醫生警告說，維生素C補充「可能會」引起一些問題，並增加他們產生腎結石的機率。

然而，仍有大量出自備受推崇的研究中心所作的文獻存在，指出了正好相反的看法。對已知有腎臟病的患者，一些合理的注意事項是適宜的。但是，**一個能避免自己脫水**，並攝取甚至是極大量維生素C的健康者，不需要去擔心腎結石形成。事實上，有一些研究強烈建議，規律補充維生素C實際上會降低腎結石發生的機會。哈佛大學的兩項最新的廣泛研究裡，清楚地表明，在健康的成年人，維生素C並非產生腎結石的因素。克爾翰（Curhan）等人（1999）檢查了一群沒有腎結石病史的

> 婦女共85557位。經過14年的追蹤期維生素C的攝取，增加結石發生的風險，兩者並沒有統計上的關聯。
>
> 45251男性也一樣發現，經過他們六年的追蹤期，維生素C並不是形成結石的危險因子

婦女共85557位。經過14年的追蹤期，這一群人裡有1078例發生了腎結石。維生素C的攝取，增加結石發生的風險，兩者並沒有統計上的關聯。稍早之前，克爾翰等人（1996）檢查了一群沒有腎結石病史的45251男性。他們也一樣發現，經過他們六年的追蹤期，**維生素C並不是形成結石的危險因子**，而且不論每天是攝取250毫克還是1500毫克的維生素C，都沒有關係。

格斯特（Gerster）（1997）表示，有一項統計研究顯示，攝取最大量維生素C的人，比攝取最少量維生素C的人，實際上腎結石的風險更低。賽門和于代斯（1999）更確切去分析這個關聯性，發現在男性，血液中的維生素C濃度每增加1.0毫克／分升（1.0mg／dL），與腎結石發生率約莫28%的下降，有「獨立」的相關性。據格克爾（Gaker）和巴徹（Butcher）（1986）的報告，**有一位八十一歲女性，只以利尿劑、抗生素**和維生素C**治療八週，便成功地溶解了很大顆的腎結石**。

貝菲爾德和齊克（Zucker）（1993）在他們的獸醫工作當中，報告過兩例以維生素C溶解膀胱結石的個案。有一隻十歲大的母狗被發現有膀胱結石。因為主人不想只因結石這個理由就讓牠動手術，這隻狗每天被餵食了**500毫克**的維生素C。六個月後，這隻狗由於另一個不相干的理由，接受子宮的手術，然後在術中檢察膀胱時，發現**結石不見了**。在另一個案例，獸醫用抗壞血酸給予一隻小型犬每天8000毫克的維生素C，為期四個月。這也成功溶解了一顆大的膀胱結石。

很多因素都會牽涉到尿液中的**草酸鈣沉澱**，而導致結石形成；增加維生素C的補充，只是這些因素之一。重要的是明白，當其它周遭環境也有利於一種病況的發展時，某一特定風險因子只產生一種特定的身體病況。這些危險因子，與其特定參考出處，如下所列：

1. 尿液中的草酸鹽增加
2. 維生素C的補充增加
3. 用抗壞血酸鈣的形式來作為維生素C的補充

4. 尿液中其它溶解物（溶質）的存在與濃縮

5. 重金屬螯合劑，例如二巰丙磺鈉（DMPS）、二巰基琥珀酸（DMSA）、和乙二胺四乙酸（EDTA）的存在，這些物質因為增加了尿液的溶質負擔，以及對腎臟的毒素傷害，而具有它們獨立的腎毒性。

6. 尿液中的鈣增加

7. 尿液中的鎂減少

8. 尿液中的檸檬酸鹽減少

9. 尿液中的鉀減少

10. 尿液中的胱氨酸增加

11. 尿液中的磷增加

12. 尿液中的尿酸增加

13. 尿液中的脂質和膽固醇增加

14. 年紀增加，以及和年紀相關的腎絲球過濾率下降

15. 硬水的飲用

16. 整體的水分補充狀態

17. 每天的尿流量及尿液形成減少

18. 尿液酸鹼值

19. 飲食中的鈣不足

20. 鈣的補充；補充的鈣造成鈣的膽囊結石

21. 維生素D的補充

22. 鎂和維生素的攝取不足

23. 全身，特別是在血管系統中，原本就存在的鈣沉積

24. 原本就存在的腎功能缺損或腎衰竭；洗腎中

25. 易患結石的泌尿系統部位，其內襯細胞發生任何損傷

26. 攝取會產生草酸鹽結石的食物，或含有草酸鹽的食物

27. 攝取會產生草酸鹽結石的飲料，或含有草酸鹽的飲料

28. 攝取會產生草酸鹽結石的補品和藥物，或含有草酸鹽的補品和藥物

29. 攝取會產生草酸鹽結石的毒素

30. 接受全靜脈營養療法

31. 缺乏比哆醇（維生素 B_6）

32. 缺乏硫胺素（維生素 B_1）

33. 曾接受腸子繞道或切除手術，或任何原因的小腸吸收不良

34. 泌尿道感染，或細菌的存在

35. 泌尿道氧化壓力增加的存在

36. 原發性高草酸鹽尿症

.　一種遺傳性異常(請確認是哪一個)

37. 副甲狀腺亢進

38. 尿滯留，或解尿不完全

39. 阻塞性泌尿道疾病

40. 多囊性腎病變

41. 肝硬化

42. 糖尿病

43. 鬱血性心臟病

44. 克隆氏症（Crohn's disease）

45. 囊腫纖維化（cystic fibrosis）

46. 腎小管酸中毒

47. 結節病（sarcoidosis）

48. 克氏症候群或先天性睪丸發育不良症（Klinefelter's syndrome）

49. 寄生蟲病，包括阿米巴病、血吸蟲病、梨形鞭毛蟲病和蛔蟲病

50. 抗生素治療

51. 氟化物攝取增加

52. 長期臥床

53. 腎臟移植
54. 高血壓
55. 酒精攝取增加
56. 葡萄糖攝取增加
57. 懷孕
58. 甲氧基乙烷（methoxyflurane）麻醉
59. 阿金斯飲食（Atkins Dict）
60. 太空旅行

維生素C和腎結石的關聯，之所以持續引起關切，主要原因之一，就是因為**維生素C確實會增加尿液中草酸鹽的濃度**。因此，更多的、長期的給予維生素C，會繼續增加草酸鹽的濃度，直到草酸鈣結石開始形成。這也似乎是個合乎邏輯的假設：

然而，研究卻證明並非如此，儘管維生素C是增加草酸鹽形成，和隨後草酸鈣結石形成的許多危險因子（見上文）之一。施密特等人（1981）能確定，**即使維生素C繼續持續給藥，草酸鹽的產生實際上是停滯的**。研究人員指出，有很大量的維生素C甚至並沒有代謝為草酸鹽，而是原封不動的從尿液中排泄。

對於任何重大的病情，當給予非常高劑量的維生素C時，維生素C是具活性的、非氧化的形式，會比維生素C的代謝分解產物，更容易從其氧化的形式中再生。這個過程進一步抑制了維生素C轉變為草酸終產物的不可逆代謝。竹野內（Takenouchi）等人（1966）發現，給予人體的維生素C，大約有**80%**，以**脫氫抗壞血酸**這個維生素C的氧化形式被**排出體外**。他們得出了結論：維生素C在人體的代謝分解，並不一定要遵循整個次序而變為草酸鹽。他們還注意到，當**維生素C的劑量增加**，尿液所排泄的**二酮古洛糖酸**（diketogulonic acid）也會**增加**。這明確的暗示，二酮古洛糖酸進一步氧化分解成草酸這個步驟未必一定發生，以

使維生素C的代謝分解產物排出體外。

蘭登（Lamden）和克萊斯多斯基（Chrystowsky）（1954）在男性健康受試者身上，顯示出4000毫克或更低劑量的維生素C，比起未補充的受試者，「**在草酸的排泄量上沒有顯著增加**」。菲度里（Fituri）等人（1983），給八個正常人，每天攝取8000毫克的維生素C，為期七天後，發現「**在攝取期間或攝取後，並沒有明顯改變尿液或血漿裡的草酸**」。其它的研究人員則發現，給予維生素C將提高尿液的草酸含量（提塞留斯（Tiselius）和阿爾姆高（Almgard）,1977；哈奇（Hatch）等人,1980；休斯（Hughes）等人,1981）。正如在前面清單中所指出的，維生素C只是許多會影響最終是否形成草酸鈣結石的危險因子之一而已。

不幸的是，很多探討這個問題的研究，甚至都沒有去找出上面所逐項列出的其它危險因子，而對維生素C增加尿液中草酸的能力，產生出相互矛盾的結論。菲度里等人還指出，有些研究使用片劑形式的維生素C，而且他們認為一些片劑裡所含的酒石酸和蔗糖，在體內可以轉換為草酸鹽。片劑藥丸中這種添加物的含量，可以很大量，因為維爾克（Wilk）（1976）注意到，100毫克的維生素C藥丸，重量是400毫克，其中另外的300毫克都是填料。奧爾（Auer）等人（1998a）也顯示，未以乙二胺四乙酸（EDTA）加以保存的尿液檢體，在測試的時候，會紀錄到錯誤的極高含量草酸鹽，這可能也代表了，補充維生素C的人在其他尿液研究當中，草酸鹽的含量會比較高的原因。

從邏輯上講，必須要有各種代謝和排泄維生素C的途徑，而不是光由尿液中的草酸鹽。卡夏里等人（2001）顯示，每天把**50000毫克**劑量的維生素C，由靜脈注射到**癌症**病人身上，為期八週，是不成問題的。假如尿液的草酸鹽是維生素C唯一的排出代謝產物，那這樣的劑量，會導致尿液中草酸鹽的過度飽和，以至於晶體沉積和最終的結石形成就會出現。但是，事實上這並未發生。

既然草酸鹽是這麼多腎結石的主要成分，了解尿液中許多其它使草酸鹽濃度上升的潛在來源，也就非常重要了。除了維生素C外，乙醛酸（glyoxylate）和甘醇酸（glycolate）也是可以被代謝為草酸鹽的主要物質（小川等人,2000）。此外，還有許多其它次要的**草酸鹽前驅物**，包括明膠、特定氨基酸（如色氨酸、苯丙氨酸、天冬氨酸、酪氨酸、蘇氨酸、天冬醯胺）、肌酐、嘌呤、葡萄糖、其它碳水化合物、以及可能的幾樣未經確認的物質（哈格勒和赫爾曼,1973）。

　　當一個人吃了富含前驅物的特殊飲食，比如常常攝取過多的含阿斯巴甜的飲食、飲料和其它減肥食品時，對於草酸的生成，較次要的前驅物是可以發揮很大的重要性。**阿斯巴甜**主要是苯丙氨酸和天冬氨酸的組合，這兩個都是可以形成草酸鹽的氨基酸。還有，如果病人正在接受高**濃度氨基酸**的靜脈輸入營養液，也會導致草酸鹽的形成增加。甘氨酸，是最簡單的一個氨基酸，可能是乙醛酸的主要來源，而乙醛酸是草酸鹽的主要直接前驅物（哈格勒和赫爾曼,1973）。

　　草酸鹽的重要食物來源，包括菠菜、大黃、洋香菜、柑橘類水果和茶。茶可能是一般英式飲食中草酸鹽的最重要來源（扎倫布斯基（Zarembski）和霍金森（Hodgkinson）,1962）。其他草酸鹽的重要膳食來源，包括瑞士甜菜、可可、巧克力、甜菜尖、胡椒、小麥胚芽、山核桃、花生、黃秋葵、豆泥、扁豆、和萊姆皮。各種以大豆為基底的食品也含有大量的草酸鹽（梅西（Massey）等人,2001）。

　　高嘌呤食物，如**沙丁魚**和**鯡魚卵**，也大大地增加草酸鹽排泄（扎倫布斯基和霍金森,1969）。文獻中還曾報告過攝取過多大黃後所產生的草酸鹽中毒（塔爾奎斯特（Tallquist）和韋內爾（Vaananen）,1960；卡利亞拉（Kalliala）和考斯特（Kauste）,1964）。顯然，詳細的飲食病史，是妥善處理任何有腎結石風險或腎結石病人的關鍵；只把減少或停止維生素C攝取，當作僅有的重要介入作法，對病人來說並不是最好的。排除一樣或幾樣病人最愛的、含草酸的食物，始終應優先於減少或

取消任何規律補充的維生素C。

　　鈣在草酸鈣結石形成的傾向上，也扮演著好幾個角色。減少膳食中的（不是補充的）鈣攝取，會增加腸道對草酸鹽的吸收（霍金森,1958）。相反的，克爾翰等人（1993）在一項45619個個案的研究裡，發現膳食中攝取高含量的鈣，能減少有症狀之腎結石的風險。克爾翰等人（1997）從91731在女性的檢查中，再次發現膳食中攝取高鈣，能減少有症狀之**腎結石**的風險，「**而攝取補充的鈣，則可能會增加風險**」。他們還發現，維生素D增加人體草酸鹽的排泄（霍金森和扎倫布斯基,1968）。

　　一些研究人員實際上已經證明，維生素C可能會減少那些本來就有結石病史的人，腎結石形成的可能性，這表示維生素C在治療腎結石疾病上，可能發揮了療效作用。施維勒（Schwille）等人（2000）發現，維生素C在這些人身上，實際抑制著草酸鈣結晶的產生。沒有意外，他們得出的結論為：「正常情況下」維生素C對促進腎結石的形成，並沒有扮演甚麼角色。

　　格拉塞斯（Grases）等人（1998）可以證明，使用活的上皮細胞的實驗模型裡，受到自由基損害的細胞，傾向於製造一個形成草酸鈣結晶的「有利環境」。而他們發現，在預防草酸鈣結晶的形成上，維生素C「具有最顯著的影響力」。

　　賽爾文（Selvam）（2002）發現，「**抗氧化劑**治療預防了大鼠腎臟的草酸鈣沉澱，也能減少結石病人的草酸鹽排泄」。格茨（Gotz）等人（1986）顯示另一種抗氧化劑，硫辛酸，有助於防止狗的草酸鈣結晶體沉澱。杰安提等人（1994）也顯示**硫辛酸**能有效降低大鼠腎臟和尿液中的草酸鹽含量。作為一種強效**抗氧化劑**，維生素C可能和硫辛酸有著相同的效果。當然，維生素C也抑制自由基，防止氧化損傷，並在這種損傷已造成後促進組織的修復。或許，消除了這種組織損傷的病灶，使草酸鈣的異常沉澱更難開始。這可能是維生素C減少腎結石形成的一個重

要方式。麥考密克（1946）很久以前就堅信他對維生素C的研究，暗示著維生素C的缺乏，是體內任何地方有結石產生的「基本病因」。

維生素 C 和腎結石形成之關聯性的典型研究報告

曾有些零星的報導，提到維生素C的給予和腎結石形成或腎功能惡化的關聯。羅頓（Lawton）等人（1985）報告了一個五十八歲女性的案例，在用抗壞血酸給予靜脈注射45000毫克的維生素C後，因沉積在腎臟的草酸鈣結晶，造成**急性腎衰竭**。不過，這個病人原本就存在著腎臟疾病（腎病症候群），和一種被稱為**澱粉樣變性**（amyloidosis）的疾病，那會有大量的蛋白質從尿液中（免疫球蛋白）流出。

澱粉樣變性往往會導致腎病症候群，而那可能就是這位女士的狀況。給予維生素C之前，病人的用藥包括：培尼皮質醇（prednisone, 類固醇）、威克瘤（melphalan）和補束剋注射（busulfan）（癌症化療藥物）、服樂泄麥（furosemide,利尿劑）、維生素B群、維生素E、亞硒酸鈉、美舒鬱（trazodone hydrochloride, 抗憂鬱劑）、四環黴素（doxycycline,抗生素）、左旋甲狀腺素（levothyroxine,甲狀腺素）、及多庫酯鈉（docusate sodium,軟便劑）。

這位病人的尿液已經很濃縮，含有異常的蛋白質，而利尿劑的使用可能更加耗盡身體的水分，且讓尿液更加濃縮。尿液因任何溶質，比如異常的蛋白質，而變得越發濃縮時，任何其他溶解的物質（如草酸鈣），就越有可能自溶液中沉澱。作者認為，這病人還患有另一項診斷即**鬱血性心衰竭**，也會減少腎臟內的血流量和流速，這也有助結晶的形成，以及隨後的腎功能的衰竭。此外，有時候，維生素B12在某些以補充劑形式而非膳食形式來攝取的人身上，會具有毒性作用。甲狀腺素的補充，則暗示這位女士的甲狀腺功能低下，這又很容易產生甚至於更難預料的問題。再說，也沒有證據能顯示，還有什麼其它藥物、維生素或

營養素，跟維生素C一起被添加到點滴瓶裡。

很多成年婦女，特別是老年人，會服用固定劑量，長得像白雲石一樣，硬糖果型式的鈣補充劑。過量的鈣，會尋求一種方式從尿液中解出來，它們和已濃縮於尿中的草酸鹽，就變為現成的搭檔。如果這個病人有機會**服用大量的阿司匹林**，那這又是另一個已被證明能大大增加尿液裡草酸鹽的因素（埃爾─達科哈克尼（El-Dakhakhny）和埃爾-賽義德（El-Sayed），1970）。唯一能很肯定地說，維生素C是構成這位不幸的患者腎衰竭的許多可能因素之一。

辛格（Singh）等人（1993）能夠在天竺鼠證明，單單維生素C，並不會造成腎結石和膀胱結石的形成。但是，他們的確也顯示了，維生素C跟碳酸鈣和其它來源的草酸鹽（草酸鈉）一同給予，確實有助於形成結石。這也強烈暗示，很多在補充了維生素C後罹患腎結石的病人，其實正在服用抗壞血酸鈣（而不是抗壞血酸鈉或抗壞血酸），或鈣的補充劑，或兩者皆服用。

卡斯卡特（1993）在他與成千上萬病人的經驗裡，例行用抗壞血酸鈉加在**乳酸林格氏液中**，作為維生素C的輸液，除此之外別無他物（除了極少量用來防止維生素C氧化的乙二胺四乙酸）。結果是，他從來沒有報告出任何災難性的事件，或甚至任何有意義的輕微副作用。每當有其它多種維生素、礦物質和營養素被添加到維生素C輸液裡，負面的結果就確實不能只歸咎於維生素C。另外，羅頓等人甚至於承認，**維生素C輸液的pH值如果不對，是有可能使得維生素C在給予病人前，就轉化為草酸鹽。**

既然在上文所提，羅頓等人的病人身上，維生素C輸液有可能是不幸臨床結果的影響因素，那麼看來，證明腎臟裡草酸鈣結晶的沉澱，是由很多的其它因素造成的。**對原本就有腎臟病的患者，在給予維生素C補充時，永遠應該要額外加以注意**，而且，其他因素例如**長期使用利尿劑**可能會造成的**脫水**，以及因**異常大量蛋白質**而被濃縮的、流速變慢又

混濁的尿液，都值得密切關注。

當任何其它治療會對已承受異常高溶質負荷、生病受損的腎臟，再施加更多的溶質（溶解的物質）負荷時，永遠應該讓謹慎且嚴密的監測，成為治療的一部分。此外，只要沒有因疾病造成水分滯留的情形存在，如**鬱血性心衰竭**，在補充維生素時，都應該**伴隨積極的水分補充**。

有一些其它的論文和案例報告，試圖將維生素C和草酸鈣沉澱增加並伴隨不同程度的腎衰竭來做一個連結。然而，卻沒有找到報告，是草酸鹽和鈣其它可能的來源，去做廣泛分析的（請看上面的逐項清單）。先前列出，甚至提到具體存在或不存在的、促使結石形成的要項，也只是極少數而已。每一篇報告都出現將全部或大部分草酸相關後果，歸咎於靜脈或口服維生素C的內容。一些報告列舉如下，當中，許多其它結石風險因子的存在，僅有少數被提及：

1. 史瓦茲（Swartz）等人（1984）報告了一位二十二歲女性，切除掉幾乎整段小腸後，在接受以維生素C居家靜脈注射的後，發生了腎功能的缺損。營養照護和小腸切除，兩因素加上維生素C，會使草酸鹽增加。這類患者也往往會脫水。

2. 馬舒爾（Mashour）等人（2000）報告了一個三十一歲男性，經過六天的頭痛、三天的噁心嘔吐後，出現急性腎衰竭。沒有提到他是服用哪一種維生素C，只知道有大量的錠劑形式，其中含有可能會導致草酸鹽形成的其他成分。此外，**噁心**和**嘔吐**代表他很可能**脫水非常嚴重**，而**這是形成草酸鈣結晶一個很強的誘發條件**。

3. 也有人報告過原先存在著腎臟病的其他案例，而患有腎臟病一直是一個大大提高結石發生的風險因子，不管存在的草酸鹽產生之來源為何。翁（Wong）等人（1994）：使用維生素C後的急性腎衰竭；病人早已有繼發於惡性阻塞性尿路病變所引起的腎功能不全，同時還攝取大量富含草酸鹽的草本植物，包括

土耳其大黃根（turkey rhubarb）。麥卡利斯特（McAllister）等人（1984）：靜脈注射維生素C後的急性腎衰竭；病人早已經有末期的腎功能不全；沒有其他可能風險因子的評估被提及。

慢性腎衰竭和長期接受洗腎的病人，需留意**草酸鹽**的所有來源，包括維生素C治療時，都必須要**認真監控**（巴爾克（Balcke）等人,1984）。事實上，大多數的洗腎病人，他們的**腎臟**和**心臟**都已經有了**草酸鈣沉澱**（薩耶爾（Salyer）和克倫（Keren）,1973），也有其它洗腎病人在他們的**骨頭**裡發現有草酸鈣沉澱（奧特（Ott）等人,1986）。但是，也並不是說就要完全避免維生素C的補充，因為，**洗腎過程中會產生氧化壓力的增加**，這個問題需要長期來解決（胡爾特奎斯特（Hultqvist）等人,1997）。各家建議不盡相同，但很多作者都表明**洗腎病人補充一些維生素C的必要性**（彭卡（Ponka）和庫爾貝克（Kuhlback）,1983；哈（Ha）等人,1996）。

塔米賽爾凡（Thamilselvan）和塞爾凡（Selvam）（1997）從大鼠的研究證明，**草酸鹽**本身會**增加氧化壓力**，而**氧化壓力在腎臟會引發微沉澱**。這使得持續良好抗氧化治療成為必要，以避免進一步的結晶沉澱發生。這些作者還表示，面臨草酸鹽的這種挑戰，確實會降低腎臟**維生素C、維生素E和穀胱甘肽**的含量。這再一次支持了抗氧化劑的治療，其中包括維生素C，必須取得適當平衡的觀念，以便讓慢性腎衰竭的患者得以保持一個最佳健康。

在這一點上，需要清楚地強調一件事。在回顧科學文獻時，沒有找到任何報告，把維生素C當成是**正常人**身上過量的**草酸鈣結晶**形成，進而引起**腎衰竭**的唯一因素。**脫水和原先早已存在的腎臟病史**，可能是維生素C治療後會加快腎功能急劇下降的兩個最一致的情況和危險因子。此外，在回顧相關文獻時，很顯然的，增加草酸鹽形成的許多危險因子

第四章
高劑量維生素C的安全性

277

裡，沒有幾項曾被精確提及，特別是一旦已知結石患者有在服用任何維生素C。

在一個有足量維生素C的正常人，也可能會導致草酸鈣結石嗎？可能會的，但幾乎是牽涉到**大量脫水**或幾個其它上述危險因子已存在的情況下才會。維生素C跟很多其它營養素和藥物一樣，永遠應該合併積極的水分補充。溶質攝取量大而排尿量少，就會使當中任何物質的濃度一直增加，招致結晶沉澱。個人認為，只有在不太喝水的人，才應考慮給予最小劑量的維生素C。即使是正常的生理只能撐到目前為止。特定的維生素C劑量建議，以及提供給結石形成風險稍高的患者之建議，將在第六章裡討論。

維生素C：抗氧化劑與促氧化劑

在討論這個話題時，首先要了解活體內（in vivo）研究與活體外（in vitro）研究的差異，這是很重要的。活體內的研究，意謂這個研究所探討的是，正在研究的這種物質和整個身體的反應以及相互作用；而活體外則意謂這個研究，在探討一個東西如何在身體以外（比如試管）和其它東西相互作用。此外，活體外研究系統是可以跟身體情況相差極遠的，比如去觀察兩種身體的化學物質，是如何在與身體無關的溶質中交互作用。然而，當活體細胞和組織是在身體以外進行實驗的時候，活體外研究可以更接近活體內研究。每當想要評價某項研究，對臨床情況可能有多少正確性時，一定要看一看，究竟所做的研究是哪種類型，那個研究如果是在體外執行，複製出的環境和體內有多接近，又有多少其餘的研究人員得以成功地重複類似的調查研究。

在不同條件下，維生素C已被證明具有**促氧化劑**（antioxidant）或**抗氧化劑**（pro-oxidant），兩者其中之一的特性（朱利維（Giulivi）和卡德納斯（Cadenas）,1993；奧特羅（Otero）等人,1997；鮑里尼

（Paolini）等人,1999）。促氧化劑會**助長氧化作用**，而增加氧化壓力及自由基的存在；抗氧化劑則相反。維生素C有時會表現出促氧化劑的這種特性，理應不至於太意外，因為它也是一種如此有效的**抗病毒藥物**及一般**抗菌劑**。從邏輯上來講，一定有某些情況下，是可以使維生素C去攻擊並消滅入侵的微生物或癌細胞，而那往往是透過破壞性的**促氧化**過程，同時，還具有對身體正常細胞的保護性抗氧化作用。

卡爾（Carr）和弗賴（Frei）（1999）回顧了44項活體內研究，來回答維生素C在生理條件下，是否表現為促氧化劑的這一疑問。結果他們發現，這些研究當中有38項，「顯示出氧化的DNA、脂質和蛋白質損傷的標記，呈現下降」，有14項顯示出沒有變化，而有6項顯示出維生素C補充後，實驗室證據上有氧化壓力的增加。卡爾和弗賴得到一個結論，任何欲探討維生素C促氧化作用的研究，「在他們所選用的生物標記、方法、研究系統和實驗設計上，都應仔細評估，以排除任何人為的氧化作用」。他們進一步推論，維生素C在典型的生理條件下，並不是一個促氧化劑。

比特納（Buettner）和尤爾凱維奇（Jurkiewicz）（1996）證明，維生素C取決於在實驗系統中的濃度，可作為促氧化劑或抗氧化劑。然而，很重要的是，明白維生素C只能直接具抗氧化功能，意思是說，它在變為其氧化形式即脫氫抗壞血酸的過程中，只能把電子丟給另一種化學物質。在有**銅**和**鐵**這種能迅速交換電子的金屬存在下，電子從維生素C抗氧化地流向這些金屬，使得這些**金屬**隨後在所處的微環境中，具有**促氧化活性**的能力提高了。

這些催化金屬在其還原形式下，以**過氧化物自由基、羥自由基**和**過氧化氫**的形式，大大地促成自由基產生，以及氧化壓力之增加（（Miller）等人,1990）。因此，淨效應就是，在正確濃度的**鐵**或**銅**離子存在下，即便維生素C的直接立即作用是一種抗氧化劑，它也仍然可以有促氧化活性。通常，在這種催化金屬環境中，**較低**的維生素C濃度

有利於**促氧化**作用，而**較高**的濃度則有利於**抗氧化**作用。研究人員還觀察到，幾乎在所有維生素C幫助促氧化活性的實驗系統當中，也都會有金屬催化劑，通常為**銅**（Cu2＋）**離子或鐵**（Fe3＋）**離子**。他們稱呼這個從促氧化活性過渡到抗氧化活性的效應，為「交叉（crossover）」作用。他們並指出，許多其它研究人員所發表的這個交叉點，各有變異。但一致的發現是，當催化金屬濃度相對較低時，是以抗氧化特性為主。相反的，相對於較高的催化金屬濃度，則有助於促氧化作用。這一說法也相當符合於觀察到的臨床事實，就是很多人服用極大劑量的維生素C，卻沒有表現出任何的促氧化作用。

> 通常，維生素C只有在介於成人每日建議攝取量的範圍，從很低的60毫克一直到2000毫克左右之間，才會發揮促氧化作用。

通常，維生素C只有在介於成人每日建議攝取量的範圍，從很低的**60毫克**一直到**2000毫克**左右之間，才會發揮促氧化作用。而且，這還需要補充維生素C的人，正好處於一個或多個催化金屬的血液濃度或組織間質液濃度夠高的獨特臨床情況下才會發生。

實際而言，如果**低劑量**的維生素C造成一些人感到不舒服，那麼，當沒有異常大量的催化金屬存在之下，**提高劑量**幾乎都會是能讓**感覺變好**的解決方法。這項建議的原因很簡單，因為，大量「過剩」的維生素C，是消滅**剛產生的自由基**，或恢復其對周圍組織之直接傷害，唯一最好的立即治療。即使局部濃度的催化金屬繼續產生自由基，多餘的維生素C也總能在慢性損傷發生前，就立刻抵消它們的急性危害。服用巨量維生素C的人身上一再出現的結果也與上述相穩合。波德莫爾（Podmore）等人（1998）斷定，每日500毫克的維生素C持續六個星期，使一個代表自由基增加而引起DNA損傷的標記物質之含量增加。這些志願者**體內的鐵含量**分析沒有被人報告過。然而，長期補充低至500毫克劑量維生素

C的結果，確實令人擔憂，而這樣的劑量可能大致是很多補充維生素C的人所服用的一般劑量。在這裡，有必要去關注更高劑量的維生素C所觀察到的許多正面影響，儘管，理論上的顧慮是：假如少量有害，大量一定更糟。但實情是，至少就維生素C而言，或許連其他抗氧化劑也是一樣：「物極則反」對少量可能有害，但更多總是好的。

哈利韋爾（Halliwell）（1996）還另外指出，維生素C**不是唯**一證實能誘發促氧化活性的抗氧化劑。相反的，促氧化活性是在典型的氧化-還原化學反應中，可接受或提供電子的任一化合物之特性。很多這一類物質，包括**穀胱甘肽**、菸鹼醯胺腺嘌呤雙核苷磷酸鹽（**NADH**、**NADPH**）和**類黃酮**（flavonoids），除了顯示它們較為人熟知的抗氧化活性之外且都具有增進促氧化活性。再強調一次，足夠催化金屬的存在，對於促氧化特性的出現，通常是必然的。

因為催化金屬的存在，似乎是使維生素C和其他抗氧化劑，在有些時候顯現出促氧化活性的主要需求，那麼，知道什麼原因使這些金屬離子在體內可被利用，還有為什麼它們多數的時間都不可利用，就很重要了。在健康狀態下，離子的銅和鐵，會維持在避免促成氧化反應的形式。正常人血漿中，這些金屬離子保持鍵結狀態，在血液循環的蛋白質中被隔離開（如鐵蛋白）。通常，鐵離子和銅離子不會自由存在血液中，而以與蛋白質結合的形式存在。

血色素沉著症（hemochromatosis）這一個疾病的特點，是全身性鐵的負荷過多，且最終致使鐵沉積處的組織受損。血色素沉著症可以是**遺傳**來的，也可以是繼發於一些其它誘發因素或疾病。這些**繼發的型式**還比遺傳型式來得**更常見**。繼發性的血色素沉著症常與某些類型的貧血有關，而且，很常見於**輸血過多**或**攝取過多鐵**的人（通常是來自於過多鐵劑補充）。演變為血色素沉著症的血液指標，是運鐵蛋白（transferrin）的數值上升。

運鐵蛋白是身體裡和鐵結合，並運送鐵的血清蛋白（β-球蛋

白）。和運鐵蛋白結合的鐵，一般是**無法**與維生素C和其它抗氧化劑來發揮促氧化作用的。在血色素沉著症和其他鐵超過負荷的疾病，血漿中的總鐵量，有很大一部分不是結合在運鐵蛋白上，而是「**以低分子量的化合物形式，存在血液當中**」（布里索（Brissot）等人,1985）。這些研究人員也主張，在鐵超過負荷的疾病，這種非與運鐵蛋白結合的鐵，是最終沉積在**肝臟**中的鐵一個可能的重要來源。

此外，當鐵的儲存增加，而血液中的運鐵蛋白到達100%的鐵飽和度時，鐵在全身以儲存形式沉積，稱之為**血鐵質**（hemosiderin），也就增加了。接著，當血鐵質沉積再繼續增長，源自於過多鐵的局部組織氧化損傷，也就變得更加明顯。可能正因如此，血色素沉著症的患者，其維生素C在血清和白血球細胞的含量都比較低。

有幾個案例報告說明，鐵負荷過多的患者給予維生素C，可能和負面的臨床結果有關。麥克拉倫（McLaran）等人曾報告一個最終死於和血色素沉著症有關之**鬱血性心肌病變**（收縮不良的擴大心臟）的二十九歲男性，在他生前的最後一年，每天補充1000毫克的維生素C。然而，在生命的最後兩個月，臨床上出現了嚴重惡化。一般來說，血色素沉著症在診斷後的平均存活時間只有**兩年**，而**心臟衰竭**往往是死亡的直接原因。

我們也可以假設，補充維生素C其實已經讓這個病人受益了九或十個月，但最終仍敵不過疾病。接下來羅博特姆（Rowbotham）和羅埃塞（Roeser）所報告的這個案例，也有或多或少的相似。這位四十七歲男性，臨床表現每況愈下，近三個月來心臟衰竭的情形日益嚴重，而造成他的一些臨床症狀。他已經服用了三年的維生素C，每天500毫克，而劑量已增加至每天1000毫克。又過了一年。這個病人不但沒有死亡，反而還對**鐵螯合物的治療反應奇佳**。再一次，我們並不清楚，維生素C補充劑是否為導致臨床惡化的罪魁禍首。

如果說，維生素C是造成這些病例報告中的病人，臨床狀況惡化的

起因，要全面理解維生素C和鐵之間的關係，就變得更加困難了，尤其是對於活體內欲探討維生素C對於鐵過量的病人有何影響的研究。

伯傑（Berger）等人（1997）去研究了29個早產兒和五個成人對照組，血漿中的維生素C含量。從這些患者，作者也觀察特定形式的鐵之含量，這種鐵被認為是具有生物活性的，並能造成體內的氧化損傷。在研究了氧化壓力的實驗室指標，和氧化的維生素C含量之後，他們總結出，在活體內，**鐵過量的血漿中，維生素C是作為一個抗氧化劑**。此外，他們宣稱他們的資料代表，在**體內存在過量鐵的情況下，維生素C並不會造成任何脂肪或蛋白質的氧化損傷**。

拉赫曼（Rehman）等人（1998）從健康的志願者身上顯示出，維生素C（60毫克或260毫克）加上鐵的補充後六個星期，會看到的氧化壓力之上升，在補充的十二週後消失了。這可能代表著，更長時間的補充，即使只是少量的維生素C，都可能會導致早期的促氧化作用，而那隨著身體儲存的維生素C逐漸增加，**最終將被抗氧化作用給取代**。

這可能也有助於解釋為什麼史洛崔（Shilotri）和巴特（Bhat）（1977）所進行的一項只維持了十五天的研究，顯示出每天補充維生素C，導致白血球細胞的免疫功能受損，而非預期的改善。根據拉赫曼等人的研究，維生素C補充的觀察可能應延長到至少十二週，以便能更好地評述長期補充對正在研究之項目的長遠影響。

陳等人（2000）探討天竺鼠的維生素C和鐵過量負荷。他們能證明，維生素C在體內對於脂質，扮演一種抗氧化劑，就算**鐵的負荷過量**存在，也依然如此。他們還注意到，鐵的負荷本身並不會造成脂質氧化傷害，而是與生長遲滯和組織損傷有關，而且，因給予的維生素C劑量而有所影響。他們還進一步指出，處於低維生素C狀態的動物，鐵的負荷會使**維生素E**的含量降低，血漿的**三酸甘油酯**增加。

這表示，在此情況下的鐵，可能具有非特異性的毒性效果。這種效應會提高三酸甘油酯，並消耗掉維生素E，而維生素E是可利用的抗氧

化劑。此外，科利斯（Collis）等人（1997）也研究天竺鼠，進行了活體內實驗，觀察維生素C和補充鐵劑的療效。維生素C在面對同時存在的鐵劑補充時，沒有顯示出促氧化活性。事實上，它居然還減少了單獨的鐵劑補充所致的氧化壓力之證據。換句話說，**維生素C在此活體內實驗設置當中，仍是一個強大的保護性抗氧化劑，即便有額外的鐵存在。**

維生素C之於消化道內鐵的吸收，也扮演著一個角色。維生素C在鐵儲存量低的人身上，能**顯著提高植物來源的鐵之吸收**（格斯特（Gerster），1999）。格斯特並指出，「**對於體內鐵充足的人，長時間攝取高劑量維生素C，已被證明不會改變鐵的平衡**」。不過，格斯特進一步評論，尚未有適當的研究被作出來，去確定維生素C在血色素沉著症的患者，是否會進一步促進鐵的吸收，而那在這種病人身上將是極不受歡迎的作用。

卡斯卡特（1993）報告他治療過超過20000個病人，每天的維生素C劑量範圍從4000毫克到200000毫克。雖然他報告說在這些病人裡，沒有出現嚴重的維生素C副作用，但他還是沒有提到，在這些病人當中，是否有發生任何不良的、鐵的逐步累積。這樣的副作用，是需要特定的血液檢測，因為它不會顯示於大多數人所作的一般檢查的常規血液檢測裡。儘管這種副作用不太可能發生，卻也不能完全排除這種可能性，無論此時病人有沒有血色素沉著症。

在一項以上的明確研究能夠執行以前，極高劑量維生素C使用者的血液檢測，可能都應包括對**鐵蛋白**（ferritin）和鐵的含量，做每年至少一次的檢查，來確保沒有潛在的鐵堆積正在進行。

維生素 C 和蠶豆症

葡萄糖-6-磷酸脫氫酶（Glucose-6-phosphate dehydrogenase,G6PD）是紅血球細胞中的酵素，對於細胞的物理穩定性攸關重要。葡萄糖-6-

磷酸脫氫酶的首要功能，似乎是在保護紅血球細胞免受氧化的損傷（博伊特勒（Beutler），1971）。葡萄糖-6-磷酸脫氫酶缺乏症（G6PD deficiency，蠶豆症）是一種遺傳性疾病，以一種性聯遺傳（X-linked）的特性來遺傳，它會使病人很容易遭受一次又一次輕微到嚴重的紅血球細胞破裂，稱為**溶血**（hemolytic crises）（世界衛生組織報告,1967；馬克斯,1967）。有多種氧化劑化合物，例如：伯氨喹啉（primaquine）、乙醯苯肼（acetylphenylhydrazine）和磺胺類藥物，已知在蠶豆症患者身上會引起溶血（雅各（Jacob）和揚德爾（Jandl），1966）。

由於不明原因，當給予高劑量的維生素C，特別是靜脈注射時，**蠶豆症**可能是一種需要被注意的情況。里斯（Rees）等人（1993）報告了一例有奈及利亞血統的三十二歲男性，他最初在攝取維生素C和其它營養素，作為全身性淋巴結腫大、愛滋病毒陽性狀態的治療時，適應良好。即使病人大約一個月以來，接受一週三次的靜脈注射40000毫克維生素C，也每天口服20000到40000毫克的維生素C，當給予他80000毫克的維生素C靜脈注射的第二天，馬上就出現持續的溶血現象，解出呈黑色的尿液。

這種反應似乎並不在預料中，因為整整一個月，維生素C的給藥都沒有遇到問題，才會把劑量提高。後來的檢驗，證實有蠶豆症以及鐮狀細胞（sickle cell）的特徵。**積極的補充水份**幫助了他順利恢復。坎貝爾（Campbell）等人（1975）則是報告一例六十八歲的黑人男性，他在連續兩天接受靜脈注射80000毫克維生素C，接著發生大量的**溶血**現象，最終死於**急性腎衰竭**。後續的檢驗顯示他的紅血球細胞缺乏G6PD。〈編審註：G6PD缺乏症即俗稱蠶豆症。〉

溫特本（Winterburn）（1979）所作的活體外研究顯示，**低濃度**的維生素C可保護缺乏G6PD的紅血球細胞免於破裂。然而，**較高劑量**的維生素C卻被發現實際上是促使它**破裂**。（Udomratn）等人（1977）也證實大鼠在維生素C的存在下，缺乏G6PD的紅血球細胞有存活率減少

的情況。

　　雖然以上的研究和臨床報告的結果指出，當把維生素C給予任何一個記載有蠶豆症的人時都要特別留意，有關於促成溶血性危象的機制，仍舊還不清楚。此外，如果說每當G6PD缺乏症存在時，維生素C都確實能引起紅血球細胞的破裂，那今天在世界各地被人們服用的大量維生素C，暗示著這種溶血性危象的報告，也會更常發生才是。

　　馬爾瓦（Marva）等人（1992）的研究認為，維生素C增加對缺乏G6PD的紅血球細胞破裂增加的相關性，與這些細胞中可隨手利用的**鐵增加**有關。鐵由於維生素C而引起促氧化作用的能力，已在上一節中討論過。

　　馬爾瓦等人觀察被**瘧疾寄生蟲感染**的紅血球細胞。他們發現，在感染的紅血球細胞中，維生素C對於後期形態的瘧原蟲，有著劇毒。隨著瘧原蟲在紅血球細胞中長大，血紅素被逐步消化（吞噬）。這個消化的過程，在紅血球細胞裡從血紅素釋放出**含鐵**的血紅素核心。這可能會使鐵更容易提供給任何存在的維生素C或其它抗氧化劑，透過前一節中討論的**促氧化作用**，而加速了寄生蟲和紅血球細胞的破壞。

　　按照這種推理，缺乏G6PD的紅血球細胞，已被證明能使含鐵的血紅素，從血紅蛋白釋放出來，而且甚至要比從正常紅血球細胞還更容易（詹尼（Janney）等人,1986）。既然局部釋放的鐵，隨時可以驅使促氧化活性發生，這就提供了至少一個很好的理由，為什麼這些細胞更容易受氧化壓力影響和破裂。馬爾瓦等人的研究是個很好的例子，說明維生素C在破壞入侵微生物上，可以有局部性的促氧化作用，同時對剩餘的細胞和組織，保留其主要的防護性抗氧化作用。

　　卡拉布里斯等人（1983）證明，缺乏G6PD的紅血球細胞與**銅**和維生素C一起培養，會出現「溶血前（pre-hemolytic）」的變化。然而，作者們也坦承，所使用的銅濃度，比正常血漿中所發現的大15到30倍。不過，這項研究確實表明，當足夠大量的催化金屬，例如銅，伴隨著足

夠少量的維生素C時，前面所討論的「交叉」作用可以形成正淨值的**促氧化**活性。

卡斯卡特（1985）假設，足夠高劑量的維生素C，會傾向去還原G6PD缺乏症之紅血球細胞裡的**穀胱甘肽**，這會讓紅血球在面臨任何潛在溶血性的氧化壓力時得到緩衝。缺乏G6PD的紅血球細胞中，還原的穀胱甘肽濃度低，是氧化造成紅血球破裂之風險增加的原因，因為，適當濃度的還原型穀胱甘肽，是紅血球細胞修復任何氧化損傷所必需的（近藤（Kondo）,1990）。

關於蠶豆症的一個合理結論是，有明確的證據至少顯示，維生素C引起溶血性危象相當罕見。然而，目前尚不清楚，究竟什麼情況下能可靠地預測甚麼時候會發生溶血危象。有證據表明，**更高劑量**的維生素C在易受破壞的紅血球細胞，應該對於溶血危險具保護作用。不過，有一例報告清楚顯示，較低劑量的維生素C耐受性良好，而較高劑量似乎是引起溶血的因素。當然，大劑量的靜脈注射維生素C已在全世界被普遍使用，而且文獻中還是**很少有蠶豆症病人出現問題的報告**。這特別重要的，因為，蠶豆症在超過1億人裡，導致了某種程度的**貧血**，而且它被認為是最常見的先天代謝性缺陷。

然而，至少在蠶豆症者，被認為有較高風險出現這種情形的病人族群，應該要作篩檢。臨床醫師對於給維生素C可能出現的任何問題，將可以有及早的警覺。主要的高危險族群，包括美國黑人、非洲黑人，和地中海、印度及東南亞的人口。

維生素 C 和癌症

李（Lee）和布萊爾（Blair）（2001）在科學期刊中發表了一篇論文，得到媒體的廣泛報導。這是一個試管研究，結論是說維生素C已知會造成突變，促使破壞DNA的物質產生，而這個突變與各種癌症有關。

布萊爾在記者採訪中，想要強調研究結果並不是意味著維生素C會導致癌症這一點。然而，這個影響仍持續。而且，李和布萊爾的實驗中所用的維生素C劑量，被認為大致相當於人類**每日補充200毫克**的量。這種低劑量的維生素C，比起更大的維生素C劑量，更容易導致促氧化作用。此外，在李和布萊爾的研究之前，許多研究人員也已經證明了類似的結果。

除了達到科學上可靠的結論外，李和布萊爾斷言，維生素C在癌症預防上是「無效」的。一些很新的研究則對此提出強烈的爭論。因為根據大量的現有研究，勸告病人不要每日補充大量的維生素C，接近於不當治療，而忽略每日的維生素C的攝取，因此給了若干本來不會發生的退化性疾病一個出現的機會。

雖然試管研究在科學研究當中，具有寶貴的地方，卻也實在不能依賴它得到確切的臨床結論。在試管中所發生的事情，往往和人類身上所發生的很不一樣。活體外實驗最主要的價值，是確定兩個或兩個以上的化學物質，如何在定義明確、可複製的，而且受到嚴格控制的環境中反應。正如在這一章已討論的，維生素C在正確的微環境下，可以很容易且一貫地，被觀察到引發促氧化活性。

> 一個癌末病人，每天用五小時的時間，靜脈注射100公克劑量的維生素C，為期一周左右，而未發現到任何負面作用。所注意到的唯一影響，就是在力氣以及整體健康上，有了明顯改善。

維生素C已被證明對慢性**癌症**患者，作為補充劑和治療是**非常安全**的。正如這一章開頭已指出，卡夏里等人（2001）報告，若干癌症病人以每天高達50000毫克的維生素C靜脈注射，長達八個星期，而且沒有任何顯著的負面影響。里奧丹（Riordan）等人（1996）給一個癌末病人，每天用五小時的時間，靜脈注射100000毫克劑量的維生素C，為期一周左

右，而未發現有任何負面作用。必注意到的唯一影響，就是在體力以及整體健康上，都有明顯改善。

里奧丹等人（1990）還報告另一位癌症病人，他接受過幾次用很長的時間，靜脈注射30000毫克劑量的維生素C，而且反應良好。這些作者評論說，維生素C的注射，「於治療期間和治療之後，病人都沒有出現有毒或不尋常的副作用」。里奧丹等人（1995）另外還報告了六名癌症病人，接受過幾次用了八小時時間的靜脈輸注維生素C。注射的劑量介於57500毫克至115000毫克之間，而沒有負面作用被報告。

雖然大多數患者，包括重病的癌症病人，對維生素C靜脈注射的治療都有**非常良好的耐受性**，還是有少數對此形式治療的負面急性反應被報告過。坎貝爾（Campbell）和傑克（Jack）（1979）就報告過三個癌症病人的負面副作用，其中兩個是何杰金氏症（Hodgkin's disease），一個是支氣管肺癌。所有三名患者在他們的身體裡，都有一顆明顯癌症腫瘤的證據。一個病人在36小時內接受到30000毫克的口服及靜脈輸注維生素C後，出現急性發燒，並在他胸部的癌症腫塊出現疼痛。另一位病人則在接受總劑量為100000毫克的維生素C後，有縱膈腔急性壓迫的症狀產生。這樣看來，一些原先沒有固定補充維生素C的病人，其腫瘤是很容易受到維生素C的作用影響的。特別是當**腫瘤比較大時，維生素C的效果可以導致腫瘤內的急性細胞死亡，這會使有毒的副產物釋放到血液中，並且／或導致腫瘤的急性腫脹。**

雖然這些可能性很罕見，初期的維生素C補充還是不應該超過每天口服的3000到5000毫克，至少在第一或第二週。初始的維生素C靜脈輸注液，在調高到高劑量之前，應僅含有5000到10000毫克。**水分的補充應該要積極**，同時應始終保持**大量的排尿**。

巴蘇（1977）和卡拉布里斯（1979）還報告了一些癌症病患的另一個可能的隱憂。在選擇以杏核、或叫**苦杏仁苷**（laetrile）為其化療藥物之一的癌症患者，有人提出了與維生素C同時給予的一個可能的副作

用。苦杏仁苷含有**氰化物**，而氰化物通常是藉由**半胱氨酸**這個含硫的氨基酸來解毒的。據觀察，每天**3000毫克**劑量的維生素C，會減少尿液中的半胱氨酸和硫氰酸鹽的含量。這就可用來解釋，何以維生素C減少了可供解毒氰化物的半胱氨酸，而硫氰酸鹽的含量較低，則意味著已被有效代謝的氰化物較少。

稍後，巴蘇（1983）利用天竺鼠顯示，尿液的硫氰酸鹽含量，在給予苦杏仁苷以後，有顯著的升高，儘管當維生素C也給予時，升高會比較不明顯。不過，在同時給予維生素C及苦杏仁苷的天竺鼠身上，並沒有提到任何氰化物毒性的臨床證據。

即使上述資料實際上表示，補充維生素C者，當他服用苦杏仁苷時，其組織中的氰化物毒性，會有一定程度的急遽增加，但是，減少或屏除維生素C的攝取，卻不一定是解決的辦法。一般而言，即使當較低劑量維生素C的好處也還不明確時，**較大劑量**的維生素C通常**解決**了很多不同的**毒性反應**。氰化物是很強的毒物，它很容易引發**氧化壓力**的增加，和組織中的**自由基**形成。坎德薩米（Kanthasamy）等人（1997）在暴露於氰化物的大鼠細胞培養，證明了這種影響。作者還指出，在這些細胞培養裡，**維生素C降低了氰化物引起的氧化壓力，並阻斷了氰化物引起的細胞死亡**。極有可能，苦杏仁苷所造成、以及維生素C含量較低所造成的氰化物含量升高，其任何的潛在副作用，都可以透過給予更多高劑量維生素C來**完全抵銷**。

維生素 C 和有目的的免疫抑制

有某些醫療情況，會使用**免疫抑制藥物**來治療。其中一些如全身性**紅斑狼瘡**（SLE）或**多發性硬化症**（multiple sclerosis），被認為至少有部分的原因，是由於過度活躍的免疫系統所引起。因為這個推論，這種疾病傳統上被認為最好的治療，是抑制免疫系統方面的處方藥之組合。

事實上，許多這些疾病，可能主要是**起因於未被中和的毒素**。臨床上，紅斑性狼瘡和多發性硬化症都對**高劑量維生素C**的治療反應良好。如果說強化的免疫系統真的使這些疾病更糟糕，那麼維生素C療法不會是一個合理的治療。然而，如果說毒素的存在是這種疾病的原因，那麼，有著抗毒劑特性的維生素C，按理說便是這種疾病的最佳治療選擇之一了。

在有些其它的醫療情況下，免疫抑制藥物的治療是絕對可避免。**器官移植**是這種情況最好的描述。當病人接受心臟或腎臟的捐贈，由免疫系統所媒介的**排斥**過程，必須**終身**抑制，否則器官終將被排斥。如果沒有新的器官可供重複移植，後果將不堪設想。雖然尚不清楚給這類患者無限期補充多少毫克劑量的維生素C，是最好的？卻也毫無疑問，一些**維生素C和長期抗氧化劑的治療，仍舊對這些患者大有助益**。

然而，目前還不清楚，特定劑量的維生素C，是否會釋放受抑制的免疫系統，而增加器官排斥的機會？雖然沒有發現確切證據指出，在任何劑量的維生素C對於移植的患者產生問題，不過，學理上仍有這個可能性。

至少，有一項研究是斯拉奇（Slakey）等人（1993）所提出，**支持給予移植患者極大劑量的維生素C**。這些研究人員發現，維生素C延長了大鼠**移植心臟**的存活時間。接受移植的大鼠也接受環孢素作為免疫抑制劑，但是，透過混合的**淋巴細胞反應**測試來衡量，維生素C並沒有增加環孢素的免疫抑制作用。然而，成功地延長移植心臟存活的維生素C劑量，大約相當於體重**200磅**的人每天**100000毫克**。這項研究確實表明，**任何維生素C對器官移植排斥過程推理上的負面影響，都被它的許多正面影響給抵銷了**，因為，大鼠的心臟移植，在高劑量維生素C下，顯然比沒有維生素C的心臟移植還要持久耐用。

一些醫生可能認為，移植患者省略維生素C的補充會比較好，以免刻意被抑制的免疫系統有任何被「喚醒」的機會而更加排斥。不過，威

廉（Williams）等人（1999）則認為，增加的氧化壓力，可能在**肺臟移植**患者的排斥過程中，扮演著主要角色。此外，這些作者發現，這個增加的氧化壓力，伴隨著病人受損的免疫狀態。雖然像這樣的一個研究，證實了補充一些抗氧化劑的必要性，但它仍然沒有提出最合適的劑量。

移植患者應給予一些維生素C的進一步證據，來自於方（Fang）等人（2002）的研究。在一項雙盲、前瞻性的研究，這些研究人員對**移植心臟**的血管內，**動脈粥樣硬化**的進展作了探查。治療的組別接受一天兩次的500毫克維生素C以及400國際單位維生素E，為期一年。研究人員得出結論，這個處方的維生素C和維生素E，「**延緩了移植相關、冠狀動脈粥樣硬化的早期進展**」。

特爾納（Thorner）等人（1983）研究了那些接受腎臟移植患者的白血球細胞。發現給這些病人的**長期類固醇**治療，造成這些免疫細胞對細菌入侵部位無法作出反應的缺陷，這「使得感染的敏感性提高」。這些研究人員發現，每天4000毫克的維生素C經過幾個星期以後，白血球細胞**傳達訊息**的功能明顯改善，「而移植腎臟的功能則沒有出現變化」。

在移植的患者，維生素C和其它抗氧化劑的適當劑量會有所變異，就像未接受移植手術的病人一樣。不同的人，根據其潛在的疾病，和日常毒素的暴露多寡，會需要不同劑量的維生素C，以維持某一特定的血液含量。在移植病人，是否有不應該超過的每日劑量維生素C，仍尚未確定。

維生素C和反彈效應

有些作者，對於服用大劑量維生素C，會使補充者一旦**突然停止補充**時，維生素C含量會出現突然下降的風險，表達出疑慮。在某種程度上，這種說法是有根據的。曹（Tsao）和薩拉米（Salimi）（1984）觀

察兩名每天服用10000毫克維生素C的志願者，其維生素C的尿液排泄模式。一名志願者服用此劑量**兩週**後才停止，而另一名則是服用**六週**。在服用兩週之後便停止的，其尿液的維生素C排出量，在停藥後第八天，下降到基準值以下，而其含量在回升之前還持續低了兩天。補充了六週的那位志願者，下降得沒有那麼顯著，但維持在正常範圍的下限，則持續了更長的十二天。

曹和薩拉米假設，維生素C的補充，引發酵素活性的增加，並將它新陳代謝掉。當補充突然中斷了，提高的酵素活性被認為是暫時而持續著，同時繼續以加快的速度分解掉維生素C。於是，維生素C的含量暫時下降至正常水準以下。鮑林（1981）在早些時候，曾提出維生素C誘導此酵素活性的假設。

實際而言，維生素C的突然中斷，**很少造呈明顯的臨床後果**。然而，如果一個人在其家庭成員罹患感冒或流感的時候，長期的補充停止了，那麼他得到感染的機會就可能多少會提高。或許最值得關心的情況，是包括**嚴重創傷或疾病住院**後，長期補充的突然中斷。在這種時候，維生素C的需求將會大大增加，而身體的含量則正降低中。除非維生素C的補充可以在住院當中，也許以更高的劑量來持續，否則，住院期間的併發症增加，與發病率和死亡率的上升，是極有可能的。

摘要

許多研究人員已在很多不同研究中明確證實，維生素C是可攝取的補充品或是營養物質中**最安全**的選項之一。每天服用多少公克劑量的維生素C幾年後，**幾乎沒有任何的副作用**。此外，用24小時的時間，來給予即使是**非常高的口服（200000毫克）**和**靜脈注射（300000毫克）**劑量的維生素C，也顯示是安全的。

關於維生素C最大的誤解和持續的誤傳之一，就是它可能會讓正常

的人發生腎結石的風險變大。幾個大型研究已清楚表示，這種擔憂是完全沒有任何依據的。相反地，在定期補充維生素C的族群身上，**維生素C還可能會減少腎結石的發生率**。雖然維生素C已知會促成草酸鹽的產生，而草酸鹽是大多數腎結石的主成分，除了維生素C之外，還有超過50個其它風險因子，已確認會發展成此類型的結石。然而，**慢性腎功能不全及腎衰竭**的患者，**維生素C的補充必須要保守，並密切監控**。還要補充一點，相同的關注也適用在監測結石的其它項危險因子上，當腎功能下降時這些其他因素會變得更複雜。儘管作者們似乎不太去考慮許多其它的潛在風險因子，有關維生素C和腎結石形成的一項典型研究報告分析顯示，維生素C以外的許多風險因子，通常都是存在的。

維生素C除了作為一種強效抗氧化劑的常規角色之外，有時候也被證明會增進**促氧化活性**。促氧化劑的特性，最常在試管中，或在活體外的研究被發現。然而，催化金屬的存在，在濃度足夠低的維生素C之下，甚至在體內也可以產生促氧化活性。不過，較大劑量的維生素C，通常可以防止從促氧化活性局部部位而來的任何可能性傷害，這讓整個問題，基本上只是理論的擔憂而已。

因為維生素C在**催化金屬**存在下的潛在促氧化活性，以鐵的過量為特徵的疾病，就需要仔細評估和補充。再說明一次，對很多這類病人，使用較大而非較小劑量的維生素C，不失為一個可用的解決方法。

至少在少數的報告裡，當維生素C以特定劑量給予時，**蠶豆症**似乎會促使血液的溶血危象發生。然而，從實用的角度來說，由於這種疾病的發生率普遍，維生素C的給予也很普遍，這些數量非常有限的報告，暗示著這種溶血是相當罕見的。如果病人缺乏**G6PD**，將維生素C的補充減到最少或者去除，對長期健康並不一定是最佳選擇。對此疾病進行檢測仍然是需要的，這樣可以對初期維生素C補充的任何潛在問題，有個預測和適當監控。

維生素C對大多數**癌症**患者，是特別有效的補充。維生素C通常耐

受性良好，而大多數癌症患者對維生素C大劑量靜脈注射的這種治療都有**非常正面**的反應。在據數量有限的案例報告表示，癌症患者的每日維生素C劑量，在直接進展到**高劑量**的補充前，應**逐步調高**。服用**苦杏仁苷**的癌症病人，理論上可能有增加**氰化物**暴露的風險。然而，這並未清楚顯示為臨床上所關心的問題，特別是當有在定期補充大劑量的維生素C。

定期高劑量的維生素C治療一段長時間後，似乎能誘導更多的酵素活性，而這有助於代謝更多存在的維生素C。大量的長期補充突然中斷，會使維生素C含量下降，明顯低於正常值，持續幾天。實際上，這並不會構成什麼問題，除非是**突然住院**了，並當維生素C含量降到正常值以下，有較大劑量的維生素C需求時。

移植手術的病人，為了最佳健康狀態，和**最佳移植器官的功能**，就**需要維生素C的補充**。然而，長時間、額外高劑量的維生素C，是否會刺激免疫功能，使更容易排斥移植的器官，仍然只是一個推理上的可能性。它還有待證實，但值得在個別的基礎上，去作臨床的考量。

微脂粒技術和
細胞內生物利用率

" Real knowledge is to know the extent of one's ignorance. "

「知之為知之，不知為不知，是知也。」

—— 孔子（西元前551-479年）

總論

自從弗雷德里克・克萊納醫師在各式各樣的疾病和醫療情況，確立了維生素C治療的巨大效果以來，比起所有其它給藥途徑，靜脈注射（點滴注射）的臨床好處，隨著時間過去，變得顯而易見，也更加不容置疑。患有對口服維生素C效果不彰的疾病病人，屢次展現出對靜脈注射維生素C的戲劇性反應。事實上，由靜脈給予維生素C，很快就成為維生素C治療方式的「黃金準則」。同樣地，一般情況下，靜脈給藥的技術，長久以來被認為是幾乎任何藥物或營養素，進入體內的最佳方式。藥物或營養素直接進到血液中，直覺地推斷，也一直都是最有益和最有效率的預投形式。

雖然仍鮮少被許多現行醫療照護人員所熟知，最早在1960年代，就有微脂粒技術的科學出現，並在過去的40年左右，在其科學發展和實際臨床應用上，持續發展。這項令人興奮的技術，其巨大潛力，現在才只是剛開始真正受到重視。總而言之，口服給予包覆著營養素和藥物的微脂粒，比起靜脈注射，有許多定義上、以及明確的優勢。何以這項技術可能在不久的將來，會有效地使許多靜脈注射療法成為過去式，或至少淪為次要的形式，本章的其餘部分將做討論。

微脂粒

微脂粒是磷脂質的微球體，在水裡是穩定的，而且能夠包含水溶性物質。很簡單地，傳統的微脂粒的結構類似於許多人體裡的細胞。磷脂質，特別是磷脂醯膽鹼（Phosphatidylcholine），是人體細胞壁以及微脂粒外壁的重要成分。當磷脂質放置於水的環境裡，它們很自然就自動合攏形成這些微脂粒的球體，類似於把油放入水中時所呈現的樣子。出現這種情況，是因為磷脂質是一個長形的分子，一頭是水溶性（親水性

或尋找水），一頭是脂溶性（疏水性或尋找脂肪）。尋找脂肪的那一端，會被帶動以避開水，並聚集在一起，導致有一層膜的自然形成，那是磷脂質分子的脂溶性端在內側，而分子的水溶性端面向外側所組成的。然而，此膜在水中會自然地崩解成很多含水的微小球體。當把磷脂質加到水中時，根據已經溶解在水裡的東西，各式各樣的物質，任一種都可以封裝在微脂粒中。

微脂粒的特性（傳統的）

基本、未經修改的（「非標靶的」）微脂粒，具有某些特點，使它成為非常有用的工具，不具毒性有效地給予，各式各樣的藥物和營養素。這些特點包括以下內容：

1. 口服後的吸收絕佳。無論封裝在微脂粒中的物質為何，都可以預期進入血液或淋巴中的吸收良好。

2. 其內部保護所封裝的包覆物質，不被消化或分解。直到這種物質從微脂粒被釋出，它將在體內的環境繼續保持相當大程度的惰性。在腸道中或血液中微脂粒不會被破壞，或被酵素代謝，並且，當在微脂粒裡面時，包覆物質不會產生任何化學／生物作用。對於有目的性的毒性之物質，如抗癌劑，由於這些微脂粒的特性，可以預期其臨床毒性將減少許多。

3. 微脂粒本身，脂質內涵物的補充價值。典型的未修改和未封裝的微脂粒，含有大量的磷脂醯膽鹼（PC）。磷脂醯膽鹼和與它密切相關的成份，甚至當在單獨使用時，似乎也有多種不同的正面效果。這些效果包括以下各項：

    a. 抗氧化劑

    b. 抗動脈粥樣硬化

    c. 降低膽固醇

d.　保護組織避免缺血

　　　e.　治療和預防肝臟疾病

　　　f.　治療和預防細胞膜損傷

　　　g.　對胰臟損傷的保護

　　　h.　對膽結石形成的保護

　　　i.　細胞核和細胞膜之代謝中的重要角色

4. 往深層細胞的途徑。微脂粒的膜與體內細胞膜的相似性，使得細胞內空間（細胞質）能容許微脂粒的吸收／通過，並且進入細胞內結構，如粒線體、內質網和甚至細胞核。

5. 不需能量消耗的吸收。未修改的微脂粒，可以以一種節省能量〈編審註：「能量」在此指粒腺體所產生的ATP。〉的方式，使物質從腸道吸收進入血液，並且從血液進到細胞質和細胞內的細胞器官。許多大分子，是需要耗能的主動運輸（active transport）這一機轉，才能通過細胞膜進入到細胞內。對於甚至是相對較小的分子如維生素C——在其具活性的形式及其氧化（脫氫抗壞血酸）的形式——而言，從血液進入細胞的傳遞，有很多都需要細胞能量的消耗。此外，細胞能量（比如穀胱甘肽）最終必須消耗或氧化，以使細胞內脫氫抗壞血酸形式的維生素C，回復為其活性的、還原狀態。這特別地沒有效率，因為維生素C作為一種抗氧化劑，其功能就是提供電子，不要耗盡它們。然而，當維生素C以其最常見的形式來給予的話（不在微脂粒內），有活性的維生素C在細胞內含量增加的最終目標，需要其它抗氧化劑的耗損才行。

6. 比起其它細胞，被巨噬細胞（清道夫細胞）吸收得更多。當封裝的物質是強效的抗氧化劑，比如維生素C的話，可以增強這些重要的免疫細胞的功能。

7. 分佈到全身。這是未修改的微脂粒的一個特點。當封裝的物質

是一種有益於身體所有細胞的營養素時，這種特性是非常可取的。微脂粒也可以引進一些修改，去針對特定細胞，如癌症細胞，並封裝有劇毒、不希望分佈到全身的藥物。有許多微脂粒的修改可以採用，包括以下內容：

a. 封裝之內容物
b. 尺寸大小
c. 周圍的膜厚度（多層）
d. 膜上的磷脂質種類
e. 被膜包埋的藥物或物質（脂溶性）
f. 附著於膜上的免疫球蛋白、蛋白抗原、抗體或聚乙二醇（PEG）〔表面修飾〕
g. 對酸鹼值的靈敏度
h. 正電荷（陽離子微脂粒）

獨一無二的結合：微脂粒與抗氧化劑

眾多種類的抗氧化劑和營養素，已使用微脂粒的技術，在治療上以及在實驗模型上，有效地給予。這些包括以下各項，但不是侷限於以下內容：

1. 維生素 C
2. 維生素 E
3. 維生素 A
4. β 胡蘿蔔素，類胡蘿蔔素
5. 穀胱甘肽
6. L-半胱氨酸
7. N-乙醯基半胱氨酸
8. 超氧化物歧化酶

9. 水飛薊賓（silibinin），水飛薊素（silymarin）

10. 三磷酸腺苷 [ATP]

11. 槲皮素（quercetin）〔類黃酮抗氧化劑〕

12. 芸香甘（rutin）〔類黃酮抗氧化劑〕

13. 過氧化氫酶

14. 輔酶Q10〔泛醌（ubiquinone）〕

15. 白藜蘆醇（resveratol）

16. 褪黑激素

17. 抗氧化劑組合〔類胡蘿蔔素和穀胱甘肽〕；〔維生素C和維生素E〕

上面的清單，只是各式各樣這一類可用微脂粒形式來給予身體的物質，最小限度的取樣而已。以上清單反映出這種類型的藥物／營養素輸送系統，所具備的巨大潛在效用。

靜脈注射和口服的影響

維生素C是藉由基本、非標靶導向的微脂粒技術來傳送的理想物質。它已被證實，比以前認為的其它更「傳統」形式的口服維生素C，能傳送約最大劑量維生素C的兩倍給血液。封裝維生素C的微脂粒，其臨床影響似乎已超越靜脈維生素C的臨床影響。以此看來，微脂粒傳送其內容物到細胞內的能力，在過程中沒有消耗能量（電子），這能力使得這個封裝物質於細胞內的生物利用率，更優於靜脈輸注。

在所有已知形式的口服藥當中，把東西百分之百直接傳送到血液中微脂粒的技術提供了一個巨大的優勢，因為任何物質由靜脈輸注並無法確保直接、不耗能的進到細胞內部，而細胞內部是大多數病人之所以會「生病」的所在。不過，這也不表示靜脈注射維生素C沒有效果或絕對不能使用。在這本書中大部分令人難以置信的資訊和研究，都有確切的

證明靜脈注射維生素C的極大有效性。正因如此，生病，很可能中毒的人，只要可以的話，建議最好經由口服的微脂粒，再加上靜脈管道來同時接受維生素C。因為在治療特定情況時，這兩種給藥途徑會有協同作用，更能提升抗氧化的能力。然而，只能擇其一時，在大多數的情況下，足夠劑量的口服微脂粒維生素C，證實在臨床上更優於靜脈輸注的維生素C。

當情況很急，而血液中有很大含量，像是急性中毒，比方被毒蛇咬時，靜脈輸注則可能優於任何口服製劑，包含微脂粒C。然而，這裡所強調的是臨床狀況的即時性，因為，毒蛇咬傷的毒素，在已然進入細胞並從內產生毒害後，靜脈輸注的維生素C和口服微脂粒維生素C一起給予的效果，被證明是一個甚至連克萊納博士都會羨慕的組合。

口服微脂粒C的劑量給法，接近克萊納博士給其所有病人所用的相同實證方式。因為口服微脂粒C在空腹服用時，吸收非常快速，因此為了得到滿意的臨床反應，額外的服用可以短至30到60分鐘後，按照初始劑量追加。這跟靜脈注射所看到的臨床反應初始時程是相似的。當病人很明確有正面反應，而臨床狀況也確實緩解時，劑量就可維持在相同的口服頻率，而不用再進一步加量。所有的維生素C和抗氧化劑治療一樣，覺得病人的狀況獲得完全治癒或解除後，至少還要再24到48小時，絕對不要立即中斷治療。

在急性的病毒感染情況下更是如此。正如所有其他形式的維生素C治療一樣，對微脂粒C臨床反應不佳或者不足，最好的處理方式，便是更積極和持久的服用。

摘要

利用微脂粒技術的藥物傳送系統，在各種不同的醫療疾病和情況，

於醫學治療上掀起了革命，儘管它們依然還是常常被忽略或輕視。微脂粒的生化特性，使得其封裝的物質可以輕易進入細胞內。口服足量的微脂粒包封藥物，尤其是維生素C，用來治療感染和中毒的病人，其臨床反應甚至常常超越靜脈治療所看到的臨床反應。在維生素C，這個差異可能是意想不到的巨大。口服劑量小很多的微脂粒封裝維生素C（5至10克），往往靜脈注射維生素C劑量（25至100克），能有更明顯更優越的臨床反應。當然，當一個危急的病人同時有靜脈給藥途徑，也有微脂粒封裝形式的治療時，兩者能並用是最好的。然而，對許多人而言，靜脈注射的治療是耗時、昂貴、普行性不高。它也和偶爾會出現卻嚴重的副作用有關（例如，靜脈發炎或注射部位的感染），同時，注射期間常常是不舒服的，或甚至是痛苦的。微脂粒包封維生素C，現在比過往任何時候，可以擴大正確劑量維生素C的神奇功效在更多人身上。

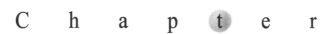

C h a p t e r

06

實用的建議

" I've been guilty myself, in many instances,
of thinking, when some new exciting idea comes along,
"This can't be right." "

「在許多情況下，當一些新奇刺激的念頭出現時，
我自己會感到有罪，『這不可能是正確的』。」

—— 保羅・格林加德（Paul Greengard），
榮獲 2000 年諾貝爾生理及醫學獎

平衡抗氧化物的補充

　　雖然證據清楚地表示，維生素C是最原始的抗氧化劑，也可以說是體內首要的營養素，但專門以維生素C為主要特色的補充方案，自然是不被推崇的。然而，維生素C的重要性，大到單獨服用它，也可能比任何其它完全排除掉維生素C的補充劑組合，有更大的好處。這一章中的建議，應視為僅是我的個人意見，以及一般準則，建議讀者在採用任何長期的補充方案之前，要取得合格健康照護專業人員的指導。

　　一個好的補充計畫，除了抗壞血酸（結晶粉狀純C）或抗壞血酸鈉（維生素C＋小蘇打）之形式的維生素C以外，還應包括維生素A（如 β -胡蘿蔔素）、維生素E和維生素B群。

　　不過，B_{12}的補充應只限於驗血後證實的缺乏狀態，而且應該服用羥鈷胺（hydroxycobalamin, 維生素$B_{12}\alpha$）而非氰鈷銨（cyanocobalamin），以逐步恢復B_{12}的含量。可以添加重要的抗氧化劑，包括 α 硫辛酸、輔酶Q10、水飛薊賓或水飛薊素、穀胱甘肽和N-乙醯半胱氨酸。服用各種重要的抗氧化劑，除了藉由不斷把氧化的維生素C，轉換到具代謝活性的還原形式，以保持維生素C的高含量之外，還具有某些直接的好處。類黃酮，例如槲皮素和芸香甘，也是維生素C代謝功能的重要支援者。

　　任何的補充品，都沒有所謂的神奇劑量。就如維生素C，一個特定的補充品，較高的劑量可能適用於某一醫療情況，而較低的維持劑量則用以支援和維持良好的健康狀況。費用也是一個考量，以及關於一個人願意每天吃多少顆藥的決定。

日常口服維生素 C 的最適劑量

　　健康的成人，平均每天服用介於6000和12000毫克間的維生素C，通常可滿足人體的代謝需要。大多數成年人會需要的劑量，比起6000

毫克，更接近12000毫克。一天服用少於6000毫克的維生素C，只對少數人是最佳劑量。然而還應該考慮進去的是，唯一真正會遇到維生素C促氧化作用的機會，是在比較低劑量範圍的情況下出現的（請參閱第四章）。在任何劑量，促氧化作用（prooxidant effect）都是罕見的，但500毫克或更低的劑量，會增加它發生的機會。一個人的維生素C最佳劑量的實際測定，最好在確定了卡斯卡特（1981）所描述的腸道耐受性後，再作計算。根據每個人的潛在內科疾病或日常毒素暴露，這種腸道耐受性是可以有很廣泛的個別差異的。長期的癌症病患和慢性感染病患，像是那些愛滋病患者，腸道耐受性可以達到100000毫克的維生素C，或者更高。然而，大多數平均身材的健康成人，顯示出來的維生素C腸道耐受性，落在10000和15000毫克之間。

一旦確定了腸道耐受性後，大約相同劑量的維生素C，於一天當中分成三到四次劑量服用，將滿足人體每天所需的維生素C，而不會引起腸道耐受「沖刷」的效應。如果發生腹瀉或是糞便鬆軟，即便已經分次給藥了，那麼劑量應該調低，直到水瀉不再出現為止。但是請記得，定期利用維生素C引發的腹瀉，是一件好事，因為是最安全有效的清腸法，殺菌並排毒。所以，如果腸道耐受症狀不至於太不方便的話，把維生素C吃到輕瀉的劑量，對長期的健康而言，很可能更好。通常，如果一個人的健康基準維持在穩定狀態，也沒有新的感染或新的醫療狀況發生，那麼維生素C的腸道耐受劑量應保持穩定。有時候，當您的維生素C腸道耐受性突然地增加時，您或許能推斷出身體已遭遇到新的感染性挑戰。這通常表示，身體的維生素C需求有急遽增加的傾向。如果您注意到了，就請相對地提高維生素C的劑量。在你維持維生素C劑量接近於腸道耐受性的同時，也應該逐漸發展出更敏銳的健康「直覺」；除非是忽然間暴露在高濃度的傳染性微生物，否則普通感冒和流感是難不倒你的。然而，你有時也會注意到，在一些時候並沒有明顯症狀但卻也不是完全健康，能量水平可能有點低落，但還不至於讓你無法去做日常該

做的事。最終的結果就是，當你保持在固定的維生素C最佳劑量，僅僅有一點點「低落」，通常會讓大病化小、小病化無。

口服微脂粒C，這已在第五章中作過更詳細的討論。由於它被證明臨床上甚至比靜脈注射維生素C更有效，因此，假如可以取得的話，就應該選擇它作為維生素C的日常補充形式。不過，如果微脂粒C或常規的靜脈注射維生素C無法取得的話，則應當謹慎遵循這些腸道耐受最佳劑量的原則，以使維生素C治療可以達到最大的好處。即使在這種最傳統的之補充下，維生素C還是可以比現今許多不同的傳統醫學療法，提供更多的臨床效益。

治療感染和毒素的暴露

克萊納在建立維生素C的最佳劑量，以治療急性感染，或重大毒素暴露上，展現了很好的示範。克萊納（1971）斷言，為了給遭受的傳染性和毒性損害的身體帶來「快速的逆轉」，起初的維生素C，必須要依賴靜脈注射，劑量在每公斤體重350毫克到1200毫克之間。他補充說，當維生素C劑量低於每公斤體重400毫克時，只要溶液是與碳酸氫鈉一起充分緩衝至中性酸鹼值的話，可以直接通過注射器推注來施打，並且每1000毫克的維生素C稀釋成至少5cc的容積。注射的溶液可以是葡萄糖水，生理食鹽水，或乳酸林格氏液（Ringer's lactate）。直接靜脈推注的這個給藥法，應只限於非常危急的狀況——在連續滴注的靜脈點滴瓶尚未準備好之前就可能死亡的病患。

靜脈注射是最直接了當的。無菌水、生理食鹽水和乳酸林格氏液，可能是輸液的最佳選擇。與碳酸氫鈉一起緩衝到中性酸鹼值的抗壞血酸鈉或抗壞血酸，這樣的維生素C可以直接添加到這些液體裡。點滴瓶或點滴袋的最終液體容量為500cc，共含有50000毫克的維生素C在內，這種泡法效果很好。一般原則是，當對抗感染或毒性時，點滴內不要添

加任何其餘的東西。混合各種補充劑在維生素C當中，可以有不同的結果，而任何其它的營養素或補充劑是可以經口服給予的。未來的研究可能還會產生出更好的點滴組合，但是，沒有添加物的純維生素C溶液，已被證實效果格外地好。

就如克萊納在許多情形所展示的，靜脈注射的維生素C，可以施打的很快，也可以施打的很慢，視情況而定。對於急性的毒性暴露，例如被毒蛇所咬，就讓點滴滴快，因為毒素未被中和的時間拖越久，它所造成的傷害就越大，而最終必須達到一定劑量的維生素C水平，以完全抵消毒液的劑量。在這種情況下，50000毫克的維生素C加在500cc的點滴瓶中，可以以50到60分鐘內滴完的速度來輸注。

而當治療較不嚴重的毒素暴露，以及大多數臨床上穩定的感染時，輸注一瓶500cc的維生素C，則應該要花上二至四個小時。不過，對昏迷或神志不清的腦炎患者，則要盡最快的速度去給藥，因為死亡是可以非常迅速發生的。在這樣的病人，用5000到15000毫克的維生素C靜脈推注來開始，不失為啟動治療的好方法。

在病人最初顯示有正面的反應之後，什麼才是維生素C的最佳劑量，並沒有一個絕對的做法，以供完成治療計畫。發燒、脈博、及病人主要症狀的減輕，都會決定接下來的維生素C劑量，必須要多積極給予。很可能最重要且須記住的是，若要保證最後一次高劑量給完，一段時間後沒有意外的臨床復發發生，那麼你應該寧可多給維生素C劑量，並且治療期間多延長一些。

病人必須積極補充水分，並且必須維持大量的排尿。當然，這是一般性的好的醫療建議，但是當高劑量的維生素C或任何其它藥物，給予有發燒、水分喪失速度變快、和一般水分攝取減少的病危患者時，這一點尤其重要。

腎臟病患者

　　給予腎臟病患者維生素C時，水分補充以確保高尿量，尤為重要。如果，急性或慢性腎功能衰竭的病人仍可以製造出正常的尿量，尚未需要洗腎狀態，那麼這方法通常可行。大多數患者，每天應喝至少兩夸脫的水。如果，尿流量沒有隨著水分攝取而立即增加的話，維生素C仍在血液中維持最高濃度時，可以給他口服或靜脈注射速效型利尿劑。尤其當血液中維生素C濃度對腎臟產生負荷時，這樣的利尿劑治療可以確保有充足的尿流量。

　　對任何腎功能受損的病人，徹底檢查第四章所列，導致尿液的草酸鹽增加的所有風險因子是絕對重要的。對於檢查這些風險因子，病人需要承擔一些個人的責任，因為，從文獻中似乎指出，許多醫生在對他們有結石傾向的病人作風險因子檢查時病人配合度都是草率的。

　　維生素C補充的形式，絕不應以抗壞血酸鈣來補充。抗壞血酸鈉（維生素C＋小蘇打）和抗壞血酸是可以選擇的補充形式。抗壞血酸鈣提供了額外的鈣來源，去與草酸鹽連結，並可能經沉澱析出，而在泌尿道產生結石。而且，也沒有證據指出抗壞血酸鈣，比抗壞血酸鈉和抗壞血酸有任何更佳的治療優勢。補充形式的維生素C還包括那些被稱為抗壞血酸礦物質鹽類的。抗壞血酸礦物質的一個例子是抗壞血酸鎂，服用這種補充劑並沒有問題。只不過，抗壞血酸礦物鹽不應該是你維生素C的唯一來源。假如，抗壞血酸礦物鹽是你補充的維生素C之唯一形式，那麼，你在日常基礎所需要攝取的維生素C劑量水準，將會是一個過量的相關礦物質形式。

　　當每日服用大量的維生素C時，也應該避免補鈣。這並非意味，同時補充鈣和維生素C就一定會形成腎結石。然而，很多最終形成結石的病人，都比較年老，並且在他們接受的維生素C劑量外，還服用了鈣補充劑，及多種處方藥。此外，有明顯的證據支持這一說法：大多數的鈣

補充劑都不是生物可利用的形式（非離子化），而且，還可能對服用者有相當的毒性。非離子化形式的鈣，是可以導致心臟病、癌症和其它慢性退化性疾病的風險增加的（李維,2001）。經年服用錯誤的鈣補充劑，有時候會與全身上下鈣的廣泛沉澱有關。維生素C很容易溶解鈣，而當病人剛開始第一次服用維生素C時，會比當維生素C已服用一段較長時間，有著更多的鈣從這些沉澱物中溶解。對於老年患者，剛開始時應給予較多的水分補充，以及較小劑量的維生素C，而且，維生素C劑量應過一段時間之後才增加。對於那些會想尋求客觀的測量來遵循的人，維生素C的劑量，也只有在當定期的尿液鈣含量檢測，清楚地顯示，從身體挪出的鈣含量有在減少時，才可以去增加劑量。

病人需要喝經過適當淨化的水。自來水含有大量的鈣和其它礦物質，而那些並非生物可利用的形式。這會使得腎臟的溶質負荷增加，進而提高結石形成的風險。水應該經過蒸餾，或者也可以透過逆滲透，或任何證實能顯著減少水中溶質負荷的過濾方法，來加以淨化。任何令人滿意的過濾方法，也必須能夠去除氟化物。

也許，好的補充，以保持身體健康的最重要因素，在於找到一個合格的家庭醫師，他願意幫助你，並定期監測常規的血液檢查。你的家庭醫師要很開明，能接受你可能提出的任何及所有問題。除非你有特定的醫療問題需要治療和監控，否則每年應至少做一下全血細胞計數、完整的生化檢驗、鐵和鐵蛋白濃度、以及甲狀腺功能檢查。還有應至少做過一次蠶豆症的檢測。

摘要

沒有一種完美或精確的方法，來適當地補充維生素C和其他營養素。然而，你應該找到一個合格的家庭醫師，他是願意成為你為了維持最佳健康而努力的合作夥伴的。一些維生素C的補充，對於保持健康絕

對是必要的,而且很多時候,它還可能是恢復健康的唯一途徑。確定並服用每日最佳劑量的維生素C,包括其它重要的維生素和討論過的抗氧化劑,最重要的,是不要害怕傾聽你的身體。如果一切所做皆正確,那在你感覺更好以前,很少會覺得變差的。

現在可以取得的微脂粒C(見第五章),使得達到最佳劑量這一目標,變得較不那麼困難、較不成問題,同時,還提供優越的抗氧化保護。但是,假如只有傳統形式的維生素C可供你選擇的話,則請務必牢記上述的建議。

參考資料
References

Introduction

Casey, J., J. McGrogan, D. Pillas, P. Pyzik, J. Freeman, and E. Vining.(1999) The implementation and maintenance of the Ketogenic Diet in children. Journal of Neuroscience Nursing 31(5):294-302.

Cecil Textbook of Medicine. (2000) 21st edition. Edited by Goldman, L. and J. Bennett. Philadelphia, PA: W. B. Saunders Company.

Forman, R. (1981) Medical resistance to innovation. Medical Hypotheses 7(8):1009-1017.

Freeman, J. and E. Vining. (1999) Seizures decrease rapidly after fasting: preliminary studies of the ketogenic diet. Archives of Pediatrics & Adolescent Medicine 153(9):946-949.

King, C. (1936) Vitamin C, ascorbic acid. Physiological Reviews 16:238-262.

Klenner, F. (July 1949) The treatment of poliomyelitis and other virus diseases with vitamin C. Southern Medicine & Surgery 111(7):209-214.

Landwehr, R. (1991) The origin of the 42-year stonewall of vitamin C. Journal of Orthomolecular Medicine 6(2):99-103.

Lefevre, F. and N. Aronson. (2000) Ketogenic diet for the treatment of refractory epilepsy in children: a systematic review of efficacy. Pediatrics 105(4):E46.

Massell, B., J. Warren, P. Patterson, and H. Lehmus. (1950) Antirheumatic activity of ascorbic acid in large doses. Preliminary observations on seven patients with rheumatic fever. The New England Journal of Medicine 242(16):614-615.

Sirven, J., B. Whedon, D. Caplan, J. Liporace, D. Glosser, J. O'Dwyer, and M. Sperling. (1999) The ketogenic diet for intractable epilepsy in adults: preliminary results. Epilepsia 40(12):1721-1726.

Stafstrom, C. and S. Spencer. (2000) The ketogenic diet: a therapy in search of an explanation. Neurology 54(2):282-283.

Chapter 1：Some Basic Concepts and Historical Perspectives

Baker, E., R. Hodges, J. Hood, H. Sauberlich, S. March, and J. Canham. (1971) Metabolism of 14-C and 3-H-labeled L-ascorbic acid in human scurvy. The American Journal of Clinical Nutrition 24(4):444-454.

Chatterjee, I., A. Majumder, B. Nandi, and N. Subramanian. (1975) Synthesis and some major functions of vitamin C in animals. Annals of the New York Academy of Sciences 258:24-47.

Conney, A., G. Bray, C. Evans, and J. Burns. (1961) Metabolic interactions between L-ascorbic acid and drugs. Annals of the New York Academy of Sciences 92:115-127.

Crandon, J., C. Lund, and D. Dill. (1940) Experimental human scurvy. The New England Journal of Medicine 223:353-369.

Cummings, M. (1981) Can some people synthesize ascorbic acid? The American Journal of Clinical Nutrition 34(2):297-298.

Cuppage, F. (1994) James Cook and the Conquest of Scurvy. Westport, CT: Greenwood Press.

Davies, M., J. Austin, and D. Partridge. (1991) Vitamin C: Its Chemistry and Biochemistry. Cambridge: The Royal Society of Chemistry, Thomas Graham House.

Findlay, G. (1921) A note on experimental scurvy in the rabbit, and on the effects of antenatal nutrition. The Journal of Pathology and Bacteriology 24:454-455.

Ginter, E. (1976) Ascorbic acid synthesis in certain guinea pigs. International Journal for Vitamin and Nutrition Research 46(2):173-179.

Grollman, A. and A. Lehninger. (1957) Enzymic synthesis of L-ascorbic acid in different animal species. Archives of Biochemistry and Biophysics 69:458-467.

Hadley, K. and P. Sato (1988) A protocol for the successful long-term enzyme replacement therapy of scurvy in guinea pigs. Journal of Inherited Metabolic Disease 11(4):387-396.

Kline, A. and M. Eheart. (1944) Variation in the ascorbic acid requirements for saturation of nine normal young women. Journal of Nutrition 28:413-419.

Levine, M. (1986) New concepts in the biology and biochemistry of ascorbic acid. The New England Journal of Medicine 314(14):892-902.

Lind, J. (1753) A Treatise on the Scurvy. [Special Edition for the Classics of Medicine Library] Birmingham, AL: Leslie B. Adams, Jr., Publisher, 1980.

Lund, C. and J. Crandon. (1941) Human experimental scurvy and the relation of vitamin C deficiency to postoperative pneumonia and wound healing. The Journal of the American Medical Association 116(8):663-668.

Meiklejohn, A. (1953) The physiology and biochemistry of ascorbic acid. Vitamins and Hormones 11:61-96.

Mizushima, Y., T. Harauchi, T. Yoshizaki, and S. Makino. (1984) A rat mutant unable to synthesize vitamin C. Experientia 40(4):359-361.

Nishikimi, M., T. Koshizaka, T. Ozawa, and K. Yagi. (1988) Occurrence in humans and guinea pigs of the gene related to their missing enzyme L-gulonolactone oxidase. Archives of Biochemistry and Biophysics 267(2):842-846.

Odumosu, A. and C. Wilson. (1973) Metabolic availability of vitamin C in the guinea-pig. Nature 242(5399):519-521.

Pijoan, M. and E. Lozner. (1944) Vitamin C economy in the human subject. Bulletin of the Johns Hopkins Hospital 75:303-314.

Sato, P., A. Roth, and D. Walton. (1986) Treatment of a metabolic disease, scurvy, by administration of the missing enzyme. Biochemical Medicine and Metabolic Biology 35(1):59-64.

Stone, I. (1979) Homo sapiens ascorbicus, a biochemically corrected robust human mutant. Medical Hypotheses 5(6):711-721.

Szent-Gyorgyi, A. (1978) How new understandings about the biological function of ascorbic acid may profoundly affect our lives. Executive Health 14(8):1-4.

Szent-Gyorgyi, A. (1980) The living state and cancer. Physiological Chemistry and Physics 12(2):99-110.

Williams, R. and G. Deason. (1967) Individuality in vitamin C needs. Proceedings of the National Academy of Sciences of the United States of America 57(6):1638-1641.

Chapter 2：Curing, Reversing, and Preventing Infectious Diseases

Abbasy, M., L. Harris, and P. Ellman. (1937) Vitamin C and infection. Excretion of vitamin C in pulmonary tuberculosis and in rheumatoid arthritis. The Lancet 2:181-183.

Abbasy, M., N. Hill, M. Lond, and L. Harris. (1936) Vitamin C and juvenile rheumatism with some observations on the vitamin-C reserves in surgical tuberculosis. The Lancet 2:1413-1417.

Albrecht, E. (1938) Vitamin C as an adjuvant in the therapy of lung tuberculosis. Medizinische Klinik (Munchen) 34:972-973.

Alexander, F. and H. Meleney. (1935) A study of diets in two rural communities in Tennessee in which amebiasis was prevalent. American Journal of Hygiene 22:704-730.

Allard, J., E. Aghdassi, J. Chau, C. Tam, C. Kovacs, I. Salit, and S. Walmsley. (1998) Effects of vitamin E and C supplementation on oxidative stress and viral load in HIV infected subjects. AIDS 12(13):1653-1659.

Amato, G. (1937) Azione dell'acido ascorbico sul virus fisso della rabbia e sulla tossina tetanica. Giornale di Batteriologia, Virologia et Immunologia (Torino) 19:843-847.

Anderson, R. and O. Dittrich. (1979) Effects of ascorbate on leucocytes. Part IV. Increased neutrophil function and clinical improvement after oral ascorbate in 2 patients with chronic granulomatous disease. South African Medical Journal 56(12):476-480.

Anderson, R. and A. Theron. (1979) Effects of ascorbate on leucocytes. Part III. In vitro and in vivo stimulation of abnormal neutrophil motility by ascorbate. South African Medical Journal 56(11):429-433.

Anderson, R., R. Oosthuizen, R. Maritz, A. Theron, and A. Van Rensburg. (1980) The effects of increasing weekly doses of ascorbate on certain cellular and humoral immune functions in normal volunteers. The American Journal of Clinical Nutrition 33(1):71-76.

Anderson, R., I. Hay, H. van Wyk, R. Oosthuizen, and A. Theron. (1980a) The effect of ascorbate on cellular humoral immunity in asthmatic children. South African Medical Journal 58(24):974-977.

Andreasen, C. and D. Frank. (1999) The effects of ascorbic acid on in vitro heterophil function. Avian Diseases 43(4):656-663.

Atkinson, J., A. Weiss, M. Ito, J. Kelly, and C. Parker. (1979) Effects of ascorbic acid and sodium ascorbate on cyclic nucleotide metabolism in human lymphocytes. Journal of Cyclic Nucleotide Research 5(2):107-123.

Awotedu, A., E. Sofowora, and S. Ette. (1984) Ascorbic acid deficiency in pulmonary tuberculosis. East African Medical Journal 61(4): 283-287.

Babbar, I. (1948) Observations of ascorbic acid. Part XI. Therapeutic effect of ascorbic acid in tuberculosis. The Indian Medical Gazette 83:409-410.

Baetgen, D. (1961) [Results of the treatment of epidemic hepatitis in children with high doses of ascorbic acid in the years 1957-1958]. German. Medizinische Monatschrift 15:30-36.

Bagchi, D., M. Bagchi, S. Stohs, D. Das, S. Ray, C. Kuszynski, S. Joshi, and H. Pruess. (2000) Free radicals and grape seed proanthocyanidin extract: importance in human health and disease prevention. Toxicology 148(2-3):187-197.

Bakhsh, I. and M. Rabbani. (1939) Vitamin C in pulmonary tuberculosis. The Indian Medical Gazette 74:274-277.

Bamberger, P. and L. Wendt. (1935) Klinische Wochenschrift 14:846.

Bamberger, P. and W. Zell. (1936) Zeitschrift Kinderheilk 58:307.

Banerjee, S., P. Sen, and B. Guha. (1940) Urinary excretion of combined ascorbic acid in pulmonary tuberculosis. Nature 145(3679): 706-707.

Banic, S. (1975) Prevention of rabies by vitamin C. Nature 258(5531):153-154.

Banic, S. (1982) Immunostimulation by vitamin C. International Journal for Vitamin and Nutrition Research. Supplement 23:49-52.

Baur, H. (1952) [Poliomyelitis therapy with ascorbic acid]. German. Helvetia Medica Acta 19:470-474.

Baur, H. and H. Staub. (1954) [Therapy of hepatitis with ascorbic acid infusions]. Article in German. Schweizerische Medizinische Wochenschrift 84:595-597.

Bechelli, L. (1939) Vitamin C therapy of the lepra reaction. Revista Brasileira de Leprologia (Sao Paulo) 7:251-255.

Belfield, W. (1967) Vitamin C in treatment of canine and feline distemper complex. Veterinary Medicine/Small Animal Clinician 62(4):345-348.

Belfield, W. and I. Stone. (1975) Megascorbic prophylaxis and megascorbic therapy: a new orthomolecular modality in veterinary medicine. Journal of the International Academy of Preventive Medicine 2:10-26.

Bhaduri, J. and S. Banerjee. (1960) Ascorbic acid, dehydro-ascorbic acid and glutathione levels in blood of patients suffering from infectious diseases. The Indian Journal of Medical Research 48: 208-211.

Bieling, R. (1925) Zeitschrift fur Hyg 104:518.

Birkhaug, K. (1938) The role of vitamin C in the pathogenesis of tuberculosis in the guinea-pig. I. Daily excretion of vitamin C in urine of L-ascorbic acid treated and control tuberculous animals. II. Vitamin C content of suprarenals of L-ascorbic acid treated and control tuberculous animals. Acta Tuberculosea Scandinavica 12:89-104.

(1938) III. Quantitative variations in the haemogram of L-ascorbic acid treated and control tuberculous animals. Acta Tuberculosea Scandinavica 12:359-372.

(1939) IV. Effect of L-ascorbic acid on the tuberculin reaction in tuberculous animals. Acta Tuberculosea Scandinavica 13:45-51.

(1939) V. Degree of tuberculosis in L-ascorbic acid treated and control tuberculosis animals. Acta Tuberculosea Scandinavica 13:52-66.

Bjornesjo, K. (1951) On the effect of human urine on tubercle bacilli. II. The tuberculostatic effect of various urine constituents. Acta Tuberculosea Scandinavica 25:447.

(1951) III. The solubility of the tuberculostatic factor in organic solvents, and its behavior in dialysis and electrodialysis. Acta Tuberculosea Scandinavica 25:457.

(1952) IV. Some attempts to concentrate and purify the tuberculostatic factor. Acta Tuberculosea Scandinavica 27:116.

(1952) V. Experiments with the tuberculostatic factor purified from urine. Acta Tuberculosea Scandinavica 27:123.

Bogden, J., H. Baker, O. Frank, G. Perez, F. Kemp, K. Bruening, and D. Louria. (1990) Micronutrient status and human immunodeficiency virus (HIV) infection. Annals of the New York Academy of Science 587:189-195.

Bogen, E., L. Hawkins, and E. Bennett. (1941) Vitamin C treatment of mucous membrane tuberculosis. American Review of Tuberculosis 44:596-603.

Bonnholtzer, E. (1937) Deutsches Med Wochenschrift 26:1001.

Borsalino, G. (1937) La fragilita capillare nella tubercolosi polmonare e le sue modificazioni per azione della vitamin C. Giornale di Clinica Medica (Bologna) 18:273-294.

Bossevain, C. and J. Spillane. (1937) A note on the effect of synthetic ascorbic acid (vitamin C) on the growth of the tubercle bacillus. American Review of Tuberculosis 35:661-662.

Boura, P., G. Tsapas, A. Papadopoulou, I. Magoula, and G. Kountouras. (1989) Monocyte locomotion in anergic chronic brucellosis patients: the in vivo effect of ascorbic acid. Immunopharmacology and Immunotoxicology 11(1):119-129.

Bourke, G., R. Coleman, and N. Rencricca. (1980) Effect of ascorbic acid on host resistance in virulent rodent malaria. Clinical Research 28(3):642A.

Bourne, G. (1949) Vitamin C and immunity, The British Journal of Nutrition 2:342.

Boxer, L., A. Watanabe, M. Rister, H. Besch, J. Allen, and R. Baehner. (1976) Correction of leukocyte function in Chediak-Higashi syndrome by ascorbate. The New England Journal of Medicine 295(19):1041-1045.

Boxer, L., B. Vanderbilt, S. Bonsib, R. Jersild, H. Yang, and R. Baehner. (1979) Enhancement of chemotactic response and microtubule assembly in human leukocytes by ascorbic acid. Journal of Cellular Physiology 100(1):119-126.

Boyden, S. and M. Andersen. (1956) Diet and experimental tuberculosis in the guinea pig. The importance of the source of ascorbic acid. Acta Pathologica et Microbiologica Scandinavica 39:107-116.

Brown, H. (1936) Whooping cough. Clin J 65:246.

Buffinton, G., S. Christen, E. Peterhans, and R. Stocker. (1992) Oxidative stress in lungs of mice infected with influenza A virus. Free Radical Research Communications 16(2):99-110.

Bumbalo, T. (1938) Urinary output of vitamin C of normal and of sick children. With a laboratory test for its estimation. American Journal of Diseases of Children 55:1212-1220.

Bumbalo, T. and W. Jetter. (1938) Vitamin C in tuberculosis. The effect of supplementary synthetic vitamin C on the urinary output of this vitamin by tuberculous children. The Journal of Pediatrics 13:334-340.

Calleja, H. and R. Brooks. (1960) Acute hepatitis treated with high doses of vitamin C. The Ohio State Medical Journal

56:821-823.

Campbell, J., M. Cole, B. Bunditrutavorn, and A. Vella. (1999) Ascorbic acid is a potent inhibitor of various forms of T cell apoptosis. Cellular Immunology 194(1):1-5.

Campbell, M. and E. Warner. (1930) Lancet 1:61.

Carlsson, S., N. Wiklund, L. Engstrand, E. Weitzberg, and J. Lundberg. (2001) Effects of pH, nitrite, and ascorbic acid on nonenzymatic nitric oxide generation and bacterial growth in urine. Nitric Oxide: Biology and Chemistry 5(6):580-586.

Carr, A., R. Einstein, L. Lai, N. Martin, and G. Starmer. (1981) Vitamin C and the common cold: using identical twins as controls. The Medical Journal of Australia 2(8):411-412.

Cathcart, R. (1981) Vitamin C, titrating to bowel tolerance, anascorbemia, and acute induced scurvy. Medical Hypotheses 7(11):1359-1376.

Cathcart, R. (1984) Vitamin C in the treatment of acquired immune deficiency syndrome (AIDS). Medical Hypotheses 14(4):423-433.

Cathcart, R. (1990) Letter to the Editor. Lancet 335:235.

Cecil Textbook of Medicine (2000) 21st ed. Edited by Goldman, L. and J. Bennett, Philadelphia, PA: W.B. Saunders Company.

Chang, C. and T. Lan. (1940) Vitamin C in tuberculosis. Ascorbic acid content of blood and urine of tuberculosis patients. American Review of Tuberculosis 41:494-506.

Charpy, J. (1948) Ascorbic acid in very large doses alone or with vitamin D2 in tuberculosis. Bulletin de l'academie Nationale de Medecine (Paris) 132:421-423.

Clarke, J. (1930) Journal of Tropical Medicine and Hygiene 33:249.

Ciocoiu, M., E. Lupusoru, V. Colev, M. Badescu, and I. Paduraru. (1998) [The involvement of vitamins C and E in changing the immune response]. Article in Romanian. Revista Medico-Chirurgicala a Societatii de Medici si Naturalisti din Iasi 102(1-2): 93-96.

Corberand, J., F. Nguyen, B. Fraysse, and L. Enjalbert. (1982) Malignant external otitis and polymorphonuclear leukocyte migration impairment. Improvement with ascorbic acid. Archives of Otolaryngology 108(2):122-124.

Coulehan, J., S. Eberhard, L. Kapner, F. Taylor, K. Rogers, and P. Garry. (1976) Vitamin C and acute illness in Navajo school children. The New England Journal of Medicine 295(18):973-977.

Cumming, P., E. Wallace, J. Schorr, and R. Dodd. (1989) Exposure of patients to human immunodeficiency virus through the transfusion of blood components that test antibody-negative. The New England Journal of Medicine 321(14):941-946.

Cunningham-Rundles, S. (1982) Effects of nutritional status on immunological function. The American Journal of Clinical Nutrition 35(5 Suppl):1202-1210.

Dahl, H. and M. Degre. (1976) The effect of ascorbic acid on production of human interferon and the antiviral activity in vitro. Acta Pathologica et Microbiologica Scandinavica. Section B, Microbiology 84(5):280-284.

Dainow, I. (1943) Treatment of herpes zoster with vitamin C. Dermatologia 68:197-201.

Dalldorf, G. (1933) American Journal of Diseases of Children 46:794.

Dallegri, F., G. Lanzi, and F. Patrone. (1980) Effects of ascorbic acid on neutrophil locomotion. International Archives of Allergy and Applied Immunology 61(1):40-45.

Dalton, W. (1962) Massive doses of vitamin C in the treatment of viral diseases. Journal of the Indiana State Medical Association August, pp. 1151-1154.

Daoud, A., A. Abdel-Ghaffar, F. Deyab, and T. Essa. (2000) The effect of antioxidant preparation (antox) on the course and efficacy of treatment of trichinosis. Journal of the Egyptian Society of Parasitology 30(1):305-314.

Das, B., J. Patnaik, S. Mohanty, S. Mishra, D. Mohanty, S. Satpathy, and T. Bose. (1993) Plasma antioxidants and lipid peroxidation products in falciparum malaria. The American Journal of Tropical Medicine and Hygiene 49(6):720-725.

De la Asuncion, J., M. del Olmo, J. Sastre, A. Millan, A. Pellin, F. Pallardo, and J. Vina. (1998) AZT treatment induces molecular and ultrastructural oxidative damage to muscle mitochondria. Prevention by antioxidant vitamins. The Journal of Clinical Investigation 102(1):4-9.

De la Fuente, M., M. Ferrandez, M. Burgos, A. Soler, A. Prieto, and J. Miquel. (1998) Immune function in aged women is improved by ingestion of vitamins C and E. Canadian Journal of Physiology and Pharmacology 76(4):373-380.

Destro, R. and V. Sharma. (1977) An appraisal of vitamin C in adjunct therapy of bacterial and "viral" meningitis. Clinical Pediatrics 16(10):936-939.

Devasena, T., S. Lalitha, and K. Padma. (2001) Lipid peroxidation, osmotic fragility and antioxidant status in children with acute post-streptococcal glomerulonephritis. Clinica Chimica Acta 308(1-2):155-161.

Dey, P. (1966) Efficacy of vitamin C in counteracting tetanus toxicity. Die Naturwissenschaften 53(12):310.

Dey, P. (1967) Protective action of ascorbic acid & its precursors on the convulsive & lethal actions of strychnine. Indian Journal of Experimental Biology 5(2):110-112.

Dieckhoff, J. and K. Schuler. (1938) Klinische Wochenschrift 17:936.

Docampo, R., S. Moreno, and F. Cruz. (1988) Enhancement of the cytotoxicity of crystal violet against Trypanosoma cruzi in the blood by ascorbate. Molecular and Biochemical Parasitology 27(2-3):241-247.

Douglas, R., E. Chalker, and B. Treacy. (2000) Vitamin C for preventing and treating the common cold. Cochrane Database of Systematic Reviews (2):CD000980.

Downes, J. (1950) An experiment in the control of tuberculosis among Negroes. The Milbank Memorial Fund Quarterly 28:127-159.

Drummond, J. (1943) Recent advances in the treatment of enteric fever. Clinical Proceedings (South Africa) 2:65-93.

Dubey, S., K. Sinha, and J. Gupta. (1985) Vitamin C status, glutathione and histamine in gastric carcinoma, tuberculous enteritis and non-specific ulcerative colitis. Indian Journal of Physiology and Pharmacology 29(2):111-114.

Dubey, S., G. Palodhi, and A. Jain. (1987) Ascorbic acid, dehydroascorbic acid and glutathione in liver disease. Indian Journal of Physiology and Pharmacology 31(4):279-283.

Ecker, E. and L. Pillemer. (1940) Vitamin C requirement of the guinea pig. Proceedings of the Society for Experimental Biology and Medicine 44:262.

Edwards, W. (1968) Ascorbic acid for treatment of feline rhinotracheitis. Veterinary Medicine/Small Animal Clinician 63.696-690.

Eller, C., F. Edwards, and E. Wynne. (1968) Sporicidal action of autooxidized ascorbic acid for Clostridium. Applied Microbiology 16(2): 349-354.

Elsdon-Dew, R. (1949) Endemic fulminating amebic dysentery. American Journal of Tropical Medicine 29:337-340.

Elsdon-Dew, R. (1950) Amoebiasis in Natal. South African Medical Journal 24:160.

Ericsson, Y. (1954) The effect of ascorbic acid oxidation on mucoids and bacteria in body secretions. Acta Pathologica et Microbiologica Scandinavica 35:573-583.

Erwin, G., R. Wright, and C. Doherty. (1940) Hypovitaminosis C and pulmonary tuberculosis. British Medical Journal 1:688-689.

Esposito, A. (1986) Ascorbate modulates antibacterial mechanisms in experimental pneumococcal pneumonia. The American Review of Respiratory Disease 133(4):643-647.

Evans, R., L. Currie, and A. Campbell. (1982) The distribution of ascorbic acid between various cellular components of blood, in normal individuals, and its relation to the plasma concentration. The British Journal of Nutrition 47(3):473-482.

Everall, I., L. Hudson, and R. Kerwin. (1997) Decreased absolute levels of ascorbic acid and unaltered vasoactive intestinal polypeptide receptor binding in the frontal cortex in acquired immunodeficiency syndrome. Neuroscience Letters 224(2):119-122.

Eylar, E., I. Baez, J. Navas, and C. Mercado. (1996) Sustained levels of ascorbic acid are toxic and immunosuppressive for human T cells. Puerto Rico Health Sciences Journal 15(1):21-26.

Falk, G., K. Gedda, and G. Gothlin. (1932) Upsala Lakaref Forh 38:1. Farah, N. (1938) Enteric fever treated with suprarenal cortex extract and vitamin C intravenously. Lancet 1:777-779.

Faulkner, J. and F. Taylor. (1937) Vitamin C and infection. Annals of Internal Medicine 10:1867-1873.

Faust, E. and E. Kagy. (1934) Studies on the pathology of amebic enteritis in dogs. American Journal of Tropical Medicine 14:221-233.

Faust, E., L. Scott, and J. Swartzwelder. (1934) Influence of certain foodstuffs on lesions of Entamoeba histolytica infection. Proceedings of the Society for Experimental Biology and Medicine 32:540-542.

Faust, E. and J. Swartzwelder. (1936) Use of liver extract intramuscularly in the course of acute amebiasis in dogs. Proceedings of the Society for Experimental Biology and Medicine 33:514-518.

Feigen, G., B. Smith, C. Dix, C. Flynn, N. Peterson, L. Rosenberg, S. Pavlovic, and B. Leibovitz. (1982) Enhancement of antibody production and protection against systemic anaphylaxis by large doses of vitamin C. Research Communications in Chemical Pathology and Pharmacology 38(2):313-333.

Ferreira, D. (1950) Vitamin C in leprosy. Publicacoes Medicas 20:25-28.

Findlay, G. (1923) The relation of vitamin C to bacterial infection. Journal of Pathology and Bacteriology 26(1):1-19.

Floch, H. and P. Sureau. (1952) Vitamin C therapy in leprosy. Bulletin de la Societe de Pathologie Exotique et de Ses Filiales (Paris) 45: 443-446.

Forbes, J. and G. Duncan. (1954) Effect of alcohol intoxication and ACTH on liver ascorbic acid in the guinea pig. Endocrinology 55: 822-827.

Foster, D., E. Obineche, and N. Traub. (1974) The effect of pyridoxine, folic acid and ascorbic acid therapy on the incidence of sideroblastic anaemia in Zambians with chloramphenicol treated typhoid. A preliminary report. East African Medical Journal 51(1):20-25.

Fraser, R., S. Pavlovic, C. Kurahara, A. Murata, N. Peterson, K. Taylor, and G. Feigen. (1980) The effect of variations in vitamin C intake on the cellular immune response of guinea pigs. The American Journal of Clinical Nutrition 33(4):839-847.

Galloway, T. and M. Seifert. (1949) Bulbar poliomyelitis: favorable results in its treatment as a problem in respiratory obstruction. Journal of the American Medical Association 141(1):1-8.

Gander, J. and W. Niederberger. (1936) Munchener Medizinische Wochenschrift 83:1386.

Ganguly, R., M. Durieux, and R. Waldman. (1976) Macrophage function in vitamin C -deficient guinea pigs. The American Journal of Clinical Nutrition 29(7):762-765.

Gatti, C. and R. Gaona. (1939) Ascorbic acid in the treatment of leprosy. Archiv Schiffe-und Tropenhygiene 43:32-33.

Geber, W., S. Lefkowitz, and C. Hung. (1975) Effect of ascorbic acid, sodium salicylate, and caffeine on the serum interferon level in response to viral infection. Pharmacology 13(3):228-233.

Getz, H. and T. Koerner. (1941) Vitamin A and ascorbic acid in pulmonary tuberculosis. Determination in plasma by the photoelectric colorimeter. The American Journal of the Medical Sciences 202:831-847.

Getz, H. and T. Koerner. (1943) Vitamin nutrition in tuberculosis. American Review of Tuberculosis 47:274-283.

Getz, H., E. Long, and H. Henderson. (1951) A study of the relation of nutrition to the development of tuberculosis. Influence of ascorbic acid and vitamin A. American Review of Tuberculosis 64:381-393.

Glazebrook, A. and S. Thomson. (1942) The administration of vitamin C in a large institution and its effect on general health and resistance to infection. Journal of Hygiene 42(1):1-19.

Glick, D. and S. Hosoda. (1965) Histochemistry. LXXViii. Ascorbic acid in normal mast cells and macrophages und neoplastic mast cells. Proceedings of the Society for Experimental Biology and Medicine 119:52-56.

Gnarpe, H., M. Michaelsson, and S. Dreborg. (1968) The in vitro effect of ascorbic acid on the bacterial growth in urine. Acta Pathologica et Microbiologica Scandinavica 74(1):41-50.

Goetzl, E., S. Wasserman, I. Gigli, and K. Austen. (1974) Enhancement of random migration and chemotactic response of human leukocytes by ascorbic acid. The Journal of Clinical Investigation 53(3):813-818.

Gogu, S., B. Beckman, S. Rangan, and K. Agrawal. (1989) Increased therapeutic efficacy of zidovudine in combination with vitamin E. Biochemical and Biophysical Research Communications 165(1): 401-407.

Goldschmidt, M. (1991) Reduced bactericidal activity in neutrophils from scorbutic animals and the effect of ascorbic acid on these target bacteria in vivo and in vitro. The American Journal of Clinical Nutrition 54(6 Suppl):1214S-1220S.

Gorton, H. and K. Jarvis. (1999) The effectiveness of vitamin C in preventing and relieving the symptoms of virus-induced respiratory infections. Journal of Manipulative and Physiological Therapeutics 22(8):530-533.

Goskowicz, M. and L. Eichenfield. (1993) Cutaneous findings of nutritional deficiencies in children. Current Opinion in Pediatrics 5(4): 441-445.

Grant, A. (1930) American Review of Tuberculosis 21:115.

Greene, M., M. Steiner, and B. Kramer. (1936) The role of chronic vitamin-C deficiency in the pathogenesis of tuberculosis in the guinea pig. American Review of Tuberculosis 33:585-624.

Greenwald, C. and E. Harde. (1935) Vitamin C and diphtheria toxin. Proceedings of the Society for Experimental Biology and Medicine 32:1157-1160.

Greer, E. (1955) Vitamin C in acute poliomyelitis. Medical Times 83(11):1160-1161.

Gunzel, W. and G. Kroehnert. (1937) Experiences in the treatment of pneumonia with vitamin C. Fortschrifte der Therapie 13:460-463.

Gupta, G. and B. Guha. (1941) The effect of vitamin C and certain other substances on the growth of microorganisms. Annals of Biochemistry and Experimental Medicine 1(1):14-26.

Hamdy, A., W. Pounden, A. Trapp, D. Redman, and D. Bell. (1967) Effect of vitamin C on lamb pneumonia and mortality. The Cornell Veterinarian 57(1):12-20.

Hamuy, R. and B. Berman. (1998) Treatment of Herpes simplex virus infections with topical antiviral agents. European Journal of Dermatology 8(5):310-319.

Hanzlik, P. and B. Terada. (1936) Protective measures in diphtheria intoxication. Journal of Pharmacology and Experimental Therapeutics 56:269-277.

Harakeh, S., R. Jariwalla, and L. Pauling. (1990) Suppression of human immunodeficiency virus replication by ascorbate in chronically and acutely infected cells. Proceedings of the National Academy of Sciences of the United States of America 87(18): 7245-7249.

Harakeh, S. and R. Jariwalla. (1991) Comparative study of the anti-HIV activities of ascorbate and thiol-containing reducing agents in chronically HIV-infected cells. The American Journal of Clinical Nutrition 54(6 Suppl):1231S-1235S.

Harakeh, S. and R. Jariwalla. (1997) NF-kappa B-independent suppression of HIV expression by ascorbic acid. AIDS Research and Human Retroviruses 13(3):235-239.

Harde, E. and M. Philippe. (1934) Observations sur le pouvoir antigene du melange toxine diphtherique et vitamin C. Compt rend Acad d sc 199:738-739.

Haskell, B. and C. Johnston. (1991) Complement component C1q activity and ascorbic acid nutriture in guinea pigs. The American Journal of Clinical Nutrition 54(6 Suppl):1228S-1230S.

Hasselbach, F. (1935) Therapy of tuberculosis pulmonary hemorrhages with vitamin C. Fortschrift der Therapie 7:407-411.

Hasselbach, F. (1936) Zeitschrift Tuberkulose 75:336.

Hastings, R., V. Richard, Jr., S. Christy, and M. Morales. (1976) Activity of ascorbic acid in inhibiting the multiplication of M. leprae in the mouse foot pad. International Journal of Leprosy and Other Mycobacterial Diseases 44(4):427-430.

Heise, F. and G. Martin. (1936) Ascorbic acid metabolism in tuberculosis. Proceedings of the Society for Experimental Biology and Medicine 34:642-644.

Heise, F. and G. Martin. (1936a) Supervitaminosis C in tuberculosis. Proceedings of the Society for Experimental Biology and Medicine 35:337-338.

Heise, F., G. Martin, and S. Schwartz. (1937) The influence of the administration of vitamin C on blood sedimentation and sensitivity to tuberculin. British Journal of Tuberculosis 31:23-31.

Hemila, H. (1994) Does vitamin C alleviate the symptoms of the common cold?—a review of current evidence. Scandinavian Journal of Infectious Disease 26(1):1-6.

Hemila, H. (1996) Vitamin C, the placebo effect, and the common cold: a case study of how preconceptions influence the analysis of results. Journal of Clinical Epidemiology 49(10):1079-1084.

Hemila, H. (1997) Vitamin C intake and susceptibility to pneumonia. The Pediatric Infectious Disease Journal 16(9):836-837.

Hemila, H. and R. Douglas. (1999) Vitamin C and acute respiratory infections. The International Journal of Tuberculosis and Lung Disease 3(9):756-761.

Hemila, H., J. Kaprio, P. Pietinen, D. Albanes, and O. Heinonen. (1999) Vitamin C and other compounds in vitamin C rich food in relation to risk of tuberculosis in male smokers. American Journal of Epidemiology 150(6):632-641.

Hennet, T., E. Peterhans, and R. Stocker. (1992) Alterations in antioxidant defences in lung and liver of mice infected with influenza A virus. The Journal of General Virology 73(Pt 1):39-46.

Hershko, C. (1989) Mechanism of iron toxicity and its possible role in red cell membrane damage. Seminars in Hematology 26(4):277- 85.

Heuser, G. and A. Vojdani. (1997) Enhancement of natural killer cell activity and T and B cell function by buffered vitamin C in patients exposed to toxic chemicals: the role of protein kinase-C. Immunopharmacology and Immunotoxicology 19(3):291-312.

Hill, C. and H. Garren. (1955) The effect of high levels of vitamins on the resistance of chicks to fowl typhoid. Annals of the New York Academy of Sciences 63:186-194.

Hochwald, A. (1937) Deutsches Med Wochenschrift 63:182.

Hojer, J. (1924) Studies in scurvy. Part IV. Scurvy and tuberculosis. Acta Paediatr 3(suppl):140-171.

Holden, M. and R. Resnick. (1936) The in vitro action of synthetic crystalline vitamin C (ascorbic acid) on herpes virus. Journal of Immunology 31:455-462.

Holden, M. and E. Molloy. (1937) Further experiments on the inactivation of herpes virus by vitamin C (L-ascorbic acid). Journal of Immunology 33:251-257.

Honjo, S. and K. Imaizumi. (1967) Ascorbic acid content of adrenal and liver in cynomolgus monkeys suffering from bacillary dysentery. Japanese Journal of Medical Science & Biology 20(1):97-102.

Honjo, S., M. Takasaka, T. Fujiwara, K. Imaizumi, and H. Ogawa. (1969) Shigellosis in cynomolgus monkeys (Macaca irus) VII. Experimental production of dysentery with a relatively small dose of Shigella flexneri 2a in ascorbic acid deficient monkeys. Japanese Journal of Medical Science & Biology 22(3):149-162.

Horrobin, D., M. Manku, M. Oka, R. Morgan, A. Cunnane, A. Ally, T. Ghayur, M. Schweitzer, and R. Karmali. (1979) The nutritional regulation of T lymphocyte function. Medical Hypotheses 5(9): 969-985.

Hovi, T., A. Hirvimies, M. Stenvik, E. Vuola, and R. Pippuri. (1995) Topical treatment of recurrent mucocutaneous herpes with ascorbic acid-containing solution. Antiviral Research 27(3):263-270.

Huggins, H. and T. Levy. (1999) Uninformed Consent: The Hidden Dangers in Dental Care. Charlottesville, VA: Hampton Roads Publishing Company, Inc.

Hunt, C., N. Chakravorty, G. Annan, N. Habibzadeh, and C. Schorah. (1994) The clinical effects of vitamin C supplementation in elderly hospitalized patients with acute respiratory infections. International Journal for Vitamin and Nutrition Research 64(3):212-219.

Hurford, J. (1938) Lancet I:498.

Imamura, T. (1929) Acta Medicin Keijo 12:249.

Ivanov, K., S. Ponomarev, A. Gorelov, I. Volchek, S. Basos, V. Volzhanin, and E. Samgina. (1991) [The clinical picture of the initial period of intestinal amebiasis]. Article in Russian. Meditsinskaia Parazitologiia i Parazitarnye Bolezni 2:38-40.

Jahan, K., K. Ahmad, and M. Ali. (1984) Effect of ascorbic acid in the treatment of tetanus. Bangladesh Medical Research Council Bulletin 10(1):24-28.

Jefferies, C. (1965) Effect of endotoxin on liver ascorbic acid of mice. Journal of Bacteriology 89: 922-923.

Jeng, K., C. Yang, W. Siu, Y. Tsai, W. Liao, and J. Kuo. (1996) Supplementation with vitamins C and E enhances cytokine production by peripheral blood mononuclear cells in healthy adults. The American Journal of Clinical Nutrition 64(6):960-965.

Jetter, T. and T. Bumbalo. (1938) The urinary output of vitamin C in active tuberculosis in children. American Journal of Medical Science 195:362-366.

Joffe, M., N. Sukha, and A. Rabson. (1983) Lymphocyte subsets in measles. Depressed helper/inducer subpopulation reversed by in vitro treatment with levamisole and ascorbic acid. The Journal of Clinical Investigation 72(3):971-980.

Johnston, C., W. Kolb, and B. Haskell. (1987) The effect of vitamin C nutriture on complement component C1q concentrations in guinea pig plasma. The Journal of Nutrition 117(4):764-768.

Johnston, C., L. Martin, and X. Cai. (1992) Antihistamine effect of supplemental ascorbic acid and neutrophil chemotaxis. Journal of the American College of Nutrition 11(2):172-176.

Josewich, A. (1939) Value of vitamin C therapy in lung tuberculosis. Medical Bulletin of the Veterans Administration 16:8-11.

Jungeblut, C. (1935) Inactivation of poliomyelitis virus in vitro by crystalline vitamin C (ascorbic acid). Journal of Experimental Medicine 62:517-521.

Jungeblut, C. (1937) Vitamin C therapy and prophylaxis in experimental poliomyelitis. Journal of Experimental Medicine 65:127-146.

Jungeblut, C. (1937a) Further observations on vitamin C therapy in experimental poliomyelitis. Journal of Experimental Medicine 66: 459-477.

Jungeblut, C. (1937b) Inactivation of tetanus toxin by crystalline vitamin C (L-ascorbic acid). Journal of Immunology 33:203-214.

Jungeblut, C. (1939) A further contribution to vitamin C therapy in experimental poliomyelitis. Journal of Experimental Medicine 70: 315-332.

Jungeblut, C. and R. Zwemer. (1935) Inactivation of diphtheria toxin in vivo and in vitro by crystalline vitamin C (ascorbic acid). Proceedings of the Society for Experimental Biology and Medicine 32:1229-1234.

Kaiser, A. and B. Slavin. (1938) The incidence of hemolytic streptococci in the tonsils of children as related to the vitamin C content of tonsils and blood. Journal of Pediatrics 13:322-333.

Kalokerinos, A. (1976) Letter: Severe measles in Vietnam. The Medical Journal of Australia 1(16):593-594.

Kalokerinos, A. (1981) Every Second Child. New Canaan, CT: Keats Publishing, Inc.

Kameta, T. (1959) Studies on the effects of ACTH, cortisone and adrenaline on ascorbic acid in rabbits' organs. [Japanese] Japanese Journal of Urology 50:1214-1224.

Kaplan, A. and M. Zonnis. (1940) Vitamin C in pulmonary tuberculosis. American Review of Tuberculosis 42:667-673.

Karlowski, T., T. Chalmers, L. Frenkel, A. Kapakian, T. Lewis, and J. Lynch. (1975) Ascorbic acid for the common cold. A prophylactic and therapeutic trial. The Journal of the American Medical Association 231(10):1038-1042.

Karpinska, T., Z. Kawecki, and M. Kandefer-Szerszen. (1982) The influence of ultraviolet irradiation, L-ascorbic acid and calcium chloride on the induction of interferon in human embryo fibroblasts. Archivum Immunologiae et Therapiae Experimentalis 30(1-2)33-37.

Kastenbauer, S., U. Koedel, B. Becker, and H. Pfister. (2002) Oxidative stress in bacterial meningitis in humans. Neurology 58(2):186-191.

Kataoka, A., H. Imai, S. Inayoshi, and T. Tsuda. (1993) Intermittent high-dose vitamin C therapy in patients with HTLV-1 associated myelopathy. Journal of Neurology, Neurosurgery, and Psychiatry 56(11):1213-1216.

Kataoka, A., H. Imai, S. Inayoshi, and T. Tsuda. (1993a) [Intermittent high-dose vitamin C therapy in patients with HTLV-1-associated myelopathy]. Article in Japanese. Rinsho Shinkeigaku. Clinical Neurology 33(3):282-288.

Kato, M. (1967) Studies of a biochemical lesion in experimental tuberculosis in mice. VI. Effect of toxic bacterial constituents of tubercle bacilli on oxidative phosphorylation in host cell. American Review of Respiratory Disease 96(5):998-1008.

Kelly, F. (1944) Bacteriology of artificially produced necrotic lesions in the oropharynx of the monkey. Journal of Infectious Diseases 74: 93-108.

Kennes, B., I. Dumont, D. Brohee, C. Hubert, and P. Neve. (1983) Effect of vitamin C supplements on cell-mediated immunity in old people. Gerontology 29(5):305-310.

Kessel, J. and H. K'e-Kang. (1925) The effect of an exclusive milk diet on intestinal amoebae. Proceedings of the Society for Experimental Biology and Medicine 23:388-391.

Kimbarowski, J. and N. Mokrow. (1967) [Colored precipitation reaction of the urine according to Kimbarowski (FARK) as an index of the effect of ascorbic acid during treatment of viral influenza]. Article in German. Das Deutsche Gesundheitswesen 22(51):2413-2418.

King, C. and M. Menten. (1935) Influence of vitamin level on resistance to diphtheria toxin. Journal of Nutrition 10:129-155.

Kirchmair, H. (1957) [Treatment of epidemic hepatitis in children with high doses of ascorbic acid]. Article in German. Medizinische Monatschrift 11:353-357.

Kirchmair, H. (1957a) [Ascorbic acid treatment of epidemic hepatitis in children]. Article in German. Das Deutsche Gesundheitswesen 12:773-774.

Kirchmair, H. (1957b) [Epidemic hepatitis in children and its treatment with high doses of ascorbic acid]. Article in German. Das Deutsche Gesundheitswesen 12:1525-1536.

Klenner, F. (February 1948) Virus pneumonia and its treatment with vitamin C. Southern Medicine & Surgery 110(2):36-38,46.

Klenner, F. (July 1949) The treatment of poliomyelitis and other virus diseases with vitamin C. Southern Medicine & Surgery 111(7): 209-214.

Klenner, F. (September 1949) Fatigue-normal and pathological with special consideration of myasthenia gravis and multiple sclerosis. Southern Medicine & Surgery 111(9):273-277.

Klenner, F. (April 1951) Massive doses of vitamin C and the virus diseases. Southern Medicine & Surgery 103(4):101-107.

Klenner, F. (August 1952) The vitamin and massage treatment for acute poliomyelitis. Southern Medicine & Surgery 114:194-197.

Klenner, F. (1953) The use of vitamin C as an antibiotic. Journal of Applied Nutrition 6:274-278.

Klenner, F. (April 1954) The treatment of trichinosis with massive doses of vitamin C and para-aminobenzoic acid. Tri-State Medical Journal pp. 25-30.

Klenner, F. (July 1954) Case history: cure of a 4-year-old child bitten by a mature highland moccasin with vitamin C.

Tri-State Medical Journal

Klenner, F. (July 1954) Recent discoveries in the treatment of lockjaw with vitamin C and Tolserol. Tri-State Medical Journal pp. 7-11.

Klenner, F. (November 1955) The role of ascorbic acid in therapeutics. (Letter to the Editor) Tri-State Medical Journal p. 34.

Klenner, F. (February 1956) A new office procedure for the determination of plasma levels for ascorbic acid. Tri-State Medical Journal pp. 26-28.

Klenner, F. (September 1956) Poliomyelitis-case histories. Tri-State Medical Journal pp. 28-31.

Klenner, F. (June 1957) An "insidious" virus. Tri-State Medical Journal pp.10-12.

Klenner, F. (December 1957) The black widow spider: case history. Tri-State Medical Journal pp.15-18.

Klenner, F. (October 1958) The clinical evaluation and treatment of a deadly syndrome caused by an insidious virus. Tri-State Medical Journal pp. 11-15.

Klenner, F. (February 1959) The folly in the continued use of a killed polio virus vaccine. Tri-State Medical Journal pp. 11-19.

Klenner, F. (February 1960) Virus encephalitis as a sequela of the pneumonias. Tri-State Medical Journal pp. 7-11.

Klenner, F. (1971) Observations of the dose and administration of ascorbic acid when employed beyond the range of a vitamin in human pathology. Journal of Applied Nutrition 23(3&4):61-88.

Klenner, F. (1973) Response of peripheral and central nerve pathology to mega-doses of the vitamin B-complex and other metabolites. Journal of Applied Nutrition pp.16-40.

Klenner, F. (1974) Significance of high daily intake of ascorbic acid in preventive medicine. Journal of the International Academy of Preventive Medicine 1(1):45-69.

Kligler, I. and H. Bernkopf. (1937) Inactivation of vaccinia virus by ascorbic acid and glutathione. Nature 139:965-966.

Kligler, I., L. Leibowitz, and M. Berman. (1937) The effect of ascorbic acid (vitamin C) on toxin production by C. Diphtheriae in culture media. Journal of Pathology 45:415-429.

Kligler, I., K. Guggenheim, and F. Warburg. (1938) Influence of ascorbic acid on the growth and toxin production of Cl. tetani and on the detoxication of tetanus toxin. Journal of Pathology 46:619-629.

Knodell, R., M. Tate, B. Akl, and J. Wilson. (1981) Vitamin C prophylaxis for posttransfusion hepatitis: lack of effect in a controlled trial. American Journal of Clinical Nutrition 34(1):20-23.

Kodama, T. and T. Kojima. (1939) Studies of the staphylococcal toxin, toxoid and antitoxin; effect of ascorbic acid on staphylococcal lysins and organisms. Kitasato Archives of Experimental Medicine 16:36-55.

Komar, V., and V. Vasil'ev. (1992) [The use of water-soluble vitamins in viral hepatitis A]. Article in Russian. Klinicheskaia Meditsina 70(1):73-75.

Kotler, D. (1998) Antioxidant therapy and HIV infection: 1998 [editorial]. The American Journal of Clinical Nutrition 67:7-9.

Kraut, E., E. Metz, and A. Sagone. (1980) In vitro effects of ascorbate on white cell metabolism and the chemiluminescence response. Journal of the Reticuloendothelial Society 27(4):359-366.

Krishnan, K. (1938) Calcutta: Annual report of the All-India Institute of Hygiene and Public Health. Malaria pp. 27-31. Also cited in: (1940) Tropical Diseases Bulletin 37(10):744-745.

Kulacz, R. and T. Levy. (2002) The Roots of Disease: Connecting Dentistry and Medicine. Philadelphia, PA: Xlibris Corporation.

Landwehr, R. (1991) The origin of the 42-year stonewall of vitamin C. Journal of Orthomolecular Medicine 6(2):99-103.

Ledermann, E. (1962) Vitamin-C deficiency and ulceration of the face. The Lancet 2:1382.

Leichtentritt, B. (1924) Deutsche Medizinische Wochenschrift 40:672.

Lerner, M. et al. (1972) Detecting herpes encephalitis earlier. Medical World News May 26.

Leroy, E., S. Baize, V. Volchkov, S. Fisher-Hoch, M. Georges-Courbot, J. Lansoud-Soukate, M. Capron, P. Debre, J. McCormick, and A. Georges. (2000) Human asymptomatic Ebola infection and strong inflammatory response. Lancet 355(9222):2210-2215.

Levander, O. and A. Ager. (1993) Malarial parasites and antioxidant nutrients. Parasitology 107 Suppl:S95-S106.

Leveque, J. (1969) Ascorbic acid in treatment of the canine distemper complex. Veterinary Medicine/Small Animal Clinician 64(11):997-999, 1001.

Levy, R. and F. Schlaeffer. (1993) Successful treatment of a patient with recurrent furunculosis by vitamin C : improvement of clinical course and of impaired neutrophil functions. International Journal of Dermatology 32(11):832-834.

Levy, R., O. Shriker, A. Porath, K. Riesenberg, and F. Schlaeffer. (1996) Vitamin C for the treatment of recurrent furunculosis in patients with impaired neutrophil functions. The Journal of Infectious Diseases 173(6):1502-1505.

Li, Y. and T. Lovell. (1985) Elevated levels of dietary ascorbic acid increase immune responses in channel catfish. The Journal of Nutrition 115(1):123-131.

Locke, A., R. Locke, R. Bragdon, and R. Mellon. (1937) Fitness, sulfanilamide and pneumococcus infection in the rabbit. Science 86(2227):228-229.

Lotze, H. (1938) Klinisch-experimentelle untersuchungen bei malaria tertiana. [Clinical experimental investigations in benign tertian malaria.] Arch f Schiffs-u Trop-Hyg 42(7):287-305. Also cited in: (1938) Tropical Diseases Bulletin 35:733.

McBroom, J., D. Sunderland, J. Mote, and T. Jones. (1937) Effect of acute scurvy on the guinea-pig heart. Archives of Pathology 23:20-32.

McConkey, M. and D. Smith. (1933) The relation of vitamin C deficiency to intestinal tuberculosis in the guinea pig. Journal of Experimental Medicine 58:503-512.

McCormick, W. (1951) Vitamin C in the prophylaxis and therapy of infectious diseases. Archives of Pediatrics 68(1):1-9.

McCullough, N. (1938) Vitamin C and resistance of the guinea pig to infection with Bacterium necrophorum. The Journal of Infectious Diseases 63:34-53.

McKee, R. and Q. Geiman. (1946) Studies on malarial parasites. V. Effects of ascorbic acid on malaria (Plasmodium knowlesi) in monkeys. Proceedings of the Society for Experimental Biology and Medicine 63:313-315.

McLemore, J., P. Beeley, K. Thornton, K. Morrisroe, W. Blackwell, and A. Dasgupta. (1998) Rapid automated determination of lipid hydroperoxide concentrations and total antioxidant status of serum samples from patients infected with HIV: elevated lipid hydroperoxide concentrations and depleted total antioxidant capacity of serum samples. American Journal of Clinical Pathology 109(3):268-273.

Magne, R. Vargas. (1963) Vitamin C in treatment of influenza. El Dia Medico 35:1714-1715.

Manders, S. (1998) Toxin-mediated streptococcal and staphylococcal disease. Journal of the American Academy of Dermatology 39(3): 383-398.

Martin, G. and F. Heise. (1937) Vitamin C nutrition on pulmonary tuberculosis. American Journal of Digestive Diseases and Nutrition 4:368-373.

Marva, E., A. Cohen, P. Saltman, M. Chevion, and J. Golenser. (1989) Deleterious synergistic effects of ascorbate and copper on the development of Plasmodium falciparum: an in vitro study in normal and in G6PD-deficient erythrocytes. International Journal of Parasitology 19(7):779-785.

Marva, E., J. Golenser, A. Cohen, N. Kitrossky, R. Har-el, and M. Chevion. (1992) The effects of ascorbate-induced free radicals on Plasmodium falciparum. Tropical Medicine and Parasitology 43(1): 17-23.

Massell, B., J. Warren, P. Patterson, and H. Lehmus. (1950) Antirheumatic activity of ascorbic acid in large doses. Preliminary observations on seven patients with rheumatic fever. The New England Journal of Medicine

242(16):614-615.

Matsuo, E., O. Skinsnes, and P. Chang. (1975) Acid mucopolysaccharide metabolism in leprosy. 3. Hyaluronic acid mycobacterial growth enhancement, and growth suppression by saccharic acid and vitamin C as inhibitors of ß-glucuronidase. International Journal of Leprosy and Other Mycobacterial Diseases 43(1):1-13.

Meier, K. (1945) Vitamin C treatment of pertussis. Annales de Pediatrie (Paris) 164:50-53.

Mick, E. (1955) Brucellosis and its treatment. Observations—preliminary report. Archives of Pediatrics 72:119-125.

Miller, T. (1969) Killing and lysis of gram-negative bacteria through the synergistic effect of hydrogen peroxide, ascorbic acid, and lysozyme. Journal of Bacteriology 98(3):949-955.

Millet (1940) Paludismo e suprarenaes. Formas suprarenaes do paludismo. Syndrome de fraga. [Malaria and the suprarenal glands.] Brasil-Medico 54(3):36-47. Also cited in: (1940) Tropical Diseases Bulletin 37(10):744.

Mishra, N., L. Kabilan, and A. Sharma. (1994) Oxidative stress and malaria-infected erythrocytes. Indian Journal of Malariology 31(2):77-87.

Mizutani, A., H. Maki, Y. Torii, K. Hitomi, and N. Tsukagoshi. (1998) Ascorbate-dependent enhancement of nitric oxide formation in activated macrophages. Nitric Oxide: Biology and Chemistry 2(4): 235-241.

Mizutani, A. and N. Tsukagoshi. (1999) Molecular role of ascorbate in enhancement of NO production in activated macrophage-like cell line, J774.1. Journal of Nutritional Science and Vitaminology 45(4):423-435.

Mohr, W. (1941) Vitamin C-stoffwechsel und malaria. [Malaria and assimilation of vitamin C.] Deut Trop Zeitschrift 45(13):404-405. Also cited in: (1943) Tropical Diseases Bulletin 40(1):13-14.

Moraes-Souza, H. and J. Bordin. (1996) Strategies for prevention of transfusion-associated Chagas' disease. Transfusion Medicine Reviews 10(3):161-170.

Morbidity and Mortality Weekly Report (2000) Outbreak of poliomyelitis— Cape Verde, 2000. 49:1070.

Morbidity and Mortality Weekly Report (2001) Outbreak of poliomyelitis— Dominican Republic and Haiti, 2000-2001. 50:147-148.

Morishige, F. and A. Murata. (1978) Vitamin C for prophylaxis of viral hepatitis B in transfused patients. Journal of the International Academy of Preventive Medicine 5(1):54-58.

Mouriquand, G., A. Dochaix, and L. Dosdat. (1925) Tuberculose virulente et avitaminose C. Compt Rend Soc Biol 93:901.

Muller, R., A. Svardal, I. Nordoy, R. Berge, P. Aukrust, and S. Froland. (2000) Virological and immunological effects of antioxidant treatment in patients with HIV infection. European Journal of Clinical Investigation 30(10):905-914.

Murphy, B., J. Krushak, J. Maynard, and D. Bradley (1974) Ascorbic acid (vitamin C) and its effects on parainfluenza type III virus infection in cotton-topped marmosets. Laboratory Animal Science 24(1):229-232.

Myrvik, Q., R. Weiser, B. Houglum, and L. Berger. (1954) Studies on the tuberculoinhibitory properties of ascorbic acid derivatives and their possible role in inhibition of tubercle bacilli by urine. American Review of Tuberculosis 69:406-418.

Nakanishi, T. (1992) [A report on a clinical experience of which has successfully made several antibiotics-resistant bacteria (MRSA etc.) negative on a bedsore]. Article in Japanese. Igaku Kenkyu. Acta Medica. 62(1):31-37.

Nakanishi, T. (1993) [A report on the therapeutical experiences of which have successfully made several antibiotics-resistant bacteria (MRSA etc.) negative on bedsores and respiratory organs]. Article in Japanese. Igaku Kenkyu. Acta Medica. 63(3):95-100.

Nandi, B., N. Subramanian, A. Majumder, and I. Chatterjee. (1974) Effect of ascorbic acid on detoxification of histamine under stress conditions. Biochemical Pharmacology 23(3):643-647.

Naraqi, S., S. Okem, N. Moyia, T. Dutta, B. Zzferio, and D. Lalloo. (1992) Quinine blindness. Papua and New Guinea Medical Journal 35(4):308-310.

Nelson, J., J. Alexander, P. Jacobs, R. Ing, and C. Ogle. (1992) Metabolic and immune effects of enteral ascorbic acid after burn trauma. Burns: Journal of the International Society for Burn Injuries 18(2):92-97.

Njoku, O., I. Ononogbu, D. Nwachukwu. (1995) Plasma cholesterol, ß-carotene and ascorbic acid changes in human malaria. The Journal of Communicable Diseases 27(3):186-190.

Nungester, W. and A. Ames. (1948) The relationship between ascorbic acid and phagocytic activity. Journal of Infectious Diseases 83: 50-54.

Oberritter, H., B. Glatthaar, U. Moser, and K. Schmidt. (1986) Effect of functional stimulation on ascorbate content in phagocytes under physiological and pathological conditions. International Archives of Allergy and Applied Immunology 81(1):46-50.

Oran, B., E. Atabek, S. Karaaslan, Y. Reisli, F. Gultekin, and Y. Erkul. (2001) Oxygen free radicals in children with acute rheumatic fever. Cardiology in the Young 11(3):285-288.

Orens, S. (1983) Hepatitis B—a ten day cure: a personal history. Bulletin Philadelphia Cty Dental Society 48(6):4-5.

Ormerod, M. and B. Unkauf. (1937) Ascorbic acid (vitamin C) treatment of whooping cough. Canadian Medical Association Journal 37(2):134-136.

Ormerod, M., B. Unkauf, and F. White. (1937) A further report on the ascorbic acid treatment of whooping cough. Canadian Medical Association Journal 37(3):268-272.

Osborn, T. and J. Gear. (1940) Possible relation between ability to synthesize vitamin C and reaction to tubercle bacillus. Nature 145:974.

Otani, T. (1936) On the vitamin C therapy of pertussis. Klinische Wochenschrift 15(51):1884-1885.

Otani, T. (1939) Influence of vitamin C (L-ascorbic acid) upon the whooping cough bacillus and its toxin. Oriental Journal of Diseases of Infants 25:1-4.

Paez de la Torre, J. (1945) Ascorbic acid in measles. Archives Argentinos de Pediatria 24:225-227.

Pakter, J. and B. Schick. (1938) Influence of vitamin C on diphtheria toxin. American Journal of Diseases of Children 55:12-26.

Panush, R., J. Delafuente, P. Katz, and J. Johnson. (1982) Modulation of certain immunologic responses by vitamin C. III. Potentiation of in vitro and in vivo lymphocyte responses. International Journal for Vitamin and Nutrition Research. Supplement 23:35-47.

Patrone, F., F. Dallegri, E. Bonvini, F. Minervini, and C. Sacchetti. (1982) Effects of ascorbic acid on neutrophil function. Studies on normal and chronic granulomatous disease neutrophils. Acta Vitaminologica et Enzymologica 4(1-2):163-168.

Pauling, L. (1970) Vitamin C and the Common Cold. San Francisco, CA: W.H. Freeman and Company.

Peloux, Y., C. Lofre, A. Cier, and A. Colobert. (1962) Inactivation du virus polio-myelitique par des systemes chimique generateurs du radical libre hydroxide. Mechanism de l'activite virulicide du peroxide d'hydrogene et de l'acide ascorbique. Annls Inst Pasteur, Paris 102:6.

Perla, D. (1937) The effect of an excess of vitamin C on the natural resistance of mice and guinea pigs to trypanosome infections. American Journal of Hygiene 26:374-381.

Petter, C. (1937) Vitamin C and tuberculosis. The Journal-Lancet (Minneapolis) 57:221-224.

Pijoan, M. and B. Sedlacek. (1943) Ascorbic acid in tuberculous Navajo Indians. American Review of Tuberculosis 48:342-346.

Pitt, H. and A. Costrini. (1979) Vitamin C prophylaxis in marine recruits. Journal of the American Medical Association 241(9): 908-911.

Plit, M., A. Theron, H. Fickl, C. van Rensbury, S. Pendel, and R. Anderson. (1998) Influence of antimicrobial chemotherapy and smoking status on the plasma concentrations of vitamin C, vitamin E, beta-carotene, acute phase reactants, iron and lipid peroxides in patients with pulmonary tuberculosis. The International Journal of Tuberculosis and Lung Disease 2(7):590-596.

Povey, R. (1969) Viral respiratory disease. The Veterinary Record 84(13):335-338.

Prinz, W., R. Bortz, B. Bregin, and M. Hersch. (1977) The effect of ascorbic acid supplementation on some parameters of the human immunological defence system. International Journal for Vitamin and Nutrition Research 47(3):248-257.

Radford, M., E. de Savitsch, and H. Sweany. (1937) Blood changes following continuous daily administration of vitamin C and orange juice to tuberculous patients. American Review of Tuberculosis 35:784-793.

Ramirez, L., E. Lages-Silva, G. Pianetti, R. Rabelo, J. Bordin, and H. Moraes-Souza. (1995) Prevention of transfusion-associated Chagas' disease by sterilization of Trypanosoma cruzi-infected blood with gentian violet, ascorbic acid, and light. Transfusion 35(3):226-230.

Rawal, B. and B. Charles. (1972) Inhibition of Pseudomonas aeruginosa by ascorbic acid-sulphamethoxazole-trimethoprim combination. The Southeast Asian Journal of Tropical Medicine and Public Health 3(2):225-228.

Rawal, B., G. McKay, and M. Blackhall. (1974) Inhibition of Pseudomonas aeruginosa by ascorbic acid acting singly and in combination with antimicrobials: in-vitro and in-vivo studies. Medical Journal of Australia 1(6):169-174.

Rawal, B. (1978) Bactericidal action of ascorbic acid on Pseudomonas aeruginosa: alteration of cell surface as a possible mechanism. Chemotherapy 24(3):166-171.

Rawal, B., F. Bartolini, and G. Vyas. (1995) In vitro inactivation of human immunodeficiency virus by ascorbic acid. Biologicals 23(1):75-81.

Rebora, A., F. Crovato, F. Dallegri, and F. Patrone. (1980) Repeated staphylococcal pyoderma in two siblings with defective neutrophil bacterial killing. Dermatologica 160(2):106-112.

Rinehart, J. and S. Mettier. (1933) The heart valves in experimental scurvy and in scurvy with superimposed infection. American Journal of Pathology 9:923-933;952-955.

Reinhart, J. and S. Mettier. (1934) The heart valves and muscle in experimental scurvy with superimposed infection, with notes on the similarity of the lesions to those of rheumatic fever. American Journal of Pathology 10:61-79.

Rinehart, J., C. Connor, and S. Mettier. (1934) Further observations on pathologic similarities between experimental scurvy combined with infection, and rheumatic fever. Journal of Experimental Medicine 59:97-114.

Rinehart, J. (1936) An outline of studies relating to vitamin C deficiency in rheumatic fever. The Journal of Laboratory and Clinical Medicine 21:597-608.

Rinehart, J., L. Greenberg, and A. Christie. (1936) Reduced ascorbic acid content of blood plasma in rheumatic fever. Proceedings of the Society for Experimental Biology and Medicine 35(2):350-353.

Rinehart, J., L. Greenberg, M. Olney, and F. Choy. (1938) Metabolism of vitamin C in rheumatic fever. Archives of Internal Medicine 61:552-561.

Rivas, C., J. Vera, V. Guaiquil, F. Velasques, O. Borquez-Ojeda, J. Carcamo, I. Concha, and D. Golde. (1997) Increased uptake and accumulation of vitamin C in human immunodeficiency virus 1- infected hematopoietic cell lines. Journal of Biological Chemistry 272(9):5814-5820.

Robertson, W., M. Ropes, and W. Bauer. (1941) The degradation of mucins and polysaccharides by ascorbic acid and hydrogen peroxide. The Biochemical Journal 35:903.

Rogers, L. (1927) Great Britain Rep Public Health and Med Subj, Ministry of Health 44:26.

Rosenow, E. (1912) Further studies of the toxic substances obtainable from pneumococci. The Journal of Infectious Diseases 11:94-108.

Rotman, D. (1978) Sialoresponsin and an antiviral action of ascorbic acid. Medical Hypotheses 4(1):40-43.

Rudra, M. and S. Roy. (1946) Haematological study in pulmonary tuberculosis and the effect upon it of large doses of vitamin C. Tubercle 27:93-94.

Ruskin, S. (1938) Contribution to the study of grippe otitis, myringitis bullosa hemorrhagica, and its relationship to latent scurvy. Laryngoscope 48:327-334.

Sabin, A. (1939) Vitamin C in relation to experimental poliomyelitis with incidental observations on certain manifestations in Macacus rhesus monkeys on a scorbutic diet. Journal of Experimental Medicine 69:507-515.

Sadun, E., G. Carrera, I. Krupp, and D. Allain. (1950) Effect of single inocula of Entamoeba histolytica trophozoites on guinea-pigs. Proceedings of the Society for Experimental Biology and Medicine 73:362-366.

Sadun, E., J. Bradin, Jr., and E. Faust. (1951) The effect of ascorbic acid deficiency on the resistance of guinea-pigs to infection with Entamoeba histolytica of human origin. American Journal of Tropical Medicine 31:426-437.

Sagripanti, J., L. Routson, A. Bonifacino, and C. Lytle. (1997) Mechanism of copper-mediated inactivation of herpes simplex virus. Antimicrobial Agents and Chemotherapy 41(4):812-817.

Sahu, K. and R. Das. (1994) Reduction of clastogenic effect of clofazimine, an antileprosy drug, by vitamin A and vitamin C in bone marrow cells of mice. Food and Chemical Toxicology 32(10):911-915.

Sakamoto, M., S. Kobayashi, S. Ishii, K. Katoo, and N. Shimazono. (1981) The effect of vitamin C deficiency on complement systems and complement components. Journal of Nutritional Science and Vitaminology 27(4):367-378.

Salo, R. and D. Cliver. (1978) Inactivation of enteroviruses by ascorbic acid and sodium bisulfite. Applied and Environmental Microbiology 36(1):68-75.

Sandler, J., J. Gallin, and M. Vaughan. (1975) Effects of serotonin, carbamylcholine, and ascorbic acid on leukocyte cyclic GMP and chemotaxis. The Journal of Cell Biology 67(2 Pt 1):480-484.

Sarin, K., A. Kumar, A. Prakash, and A. Sharma. (1993) Oxidative stress and antioxidant defence mechanism in Plasmodium vivax malaria before and after chloroquine treatment. Indian Journal of Malariology 30(3):127-133.

Schwager, J. and J. Schulze. (1997) Influence of ascorbic acid on the response to mitogens and interleukin production of porcine lymphocytes. International Journal for Vitamin and Nutrition Research 67(1):10-16.

Scott, J. (1982) On the biochemical similarities of ascorbic acid and interferon. Journal of Theoretical Biology 98(2):235-238.

Semba, R., N. Graham, W. Caiaffa, J. Margolick, L. Clement, and D. Vlahov. (1993) Increased mortality associated with vitamin A deficiency during human immunodeficiency virus type 1 infection. Archives of Internal Medicine 153(18):2149-2154.

Sennewald, K. (1938) Fortschrifte der Therapie 14:139.

Senutaite, J. and S. Biziulevicius. (1986) Influence of vitamin C on the resistance of rats to Trichinella spiralis infection. Wiadomosci Parazytologiczne 32(3):261-262.

Sessa, T. (1940) Vitamin C therapy of whooping cough. Riforma Medica 56:38-43.

Siegel, B. (1974) Enhanced interferon response to murine leukemia virus by ascorbic acid. Infection and Immunity 10(2):409-410.

Siegel, B. (1975) Enhancement of interferon production by poly(rI)- poly(rC) in mouse cell cultures by ascorbic acid. Nature 254(5500):531-532.

Siegel, B. and J. Morton. (1977) Vitamin C and the immune response. Experientia 33(3):393-395.

Siegel, B. and J. Morton. (1984) Vitamin C and immunity: influence of ascorbate on prostaglandin E2 synthesis and implications for natural killer cell activity. International Journal for Vitamin and Nutrition Research 54(4):339-342.

Sigal, A. and C. King. (1937) The influence of vitamin C deficiency upon the resistance of guinea pigs to diphtheria toxin: glucose tolerance. Journal of Pharmacology and Experimental Therapeutics 61:1-9.

Sinha, S., S. Gupta, A. Bajaj, P. Singh, and P. Kumar. (1984) A study of blood ascorbic acid in leprosy. International Journal of Leprosy and Other Mycobacterial Diseases 52(2):159-162.

Skinsnes, O. and E. Matsuo. (1976) Hyaluronic acid, ß-glucuronidase, vitamin C and the immune defect in leprosy. International Journal of Dermatology 15(4):286-289.

Skurnick, J., J. Bogden, H. Baker, F. Kemp, A. Sheffet, G. Quattrone, and D. Louria. (1996) Micronutrient profiles in HIV-1-infected heterosexual adults. Journal of Acquired Immune Deficiency Syndromes and Human Retrovirology 12(1):75-83.

Slotkin, G. and R. Fletcher. (1944) Ascorbic acid in pulmonary complications following prostatic surgery: a preliminary report. Journal of Urology 52:566-569.

Smith, L. (1988) The Clinical Experiences of Frederick R. Klenner, M.D.: Clinical Guide to the Use of Vitamin C. Portland, OR: Life Sciences Press.

Smith, T. (1913) Some bacteriological and environmental factors in the pneumonias of lower animals with special reference to the guinea-pig. The Journal of Medical Research 29:291-323.

Sokolova, V. (1958) Application of vitamin C in treatment of dysentery. Terapevticheskii Arkhiv (Moskva) 30:59-64.

Steinbach, M. and S. Klein. (1936) Effect of crystalline vitamin C (ascorbic acid) on tolerance to tuberculin. Proceedings of the Society for Experimental Biology and Medicine 35:151-154.

Steinbach, M. and S. Klein. (1941) Vitamin C in experimental tuberculosis. American Review of Tuberculosis 43:403-414.

Stimson, A., O. Hedley, and E. Rose. (1934) Notes on experimental rheumatic fever. Public Health Reports 49(11):361-363.

Stone, I. (1972) The Healing Factor: "Vitamin C" Against Disease. New York, NY: Grosset & Dunlap.

Stone, I. (1980) The possible role of mega-ascorbate in the endogenous synthesis of interferon. Medical Hypotheses 6(3):309-314.

Strangeways, W. (1937) Observations on the trypanocidal action in vitro of solutions of glutathione and ascorbic acid. Annals of Tropical Medicine and Parasitology 31:405-416.

Sweany, H., C. Clancy, M. Radford, and V. Hunter. (1941) The body economy of vitamin C in health and disease. With special studies in tuberculosis. The Journal of the American Medical Association 116(6):469-474.

Szirmai, F. (1940) Value of vitamin C in treatment of acute infectious diseases. Deutsches Archive fur Klinische Medizin 85:434-443.

Tang, A., N. Graham, A. Kirby, L. McCall, W. Willett, and A. Saah. (1993) Dietary micronutrient intake and risk of progression to acquired immunodeficiency syndrome (AIDS) in human immunodeficiency virus type 1 (HIV-1)-infected homosexual men. American Journal of Epidemiology 138(11):937-951.

Tappel, A. (1973) Lipid peroxidation damage to cell components. Federation Proceedings 32(8):1870-1874.

Terezhalmy, G., W. Bottomley, and G. Pelleu. (1978) The use of water-soluble bioflavonoid-ascorbic acid complex in the treatment of recurrent herpes labialis. Oral Surgery, Oral Medicine, Oral Pathology 45(1):56-62.

Thomas, W. and P. Holt. (1978) Vitamin C and immunity: an assessment of the evidence. Clinical and Experimental Immunology 32(2):370-379.

Treitinger, A., C. Spada, J. Verdi, A. Miranda, O. Oliveira, M. Silveira, P. Moriel, and D. Abdalla. (2000) Decreased antioxidant defense in individuals infected by the human immunodeficiency virus. European Journal of Clinical Investigation 30(5):454-459.

Turner, G. (1964) Inactivation of vaccinia virus by ascorbic acid. Journal of General Microbiology 35:75-80.

Umar, I., A. Wuro-Chekke, A. Gidado, and I. Igbokwe. (1999) Effects of combined parenteral vitamins C and E administration on the severity of anaemia, hepatic and renal damage in Trypanosoma brucei brucei infected rabbits. Veterinary Parasitology 85(1):43-47.

Vallance, S. (1977) Relationships between ascorbic acid and serum proteins of the immune system. British Medical Journal 2(6084): 437-438.

Vasil'ev, V. and V. Komar. (1988) [Ascorbic acid level and the indicators of cellular immunity in patients with hepatitis A during pathogenetic therapy]. Article in Russian. Voprosy Pitaniia July- August;(4):31-34.

Vasil'ev, V., V. Komar, and N. Kisel'. (1989) [Humoral and cellular indices of nonspecific resistance in viral hepatitis A and ascorbic acid]. Russian. Terapevticheskii Arkhiv 61(11):44-46.

Vermillion, E. and G. Stafford. (1938) A preliminary report on the use of cevitaminic acid in the treatment of whooping cough. Journal of the Kansas Medical Society 39(11):469, 479.

Versteeg, J. (1970) Investigations on the effect of ascorbic acid on antibody production in rabbits after injection of bacterial and viral antigens by different routes. Proceedings of the Koninklijke Nederlandse Akademie van

Wetenschappen. Series C. Biological and Medical Sciences 73(5):494-501.

Veselovskaia, T. (1957) Effect of vitamin C on the clinical picture of dysentery. Voenno-Meditsinskii Zhurnal (Moskva) 3:32-37.

Vitorero, J. and J. Doyle. (1938) Treatment of intestinal tuberculosis with vitamin C. Medical Weekly 2:636-640.

Vogl, A. (1937) Munchener Medizinische Wochenschrift 84:1569.

von Gagyi, J. (1936) Ueber die bactericide und antitoxische wirkung des vitamin C. Klinische Wochenschrift 15:190-195.

Wahli, T., W. Meier, and K. Pfister. (1986) Ascorbic acid induced immune-mediated decrease in mortality in Ichthyophthirius multifiliis infected rainbow-trout (Salmo gairdneri). Acta Tropica 43(3): 287-289.

Ward, B. and B. Carroll. (1966) Spore germination and vegetative growth of Clostridium botulinum type E in synthetic media. Canadian Journal of Microbiology 12:1146-1156.

Washko, P., Y. Wang, and M. Levine. (1993) Ascorbic acid recycling in human neutrophils. The Journal of Biological Chemistry 268(21): 15531-15535.

White, L., C. Freeman, B. Forrester, and W. Chappell. (1986) In vitro effect of ascorbic acid on infectivity of herpesviruses and paramyxoviruses. Journal of Clinical Microbiology 24(4):527-531.

Winter, R., M. Ignatushchenko, O. Ogundahunsi, K. Cornell, A. Oduola, D. Hinrichs, and M. Riscoe. (1997) Potentiation of an antimalarial oxidant drug. Antimicrobial Agents and Chemotherapy 41(7):1449-1454.

Witt, W., G. Hubbard, and J. Fanton. (1988) Streptococcus pneumoniae arthritis and osteomyelitis with vitamin C deficiency in guinea pigs. Laboratory Animal Science 38(2):192-194.

Woringer, P. and T. Sala. (1928) Rev Franc de Ped 4:809.

Wynne, E. (1957) Symposium on bacterial spore germination. Bacteriological Reviews 21:259-262.

Wu, C., T. Dorairajan, and T. Lin. (2000) Effect of ascorbic acid supplementation on the immune response of chickens vaccinated and challenged with infectious bursal disease virus. Veterinary Immunology and Immunopathology 74(1-2):145-152.

Yamamoto, Y., S. Yamashita, A. Fujisawa, S. Kokura, and T. Yoshikawa. (1998) Oxidative stress in patients with hepatitis, cirrhosis, and hepatoma evaluated by plasma antioxidants. Biochemical and Biophysical Research Communications 247(1): 166-170.

Zinsser, H., R. Castaneda, and C. Seastone, Jr. (1931) Studies on typhus fever. VI. Reduction of resistance by diet deficiency. Journal of Experimental Medicine 53:333-338.

Zureick, M. (1950) Treatment of shingles and herpes with vitamin C intravenously. Journal des Praticiens 64:586.

Chapter 3：The Ultimate Antidote

Aberg, B., L. Ekman, R. Falk, U. Greitz, G. Persson, and J. Snihs. (1969) Metabolism of methyl mercury (^{203}Hg) compounds in man. Archives of Environmental Health 19(4):478-484.

Abou-Raya, S., A. Naeem, K. Abou-El, and B. El. (2002) Coronary artery disease and periodontal disease: is there a link? Angiology 53(2):141-148.

Acosta, D., A. Combs, and K. Ramos. (1984) Attenuation by antioxidants of Na+/K+ ATPase inhibition by toxic concentrations of isoproterenol in cultured rat myocardial cells. Journal of Molecular and Cellular Cardiology 16(3):281-284.

Adam-Vizi, V., G. Varadi, and P. Simon. (1981) Reduction of vanadate by ascorbic acid and noradrenaline in synaptosomes. Journal of Neurochemistry 36(5):1616-1620.

Ademuyiwa, O., O. Adesanya, and O. Ajuwon. (1994) Vitamin C in CCl4 hepatotoxicity—a preliminary report. Human & Experimental Toxicology 13(2):107-109.

Agrawal, N., C. Juneja, and C. Mahajan. (1978) Protective role of ascorbic acid in fishes exposed to organochlorine pollution. Toxicology 11(4):369-375.

Alabi, Z., K. Thomas, O. Ogunbona, and I. Elegbe. (1994) The effect of antibacterial agents on plasma vitamin C levels. African Journal of Medicine and Medical Sciences 23(2):143-146.

Ala-Ketola, L., R. Varis, and K. Kiviniitty. (1974) Effect of ascorbic acid on the survival of rats after whole body irradiation. Strahlentherapie 148(6):643-644.

Aldashev, A., T. Igumnova, and G. Servetnik-Chalaia. (1980) [Effect of benzene and its homologues on body ascorbic acid allowance under prolonged C vitaminization]. Article in Russian. Voprosy Pitaniia 1:38-41.

Aleo, J., F. De Renzis, P. Farber, and A. Varboncoeur. (1974) The presence and biologic activity of cementum-bound endotoxin. Journal of Periodontology 45(9):672-675.

Aleo, J. (1980) Inhibition of endotoxin-induced depression of cellular proliferation by ascorbic acid. Proceedings of the Society for Experimental Biology and Medicine 164(3):248-251.

Aleo, J. and H. Padh. (1985) Inhibition of ascorbic acid uptake by endotoxin: evidence of mediation by serum factor(s). Proceedings of the Society for Experimental Biology and Medicine 179(1):128-131.

Altmann, P., R. Maruna, H. Maruna, W. Michalica, and G. Wagner. (1981) [Lead detoxication effect of a combined calcium phosphate and ascorbic acid therapy in pregnant women with increased lead burden]. German. Wiener Medizinische Wochenschrift 131(12):311-314.

Anane, R. and E. Creppy. (2001) Lipid peroxidation as pathway of aluminium cytotoxicity in human skin fibroblast cultures: prevention by superoxide dismutase+catalase and vitamins E and C. Human & Experimental Toxicology 20(9):477-481.

Anetor, J. and F. Adeniyi. (1998) Decreased immune status in Nigerian workers occupationally exposed to lead. African Journal of Medicine and Medical Sciences 27(3-4):169-172.

Antunes, L. and C. Takahashi. (1998) Effects of high doses of vitamins C and E against doxorubicin-induced chromosomal damage in Wistar rat bone marrow cells. Mutation Research 419(1-3):137-143.

Appenroth, D., S. Frob, L. Kersten, F. Splinter, and K. Winnefeld. (1997) Protective effects of vitamin E and C on cisplatin nephrotoxicity in developing rats. Archives of Toxicology 71(11):677-683.

Appenroth, D. and K. Winnefeld. (1998) Vitamin E and C in the prevention of metal nephrotoxicity in developing rats. Experimental and Toxicologic Pathology 50(4-6):391-396.

Aronow, R., J. Miceli, and A. Done. (1980) A therapeutic approach to the acutely overdosed PCP patient. Journal of Psychedelic Drugs 12(3-4):259-267.

Arumugam, N., V. Sivakumar, J. Thanislass, and H. Devaraj. (1997) Effects of acrolein on rat liver antioxidant defense system. Indian Journal of Experimental Biology 35(12):1373-1374.

Arumugam, N., V. Sivakumar, J. Thanislass, K. Pillai, S. Devaraj, and H. Devaraj. (1999) Acute pulmonary toxicity of acrolein in rats—underlying mechanism. Toxicology Letters 104(3):189-194.

Axelrod, J., S. Udenfriend, and B. Brodie. (1954) Ascorbic acid in aromatic hydroxylation. III. Effect of ascorbic acid on hydroxylation of acetanilide, aniline and antipyrine in vivo. The Journal of Pharmacology and Experimental Therapeutics 111:176-181.

Bachleitner-Hofmann, T., B. Gisslinger, E. Grumbeck, and H. Gisslinger. (2001) Arsenic trioxide and ascorbic acid: synergy with potential implications for the treatment of acute myeloid leukaemia? British Journal of Haematology 112(3):783-786.

Bandyopadhyay, S., R. Tiwari, A. Mitra, B. Mukherjee, A. Banerjee, and G. Chatterjee. (1982) Effects of L-ascorbic acid supplementation on dieldrin toxicity in rats. Archives of Toxicology 50(3-4):227-232.

Banerjee, S. and P. Basu. (1975) Ascorbic acid metabolism in mice treated with tetracyclines & chloramphenicol. Indian Journal of Experimental Biology 13(6):567-569.

Bartsch, H. (1991) N-nitroso compounds and human cancer: where do we stand? IARC Scientific Publications 105:1-10.

Beligni, M. and L. Lamattina. (1999) Nitric oxide protects against cellular damage produced by methylviologen herbicides in potato plants. Nitric Oxide: Biology and Chemistry 3(3):199-208.

Bell, J., C. Beglan, and E. London. (1996) Interaction of ascorbic acid with the neurotoxic effects of NMDA and sodium nitroprusside. Life Sciences 58(4):367-371.

Benabdeljelil, K. and L. Jensen. (1990) Effectiveness of ascorbic acid and chromium in counteracting the negative effects of dietary vanadium on interior egg quality. Poultry Science 69(5):781-786.

Benito, B., D. Wahl, N. Steudel, A. Cordier, and S. Steiner. (1995) Effects of cyclosporine A on the rat liver and kidney protein pattern, and the influence of vitamin E and C coadministration. Electrophoresis 16(7):1273-1283.

Benito, E. and M. Bosch. (1997) Impaired phosphatidylcholine biosynthesis and ascorbic acid depletion in lung during lipopolysaccharide-induced endotoxaemia in guinea pigs. Molecular and Cellular Biochemistry 175(1-2):117-123.

Berkson, B. (1979) Thioctic acid in treatment of hepatotoxic mushroom (phalloides) poisoning. The New England Journal of Medicine 300(7):371.

Beyer, C. (2001) Rapid recovery from Ecstasy intoxication. South African Medical Journal 91(9):708-709.

Beyer, K. (1943) Protective action of vitamin C against experimental hepatic damage. Archives of Internal Medicine 71:315-324.

Bhattacharya, R., A. Francis, and T. Shetty. (1987) Modifying role of dietary factors on the mutagenicity of aflatoxin B1: in vitro effect of vitamins. Mutation Research 188(2):121-128.

Blackstone, S., R. Hurley, and R. Hughes. (1974) Some inter-relationships between vitamin C (L-ascorbic acid) and mercury in the guinea-pig. Food and Cosmetics Toxicology 12(4):511-516.

Blanco, O. and T. Meade. (1980) Effect of dietary ascorbic acid on the susceptibility of steelhead trout (Salmo gairdneri) to nitrite toxicity. Revista de Biologia Tropical 28(1):91-107.

Blankenship, L., D. Carlisle, J. Wise, J. Orenstein, L. Dyc, and S. Patierno. (1997) Induction of apoptotic cell death by particulate lead chromate: differential effects of vitamins C and E on genotoxicity and survival. Toxicology and Applied Pharmacology 146(2):270-280.

Blasiak, J. and J. Kowalik. (2001) Protective action of vitamin C against DNA damage induced by selenium-cisplatin conjugate. Acta Biochimica Polonica 48(1):233-240.

Blasiak, J., M. Kadlubek, J. Kowalik, H. Romanowicz-Makowska, and T. Pertynski. (2002) Inhibition of telomerase activity in endometrial cancer cells by selenium-cisplatin conjugate despite suppression of its DNA-damaging activity by sodium ascorbate. Teratogenesis, Carcinogenesis, and Mutagenesis 22(1):73-82.

Bloom, S. and D. Davis. (1972) Calcium as mediator of isoproterenol-induced myocardial necrosis. American Journal of Pathology 69(3):459-470.

Blumenthal, R., W. Lew, A. Reising, D. Soyne, L. Osorio, Z. Ying, and D. Goldenberg. (2000) Anti-oxidant vitamins reduce normal tissue toxicity induced by radio-immunotherapy. International Journal of Cancer 86(2):276-280.

Bohm, F., R. Edge, D. McGarvey, and T. Truscott. (1998) Betacarotene with vitamins E and C offers synergistic cell protections against NOx. FEBS Letters 436(3):387-389.

Bohm, F., R. Edge, S. Foley, L. Lange, and T. Truscott. (2001) Antioxidant inhibition of porphyrin-induced cellular phototoxicity. Journal of Photochemistry and Photobiology. B, Biology 65(2-3):177-183.

Bolyai, J., R. Smith, and C. Gray. (1972) Ascorbic acid and chemically induced methemoglobinemias. Toxicology and Applied Pharmacology 21(2):176-185.

Borman, G. (1937) Zur diagnose und therepe der chronischen benzolvergiftung. Arch fur Gewerbepath und Gewerbehyg 8:194.

Bose, S. and S. Sinha. (1991) Aflatoxin-induced structural chromosomal changes and mitotic disruption in mouse bone marrow. Mutation Research 261(1):15-19.

Bose, S. and S. Sinha. (1994) Modulation of ochratoxin-produced genotoxicity in mice by vitamin C. Food and Chemical Toxicology 32(6):533-537.

Bradberry, S. and J. Vale. (1999) Therapeutic review: is ascorbic acid of value in chromium poisoning and chromium dermatitis? Journal of Toxicology. Clinical Toxicology 37(2):195-200.

Browning, E. (1953) Toxicity of Industrial Organic Solvents. Industrial Health Research Board. M.R.C. Report No. 80. London H.M.S.O.

Budd, G. (1840) Scurvy. In The Library of Medicine. Vol. 5. Edited by A. Tweedie. Whittaker & Co., London.

Bundesen, H., H. Aron, R. Greenebaum, C. Farmer, and A. Abt. (1941) The detoxifying action of vitamin C (ascorbic acid) in arsenical therapy. I. Ascorbic acid as a preventive of reactions of human skin to neoarsphenamine. The Journal of the American Medical Association 117(20):1692-1695.

Busnel, R. and A. Lehmann. (1980) Antagonistic effect of sodium ascorbate on ethanol-induced changes in swimming of mice. Behavioural Brain Research 1(4):351-356.

Cadenas, S., C. Rojas, and G. Barja. (1998) Endotoxin increases oxidative injury to proteins in guinea pig liver: protection by dietary vitamin C. Pharmacology & Toxicology 82(1):11-18.

Calabrese, E. (1979) Should the concept of the recommended dietary allowance be altered to incorporate interactive effects of ubiquitous pollutants? Medical Hypotheses 5(12):1273-1285.

Calabrese, E. (1980) Does nutritional status affect benzene induced toxicity and/or leukemia? Medical Hypotheses 6(5):535-544.

Calabrese, E., G. Moore, and M. McCarthy. (1983) The effect of ascorbic acid on nitrite-induced methemoglobin formation in rats, sheep, and normal human erythrocytes. Regulatory Toxicology and Pharmacology 3(3):184-188.

Calabrese, E. (1985) Does exposure to environmental pollutants increase the need for vitamin C? Journal of Environmental Pathology, Toxicology and Oncology 5(6):81-90.

Calabrese, E., A. Stoddard, D. Leonard, and S. Dinardi. (1987) The effects of vitamin C supplementation on blood and hair levels of cadmium, lead, and mercury. Annals of the New York Academy of Sciences 498:347-353.

Cappelletti, G., M. Maggioni, and R. Maci. (1998) Apoptosis in human lung epithelial cells: triggering by paraquat and modulation by antioxidants. Cell Biology International 22(9-10):671-678.

Carnes, C., M. Chung, T. Nakayama, H. Nakayama, R. Baliga, S. Piao, A. Kanderian, S. Pavia, R. Hamlin, P. McCarthy, J. Bauer, and D. Van Wagoner. (2001) Ascorbate attenuates atrial pacing-induced peroxynitrite formation and electrical remodeling and decreases the incidence of postoperative atrial fibrillation. Circulation Research 89(6):E32-E38.

Carroll, R., K. Kovacs, and E. Tapp. (1965) Protection against mercuric chloride poisoning of the rat kidney. Arzneimittelforschung 15(11):1361-1363.

Castrovilli, G. (1937) Contributo all terapia della intossicazione da benzolo (la vitamina C nel benzolismo sperimentale). Med del Lavoro 28:106.

Cathala, J., M. Bolgert, and P. Grenet. (1936) Scorbut chez un sujet soumis a une intoxication benzolique professionelle. Bull et Mem Soc d Hop de Paris 52:1648.

Chakraborty, D., A. Bhattacharyya, K. Majumdar, and G. Chatterjee. (1977) Effects of chronic vanadium pentoxide administration on L-ascorbic acid metabolism in rats: influence of L-ascorbic acid supplementation. International Journal for Vitamin and Nutrition Research 47(1):81-87.

Chakraborty, D., A. Bhattacharyya, K. Majumdar, K. Chatterjee, S. Chatterjee, A. Sen, and G. Chatterjee. (1978) Studies on L-ascorbic acid metabolism in rats under chronic toxicity due to organophosphorus insecticides: effects of supplementation of L-ascorbic acid in high doses. The Journal of Nutrition 108(6):973-980.

Chakraborty, D., A. Bhattacharyya, J. Chatterjee, K. Chatterjee, A. Sen, S. Chatterjee, K. Majumdar, and G. Chatterjee. (1978a) Biochemical studies on polychlorinated biphenyl toxicity in rats: manipulation by vitamin C. International Journal for Vitamin and Nutrition Research 48(1):22-31.

Challem, J. and E. Taylor. (1998) Retroviruses, ascorbate, and mutations, in the evolution of Homo sapiens. Free Radical Biology & Medicine 25(1):130-132.

Chapman, D. and C. Shaffer. (1947) Mercurial diuretics. A comparison of acute cardiac toxicity in animals and the effect of ascorbic acid on detoxification in their intravenous administration. Archives of Internal Medicine 79:449-456.

Chatterjee, A. (1967) Role of ascorbic acid in the prevention of gonadal inhibition by carbon tetrachloride. Endokrinologie 51(5-6):319-322.

Chatterjee, G., S. Banerjee, and D. Pal. (1973) Cadmium administration and L-ascorbic acid metabolism in rats: effect of L-ascorbic acid supplementation. International Journal for Vitamin and Nutrition Research 43(3):370-377.

Chatterjee, G. and D. Pal. (1975) Metabolism of L-ascorbic acid in rats under in vivo administration of mercury: effect of L-ascorbic acid supplementation. International Journal for Vitamin and Nutrition Research 45(3):284-292.

Chatterjee, G., S. Chatterjee, K. Chatterjee, A. Sahu, A. Bhattacharyya, D. Chakraborty, and P. Das. (1979) Studies on the protective effects of ascorbic acid in rubidium toxicity. Toxicology and Applied Pharmacology 51(1):47-58.

Chatterjee, K., D. Chakraborty, K. Majumdar, A. Bhattacharyya, and G. Chatterjee. (1979) Biochemical studies on nickel toxicity in weanling rats—influence of vitamin C supplementation. International Journal for Vitamin and Nutrition Research 49(3):264-275.

Chatterjee, K., S. Banerjee, R. Tiwari, K. Mazumdar, A. Bhattacharyya, and G. Chatterjee. (1981) Studies on the protective effects of L-ascorbic acid in chronic chlordane toxicity.

International Journal for Vitamin and Nutrition Research 51(3):254-265.

Chattopadhyay, S., S. Ghosh, J. Debnath, and D. Ghosh. (2001) Protection of sodium arsenite-induced ovarian toxicity by coadministration of L-ascorbate (vitamin C) in mature Wistar strain rat. Archives of Environmental Contamination and Toxicology 41(1):83-89.

Chen, C. and T. Lin. (1998) Nickel toxicity to human term placenta: in vitro study on lipid peroxidation. Journal of Toxicology and Environmental Health. Part A 54(1):37-47.

Chen, C., Y. Huang, and T. Lin. (1998) Association between oxidative stress and cytokine production in nickel-treated rats. Archives of Biochemistry and Biophysics 356(2):127-132.

Chen, C., Y. Huang, and T. Lin. (1998a) Lipid peroxidation in liver of mice administered with nickel chloride: with special reference to trace elements and antioxidants. Biological Trace Element Research 61(2):193-205.

Chen, C. and T. Lin. (2001) Effects of nickel chloride on human platelets: enhancement of lipid peroxidation, inhibition of aggregation and interaction with ascorbic acid. Journal of Toxicology and Environmental Health. Part A 62(6):431-438.

Cheng, Y., W. Willett, J. Schwartz, D. Sparrow, S. Weiss, and H. Hu. (1998) Relation of nutrition to bone lead and blood lead levels in middle-aged to elderly men. The Normative Aging Study. American Journal of Epidemiology 147(12):1162-1174.

Chevion, S., R. Or, and E. Berry. (1999) The antioxidant status of patients subjected to total body irradiation. Biochemistry and Molecular Biology International 47(6):1019-1027.

Chow, C., R. Thacker, and C. Gairola. (1979) Increased level of L-ascorbic acid in the plasma of polychlorobiphenylstreated rats and its inhibition by dietary vitamin E. Research Communications in Chemical Pathology and Pharmacology 26(3):605-608.

Chow, C., R. Thacker, and C. Gairola. (1981) Dietary selenium and levels of L-ascorbic acid in the plasma, livers, and lungs of polychlorinated biphenyls-treated rats. International Journal for Vitamin and Nutrition Research 51(3):279-283.

Chu, I., D. Villenueve, A. Yagminas, P. Lecavalier, R. Poon, H. Hakansson, U. Ahlborg, V. Valli, S. Kennedy, A. Bergman, F. Seegal, and M. Feeley. (1996) Toxicity of 2,4,4'-trichlorobiphenyl in rats following 90-day dietary exposure. Journal of Toxicology and Environmental Health 49(3):301-318.

Cilento, P., A. Kalokerinos, I. Dettman, and G. Dettman. (1980) Venomous bites and vitamin C status. The Australasian Nurses Journal 9(6):19.

Civil, I. and M. McDonald. (1978) Acute selenium poisoning: case report. New Zealand Medical Journal 87(612):354-

356.

Chongthan, D., J. Phurailatpam, M. Singh, and T. Singh. (1999) Methaemoglobinaemia in nitrobenzene poisoning—a case report. Journal of the Indian Medical Association 97(11):469-470.

Cohen, G. (1977) An acetaldehyde artifact in studies of the interaction of ethanol with biogenic amine systems: the oxidation of ethanol by ascorbic acid. Journal of Neurochemistry 29(4):761-762.

Conney, A., G. Bray, C. Evans, and J. Burns. (1961) Metabolic interactions between L-ascorbic acid and drugs. Annals of the New York Academy of Sciences 92(1):115-126.

Conn's Current Therapy. (2001) Edited by Rakel, R. and E. Bope. Philadelphia, PA: W.A. Saunders Company. Cooney, R., P. Ross, and G. Bartolini. (1986) N-nitrosation and N-nitration of morpholine by nitrogen dioxide: inhibition by ascorbate, glutathione and alpha-tocopherol. Cancer Letters 32(1):83-90.

Cormia, F. (1937) Experimental arsphenamine dermatitis: the influence of vitamin C in the production of arsphenamine sensitiveness. Canadian Medical Association Journal 36:392.

Cotovio, J., L. Onno, P. Justine, S. Lamure, and P. Catroux. (2001) Generation of oxidative stress in human cutaneous models following in vitro ozone exposure. Toxicology In Vitro 15(4-5):357-362.

Cullison, R. (1984) Acetaminophen toxicosis in small animals: clinical signs, mode of action, and treatment. Compend Continu Educ Pract Vet 6:315-320.

Cummings, J. (1978) Dietary factors in the aetiology of gastrointestinal cancer. Journal of Human Nutrition 32(6):455-465.

Cuthbert, J. (1971) Hazards of acetanilide production. The Practitioner 207(242):807-808.

Dainow, I. (1935) Desensitizing action of L-ascorbic acid. Ann Dermat et Syph. 6:830.

Dalley, J., P. Gupta, F. Lam, and C. Hung. (1989) Interaction of L-ascorbic acid on the disposition of lead in rats. Pharmacology & Toxicology 64(4):360-364.

Dalloz, F., P. Maingon, Y. Cottin, F. Briot, J. Horiot, and L. Rochette. (1999) Effects of combined irradiation and doxorubicin treatment on cardiac function and antioxidant defenses in the rat. Free Radical Biology & Medicine 26(7-8):785-800.

Dannenberg, A., A. Widerman, and P. Friedman. (1940) Ascorbic acid in the treatment of chronic lead poisoning. Report of a case of clinical failure. The Journal of the American Medical Association 114(15):1439-1440.

Das, K., S. Das, and S. DasGupta. (2001) The influence of ascorbic acid on nickel-induced hepatic lipid peroxidation in rats. Journal of Basic and Clinical Physiology and Pharmacology 12(3):187-195.

Das, M., K. Garg, G. Singh, and S. Khanna. (1991) Dimerlimination and organ retention profile of benzanthrone in scorbutic and non-scorbutic guinea pigs. Biochemical and Biophysical Research Communications 178(3):1405-1412.

Das, M., K. Garg, G. Singh, and S. Khanna. (1994) Attenuation of benzanthrone toxicity by ascorbic acid in guinea pigs. Fundamental and Applied Toxicology 22(3):447-456.

Dawson, E., D. Evans, W. Harris, M. Teter, and W. McGanity. (1999) The effect of ascorbic acid supplementation on the blood lead levels of smokers. Journal of the American College of Nutrition 18(2):166-170.

De, K., K. Roy, A. Saha, and C. Sengupta. (2001) Evaluation of alpha-tocopherol, probucol and ascorbic acid as suppressors of digoxin induced lipid peroxidation. Acta Poloniae Pharmaceutica 58(5):391-400.

De la Fuente, M. and V. Victor. (2001) Ascorbic acid and N-acetylcysteine improve in vitro the function of lymphocytes from mice with endotoxin-induced oxidative stress. Free Radical Research 35(1):73-84.

De Vito, M. and G. Wagner. (1989) Methamphetamineinduced neuronal damage: a possible role for free radicals. Neuropharmacology 28(10):1145-1150.

Desole, M., V. Anania, G. Esposito, F. Carboni, A. Senini, and E. Miele. (1987) Neurochemical and behavioural changes induced by ascorbic acid and d-amphetamine in the rat. Pharmacological Research Communications 19(6):441-450.

Dey, P. (1965) Protective action of lemon juice and ascorbic acid against lethality and convulsive property of strychnine.

Die Naturwissenschaften 52:164.

Dey, P. (1966) Efficacy of vitamin C in counteracting tetanus toxicity. Die Naturwissenschaften 53(12):310.

Dey, P. (1967) Protective action of ascorbic acid & its precursors on the convulsive & lethal actions of strychnine. Indian Journal of Experimental Biology 5(2):110-112.

Dey, S., P. Nayak, and S. Roy. (2001) Chromium-induced membrane damage: protective role of ascorbic acid. Journal of Environmental Sciences (China) 13(3):272-275.

Dhawan, M., D. Kachru, and S. Tandon. (1988) Influence of thiamine and ascorbic acid supplementation on the antidotal efficacy of thiol chelators in experimental lead intoxication. Archives of Toxicology 62(4):301-304.

Dhawan, M., S. Flora, and S. Tandon. (1989) Preventive and therapeutic role of vitamin E in chronic plumbism. Biomedical and Environmental Sciences 2(4):335-340.

Dhir, H., A. Roy, A. Sharma, and G. Talukder. (1990) Modification of clastogenicity of lead and aluminium in mouse bone marrow cells by dietary ingestion of Phyllanthus emblica fruit extract. Mutation Research 241(3):305-312.

Dhir, H., K. Agarwal, A. Sharma, and G. Talukder. (1991) Modifying role of Phyllanthus emblica and ascorbic acid against nickel clastogenicity in mice. Cancer Letters 59(1):9-18.

Dirks, M., D. Davis, E. Cheraskin, and J. Jackson. (1994) Mercury excretion and intravenous ascorbic acid. Archives of Environmental Health 49(1):49-52.

Diwan, S., A. Sharma, A. Jain, O. Gupta, and U. Jajoo. (1991) Dapsone induced methaemoglobinaemia. Indian Journal of Leprosy 63(1):103-105.

Domingo, J., J. Llobet, and J. Corbella. (1985) Protection of mice against the lethal effects of sodium metavanadate: a quantitative comparison of a number of chelating agents. Toxicology Letters 26(2-3):95-99.

Domingo, J., J. Llobet, J. Tomas, and J. Corbella. (1986) Influence of chelating agents on the toxicity, distribution and excretion of vanadium in mice. Journal of Applied Toxicology 6(5):337-341.

Domingo, J., M. Gomez, J. Llobet, and J. Corbella. (1990) Chelating agents in the treatment of acute vanadyl sulphate intoxication in mice. Toxicology 62(2):203-211.

Donaldson, J., R. Hemming, and F. LaBella. (1985) Vanadium exposure enhances lipid peroxidation in the kidney of rats and mice. Canadian Journal of Physiology and Pharmacology 63(3):196-199.

Dotsch, J., S. Demirakca, A. Cryer, J. Hanze, P. Kuhl, and W. Rascher. (1998) Reduction of NO-induced methemoglobinemia requires extremely high doses of ascorbic acid in vitro. Intensive Care Medicine 24(6):612-615.

Doyle, M., J. Herman, and R. Dykstra. (1985) Autocatalytic oxidation of hemoglobin induced by nitrite: activation and chemical inhibition. Journal of Free Radicals in Biology & Medicine 1(2):145-153.

Dunlap, C. and F. Leslie. (1985) Effect of ascorbate on the toxicity of morphine in mice. Neuropharmacology 24(8):797-804.

Dreosti, I. and M. McGown. (1992) Antioxidants and UV-induced genotoxicity. Research Communications in Chemical Pathology and Pharmacology 75(2):251-254.

Dunham, W., E. Zuckerkandl, R. Reynolds, R. Willoughby, R. Marcuson, R. Barth, and L. Pauling. (1982) Effects of intake of L-ascorbic acid on the incidence of dermal neoplasms induced in mice by ultraviolet light. Proceedings of the National Academy of Sciences of the United States of America 79(23):7532-7536.

Durak, I., H. Karabacak, S. Buyukkocak, M. Cimen, M. Kacmaz, E. Omeroglu, and H. Ozturk. (1998) Impaired antioxidant defense system in the kidney tissues from rabbits treated with cyclosporine. Protective effects of vitamins E and C. Nephron 78(2):207-211.

Dvorak, M. (1989) [The effect of polychlorinated biphenyls on the vitamin A, vitamin E, and ascorbic acid status in young pigs]. Article in German. Archiv fur Experimentelle Veterinarmedizin 43(1):51-60.

Dwenger, A., H. Pape, C. Bantel, G. Schweitzer, K. Krumm, M. Grotz, B. Lueken, M. Funck, and G. Regel. (1994) Ascorbic acid reduces the endotoxin-induced lung injury in awake sheep. European Journal of Clinical Investigation

24(4):229-235.

Dwivedi, N., M. Das, A. Joshi, G. Singh, and S. Khanna. (1993) Modulation by ascorbic acid of the cutaneous and hepatic biochemical effects induced by topically applied benzanthrone in mice. Food and Chemical Toxicology 31(7):503-508.

Dwivedi, N., M. Das, and S. Khanna. (2001) Role of biological antioxidants in benzanthrone toxicity. Archives of Toxicology 75(4):221-226.

Eberlein-Konig, B., M. Placzek, and R. Przybilla. (1998) Protective effect against sunburn of combined systemic ascorbic acid (vitamin C) and d-alpha-tocopherol (vitamin E). Journal of the American Academy of Dermatology 38(1):45-48.

Ebringer, L., J. Dobias, J. Krajcvoic, J. Polonyi, L. Krizkova, and N. Lahitova. (1996) Antimutagens reduce ofloxacin-induced bleaching in Euglena gracilis. Mutation Research 359(2):85-93.

Ehrlich, P. (1909) Ueber den jetzigen stand der chemotherapie. Ber d deutsch chem Gesellsch 42:1-31.

Eldor, A., I. Vlodavsky, E. Riklis, and Z. Fuks. (1987) Recovery of prostacyclin capacity of irradiated endothelial cells and the protective effect of vitamin C. Prostaglandins 34(2):241-255.

Evans, E., W. Norwood, R. Kehoe, and W. Machle. (1943) The effects of ascorbic acid in relation to lead absorption. The Journal of the American Medical Association 121(7):501-504.

Fahmy, M. and F. Aly. (2000) In vivo and in vitro studies on the genotoxicity of cadmium chloride in mice. Journal of Applied Toxicology 20(3):231-238.

Faizallah, R., A. Morris, N. Krasner, and R. Walker. (1986) Alcohol enhances vitamin C excretion in the urine. Alcohol and Alcoholism 21(1):81-84.

Farbiszewski, R., A. Witek, and E. Skrzydlewska. (2000) N-acetylcysteine or trolox derivative mitigate the toxic effects of methanol on the antioxidant system of rat brain. Toxicology 156(1):47-55.

Farombi, E. (2001) Antioxidant status and hepatic lipid peroxidation in chloramphenicol-treated rats. The Tokohu Journal of Experimental Medicine 194(2):91-98.

Faulstich, H. and T. Wieland. (1996) New aspects of amanitin and phalloidin poisoning. Advances in Experimental Medicine and Biology 391:309-314.

Ferrer, E. and E. Baran. (2001) Reduction of vanadium(V) with ascorbic acid and isolation of the generated oxovanadium(IV) species. Biological Trace Element Research 83(2):111-119.

Ficek, W. (1994) Heavy metals and the mammalian thymus: in vivo and in vitro investigations. Toxicology and Industrial Health 10(3):191-201.

Fighera, M., C. Queiroz, M. Stracke, M. Brauer, L. Gonzalez-Rodriguez, R. Frussa-Filho, M. Wajner, and C. de Mello. (1999) Ascorbic acid and alpha-tocopherol attenuate methylmalonic acid-induced convulsions. Neuroreport 10(10):2039-2043.

Fink, B., M. Schwemmer, N. Fink, and E. Bassenge. (1999) Tolerance to nitrates with enhanced radical formation suppressed by carvedilol. Journal of Cardiovascular Pharmacology 34(6):800-805.

Fischer, A., C. Hess, T. Neubauer, and T. Eikmann. (1998) Testing of chelating agents and vitamins against lead toxicity using mammalian cell cultures. Analyst 123(1):55-58.

Flanagan, P., M. Chamberlain, and L. Valberg. (1982) The relationship between iron and lead absorption in humans. The American Journal of Clinical Nutrition 36(5):823-829.

Flora, S. and S. Tandon. (1986) Preventive and therapeutic effects of thiamine, ascorbic acid and their combination in lead intoxication. Acta Pharmacologica et Toxicologica (Copenh) 58(5):374-378.

Fomenko, L., T. Bezlepkina, A. Anoshkin, and A. Gaziev. (1997) [A vitamin-antioxidant diet decreases the level of chromosomal damages and the frequency of gene mutations in irradiated mice]. Article in Russian. Izvestiia Akademii Nauk. Seriia Biologicheskaia 4:419-424.

Forman, D. (1991) The etiology of gastric cancer. IARC Scientific Publications 105:22-32.

Forssman, S. and K. Frykholm. (1947) Benzene poisoning. II. Examination of workers exposed to benzene with reference to the presence of ester sulfate, muconic acid, urochrome A and polyphenols in the urine together with vitamin C deficiency. Prophylactic measures. Acta Medica Scandinavica 128(3):256-280.

Fox, M. and B. Fry. (1970) Cadmium toxicity decreased by dietary ascorbic acid supplements. Science 169(949):989-991.

Fox, M. (1975) Protective effects of ascorbic acid against toxicity of heavy metals. Annals of the New York Academy of Sciences 258:144-150.

Frei, B., L. England, and B. Ames. (1989) Ascorbate is an outstanding antioxidant in human blood plasma. Proceedings of the National Academy of Sciences of the United States of America 86(16):6377-6381.

Frei, B., R. Stocker, L. England, and B. Ames. (1990) Ascorbate: the most effective antioxidant in human blood plasma. Advances in Experimental Medicine and Biology 264:155-163.

Friend, D. and H. Marquis. (1936) Arsphenamine sensitivity and vitamin C. American Journal of Syphilis, Gonorrhea and Venereal Diseases 22:239-242.

Fujimoto, Y., E. Nakatani, M. Horinouchi, K. Okamoto, S. Sakuma, and T. Fujita. (1989) Inhibition of paraquat accumulation in rabbit kidney cortex slices by ascorbic acid. Research Communications in Clinical Pathology and Pharmacology 65(2):245-248.

Fujita, K., K. Shinpo, K. Yamada, T. Sato, N. Niimi, M. Shamoto, T. Nagatsu, T. Takeuchi, and H. Umezawa. (1982) Reduction of adriamycin toxicity by ascorbate in mice and guinea pigs. Cancer Research 42(1):309-316.

Fujiwara, M. and K. Kuriyama. (1977) Effect of PCB (polychlorobiphenyls) on L-ascorbic acid, pyridoxal phosphate and riboflavin contents in various organs and on hepatic metabolism of L-ascorbic acid in the rat. Japanese Journal of Pharmacology 27(5):621-627.

Fukuda, F., M. Kitada, T. Horie, and S. Awazu. (1992) Evaluation of adriamycin-induced lipid peroxidation. Biochemical Pharmacology 44(4):755-760.

Fuller, R., E. Henson, E. Shannon, A. Collins, and J. Brunson. (1971) Vitamin C deficiency and susceptibility to endotoxin shock in guinea pigs. Archives of Pathology 92(4):239-243.

Fulton, B. and E. Jeffery. (1990) Absorption and retention of aluminum from drinking water. 1. Effect of citric and ascorbic acids on aluminum tissue levels in rabbits. Fundamental and Applied Toxicology 14(4):788-796.

Gage, J. (1964) Distribution and excretion of methyl and phenyl mercury salts. British Journal of Industrial Medicine 21:197-202.

Gage, J. (1975) Mechanisms for the biodegradation of organic mercury compounds: the actions of ascorbate and of soluble proteins. Toxicology and Applied Pharmacology 32(2):225-238.

Gao, F., J. Yi, G. Shi, H. Li, X. Shi, Z. Wang, and X. Tang. (2002) [Ascorbic acid enhances the apoptosis of U937 cells induced by arsenic trioxide in combination with DMNQ and its mechanism]. Article in Chinese. Zhonghua Xueyexue Zazhi 23(1):9-11.

Gao, F., C. Yao, E. Gao, Q. Mo, W. Yan, R. McLaughlin, B. Lopez, T. Christopher, and X. Ma. (2002a) Enhancement of glutathione cardioprotection by ascorbic acid in myocardial reperfusion injury. The Journal of Pharmacology and Experimental Therapeutics 301(2):543-550.

Garcia, R. and A. Municio. (1990) Effect of Escherichia coli endotoxin on ascorbic acid transport in isolated adrenocortical cells. Proceedings of the Society for Experimental Biology and Medicine 193(4):280-284.

Garcia-Roche, M., A. Castillo, T. Gonzalez, M. Grillo, J. Rios, and N. Rodriguez. (1987) Effect of ascorbic acid on the hepatoxicity due to the daily intake of nitrate, nitrite and dimethylamine. Die Nahrung 31(2):99-104.

Garg, K., S. Khanna, M. Das, and G. Singh. (1992) Effect of extraneous supplementation of ascorbic acid on the bio-disposition of benzanthrone in guinea pigs. Food and Chemical Toxicology 30(11):967-971.

Geetanjali, D., P. Rita, and P. Reddy. (1993) Effect of ascorbic acid in the detoxification of the insecticide dimethoate in the bone marrow erythrocytes of mice. Food and Chemical Toxicology 31(6):435-437.

Geetha, A., J. Catherine, and C. Shyamala Devi. (1989) Effect of alpha-tocopherol on the microsomal lipid peroxidation induced by doxorubicin: influence of ascorbic acid. Indian Journal of Physiology and Pharmacology 33(1):53-58.

Ghaskadbi, S., S. Rajmachikar, C. Agate, A. Kapadi, and V. Vaidya. (1992) Modulation of cyclophosphamide mutagenicity by vitamin C in the in vivo rodent micronucleus assay. Teratogenesis, Carcinogenesis, and Mutagenesis 12(1):11-17.

Ghosh, S., D. Ghosh, S. Chattopadhyay, and J. Debnath. (1999) Effect of ascorbic acid supplementation on liver and kidney toxicity in cyclophosphamide-treated female albino rats. The Journal of Toxicological Sciences 24(3):141-144.

Giannini, A., R. Loiselle, L. DiMarzio, and M. Giannini. (1987) Augmentation of haloperidol by ascorbic acid in phencyclidine intoxication. The American Journal of Psychiatry 144(9):1207-1209.

Giles, H. and S. Meggiorini. (1983) Artifactual production and recovery of acetaldehyde from ethanol in urine. Canadian Journal of Physiology and Pharmacology 61(7):717-721.

Ginter, E., D. Chorvatovicova, and A. Kosinova. (1989) Vitamin C lowers mutagenic and toxic effect of hexavalent chromium in guinea pigs. International Journal for Vitamin and Nutrition Research 59(2):161-166.

Ginter, E., Z. Zloch, and R. Ondreicka. (1998) Influence of vitamin C status on ethanol metabolism in guinea-pigs. Physiological Research 47(2):137-141.

Ginter, E. and Z. Zloch. (1999) Influence of vitamin C status on the metabolic rate of a single dose of ethanol-1-(14)C in guinea pigs. Physiological Research 48(5):369-373.

Giri, A., D. Khynriam, and S. Prasad. (1998) Vitamin C mediated protection on cisplatin induced mutagenicity in mice. Mutation Research 421(2):139-148.

Glascott, P., E. Gilfor, A. Serroni, and J. Farber. (1996) Independent antioxidant action of vitamins E and C in cultured rat hepatocytes intoxicated with allyl alcohol. Biochemical Pharmacology 52(8):1245-1252.

Gomez, M., J. Domingo, J. Llobet, and J. Corbella. (1991) Effectiveness of some chelating agents on distribution and excretion of vanadium in rats after prolonged oral administration. Journal of Applied Toxicology 11(3):195-198.

Gonskii, I., M. Korda, I. Klishch, and L. Fira. (1996) [Role of the antioxidant system in the pathogenesis of toxic hepatitis]. Article in Russian. Patologicheskaia Fiziologiia i Eksperimental'naia Terapiia 2:43-45.

Gontea, I., S. Dumitrache, A. Rujinski, and M. Draghicescu. (1969) Influence of chronic benzene intoxication on vitamin C in the guinea pig and rat. Igiena 18:1-11.

Gontzea, J. et al. (1963) The vitamin C requirements of lead workers. Internationale Zeitschrift fur Augenwardte Phisiologie Einschliesslich Arbeits Physiologie (Berlin) 20:20-33.

Goyer, R. and M. Cherian. (1979) Ascorbic acid and EDTA treatment of lead toxicity in rats. Life Sciences 24(5):433-438.

Grabarczyk, M., U. Podstawka, and J. Kopec-Szlezak. (1991) [Protection of human peripheral blood leukocytes with vitamin E and C from toxic effects of fenarimol in vitro]. Article in Polish. Acta Haematologica Polonica 22(1):136-144.

Grad, J., N. Bahlis, I. Reis, M. Oshiro, W. Dalton, and L. Boise. (2001) Ascorbic acid enhances arsenic trioxide-induced cytotoxicity in multiple myeloma cells. Blood 98(3):805-813.

Greggi Antunes, L., J. Darin, and M. Bianchi. (2000) Protective effects of vitamin C against cisplatin-induced nephrotoxicity and lipid peroxidation in adult rats: a dose-dependent study. Pharmacological Research 41(4):405-411.

Gregus, Z. and C. Klaassen. (1986) Disposition of metals in rats: a comparative study of fecal, urinary, and biliary excretion and tissue distribution of eighteen metals. Toxicology and Applied Pharmacology 85(1):24-38.

Gregus, Z., A. Stein, F. Varga, and C. Klaassen. (1992) Effect of lipoic acid on biliary excretion of glutathione and metals. Toxicology and Applied Pharmacology 114(1):88-96.

Grosse, Y., L. Chekir-Ghedira, A. Huc, S. Obrecht-Pflumio, G. Dirheimer, H. Bacha, and A. Pfohl-Leszkowicz. (1997)

Retinol, ascorbic acid and alpha-tocopherol prevent DNA adduct formation in mice treated with the mycotoxins ochratoxin A and zearalenone. Cancer Letters 114(1-2):225-229.

Grunert, R. (1960) The effect of DL-alpha-lipoic acid on heavy-metal intoxication in mice and dogs. Archives of Biochemistry and Biophysics 86:190-194.

Gultekin, F., N. Delibas, S. Yasar, and I. Kilinc. (2001) In vivo changes in antioxidant systems and protective role of melatonin and a combination of vitamin C and vitamin E on oxidative damage in erythrocytes induced by chlorpyrifos-ethyl in rats. Archives of Toxicology 75(2):88-96.

Guna Sherlin, D. and R. Verma. (2000) Amelioration of fluorideinduced hypocalcaemia by vitamins. Human & Experimental Toxicology 19(11):632-634.

Gupta, S., R. Gupta, and A. Seth. (1994) Reversal of clinical and dental fluorosis. Indian Pediatrics 31(4):439-443.

Gupta, S., R. Gupta, A. Seth, and A. Gupta. (1996) Reversal of fluorosis in children. Acta Paediatrica Japonica 38(5):513-519.

Gupta, P. and A. Kar. (1998) Role of ascorbic acid in cadmiuminduced thyroid dysfunction and lipid peroxidation. Journal of Applied Toxicology 18(5):317-320.

Gurer, H., H. Ozgunes, S. Oztezcan, and N. Ercal. (1999) Antioxidant role of alpha-lipoic acid in lead toxicity. Free Radical Biology & Medicine 27(1-2):75-81.

Gussow, L. (2000) The optimal management of mushroom poisoning remains undetermined. The Western Journal of Medicine 173(5):317-318.

Hajarizadeh, H., L. Lebredo, R. Barrie, and E. Woltering. (1994) Protective effect of doxorubicin in vitamin C or dimethyl sulfoxide against skin ulceration in the pig. Annals of Surgical Oncology 1(5):411-414.

Halimi, J. and A. Mimran. (2000) Systemic and renal effect of nicotine in non-smokers: influence of vitamin C. Journal of Hypertension 18(11):1665-1669.

Halliwell, B., M. Hu, S. Louie, T. Duvall, B. Tarkington, P. Motchnik, and C. Cross. (1992) Interaction of nitrogen dioxide with human plasma. Antioxidant depletion and oxidative damage. FEBS Letters 313(1):62-66.

Hamilton, R. and W. Garnett. (1980) Phencyclidine overdose. Annals of Emergency Medicine 9(3):173-174.

Han-Wen, H. et al. (1959) Treatment of lead poisoning. II. Experiments on the effect of vitamin C and rutin. Chinese Journal Internal Medicine 7:19-20.

Hassan, M., I. Numan, N. al-Nasiri, and S. Stohs. (1991) Endrininduced histopathological changes and lipid peroxidation in livers and kidneys of rats, mice, guinea pigs and hamsters. Toxicologic Pathology 19(2):108-114.

Hatch, G., R. Slade, M. Selgrade, and A. Stead. (1986) Nitrogen dioxide exposure and lung antioxidants in ascorbic acid-deficient guinea pigs. Toxicology and Applied Pharmacology 82(2):351-359.

He, Y. and D. Hader. (2002) UV-B-induced formation of reactive oxygen species and oxidative damage of the cyanobacterium Anabaena sp.: protective effects of ascorbic acid and N-acetyl-L-cysteine. Journal of Photochemistry and Photobiology. B, Biology 66(2):115-124.

Hill, C. (1979) Studies on the ameliorating effect of ascorbic acid on mineral toxicities in the chick. The Journal of Nutrition 109(1):84-90.

Hirneth, H. and H. Classen. (1984) Inhibition of nitrate-induced increase of plasma nitrite and methemoglobinemia in rats by simultaneous feeding of ascorbic acid or tocopherol. Arzneimittelforschung 34(9):988-991.

Hjelle, J. and G. Grauer. (1986) Acetaminophen-induced toxicosis in dogs and cats. Journal of the American Veterinary Medical Association 188(7):742-746.

Hoda, Q. and S. Sinha. (1991) Minimization of cytogenetic toxicity of malathion by vitamin C. Journal of Nutritional Science and Vitaminology 37(4):329-339.

Hoda, Q. and S. Sinha. (1993) Vitamin C-mediated minimisation of Rogor-induced genotoxicity. Mutation Research 299(1):29-36.

Hoda, Q., M. Azfer, and S. Sinha. (1993) Modificatory effect of vitamin C and vitamin B-complex on meiotic inhibition induced by organophosphorus pesticide in mice Mus musculus. International Journal for Vitamin and Nutrition Research 63(1):48-51.

Hoehler, D. and R. Marquardt. (1996) Influence of vitamins E and C on the toxic effects of ochratoxin A and T-2 toxin in chicks. Poultry Science 75(12):1508-1515.

Holmes, H., K. Campbell, and E. Amberg. (1939) Effect of vitamin C on lead poisoning. Journal of Laboratory and Clinical Medicine 24:1119-1127.

Hong, S., D. Anestis, J. Ball, M. Valentovic, P. Brown, and G. Rankin. (1997) 4-Amino-2,6-dichlorophenol nephrotoxicity in the Fisher 344 rat: protection by ascorbic acid, AT-125, and aminooxyacetic acid. Toxicology and Applied Pharmacology 147(1):115-125.

Hong, S., K. Hwang, E. Lee, S. Eun, S. Cho, C. Han, Y. Park, and S. Chang. (2002) Effect of vitamin C on plasma total antioxidant status in patients with paraquat intoxication. Toxicology Letters 126(1):51-59.

Horio, F. and A. Yoshida. (1982) Effects of some xenobiotics on ascorbic acid metabolism in rats. The Journal of Nutrition 112(3):416-425.

Horio, F., M. Kimura, and A. Yoshida. (1983) Effects of several xenobiotics on the activities of enzymes affecting ascorbic acid synthesis in rats. Journal of Nutritional Science and Vitaminology 29(3):233-247.

Horio, F., K. Ozaki, M. Kohmura, A. Yoshida, S. Makino, and Y. Hayashi. (1986) Ascorbic acid requirement for the induction of microsomal drug-metabolizing enzymes in a rat mutant unable to synthesize ascorbic acid. The Journal of Nutrition 116(11):2278-2289.

Houston, D. and M. Johnson. (2000) Does vitamin C intake protect against lead toxicity? Nutrition Reviews 58(3 Pt 1):73-75.

Hrgovic, Z. (1990) [Methemoglobinemia in a newborn infant following pudendal anesthesia in labor with prilocaine. A case report]. Article in German. Anasthesie, Intensivtherapie, Notfallmedizin 25(2):172-174.

Hsu, P., M. Liu, C. Hsu, L. Chen, and Y. Guo. (1998) Effects of vitamin E and/or C on reactive oxygen species-related lead toxicity in the rat sperm. Toxicology 128(3):169-179.

Hudecova, A. and E. Ginter. (1992) The influence of ascorbic acid on lipid peroxidation in guinea pigs intoxicated with cadmium. Food and Chemical Toxicology 30(12):1011-1013.

Huggins, H. and T. Levy. (1999) Uninformed Consent: The Hidden Dangers in Dental Care. Charlottesville, VA: Hampton Roads Publishing Company, Inc.

Ichinose, T. and M. Sagai. (1989) Biochemical effects of combined gases of nitrogen dioxide and ozone. III. Synergistic effects on lipid peroxidation and antioxidative protective systems in the lungs of rats and guinea pigs. Toxicology 59(3):259-270.

Ilkiw, J. and R. Ratcliffe. (1987) Paracetamol toxicity in a cat. Australian Veterinary Journal 64(8):245-247.

Jacques-Silva, M., C. Nogueira, L. Broch, E. Flores, and J. Rocha. (2001) Diphenyl diselenide and ascorbic acid changes deposition of selenium and ascorbic acid in liver and brain of mice. Pharmacology & Toxicology 88(3):119-125.

Jaffe, E. (1982) Enzymopenic hereditary methemoglobinemia. Haematologia 15(4):389-399.

Jahan, K., K. Ahmad, and M. Ali. (1984) Effect of ascorbic acid in the treatment of tetanus. Bangladesh Medical Research Council Bulletin 10(1):24-28.

Johnson, G., T. Lewis, and W. Wagner. (1975) Acute toxicity of cesium and rubidium compounds. Toxicology and Applied Pharmacology 32(2):239-245.

Jones, M. and M. Basinger. (1983) Chelate antidotes for sodium vanadate and vanadyl sulfate intoxication in mice. Journal of Toxicology and Environmental Health 12(4-6):749-756.

Jonker, D., V. Lee, R. Hargreaves, and B. Lake. (1988) Comparison of the effects of ascorbyl palmitate and L-ascorbic acid on paracetamol-induced hepatotoxicity in the mouse. Toxicology 52(3):287-295.

Jungeblut, C. (1937) Inactivation of tetanus toxin by crystalline vitamin C (L-ascorbic acid). Journal of Immunology

33:203-214.

Jurima-Romet, M., F. Abbott, W. Tang, H. Huang, and L. Whitehouse. (1996) Cytotoxicity of unsaturated metabolites of valproic acid and protection by vitamins C and E in glutathionedepleted rat hepatocytes. Toxicology 112(1):69-85.

Kadrabova, J., A. Madaric, and E. Ginter. (1992) The effect of ascorbic acid on cadmium accumulation in guinea pig tissues. Experientia 48(10):989-991.

Kanthasamy, A., B. Ardelt, A. Malave, E. Mills, T. Powley, J. Borowitz, and G. Isom. (1997) Reactive oxygen species generated by cyanide mediate toxicity in rat pheochromocytoma cells. Toxicology Letters 93(1):47-54.

Kao, H., S. Jai, and Y. Young. (1965) [A study of the therapeutic effect of large dosage of injection ascorbici acidi on the depression of the central nervous system as in acute poisoning due to barbiturates]. Article in Chinese. Acta Pharmaceutica Sinica 12(11):764-765.

Kaplan, A., C. Smith, D. Promnitz, B. Joffe, and H. Seftel. (1990) Methaemoglobinaemia due to accidental sodium nitrite poisoning. Report of 10 cases. South African Medical Journal 77(6):300-301.

Kari, F., G. Hatch, R. Slade, K. Crissman, P. Simeonova, and M. Luster. (1997) Dietary restriction mitigates ozone-induced lung inflammation in rats: a role for endogenous antioxidants. American Journal of Respiratory Cell and Molecular Biology 17(6):740-747.

Karimov, T. (1988) [Vitamin status of workers in the chromium industry]. Article in Russian. Voprosy Pitaniia May-June (3):20-22.

Katz, J., G. Chaushu, and Y. Sharabi. (2001) On the association between hypercholesterolemia, cardiovascular disease and severe periodontal disease. Journal of Clinical Periodontology 28(9):865-868.

Kaul, B. and B. Davidow. (1980) Application of a radioimmunoassay screening test for detection and management of phencyclidine intoxication. Journal of Clinical Pharmacology 20(8-9):500-505.

Kawai-Kobayashi, K. and A. Yoshida. (1986) Effect of dietary ascorbic acid and vitamin E on metabolic changes in rats and guinea pigs exposed to PCB. The Journal of Nutrition 116(1):98-106.

342 Curing the Incurable

Kawai-Kobayashi, K. and A. Yoshida. (1988) Effect of polychlorinated biphenyls on lipids and ascorbic acid metabolism in streptozotocin-induced diabetic rats. Journal of Nutritional Science and Vitaminology 34(3):281-291.

Kennedy, M., K. Bruninga, E. Mutlu, J. Losurdo, S. Choudhary, and A. Keshavarzian. (2001) Successful and sustained treatment of chronic radiation proctitis with antioxidant vitamins E and C. The American Journal of Gastroenterology 96(4):1080-1084.

Khan, P. and S. Sinha. (1994) Impact of higher doses of vitamin C in modulating pesticide genotoxicity. Teratogenesis, Carcinogenesis, and Mutagenesis 14(4):175-181.

Khan, P. and S. Sinha. (1996) Ameliorating effect of vitamin C on murine sperm toxicity induced by three pesticides (endosulfan, phosphamidon and mancozeb). Mutagenesis 11(1):33-36.

Khaw, K., S. Bingham, A. Welch, R. Luben, N. Wareham, S. Oakes, and N. Day. (2001) Relation between plasma ascorbic acid and mortality in men and women in EPIC-Norfolk prospective study: a prospective population study. European Prospective Investigation into Cancer and Nutrition. Lancet 357(9257):657-663.

Kirsch, M. and H. de Groot. (2000) Ascorbate is a potent antioxidant against peroxynitrite-induced oxidation reactions. Evidence that ascorbate acts by re-reducing substrate radicals produced by peroxynitrite. The Journal of Biological Chemistry 275(22):16702-16708.

Klenner, F. (1954) Recent discoveries in the treatment of lockjaw with vitamin C and Tolserol. Tri-State Medical Journal July; pp. 7-11.

Klenner, F. (1954a) Case history cure of a 4-year-old child bitten by a mature Highland moccasin. Tri-State Medical Journal July.

Klenner, F. (1957) The Black Widow spider. Case History. Tri-State Medical Journal December; pp. 15-18.

Klenner, F. (1971) Observations on the dose and administration of ascorbic acid when employed beyond the range of a vitamin in human pathology. Journal of Applied Nutrition 23(3&4):61-88.

Klenner, F. (1974) Significance of high daily intake of ascorbic acid in preventive medicine. Journal of the International Academy of Preventive Medicine 1(1):45-69.

Kobayashi, S., M. Takehana, S. Itoh, and E. Ogata. (1996) Protective effect of magnesium-L-ascorbyl-2 phosphate against skin damage induced by UVB irradiation. Photochemistry and Photobiology 64(1):224-228.

Kodavanti, U., G. Hatch, B. Starcher, S. Giri, D. Winsett, and D. Costa. (1995) Ozone-induced pulmonary functional, pathological, and biochemical changes in normal and vitamin C-deficient guinea pigs. Fundamental and Applied Toxicology 24(2):154-164.

Kodavanti, U., D. Costa, K. Dreher, K. Crissman, and G. Hatch. (1995a) Ozone-induced tissue injury and changes in antioxidant homeostasis in normal and ascorbate-deficient guinea pigs. Biochemical Pharmacology 50(2):243-251.

Kojima, S., H. Iizuka, H. Yamaguchi, S. Tanuma, M. Kochi, and Y. Ueno. (1994) Antioxidative activity of benzylideneascorbate and its effect on adriamycin-induced cardiotoxicity. Anticancer Research 14(5A):1875-1880.

Kok, A. (1997) Ascorbate availability and neurodegeneration in amyotrophic lateral sclerosis. Medical Hypotheses 48(4):281-296.

Kola, I., R. Vogel, and H. Spielmann. (1989) Co-administration of ascorbic acid with cyclophosphamide (CPA) to pregnant mice inhibits the clastogenic activity of CPA in preimplantation murine blastocysts. Mutagenesis 4(4):297-301.

Koner, B., B. Banerjee, and A. Ray. (1998) Organochlorine pesticide-induced oxidative stress and immune suppression in rats. Indian Journal of Experimental Biology 36(4):395-398.

Konopacka, M., M. Widel, and J. Rzeszowska-Wolny. (1998) Modifying effect of vitamins C, E and beta-carotene against gamma-ray-induced DNA damage in mouse cells. Mutation Research 417(2-3):85-94.

Konopacka, M. and J. Rzeszowska-Wolny. (2001) Antioxidant vitamins C, E and beta-carotene reduce DNA damage before as well as after gamma-ray irradiation of human lymphocytes in vitro. Mutation Research 491(1-2):1-7.

Korallus, U., C. Harzdorf, and J. Lewalter. (1984) Experimental bases for ascorbic acid therapy of poisoning by hexavalent chromium compounds. International Archives of Occupational and Environmental Health 53(3):247-256.

Koshiisi, I., Y. Mamura, and T. Imanari. (1997) Cyanate causes depletion of ascorbate in organisms. Biochimica et Biophysica Acta 1336(3):566-574.

Koyama, S., S. Kodama, K. Suzuki, T. Matsumoto, T. Miyazaki, and M. Watanabe. (1998) Radiation-induced long-lived radicals which cause mutation and transformation. Mutation Research 421(1):45-54.

Krasner, N., J. Dow, M. Moore, and A. Goldberg. (1974) Ascorbicacid saturation and ethanol metabolism. Lancet 2(7882):693-695.

Kratzing, C. and R. Willis. (1980) Decreased levels of ascorbic acid in lung following exposure to ozone. Chemico-Biological Interactions 30(1):53-56.

Kretzschmar, C. and F. Ellis. (1974) The effect of x rays on ascorbic acid concentration in plasma and in tissues. The British Journal of Radiology 20(231):94-99.

Krishna, G., J. Nath, and T. Ong. (1986) Inhibition of cyclophosphamide and mitomycin C-induced sister chromatid exchanges in mice by vitamin C. Cancer Research 46(6):2670-2674.

Kubova, J., J. Tulinska, E. Stolcova, A. Mosat'ova, and E. Ginter. (1993) The influence of ascorbic acid on selected parameters of cell immunity in guinea pigs exposed to cadmium. Zeitschrift fur Ernahrungswissenschaft 32(2):113-120.

Kueh, Y., L. Chio, and R. Guan. (1986) Congenital enzymopenic methaemoglobinaemia. Annals of the Academy of Medicine, Singapore 15(2):250-254.

Kurbacher, C., U. Wagner, B. Kolster, P. Andreotti, D. Krebs, and H. Bruckner. (1996) Ascorbic acid (vitamin C) improves the antineoplastic activity of doxorubicin, cisplatin, and paclitaxel in human breast carcinoma cells in vitro. Cancer Letters 103(2):183-189.

Lahiri, K. (1943) Advancement in the treatment of arsenical intolerance. Indian Journal of Venereal Diseases and Dermatology 9(1):115-117.

Laing, M. (1984) A cure for mushroom poisoning. South African Medical Journal 65(15):590.

Laky, D., S. Constantinescu, G. Filipescu, E. Ratea, and C. Zeana. (1984) Morphophysiological studies in experimental myocardial stress induced by isoproterenol. Note II. The myocardioprotector effect of magnesium ascorbate. Morphologie et Embryologie 30(1):55-59.

LaLonde, C., U. Nayak, J. Hennigan, and R. Demling. (1997) Excessive liver oxidant stress causes mortality in response to burn injury combined with endotoxin and is prevented with antioxidants. The Journal of Burn Care & Rehabilitation 18(3):187-192.

Lambert, A. and D. Eastmond. (1994) Genotoxic effects of the o-phenylphenol metabolites phenylhydroquinone and phenylbenzoquinone in V79 cells. Mutation Research 322(4):243-256.

Landauer, W. and D. Sopher. (1970) Succinate, glycerophosphate and ascorbate as sources of cellular energy and as antiteratogens. Journal of Embryology and Experimental Morphology 24(1):187-202.

Lauwerys, R., H. Roels, J. Buchet, A. Bernard, L. Verhoeven, and J. Konings. (1983) The influence of orally-administered vitamin C or zinc on the absorption of and the biological response to lead. Journal of Occupational Medicine 25(9):668-678.

Lee, C., G. Harman, R. Hohl, and R. Gingrich. (1996) Fatal cyclophosphamide cardiomyopathy: its clinical course and treatment. Bone Marrow Transplantation 18(3):573-577.

Lee, E. (1991) Plant resistance mechanisms to air pollutants: rhythms in ascorbic acid production during growth under ozone stress. Chronobiology International 8(2):93-102.

Leung, H. and P. Morrow. (1981) Interaction of glutathione and ascorbic acid in guinea pig lungs exposed to nitrogen dioxide. Research Communications in Chemical Pathology and Pharmacology 31(1):111-118.

Libowitkzy, O. and H. Seyfried. (1940) Bedeutung des vitamin C fur benzolarbeiter. Wein Klinische Wochenschrift 53:543.

Liehr, J. (1991) Vitamin C reduces the incidence and severity of renal tumors induced by estradiol or diethylstilbestrol. The American Journal of Clinical Nutrition 54(6 Suppl):1256S-1260S.

Little, M., D. Gawkrodger, and S. MacNeil. (1996) Chromium- and nickel-induced cytotoxicity in normal and transformed human keratinocytes: an investigation of pharmacological approaches to the prevention of Cr(VI)-induced cytotoxicity. The British Journal of Dermatology 134(2):199-207.

Lock, E., T. Cross, and R. Schnellmann. (1993) Studies on the mechanism of 4-aminophenol-induced toxicity to renal proximal tubules. Human & Experimental Toxicology 12(5):383-388.

Longenecker, H., R. Musulin, R. Tully, and C. King. (1939) An acceleration of vitamin C synthesis and excretion by feeding known organic compounds to rats. The Journal of Biological Chemistry 129:445-453.

Longenecker, H., H. Fricke, and C. King. (1940) The effect of organic compounds upon vitamin C synthesis in the rat. The Journal of Biological Chemistry 135:492-510.

Lopez-Gonzalez, M., J. Guerrero, F. Rojas, and F. Delgado. (2000) Ototoxicity caused by cisplatin is ameliorated by melatonin and other antioxidants. Journal of Pineal Research 28(2):73-80.

Lurie, J. (1965) Benzene intoxication and vitamin C. The Transactions of the Association of Industrial Medical Officers 15:78-79.

Lyall, V., V. Chauhan, R. Prasad, A. Sarkar, and R. Nath. (1982) Effect of chronic chromium treatment on the ascorbic acid status of the rat. Toxicology Letters 12(2-3):131-135.

McChesney, E., O. Barlow, and G. Klinck, Jr. (1942) The detoxication of neoarsphenamine by means of various organic acids. The Journal of Pharmacology and Experimental Therapeutics 80:81-92.

McChesney, E. (1945) Further studies on the detoxication of the arsphenamines by ascorbic acid. The Journal of Pharmacology and Experimental Therapeutics 84:222-235.

McConnico, R. and C. Brownie. (1992) The use of ascorbic acid in the treatment of 2 cases of red maple (Acer rubrum)—poisoned horses. The Cornell Veterinarian 82(3):293-300.

McCormick, W. (1945) Sulfonamide sensitivity and C-avitaminosis. Canadian Medical Association Journal 52:68-70.

Maellaro, E., B. Del Bello, L. Sugherini, A. Pompella, A. Casini, and M. Comporti. (1994) Protection by ascorbic acid against oxidative injury of isolated hepatocytes. Xenobiotica 24(3):281-289.

Magos, L. and M. Sziza. (1962) Effect of ascorbic acid in aniline poisoning. Nature 194(4833):1084.

Mahaffey, K. (1999) Methylmercury: a new look at the risks. Public Health Reports 114(5):396-399.

Majewska, M. and J. Bell. (1990) Ascorbic acid protects neurons from injury induced by glutamate and NMDA. Neuroreport 1(3-4):194-196.

Marchmont-Robinson, S. (1941) Effect of vitamin C on workers exposed to lead dust. Journal of Laboratory and Clinical Medicine 26:1478-1481.

Maritz, G. (1993) The influence of maternal nicotine exposure on neonatal lung metabolism. Protective effect of ascorbic acid. Cell Biology International 17(6):579-585.

Marotta, F., P. Safran, H. Tajiri, G. Princess, H. Anzulovic, G.M. Ideo, A. Rouge, M. Seal, and G. Ideo. (2001) Improvement of hemorheological abnormalities in alcoholics by an oral antioxidant. Hepatogastroenterology 48(38):511-517.

Marquardt, R. and A. Frohlich. (1992) A review of recent advances in understanding ochratoxicosis. Journal of Animal Science 70(12):3968-3988.

Matkovics, B., K. Barabas, L. Szabo, and G. Berencsi. (1980) In vivo study of the mechanism of protective effects of ascorbic acid and reduced glutathione in paraquat poisoning. General Pharmacology 11(5):455-461.

Matsuki, Y., M. Akazawa, K. Tsuchiya, H. Sakurai, H. Kiwada, and T. Goromaru. (1991) [Effects of ascorbic acid on the free radical formations of isoniazid and its metabolites]. Article in Japanese. Yakugaku Zasshi. Journal of the Pharmaceutical Society of Japan 111(10):600-605.

Matsuki, Y., Y. Hongu, Y. Noda, H. Kiwada, H. Sakurai, and T. Goromaru. (1992) [Effects of ascorbic acid on the metabolic fate and the free radical formation of iproniazid]. Article in Japanese. Yakugaku Zasshi. Journal of the Pharmaceutical Society of Japan. 112(12):926-933.

Matsuki, Y., R. Bandou, H. Kiwada, H. Maeda, and T. Goromaru. (1994) Effects of ascorbic acid on iproniazid-induced hepatitis in phenobarbital-treated rats. Biological & Pharmaceutical Bulletin 17(8):1078-1082.

Matsushita, N., T. Kobayashi, H. Oda, F. Horio, and A. Yoshida. (1993) Ascorbic acid deficiency reduces the level of mRNA for cytochrome P-450 on the induction of polychlorinated biphenyls. Journal of Nutritional Science and Vitaminology 39(4):289-302.

Mavin, J. (1941) Experimental treatment of acute mercury poisoning of guinea pigs with ascorbic acid. Revista de la Sociedad Argentina de Biologia (Buenos Aires) 17:581-586.

Meagher, E., O. Barry, A. Burke, M. Lucey, J. Lawson, J. Rokach, and G. FitzGerald. (1999) Alcohol-induced generation of lipid peroxidation products in humans. The Journal of Clinical Investigation 104(6):805-813.

Meert, K., J. Ellis, R. Aronow, and E. Perrin. (1994) Acute ammonium dichromate poisoning. Annals of Emergency Medicine 24(4):748-750.

Memon, A., M. Molokhia, and P. Friedmann. (1994) The inhibitory effects of topical chelating agents and antioxidants on nickelinduced hypersensitivity reactions. Journal of the American Academy of Dermatology 30(4):560-565.

Mena, M., B. Pardo, C. Paino, and J. de Yebenes. (1993) Levodopa toxicity in foetal rat midbrain neurons in culture: modulation by ascorbic acid. Neuroreport 4(4):438-440.

Menzel, D. (1994) The toxicity of air pollution in experimental animals and humans: the role of oxidative stress. Toxicology Letters 72(1-3):269-277.

Meyer, A. (1937) Benzene poisoning. The Journal of the American Medical Association 108(11):911.

Mills, E., P. Gunasekar, G. Pavlakovic, and G. Isom. (1996) Cyanideinduced apoptosis and oxidative stress in differentiated PC12 cells. Journal of Neurochemistry 67(3):1039-1046.

Milner, J. (1980) Ascorbic acid in the prevention of chromium dermatitis. Journal of Occupational Medicine 22(1):51-52.

Minakata, K., O. Suzuki, S. Saito, and N. Harada. (1993) Ascorbate radical levels in human sera and rat plasma intoxicated with paraquat and diquat. Archives of Toxicology 67(2):126-130.

Minakata, K., O. Suzuki, S. Saito, and N. Harada. (1996) Effect of dietary paraquat on a rat mutant unable to synthesize ascorbic acid. Archives of Toxicology 70(3-4):256-258.

Miquel, M., M. Aguilar, and C. Aragon. (1999) Ascorbic acid antagonizes ethanol-induced locomotor activity in the open-field. Pharmacology, Biochemistry, and Behavior 62(2):361-366.

Mireles-Rocha, H., I. Galindo, M. Huerta, B. Trujillo-Hernandez, A. Elizalde, and R. Cortes-Franco. (2002) UVB photoprotection with antioxidants: effects of oral therapy with d-alpha-tocopherol and ascorbic acid on the minimal erythema dose. Acta Dermato-Venereologica 82(1):21-24.

Mitra, A., A. Kulkarni, V. Ravikumar, and D. Bourcier. (1991) Effect of ascorbic acid esters on hepatic glutathione levels in mice treated with a hepatotoxic dose of acetaminophen. Journal of Biochemical Toxicology 6(2):93-100.

Miyai, E., M. Yanagida, J. Akiyama, and I. Yamamoto. (1996) Ascorbic acid 2-O-alpha-glucoside, a stable form of ascorbic acid, rescues human keratinocyte cell line, SCC, from cytotoxicity of ultraviolet light B. Biological & Pharmaceutical Bulletin 19(7):984-987.

Miyanishi, K., T. Kinouchi, K. Kataoka, T. Kanoh, and Y. Ohnishi. (1996) In vivo formation of mutagens by intraperitoneal administration of polycyclic aromatic hydrocarbons in animals during exposure to nitrogen dioxide. Carcinogenesis 17(7):1483-1490.

Mochizuki, H., H. Oda, and H. Yokogoshi. (2000) Dietary taurine alters ascorbic acid metabolism in rats fed diets containing polychlorinated biphenyls. The Journal of Nutrition 130(4):873-876.

Mohan, P. and S. Bloom. (1999) Lipolysis is an important determinant of isoproterenol-induced myocardial necrosis. Cardiovascular Pathology 8(5):255-261.

Moison, R. and G. Beijersbergen van Henegouwen. (2002) Topical antioxidant vitamins C and E prevent UVB-radiation-induced peroxidation of eicosapentaenoic acid in pig skin. Radiation Research 157(4):402-409.

Mokranjac, M. and C. Petrovic. (1964) Vitamin C as an antidote in poisoning by fatal doses of mercury. Comptes Rendus Hebdomadaires des Seances de l'Academie des Sciences 258:1341-1342.

Moldowan, M. and W. Acholonu. (1982) Effect of ascorbic acid or thiamine on acetaldehyde, disulfiram-ethanol- or disulfiramacetaldehyde-induced mortality. Agents and Actions 12(5-6):731-736.

Montanini, S., D. Sinardi, C. Pratico, A. Sinardi, and G. Trimarchi. (1999) Use of acetylcysteine as the life-saving antidote in Amanita phalloides (death cap) poisoning. Case report on 11 patients. Arzneimittelforschung 49(12):1044-1047.

Morton, A., S. Partridge, and J. Blair. (1985) The intestinal uptake of lead. Chemistry in Britain 15:923-927.

Moss, M., B. Lanphear, and P. Auinger. (1999) Association of dental caries and blood lead levels. The Journal of the American Medical Association 281(24):2294-2298.

Mothersill, C., J. Malone, and M. O'Connor. (1978) Vitamin C and radioprotection. British Journal of Radiology 51(606):474.

Mudway, I., D. Housley, R. Eccles, R. Richards, A. Datta, T. Tetley, and F. Kelly. (1996) Differential depletion of human respiratory tract antioxidants in response to ozone challenge. Free Radical Research 25(6):499-513.

Mueller, K. and P. Kunko. (1990) The effects of amphetamine and pilocarpine on the release of ascorbic and uric acid in several rat brain areas. Pharmacology, Biochemistry, and Behavior 35(4):871-876.

Mukundan, H., A. Bahadur, A. Kumar, S. Sardana, S. Niak, A. Ray, and B. Sharma. (1999) Glutathione level and its relation to radiation therapy in patients with cancer of uterine cervix. Indian Journal of Experimental Biology 37(9):859-864.

Murray, D. and R. Hughes. (1976) The influence of dietary ascorbic acid on the concentration of mercury in guinea-pig tissues. The Proceedings of the Nutrition Society 35(3):118A-119A.

Na, K., S. Jeong, and C. Lim. (1992) The role of glutathione in the acute nephrotoxicity of sodium dichromate. Archives of Toxicology 66(9):646-651.

Nagaoka, S., H. Kamuro, H. Oda, and A. Yashida. (1991) Effects of polychlorinated biphenyls on cholesterol and ascorbic acid metabolism in primary cultured rat hepatocytes. Biochemical Pharmacology 41(8):1259-1261.

Nagyova, A., S. Galbavy, and E. Ginter. (1994) Histopathological evidence of vitamin C protection against Cd-nephrotoxicity in guinea pigs. Experimental and Toxicologic Pathology 46(1):11-14.

Nagyova, A. and E. Ginter. (1995) The influence of ascorbic acid on the hepatic cytochrome P-450, and glutathione in guineapigs exposed to 2,4-dichlorophenol. Physiological Research 44(5):301-305.

Nair, P. and E. Philip. (1984) Accidental dapsone poisoning in children. Annals of Tropical Paediatrics 4(4):241-242.

Nakagawa, Y., I. Cotgreave, and P. Moldeus. (1991) Relationships between ascorbic acid and alpha-tocopherol during diquatinduced redox cycling in isolated rat hepatocytes. Biochemical Pharmacology 42(4):883-888.

Nakao, S. (1961) Studies on the accelerating effect of cyanide on ascorbic acid oxidation by intestinal homogenate of rats. Japanese Journal of Pharmacology 10:101-108.

Narayana, M. and N. Chinoy. (1994) Reversible effects of sodium fluoride ingestion on spermatozoa of the rat. International Journal of Fertility and Menopausal Studies 39(6):337-346.

Nardini, M., E. Finkelstein, S. Reddy, G. Valacchi, M. Traber, C. Cross, and A. van der Vliet. (2002) Acrolein-induced cytotoxicity in cultured human bronchial epithelial cells. Modulation by alpha-tocopherol and ascorbic acid. Toxicology 170(3):173-185.

Narra, V., R. Howell, K. Sastry, and D. Rao. (1993) Vitamin C as a radioprotector against iodine-131 in vivo. Journal of Nuclear Medicine 34(4):637-640.

Navasumrit, P., T. Ward, N. Dodd, and P. O'Connor. (2000) Ethanolinduced free radicals and hepatic DNA strand breaks are prevented in vivo by antioxidants: effects of acute and chronic ethanol exposure. Carcinogenesis 21(1):93-99.

Naylor, G. (1984) Vanadium and manic depressive psychosis. Nutrition and Health 3(1-2):79-85.

Nefic, H. (2001) Anticlastogenic effect of vitamin C on cisplatin induced chromosome aberrations in human lymphocyte cultures. Mutation Research 498(1-2):89-98.

Netke, S., M. Roomi, C. Tsao, and A. Niedzwiecki. (1997) Ascorbic acid protects guinea pigs from acute aflatoxin toxicity. Toxicology and Applied Pharmacology 143(2):429-435.

Neumann, N., E. Holzle, M. Wallerand, S. Vierbaum, T. Ruzicka, and P. Lehmann. (1999) The photoprotective effect of ascorbic acid, acetylsalicylic acid, and indomethacin evaluated by the photo hen's egg test. Photodermatology, Photoimmunology & Photomedicine 15(5):166-170.

Niazi, S., J. Lim, and J. Bederka. (1982) Effect of ascorbic acid on renal excretion of lead in the rat. Journal of Pharmaceutical Sciences 71(10):1189-1190.

Nirmala, C. and R. Puvanakrishnan. (1996) Protective role of curcumin against isoproterenol induced myocardial infarction in rats. Molecular and Cellular Biochemistry 159(2):85-93.

Nomura, A. (1980) [Studies of sulfhemoglobin formation by various drugs (4). Influences of various antidotes on chemically induced methemoglobinemia and sulfhemoglobinemia (author's transl)]. Article in Japanese. Nippon Yakurigaku Zasshi. Japanese Journal of Pharmacology 76(6):435-446.

Nowak, G., C. Carter, and R. Schnellmann. (2000) Ascorbic acid promotes recovery of cellular functions following toxicant-induced injury. Toxicology and Applied Pharmacology 167(1):37-45.

Oda, H., K. Yamashita, S. Sasaki, F. Horio, and A. Yoshida. (1987) Long-term effects of dietary polychlorinated biphenyl and high level of vitamin E on ascorbic acid and lipid metabolism in rats. The Journal of Nutrition 117(7):1217-1223.

Ohshima, H. and H. Bartsch. (1984) Monitoring endogenous nitrosamine formation in man. IARC Scientific

Publications 59:233-246.

Ohta, Y., K. Nishida, E. Sasaki, M. Kongo, and I. Ishiguro. (1997) Attenuation of disrupted hepatic active oxygen metabolism with the recovery of acute liver injury in rats intoxicated with carbon tetrachloride. Research Communications in Molecular Pathology and Pharmacology 95(2):191-207.

Okunieff, P. (1991) Interactions between ascorbic acid and the radiation of bone marrow, skin, and tumor. The American Journal of Clinical Nutrition 54(6 Suppl):1281S-1283S.

Olas, B., B. Wachowicz, and A. Buczynski. (2000) Vitamin C suppresses the cisplatin toxicity on blood platelets. Anticancer Drugs 11(6):487-493.

On, Y., H. Kim, S. Kim, I. Chae, B. Oh, M. Lee, Y. Park, Y. Choi, and M. Chung. (2001) Vitamin C prevents radiation-induced endothelium-dependent vasomotor dysfunction and de-endothelialization by inhibiting oxidative damage in the rat. Clinical and Experimental Pharmacology & Physiology 28(10):816-821.

O'Neill, P. and R. Rahwan. (1976) Protection against acute toxicity of acetaldehyde in mice. Research Communications in Chemical Pathology and Pharmacology 13(1):125-128.

Ortega, A., M. Gomez, J. Domingo, and J. Corbella. (1989) The removal of strontium from the mouse by chelating agents. Archives of Environmental Contamination and Toxicology 18(4):612-616.

Osipova, T., T. Sinel'shchikova, I. Perminova, and G. Zasukhina. (1998) [Repair processes in human cultured cells upon exposure to nickel salts and their modification]. Article in Russian. Genetika 34(6):852-856.

Ousterhout, L. and L. Berg. (1981) Effects of diet composition on vanadium toxicity in laying hens. Poultry Science 60(6):1152-1159.

Panda, B., A. Subhadra, and K. Panda. (1995) Prophylaxis of antioxidants against the genotoxicity of methyl mercuric chloride and maleic hydrazide in Allium micronucleus assay. Mutation Research 343(2-3):75-84.

Pandya, K., G. Singh, and N. Joshi. (1970) Effect of benzanthrone on the body level of ascorbic acid in guinea pigs. Acta Pharmacologica et Toxicologica 28(6):499-506.

Pardo, B., M. Mena, S. Fahn, and J. de Yebenes. (1993) Ascorbic acid protects against levodopa-induced neurotoxicity on a catecholine-rich human neuroblastoma cell line. Movement Disorders 8(3):278-284.

Pardo, B., M. Mena, M. Casarejos, C. Paino, and J. de Yebenes. (1995) Toxic effects of L-DOPA on mesencephalic cell cultures: protection with antioxidants. Brain Research 682(1-2):133-143.

Pawan, G. (1968) Vitamins, sugars and ethanol metabolism in man. Nature 220(165):374-376.

Pelissier, M., M. Siess, M. Lhuissier, P. Grolier, M. Suschetet, J. Narbonne, R. Albrecht, and L. Robertson. (1992) Effect of prototypic polychlorinated biphenyls on hepatic and renal vitamin contents and on drug-metabolizing enzymes in rats fed diets containing low or high levels of retinyl palmitate. Food and Chemical Toxicology 30(8):723-729.

Perez, A., S. Fernandez, M. Garcia-Roche, A. de las Cagigas, A. Castillo, G. Fonseca, and M. Herrera. (1990) Mutagenicity of N-nitrosomorpholine biosynthesized from morpholine in the presence of nitrate and its inhibition by ascorbic acid. Die Nahrung 34(7):661-664.

Perminova, I., T. Sinel'shchikova, N. Alekhina, E. Perminova, and G. Zasukhina. (2001) Individual sensitivity to genotoxic effects of nickel and antimutagenic activity of ascorbic acid. Bulletin of Experimental Biology and Medicine 131(4):367-370.

Perry, P. and R. Juhl. (1977) Amphetamine psychosis. American Journal of Hospital Pharmacy 34(8):883-885.

Persoon-Rothert, M., E. van der Valk-Kokshoorn, J. Egas-Kenniphaas, I. Mauve, and A. van der Laarse. (1989) Isoproterenol-induced cytotoxicity in neonatal rat heart cell cultures is mediated by free radical formation. Journal of Molecular and Cellular Cardiology 21(12):1285-1291.

Peterson, F. and R. Knodell. (1984) Ascorbic acid protects against acetaminophen- and cocaine-induced hepatic damage in mice. Drug-Nutrient Interactions 3(1):33-41.

Pfohl-Leszkowicz, A. (1994) [Ochratoxin A, ubiquitous mycotoxin contaminating human food]. Article in French. Comptes Rendus des Seances de la Societe de Biologie et de Ses Filiales 188(4):335-353.

Pillans, P., S. Ponzi, and M. Parker. (1990) Effects of ascorbic acid on the mouse embryo and on cyclophosphamide-induced cephalic DNA strand breaks in vivo. Archives of Toxicology 64(5):423-425.

Pillemer, L., J. Seifter, A. Kuehn, and E. Ecker. (1940) Vitamin C in chronic lead poisoning. An experimental study. The American Journal of the Medical Sciences 200:322-327.

Pirozzi, D., P. Gross, and M. Samitz. (1968) The effect of ascorbic acid on chrome ulcers in guinea pigs. Archives of Environmental Health 17(2):178-180.

Polec, R., S. Yeh, and M. Shils. (1971) Protective effect of ascorbic acid, isoascorbic acid and mannitol against tetracycline-induced nephrotoxicity. The Journal of Pharmacology and Experimental Therapeutics 178(1):152-158.

Poon, R., I. Chu, P. Lecavalier, A. Bergman, and D. Villeneuve. (1994) Urinary ascorbic acid—HPLC determination and application as a noninvasive biomarker of hepatic response. Journal of Biochemical Toxicology 9(6):297-304.

Poon, R., P. Lecavalier, A. Bergman, A. Yagminas, I. Chu, and V. Valli. (1997) Effects of tris(4-chlorophenyl)methanol on the rat following short-term oral exposure. Chemosphere 34(1):1-12.

Poon, R., G. Park, C. Viau, I. Chu, M. Potvin, R. Vincent, and V. Valli. (1998) Inhalation toxicity of methanol/gasoline in rats: effects of 13-week exposure. Toxicology and Industrial Health 14(4):501-520.

Prchal, J. and M. Jenkins. (2000) Hemoglobinopathies: methemoglobinemias, polycythemias, and unstable hemoglobins. Cecil Textbook of Medicine, 21st ed. Edited by Goldman, L. and J. Bennett, Philadelphia, PA: W.B. Saunders Company.

Rahimtula, A., J. Bereziat, V. Bussacchini-Griot, and H. Bartsch. (1988) Lipid peroxidation as a possible cause of ochratoxin A toxicity. Biochemical Pharmacology 37(23):4469-4477.

Rai, L. and M. Raizada. (1988) Impact of chromium and lead on Nostoc muscorum: regulation of toxicity by ascorbic acid, glutathione, and sulfur-containing amino acids. Ecotoxicology and Environmental Safety 15(2):195-205.

Raina, V. and H. Gurtoo. (1985) Effects of vitamins A, C, and E on aflatoxin B1-induced mutagenesis in Salmonella typhimurium TA-98 and TA-100. Teratogenesis, Carcinogenesis, and Mutagenesis 5(1):29-40.

Rajini, P. and M. Krishnakumari. (1985) Effect of L-ascorbic acid supplementation on the toxicity of pirimiphos-methyl to albino rats. International Journal for Vitamin and Nutrition Research 55(4):421-424.

Ram, R. and S. Singh. (1988) Carbofuran-induced histopathological and biochemical changes in liver of the teleost fish, Channa punctatus (Bloch). Ecotoxicology and Environmental Safety 16(3):194-201.

Rambeck, W. and I. Guillot. (1996) [Bioavailability of cadmium: effect of vitamin C and phytase in broiler chickens]. Article in German. Tierarztliche Praxis 24(5):467-470.

Ramos, K. and D. Acosta. (1983) Prevention by L-(-)ascorbic acid of isoproterenol induced cardiotoxicity in primary cultures of rat myocytes. Toxicology 26(1):81-90.

Ramos, K., A. Combs, and D. Acosta. (1984) Role of calcium in isoproterenol cytotoxicity to cultured myocardial cells. Biochemical Pharmacology 33(12):1989-1992.

Rao, N. and R. Snyder. (1995) Oxidative modifications produced in HL-60 cells on exposure to benzene metabolites. Journal of Applied Toxicology 15(5):403-409.

Rappolt, R., G. Gay, R. Farris. (1979) Emergency management of acute phencyclidine intoxication. JACEP 8(2):68-76.

Rappolt, R., G. Gay, M. Soman, and M. Kobernick. (1979a) Treatment plan for acute and chronic adrenergic poisoning crisis utilizing sympatholytic effects of the B1-B2 receptor site blocker propranolol (Inderal) in concert with diazepam and urine acidification. Clinical Toxicology 14(1):55-69.

Rawal, B. (1978) Bactericidal action of ascorbic acid on Pseudomonas aeruginosa: alteration of cell surface as a possible mechanism. Chemotherapy 24(3):166-171.

Raziq, F. and N. Jafarey. (1987) Influence of vitamin C administered after radiation. The Journal of the Pakistan Medical Association 37(3):70-72.

Rebec, G., J. Centore, L. White, and K. Alloway. (1985) Ascorbic acid and the behavioral response to haloperidol: implications for the action of antipsychotic drugs. Science 227(4685):438-440.

Reddy, G. and S. Srikantia. (1971) Effect of dietary calcium, vitamin C and protein in development of experimental skeletal fluorosis. I. Growth, serum chemistry, and changes in composition, and radiological appearance of bones. Metabolism 20(7):642-656.

Riabchenko, N., B. Ivannik, V. Khorokhorina, V. Riabchanko, R. Sin'kova, I. Grosheva, and L. Dzikovskaia. (1996) [The molecular, cellular and systemic mechanisms of the radioprotective action of multivitamin antioxidant complexes]. Article in Russian. Radiatsionnaia Biologiia, Radioecologiia 36(6):895-899.

Robertson, W. (2000) Chronic poisoning: trace metals and others. Cecil Textbook of Medicine, 21st ed. Edited by Goldman, L. and J. Bennett, Philadelphia, PA: W.B. Saunders Company.

Rojas, C., S. Cadenas, A. Herrero, J. Mendez, and G. Barja. (1996) Endotoxin depletes ascorbate in the guinea pig heart. Protective effects of vitamins C and E against oxidative stress. Life Sciences 59(8):649-657.

Rojas, M., M. Rugeles, D. Gil, and P. Patino. (2002) Differential modulation of apoptosis and necrosis by antioxidants in immunosuppressed human lymphocytes. Toxicology and Applied Pharmacology 180(2):67-73.

Romero-Ferret, C., G. Mottot, J. Legros, and G. Margetts. (1983) Effect of vitamin C on acute paracetamol poisoning. Toxicology Letters 18(1-2):153-156.

Rothe, S., J. Gropp, H. Weiser, and W. Rambeck. (1994) [The effect of vitamin C and zinc on the copper-induced increase of cadmium residues in swine]. Article in German. Zeitschrift fur Ernahrungswissenshaft 33(1):61-67.

Roy, A., H. Dhir, and A. Sharma. (1992) Modification of metalinduced micronuclei formation in mouse bone marrow erythrocytes by Phyllanthus fruit extract and ascorbic acid. Toxicology Letters 62(1):9-17.

Rudra, P., J. Chatterjee, and G. Chatterjee. (1975) Influence of lead administration on L-ascorbic acid metabolism in rats: effect of L-ascorbic acid supplementation. International Journal for Vitamin and Nutrition Research 45(4):429-437.

Ruskin, S. and R. Silberstein. (1938) Practical therapeutics. The influence of vitamin C on the therapeutic activity of bismuth, antimony and the arsenic group of metals. Medical Record 153:327-330.

Ruskin, A. and J. Johnson. (1949) Cardiodepressive effects of mercurial diuretics. Cardioprotective value of BAL, ascorbic acid and thiamin. Proceedings of the Society for Experimental Biology and Medicine 72:577-583.

Ruskin, A. and B. Ruskin. (1952) Effect of mercurial diuretics upon the respiration of the rat heart and kidney. III. The protective action of ascorbic acid against Mercuhydrin in vitro. Texas Reports on Biology and Medicine 10:429-438.

Rybak, L., C. Whitworth, and S. Somani. (1999) Application of antioxidants and other agents to prevent cisplatin ototoxicity. The Laryngoscope 109(11):1740-1744.

Sahoo, A., L. Samanta, and G. Chainy. (2000) Mediation of oxidative stress in HCH-induced neurotoxicity in rat. Archives of Environmental Contamination and Toxicology 39(1):7-12.

Saito, M. (1990) Polychlorinated biphenyls-induced lipid peroxidation as measured by thiobarbituric acid-reactive substances in liver subcellular fractions of rats. Biochimica et Biophysica Acta 1046(3):301-308.

Salem, M., K. Kamel, M. Yousef, G. Hassan, and F. El-Nouty. (2001) Protective role of ascorbic acid to enhance semen quality of rabbits treated with sublethal doses of aflatoxin B(1). Toxicology 162(3):209-218.

Samanta, L., A. Sahoo, and G. Chainy. (1999) Age-related changes in rat testicular oxidative stress parameters by hexachlorocyclohexane. Archives of Toxicology 73(2):96-107.

Samitz, M., J. Shrager, and S. Katz. (1962) Studies on the prevention of injurious effects of chromates in industry. Industrial Medicine and Surgery 31:427-432.

Samitz, M. and S. Katz. (1965) Protection against inhalation of chromic acid mist. Use of filters impregnated with ascorbic acid. Archives of Environmental Health 11(6):770-772.

Samitz, M. and J. Shrager. (1966) Prevention of dermatitis in the printing and lithographing industries. Archives of Dermatology 94(3):307-309.

Samitz, M., D. Scheiner, and S. Katz. (1968) Ascorbic acid in the prevention of chrome dermatitis. Mechanism of inactivation of chromium. Archives of Environmental Health 17(1):44-45.

Samitz, M. (1970) Ascorbic acid in the prevention and treatment of toxic effects from chromates. Acta Dermato-Venereologica 50(1):59-64.

Sandoval, M., X. Zhang, X. Liu, E. Mannick, D. Clark, and M. Miller. (1997) Peroxynitrite-induced apoptosis in T84 and RAW 264.7 cells: attenuation by L-ascorbic acid. Free Radical Biology & Medicine 22(3):489-495.

Sarma, L. and P. Kesavan. (1993) Protective effects of vitamins C and E against gamma-ray-induced chromosomal damage in mice. International Journal of Radiation Biology 63(6):759-764.

Satoh, K., Y. Ida, H. Sakagami, T. Tanaka, and S. Fujisawa. (1998) Effect of antioxidants on radical intensity and cytotoxic activity of eugenol. Anticancer Research 18(3A):1549-1552.

Sawahata, T. and R. Neal. (1983) Biotransformation of phenol to hydroquinone and catechol by rat liver microsomes. Molecular Pharmacology 23(2):453-460.

Savides, M., F. Oehme, and H. Leipold. (1985) Effects of various antidotal treatments on acetaminophen toxicosis and biotransformation in cats. American Journal of Veterinary Research 46(7):1485-1489.

Schinella, G., H. Tournier, H. Buschiazzo, and P. de Buschiazzo. (1996) Effect of arsenic (V) on the antioxidant defense system: in vitro oxidation of rat plasma lipoprotein. Pharmacology & Toxicology 79(6):293-296.

Schmahl, D. and G. Eisenbrand. (1982) Influence of ascorbic acid on the endogenous (intragastral) formation of N-nitroso compounds. International Journal for Vitamin and Nutrition Research. Supplement. 23:91-102.

Schott, A., T. Vial, I. Gozzo, S. Chareyre, and P. Delmas. (1991) Flutamide-induced methemoglobinemia. DICP: the Annals of Pharmacotherapy 25(6):600-601.

Schropp, J. (1943) Case reports: sulfapyridine sensitivity checked by ascorbic acid. Canadian Medical Association Journal 49:515.

Schvartsman, S. (1983) Vitamin C in the treatment of paediatric intoxications. International Journal for Vitamin and Nutrition Research. Supplement 24:125-129.

Schvartsman, S., S. Zyngier, and C. Schvartsman. (1984) Ascorbic acid and riboflavin in the treatment of acute intoxication by paraquat. Veterinary and Human Toxicology 26(6):473-475.

Shapiro, B., G. Kollman, and J. Asnen. (1965) Ascorbic acid protection against inactivation of lysozyme and aldolase by ionizing radiation. [Technical Report] SAM-TR. USAF School of Aerospace Medicine August, pp. 1-3.

Shaw, R., M. Holzer, D. Venson, R. Ullman, H. Butcher, and C. Moyer. (1966) A bioassay of treatment of hemorrhagic shock. III. Effects of a saline solution, ascorbic acid, and nicotinamide upon the toxicity of endotoxin for rats. Archives of Surgery 93(4):562-566.

Sheweita, S., M. El-Gabar, and M. Bastawy (2001) Carbon tetrachloride changes the activity of cytochrome P450 system in the liver of male rats: role of antioxidants. Toxicology 169(2):83-92.

Sheweita, S., M. El-Gabar, and M. Bastawy. (2001a) Carbon tetrachloride-induced changes in the activity of phase II drug-metabolizing enzyme in the liver of male rats: role of antioxidants. Toxicology 165(2-3):217-224.

Shi, K., D. Mao, W. Cheng, Y. Ji, and L. Xu. (1991) An approach to establishing N-nitroso compounds as the cause of gastric cancer. IARC Scientific Publications 105:143-145.

Shi, X., Y. Rojanasakul, P. Gannett, K. Liu, Y. Mao, L. Daniel, N. Ahmed, and U. Saffiotti. (1994) Generation of thiyl and ascorbyl radicals in the reaction of peroxynitrite with thiols and ascorbate at physiological pH. Journal of Inorganic Biochemistry 56(2):77-86.

Shimpo, K., T. Nagatsu, K. Yamada, T. Sato, H. Niimi, M. Shamoto, T. Takeuchi, H. Umezawa, and K. Fujita. (1991) Ascorbic acid and adriamycin toxicity. The American Journal of Clinical Nutrition 54(6 Suppl):1298S-1301S.

Shiraishi, N., H. Uno, and M. Waalkes. (1993) Effect of L-ascorbic acid pretreatment on cadmium toxicity in the male Fischer (F344/NCr) rat. Toxicology 85(2-3):85-100.

Sierra, R., H. Ohshima, N. Munoz, S. Teuchmann, A. Pena, C. Malaveille, B. Pignatelli, A. Chinnock, F. el Ghissassi, C. Chen, et al. (1991) Exposure to N-nitrosamines and other risk factors for gastric cancer in Costa Rican children. IARC Scientific Publications 105:162-167.

Simon, J. and E. Hudes. (1999) Relationship of ascorbic acid to blood lead levels. The Journal of the American Medical Association 281(24):2289-2293.

Simon, J., E. Hudes, and J. Tice. (2001) Relation of serum ascorbic acid to mortality among US adults. Journal of the American College of Nutrition 20(3):255-263.

Simpson, G. and A. Khajawall. (1983) Urinary acidifiers in phencyclidine detoxification. The Hillside Journal of Clinical Psychiatry 5(2):161-168.

Sippel, H. and O. Forsander. (1974) Non-enzymic oxidation of lower aliphatic alcohols by ascorbic acid in tissue extracts. Acta Chemica Scandinavica. Series B. Organic Chemistry and Biochemistry 28(10):1243-1245.

Skrzydlewska, E. and R. Farbiszewski. (1996) Diminished antioxidant defense potential of liver, erythrocytes and serum from rats with subacute methanol intoxication. Veterinary and Human Toxicology 38(6):429-433.

Skrzydlewska, E. and R. Farbiszewski. (1997) Antioxidant status of liver, erythrocytes, and blood serum of rats in acute methanol intoxication. Alcohol 14(5):431-437.

Skrzydlewska, E. and R. Farbiszewski. (1998) Lipid peroxidation and antioxidant status in the liver, erythrocytes, and serum of rats after methanol intoxication. Journal of Toxicology and Environmental Health. Part A. 53(8):637-649.

Skvortsova, R., V. Pozniakovskii, and I. Agarkova. (1981) [Role of the vitamin factor in preventing phenol poisoning]. Article in Russian. Voprosy Pitaniia 2:32-35.

Slakey, D., A. Roza, G. Pieper, C. Johnson, and M. Adams. (1993) Delayed cardiac allograft rejection due to combined cyclosporine and antioxidant therapy. Transplantation 56(6):1305-1309.

Slakey, D., A. Roza, G. Pieper, C. Johnson, and M. Adams. (1993a) Ascorbic acid and alpha-tocopherol prolong rat cardiac allograft survival. Transplantation Proceedings 25(1):610-611.

Smart, R. and V. Zannoni. (1984) DT-diaphorase and peroxidase influence the covalent binding of the metabolites of phenol, the major metabolite of benzene. Molecular Pharmacology 26(1):105-111.

Smart, R. and V. Zannoni. (1985) Effect of ascorbate on covalent binding of benzene and phenol metabolites to isolated tissue preparations. Toxicology and Applied Pharmacology 77(2):334-343.

Smart, R. and V. Zannoni. (1986) Effect of dietary ascorbate on covalent binding of benzene to bone marrow and hepatic tissue in vivo. Biochemical Pharmacology 35(18):3180-3182.

Smith, L. (1988) The Clinical Experiences of Frederick R. Klenner, M.D.: Clinical Guide to the Use of Vitamin C. Portland, OR: Life Sciences Press.

Sohler, A., M. Kruesi, and C. Pfeiffer. (1977) Blood lead levels in psychiatric outpatients reduced by zinc and vitamin C. Journal of Orthomolecular Psychiatry 6(3):272-276.

Soliman, M., A. Elwi, H. El-Kateb, and S. Kamel. (1965) Vitamin C as prophylactic drug against experimental hepatotoxicity. The Journal of the Egyptian Medical Association 48(11):806-812.

Song, B., N. Aebischer, and C. Orvig. (2002) Reduction of [VO2(ma)2]- and [VO2(ema)2]- by ascorbic acid and glutathione: kinetic studies of pro-drugs for the enhancement of insulin action. Inorganic Chemistry 41(6):1357-1364.

Song, H., C. Lang, and T. Chen. (1999) The role glutathione in p-aminophenol-induced nephrotoxicity in the mouse. Drug and Chemical Toxicology 22(3):529-544.

Spirichev, V., V. Kodentsova, N. Blazheevich, S. Aleinik, A. Sokol'nikov, O. Vrzhesinskaia, V. Isaev, A. Alekseeva, O. Pereverzeva, N. Golubkina, et al. (1994) [The vitamin and trace element status of the personnel of the Chernobyl Atomic Electric Power Station and of preschool children in the city of Slavutich]. Article in Russian. Fiziol Zhurnal 40(3-4):38-48.

Sprince, H., C. Parker, G. Smith, and L. Gonzales. (1975) Protective action of ascorbic acid and sulfur compounds against acetaldehyde toxicity: implications in alcoholism and smoking. Agents and Actions 5(2):164-173.

Sprince, H., C. Parker, and G. Smith. (1979) Comparison of protection by L-ascorbic acid, L-cysteine, and adrenergic-blocking agents against acetaldehyde, acrolein, and formaldehyde toxicity: implications in smoking. Agents and

Actions 9(4):407-414.

Sram, R., I. Samkova, and N. Hola. (1983) High-dose ascorbic acid prophylaxis in workers occupationally exposed to halogenated ethers. Journal of Hygiene, Epidemiology, Microbiology, and Immunology 27(3):305-318.

Srivatanakul, P., H. Ohshima, M. Khlat, M. Parkin, S. Sukarayodhin, I. Brouet, and H. Bartsch. (1991) Endogenous nitrosamines and liver fluke as risk factors for cholangiocarcinoma in Thailand. IARC Scientific Publications 105:88-95.

Steuerwald, U., P. Weihe, P. Jorgensen, K. Bjerve, J. Brock, B. Heinzow, E. Budtz-Jorgensen, and P. Grandjean. (2000) Maternal seafood diet, methylmercury exposure, and neonatal neurologic function. Journal of Pediatrics 136(5):599-605.

Stoewsand, G., J. Anderson, and C. Lee. (1973) Nitrite-induced methemoglobinemia in guinea pigs: influence of diets concerning beets with varying amounts of nitrate, and the effect of ascorbic acid, and methionine. The Journal of Nutrition 103(3):419-424.

Stokes, A., D. Lewis, L. Lash, W. Jerome, K. Grant, M. Aschner, and K. Vrana. (2000) Dopamine toxicity in neuroblastoma cells: role of glutathione depletion by L-BSO and apoptosis. Brain Research 858(1):1-8.

Street, J. and R. Chadwick. (1975) Ascorbic acid requirements and metabolism in relation to organochloride pesticides. Annals of the New York Academy of Sciences 258:132-143.

Sulzberger, M. and B. Oser. (1935) The influence of ascorbic acid in diet on sensitization of guinea pigs to neoarsphenamine. Proceedings of the Society for Experimental Biology and Medicine 32:716.

Sun, F., S. Hayami, Y. Ogiri, S. Haruna, K. Tanaka, Y. Yamada, S. Tokumaru, and S. Kojo. (2000) Evaluation of oxidative stress based on lipid hydroperoxide, vitamin C and vitamin E during apoptosis and necrosis caused by thioacetamide in rat liver. Biochimica et Biophysica Acta 1500(2):181-185.

Sun, F., E. Hamagawa, C. Tsutsui, Y. Ono, Y. Ogiri, and S. Kojo. (2001) Evaluation of oxidative stress during apoptosis and necrosis caused by carbon tetrachloride in rat liver. Biochimica et Biophysica Acta 1535(2):186-191.

Suresh, M., J. Lal, S. Kumar, and M. Indira. (1997) Interaction of ethanol and ascorbic acid on lipid metabolism in guinea pigs. Indian Journal of Experimental Biology 35(10):1065-1069.

Suresh, M., J. Lal, C. Sreeranjit Kumar, and M. Indira. (1999) Ascorbic acid metabolism in rats and guinea pigs after the administration of ethanol. Comparative Biochemistry and Physiology. Part C, Pharmacology, Toxicology & Endocrinology 124(2):175-179.

Suresh, M., C. Sreeranjit Kumar, J. Lal, and M. Indira. (1999a) Impact of massive ascorbic acid supplementation on alcohol induced oxidative stress in guinea pigs. Toxicology Letters 104(3):221-229.

Suresh, M., B. Menon, and M. Indira. (2000) Effects of exogenous vitamin C on ethanol toxicity in rats. Indian Journal of Physiology and Pharmacology 44(4):401-410.

Susa, N., S. Ueno, Y. Furukawa, N. Michiba, and S. Minoura. (1989) Induction of lipid peroxidation in mice by hexavalent chromium and its relation to the toxicity. Nippon Juigaku Zasshi. The Japanese Journal of Veterinary Science 51(6):1103-1110.

Susick, Jr., R. and V. Zannoni. (1984) Ascorbic acid and alcohol oxidation. Biochemical Pharmacology 33(24):3963-3969.

Susick, Jr., R., G. Abrams, C. Zurawski, and V. Zannoni. (1986) Ascorbic acid chronic alcohol consumption in the guinea pig. Toxicology and Applied Pharmacology 84(2):329-335.

Susick, Jr., R. and V. Zannoni. (1987) Effect of ascorbic acid on the consequences of acute alcohol consumption in humans. Clinical Pharmacology and Therapeutics 41(5):502-509.

Susick, Jr., R. and V. Zannoni. (1987a) Ascorbic acid and elevated SGOT levels after an acute dose of ethanol in the guinea pig. Alcoholism, Clinical and Experimental Research 11(3):265-268.

Suzuki, H., Y. Torii, K. Hitomi, and N. Tsukagoshi. (1993) Ascorbate-dependent elevation of mRNA levels for cytochrome P450s induced by polychlorinated biphenyls. Biochemical Pharmacology 46(1):186-189.

Svecova, D. and D. Bohmer. (1998) [Congenital and acquired methemoglobinemia and its therapy]. Article in Slovak. Casopis Lekaru Ceskych 137(6):168-170.

Svirbely, J. (1938) Vitamin C studies in the rat. The effect of selenium dioxide, sodium selenate and tellurate. The Biochemical Journal 32:467-473.

Swain, C. and G. Chainy. (2000) In vitro stimulation of chick brain lipid peroxidation by aluminium, and effects of Tiron, EDTA and some antioxidants. Indian Journal of Experimental Biology 38(12):1231-1235.

Tamura, T., H. Inoue, T. Iida, and H. Ono. (1969) Studies on the antidotal action of drugs. Part 1. Vitamin C and its antidotal effect against alcoholic and nicotine poisoning. The Journal of Nihon University School of Dentistry 11(4):149-151.

Tamura, T., A. Umezawa, T. Iida, and H. Ono. (1970) Studies on the antidotal action of drugs. Part 2. Vitamin C and its antidotal effect against chloroform and carbon tetrachloridum. The Journal of Nihon University School of Dentistry 12(1):25-28.

Tandon, S. and J. Gaur. (1977) Chelation in metal intoxication. IV. Removal of chromium from organs of experimentally poisoned animals. Clinical Toxicology 11(2):257-264.

Tandon, S., M. Chatterjee, A. Bhargava, V. Shukla, and V. Bihari. (2001) Lead poisoning in Indian silver refiners. The Science of the Total Environment 281(1-3):177-182.

Tao, A., E. Chuah, and J. Tung. (1994) [Another reason for cyanosis—methemoglobinemia]. Article in Chinese. Acta Anaesthesiologica Sinica 32(2):133-136.

Taper, H., J. de Gerlache, M. Lans, and M. Roberfroid. (1987) Nontoxic potentiation of cancer chemotherapy by combined C and K3 vitamin pre-treatment. International Journal of Cancer 40(4):575-579.

Tavares, D., A. Cecchi, L. Antunes, and C. Takahashi. (1998) Protective effects of the amino acid glutamine and of ascorbic acid against chromosomal damage induced by doxorubicin in mammalian cells. Teratogenesis, Carcinogenesis, and Mutagenesis 18(4):153-161.

Tayama, S. and Y. Nakagawa. (1994) Effect of scavengers of active oxygen species on cell damage caused in CHO-K1 cells by phenylhydroquinone, an o-phenylphenol metabolite. Mutation Research 324(3):121-131.

Teng, Y., G. Taylor, F. Scannapieco, D. Kinane, M. Curtis, J. Beck, and S. Kogon. (2002) Periodontal health and systemic disorders. Journal of the Canadian Dental Association 68(3):188-192.

Terada, A., M. Yoshida, M. Nakada, K. Nakada, N. Yamate, T. Kobayashi, and K. Yoshida. (1997) Influence of combined use of selenious acid and SH compounds in parenteral preparations. Journal of Trace Elements in Medicine and Biology 11(2):105-109.

Tiwari, R., S. Bandyopadhyay, and G. Chatterjee. (1982) Protective effect of L-ascorbic acid in lindane intoxicated rats. Acta Vitaminologica et Enzymologica 4(3):215-220.

Toussant, M. and J. Latshaw. (1994) Evidence of multiple metabolic routes in vanadium's effects on layers. Ascorbic acid differential effects on prepeak egg production parameters following prolonged vanadium feeding. Poultry Science 73(10):1572-1580.

Treacy, E., L. Arbour, P. Chessex, G. Graham, L. Kasprzak, K. Casey, L. Bell, O. Mamer, and C. Scriver. (1996) Glutathione deficiency as a complication of methylmalonic acidemia: response to high doses of ascorbate. The Journal of Pediatrics 129(3):445-448.

Tu, B., A. Wallin, P. Moldeus, and I. Cotgreave. (1995) The cytoprotective roles of ascorbate and glutathione against nitrogen dioxide toxicity in human endothelial cells. Toxicology 98(1-3):125-136.

Tuma, D., T. Donohue, Jr., V. Medina, and M. Sorrell. (1984) Enhancement of acetaldehyde-protein adduct formation by L-ascorbate. Archives of Biochemistry and Biophysics 234(2):377-381.

Umegaki, K., S. Aoki, and T. Esashi. (1995) Whole body x-ray irradiation to mice decreases ascorbic acid concentration in bone marrow: comparison between ascorbic acid and vitamin E. Free Radical Biology & Medicine 19(4):493-497.

Upasani, C., A. Khera, and R. Balaraman. (2001) Effect of lead with vitamin E, C, or spirulina on malondialdehyde, conjugated dienes and hydroperoxides in rats. Indian Journal of Experimental Biology 39(1):70-74.

Usami, M., H. Tabata, and Y. Ohno. (1999) Effects of ascorbic acid on selenium teratogenicity in cultured rat embryos. Toxicology Letters 105(2):123-128.

Valentovic, M., M. Meadows, R. Harmon, J. Ball, S. Hong, and G. Rankin. (1999) 2-Amino-5-chlorophenol toxicity in renal cortical slices from Fisher 344 rats: effect of antioxidants and sulfhydryl agents. Toxicology and Applied Pharmacology 161(1):1-9.

Valentovic, M., J. Ball, H. Sun, and G. Rankin. (2002) Characterization of 2-amino-4,5-dichlorophenol (2A45CP) in vitro toxicity in renal cortical slices from male Fisher 344 rats. Toxicology 172(2):113-123.

Vamvakas, S., D. Bittner, M. Koob, S. Gluck, and W. Dekant. (1992) Glutathione depletion, lipid peroxidation, DNA double-strand breaks and the cytotoxicity of 2-bromo-3-(N-acetylcystein-Syl) hydroquinone in rat renal cortical cells. Chemico-Biological Interactions 83(2):183-199.

van der Gaag, M., R. van den Berg, H. van den Berg, G. Schaafsma, and H. Hendriks. (2000) Moderate consumption of beer, red wine and spirits has counteracting effects on plasma antioxidants in middle-aged men. European Journal of Clinical Nutrition 54(7):586-591.

Van der Vliet, A., D. Smith, C. O'Neill, H. Kaur, V. Darley-Usmar, C. Cross, and B. Halliwell. (1994) Interactions of peroxynitrite with human plasma and its constituents: oxidative damage and antioxidant depletion. The Biochemical Journal 303(Pt 1):295-301.

van Dijk, S., A. Lobsteyn, T. Wensing, and H. Breukink. (1983) Treatment of nitrate intoxication in a cow. The Veterinary Record 112(12):272-274.

Vasavi, H., M. Thangaraju, J. Babu, and P. Sachdanandam. (1998) The salubrious effects of ascorbic acid on cyclophosphamide instigated lipid abnormalities in fibrosarcoma bearing rats. Cancer Biochemistry Biophysics 16(1-2):71-83.

Vatassery, G. (1996) Oxidation of vitamin E, vitamin C, and thiols in rat brain synaptosomes by peroxynitrite. Biochemical Pharmacology 52(4):579-586.

Vauthey, M. (1951) Protective effect of vitamin C against poisons. Praxis (Bern) 40:284-286.

Vaziri, N., T. Upham, and C. Barton. (1980) Hemodialysis clearance of arsenic. Clinical Toxicology 17(3):451-456.

Venkatesan, N. and G. Chandrakasan. (1994) Cyclophosphamideinduced early biochemical changes in lung lavage fluid and alterations in lavage cell function. Lung 172(3):147-158.

Venkatesan, N. and G. Chandrakasan. (1994a) In vivo administration of taurine and niacin modulate cyclophosphamide-induced lung injury. European Journal of Pharmacology 292(1):75-80.

Venkatesan, N. and G. Chandrakasan. (1995) Modulation of cyclophosphamide-induced early lung injury by curcumin, and antiinflammatory antioxidant. Molecular and Cellular Biochemistry 142(1):79-87.

Verma, R., R. Shukla, and D. Mehta. (1999) Interaction of aflatoxin with L-ascorbic acid: a kinetic and mechanistic approach. Natural Toxins 7(1):25-29.

Verma, S., I. Tonk, and R. Dalela. (1982) Effects of a few xenobiots on three phosphatases of Saccobranchus fossilis and the role of ascorbic acid in their toxicity. Toxicology Letters 10(2-3):287-292.

Victor, V., N. Guayerbas, M. Puerto, S. Medina, and M. De la Fuente. (2000) Ascorbic acid modulates in vitro the function of macrophages from mice with endotoxic shock. Immunopharmacology 46(1):89-101.

Victor, V., N. Guayerbas, and F. De. (2002) Changes in the antioxidant content of mononuclear leukocytes from mice with endotoxin-induced oxidative stress. Molecular and Cellular Biochemistry 229(1-2):107-111.

Vij, A., N. Satija, and S. Flora. (1998) Lead induced disorders in hematopoietic and drug metabolizing enzyme system and their protection by ascorbic acid supplementation. Biomedical and Environmental Sciences 11(1):7-14.

Vijayalaxmi, K. and R. Venu. (1999) In vivo anticlastogenic effects of L-ascorbic acid in mice. Mutation Research 438(1):47-51.

Vimy, M. and F. Lorscheider. (1985) Serial measurements of intraoral air mercury: estimation of daily dose from dental amalgam. Journal of Dental Research 64(8):1072-1075.

Vismara, C., G. Vailati, and R. Bacchetta. (2001) Reduction in paraquat embryotoxicity by ascorbic acid in Xenopus laevis. Aquatic Toxicology 51(3):293-303.

Vogel, R. and H. Spielmann. (1989) Beneficial effects of ascorbic acid on preimplantation mouse embryos after exposure to cyclophosphamide in vivo. Teratogenesis, Carcinogenesis, and Mutagenesis 9(1):51-59.

Wagner, G., R. Carelli, and M. Jarvis. (1985) Pretreatment with ascorbic acid attenuates the neurotoxic effects of methamphetamine in rats. Research Communications in Chemical Pathology and Pharmacology 47(2):221-228.

Wagstaff, D. and J. Street. (1971) Ascorbic acid deficiency and induction of hepatic microsomal hydroxylative enzymes by organochlorine pesticides. Toxicology and Applied Pharmacology 19(1):10-19.

Walker, R. (1990) Nitrates, nitrites and N-nitrosocompounds: a review of the occurrence in food and diet and the toxicological implications. Food Additives and Contaminants 7(6):717-768.

Walpole, I., K. Johnston, R. Clarkson, G. Wilson, and G. Bowers. (1985) Acute chromium poisoning in a 2 year old child. Australian Paediatric Journal 21(1):65-67.

Warren, F. (1943) Aerobic oxidation of aromatic hydrocarbons in the presence of ascorbic acid. The reaction with anthracene and 3:4-benzpyrene. Biochemical Journal 37:338-341.

Wawrzyniak, A., R. Kieres, and A. Gronowska-Senger. (1997) [The in vitro effect of ascorbic acid on sodium nitrite intoxication]. Article in Polish. Roczniki Panstwowego Zakladu Higieny 48(3):245-252.

Weber, S., J. Thiele, C. Cross, and L. Packer. (1999) Vitamin C, uric acid, and glutathione gradients in murine stratum corneum and their susceptibility to ozone exposure. The Journal of Investigative Dermatology 113(6):1128-1132.

Welch, M. and G. Correa. (1980) PCP intoxication in young children and infants. Clinical Pediatrics 19(8):510-514.

White, L., M. Carpenter, M. Block, A. Basse-Tomusk, T. Gardiner, and G. Rebec. (1988) Ascorbate antagonizes the behavioral effects of amphetamine by a central mechanism. Psychopharmacology 94(2):284-287.

Whiteman, M. and B. Halliwell. (1996) Protection against peroxynitrite-dependent tyrosine nitration and alpha 1-antiproteinase inactivation by ascorbic acid. A comparison with other biological antioxidants. Free Radical Research 25(3):275-283.

Wickramasinghe, S. and R. Hasan. (1992) In vitro effects of vitamin C, thioctic acid and dihydrolipoic acid on the cytotoxicity of postethanol serum. Biochemical Pharmacology 43(3):407-411.

Wickramasinghe, S. and R. Hasan. (1994) In vivo effects of vitamin C on the cytotoxicity of post-ethanol serum. Biochemical Pharmacology 48(3):621-624.

Wiester, M., J. Tepper, D. Winsett, K. Crissman, J. Richards, and D. Costa. (1996) Adaptation to ozone in rats and its association with ascorbic acid in the lung. Fundamental and Applied Toxicology 31(1):56-64.

Willette, R., B. Thomas, and G. Barnett. (1983) Inhibition of morphine analgesia by ascorbate. Research Communications in Chemical Pathology and Pharmacology 42(3):485-491.

Williams, A., G. Riise, B. Anderson, C. Kjellstrom, H. Schersten, and F. Kelly. (1999) Compromised antioxidant status and persistent oxidative stress in lung transplant recipients. Free Radical Research 30(5):383-393.

Wise, J., J. Orenstein, and S. Patierno. (1993) Inhibition of lead chromate clastogenesis by ascorbate: relationship to particle dissolution and uptake. Carcinogenesis 14(3):429-434.

Wolf, A., C. Trendelenburg, C. Diez-Fernandez, P. Prieto, S. Houy, W. Trommer, and A. Cordier. (1997) Cyclosporine A-induced oxidative stress in rat hepatocytes. The Journal of Pharmacology and Experimental Therapeutics 280(3):1328-1334.

Wozniak, K. and J. Blasiak. (2002) Free radicals-mediated induction of oxidized DNA bases and DNA-protein cross-links by nickel chloride. Mutation Research 514(1-2):233-243.

Wu, J., K. Karlsson, and A. Danielsson. (1996) Protective effects of trolox C, vitamin C, and catalase on bromobenzeneinduced damage to rat hepatocytes. Scandinavian Journal of Gastroenterology 31(8):797-803.

Yasukawa, M., T. Terasima, and M. Seki. (1989) Radiation-induced neoplastic transformation of C3H10T1/2 cells is suppressed by ascorbic acid. Radiation Research 120(3):456-467.

Yeadon, M. and A. Payne. (1989) Ascorbic acid prevents ozoneinduced bronchial hyperreactivity in guinea-pigs. British Journal of Pharmacology 98 Suppl:790P.

Yunice, A. and R. Lindeman. (1977) Effect of ascorbic acid and zinc sulfate on ethanol toxicity and metabolism. Proceedings of the Society for Experimental Biology and Medicine 154(1):146-150.

Yunice, A., J. Hsu, A. Fahmy, and S. Henry. (1984) Ethanolascorbate interrelationship in acute and chronic alcoholism in the guinea pig. Proceedings of the Society for Experimental Biology and Medicine 177(2):262-271.

Zannoni, V., E. Flynn, and M. Lynch. (1972) Ascorbic acid and drug metabolism. Biochemical Pharmacology 21(10):1377-1392.

Zannoni, V., I Brodfuehrer, R. Smart, and R. Susick, Jr. (1987) Ascorbic acid, alcohol, and environmental chemicals. Annals of the New York Academy of Sciences 498:364-388.

Zaporowska, H. (1994) Effect of vanadium on L-ascorbic acid concentration in rat tissues. General Pharmacology 25(3):467-470.

Zhang, Q., T. Li, H. Zhan, and Y. Xin. (2001) [Inhibitory effects of tea polyphenols and vitamin C on lipid peroxidation induced by FeSO4-cysteine in isolated human plasma and carbon tetrachloride-induced liver free radical injury in mice]. Article in Chinese. Space Medicine & Medical Engineering 14(1):50-53.

Zhou, J. and P. Chen. (2001) Studies on the oxidative stress in alcohol abusers in China. Biomedical and Environmental Sciences 14(3):180-188.

Chapter 4：The Safety of High Doses of Vitamin C

Ahlstrand, C. and H. Tiselius. (1987) Urine composition and stone formation during treatment with acetazolamide. Scandinavian Journal of Urology and Nephrology 21(3):225-228.

Ahmed, M., K. Ainley, J. Parish, and S. Hadi. (1994) Free radicalinduced fragmentation of proteins by quercetin. Carcinogenesis 15(8):1627-1630.

Alessio, H., A. Goldfarb, and G. Cao. (1997) Exercise-induced oxidative stress before and after vitamin C supplementation. International Journal of Sport Nutrition 7(1):1-9.

Alkhunaizi, A. and L. Chan. (1996) Secondary oxalosis: a cause of delayed recovery of renal function in the setting of acute renal failure. Journal of the American Society of Nephrology 7(11): 2320-2326.

Alvarez, M., M. Traba, and A. Rapado. (1992) Hypocitraturia as a pathogenic risk factor in the mixed (calcium oxalate/uric acid) renal stones. Urologia Internationalis 48(3):342-346.

Anderson, D., B. Phillips, T. Yu, A. Edwards, R. Ayesh, and K. Butterworth. (1997) The effects of vitamin C supplementation on biomarkers of oxygen radical generated damage in human volunteers with "low" or "high" cholesterol levels. Environmental and Molecular Mutagenesis 30(2):161-174.

Auer, B., D. Auer, and A. Rodgers. (1998) Relative hyperoxaluria, crystalluria and haematuria after megadose ingestion of vitamin C. European Journal of Clinical Investigation 28(9):695-700.

Auer, B., D. Auer, and A. Rodgers. (1998a) The effect of ascorbic acid ingestion on the biochemical and physicochemical risk factors associated with calcium oxalate kidney stone formation. Clinical Chemistry and Laboratory Medicine 36(3):143-147.

Bakane, B., S. Nagtilak, and B. Patil. (1999) Urolithiasis: a tribal scenario. Indian Journal of Pediatrics 66(6):863-865.

Balcke, P., P. Schmidt, J. Zazgornik, H. Kopsa, and A. Haubenstock. (1984) Ascorbic acid aggravates secondary hyperoxalemia in patients on chronic hemodialysis. Annals of Internal Medicine 101(3):344-345.

Barja, G., M. Lopez-Torres, R. Perez-Campo, C. Rojas, S. Cadenas, J. Prat, and R. Pamplona. (1994) Dietary vitamin C decreases endogenous protein oxidative damage, malondialdehyde, and lipid peroxidation and maintains fatty acid unsaturation in the guinea pig liver. Free Radical Biology & Medicine 17(2):105-115.

Bass, W., N. Malati, M. Castle, and L. White. (1998) Evidence for the safety of ascorbic acid administration to the premature infant. American Journal of Perinatology 15(2):133-140.

Basu, S., S. Som, S. Deb, D. Mukherjee, and I. Chatterjee. (1979) Dehydroascorbic acid reduction in human erythrocytes. Biochemical and Biophysical Research Communications 90(4): 1335-1340.

Basu, T. (1977) Possible toxicological aspects of megadoses of ascorbic acid. Chemico-Biological Interactions 16(2):247-250.

Basu, T. (1983) High-dose ascorbic acid decreases detoxification of cyanide derived from amygdalin (laetrile): studies in guinea pigs. Canadian Journal of Physiology and Pharmacology 61(11):1426-1430.

Belfield, W. and M. Zucker. (1993) The Benefits of Vitamin and Minerals for Your Dog's Life Cycles. How to Have a Healthier Dog. San Jose, CA: Orthomolecular Specialties.

Bellizzi, V., L. De Nicola, R. Minutolo, D. Russo, B. Cianciaruso, M. Andreucci, G. Conte, and V. Andreucci. (1999) Effects of water hardness on urinary risk factors for kidney stones in patients with idiopathic nephrolithiasis. Nephron 81(Suppl 1):66-70.

Bendich, A. and L. Langseth. (1995) The health effects of vitamin C supplementation: a review. Journal of the American College of Nutrition 14(2):124-136.

Berger, T., M. Polidori, A. Dabbagh, P. Evans, B. Halliwell, J. Morrow, L. Roberts, and B. Frei. (1997) Antioxidant activity of vitamin C in iron-overloaded human plasma. The Journal of Biological Chemistry 272(25):15656-15660.

Beutler, E. (1971) Abnormalities of the hexose monophosphate shunt. Seminars in Hematology 8(4):311-347.

Black, J. (1945) Oxaluria in British troops in India. British Medical Journal 1:590.

Blondin, J., V. Baragi, E. Schwartz, J. Sadowski, and A. Taylor. (1986) Delay of UV-induced eye lens protein damage in guinea pigs by dietary ascorbate. Journal of Free Radicals in Biology & Medicine 2(4):275-281.

Bode, A., C. Yavarow, D. Fry, and T. Vergas. (1993) Enzymatic basis for altered ascorbic acid and dehydroascorbic acid levels in diabetics. Biochemical and Biophysical Research Communications 191(3):1347-1353.

Bohles, H., B. Gebhardt, T. Beeg, A. Sewell, E. Solem, and G. Posselt. (2002) Antibiotic treatment-induced tubular dysfunction as a risk factor for renal stone formation in cystic fibrosis. Journal of Pediatrics 140(1):103-109.

Borghi, L., T. Meschi, F. Amato, A. Briganti, A. Novarini, and A. Giannini. (1996) Urinary volume, water and recurrences in idiopathic calcium nephrolithiasis: a 5-year randomized prospective study. The Journal of Urology 155(3):839-843.

Borghi, L., T. Meschi, A. Guerra, A. Briganti, T. Schianchi, F. Allegri, and A. Novarini. (1999) Essential arterial hypertension and stone disease. Kidney International 55(6):2397-2406.

Borghi, L., T. Meschi, T. Schianchi, A. Briganti, A. Guerra, F. Allegri, and A. Novarini. (1999a) Urine volume: stone risk factor and preventive measure. Nephron 81(Suppl 1):31-37.

Borghi, L., T. Schianchi, T. Meschi, A. Guerra, F. Allegri, U. Maggiore, and A. Novarini. (2002) Comparison of two diets for the prevention of recurrent stones in idiopathic hypercalciuria. The New England Journal of Medicine 346(2):77-84.

Brissot, P., Y. Deugnier, A. Le Treut, F. Regnouard, M. Simon, and M. Bourel. (1978) Ascorbic acid status in idiopathic hemochromatosis. Digestion 17(6):479-487.

Brissot, P., T. Wright, W. Ma, and R. Weisiger. (1985) Efficient clearance of non-transferrin-bound iron by rat liver. Implications for hepatic iron loading in iron overload states. The Journal of Clinical Investigation 76(4):1463-1470.

Broadus, A., R. Horst, R. Lang, E. Littledike, and H. Rasmussen. (1980) The importance of circulating 1,25-dihydroxyvitamin D in the pathogenesis of hypercalciuria and renal-stone formation in primary hyperparathyroidism. The New England Journal of Medicine 302(8):421-426.

Brox, A., K. Howson-Jan, and A. Fauser. (1988) Treatment of idiopathic thrombocytopenic purpura with ascorbate. British Journal of Haematology 70(3):341-344.

Buckle, R. (1963) The glyoxylic acid content of human blood and its relationship to thiamine deficiency. Clinical

Science 25:207.

Buettner, G., E. Kelley, and C. Burns. (1993) Membrane lipid free radicals produced from L1210 murine leukemia cells by photofrin photosensitization: an electron paramagnetic resonance spin trapping study. Cancer Research 53(16):3670-3673.

Buettner, G. and B. Jurkiewicz. (1996) Catalytic metals, ascorbate and free radicals: combinations to avoid. Radiation Research 145(5):532-541.

Buno, A., R. Torres, A. Olveira, I. Fernandez-Blanco, A. Montero, and F. Mateos. (2001) Lithogenic risk factors for renal stones in patients with Crohn's disease. Archivos Espanoles de Urologia 54(3):282-292.

Burkitt, M. and B. Gilbert. (1990) Model studies of the iron-catalysed Haber-Weiss cycle and the ascorbate-driven Fenton reaction. Free Radical Research Communications 10(4-5):265-280.

Burns, J., H. Burch, and C. King. (1951) The metabolism of 1-C14-Lascorbic acid in guinea pigs. The Journal of Biological Chemistry 191:501.

Bushinsky, D., J. Asplin, M. Grynpas, A. Evan, W. Parker, K. Alexander, and F. Coe. (2002) Calcium oxalate stone formation in genetic hypercalciuric stone-forming rats. Kidney International 61(3):975-987.

Bussey, H., J. DeCosse, E. Deschner, A. Eyers, M. Lesser, B. Morson, S. Ritchie, J. Thomson, and J. Wadsworth. (1982) A randomized trial of ascorbic acid in polyposis coli. Cancer 50(7):1434-1439.

Cadenas, S., S. Lertsiri, M. Otsuka, B. Barja, and T. Miyazawa. (1996) Phospholipid hydroperoxides and lipid peroxidation in liver and plasma of ODS rats supplemented with alpha-tocopherol and ascorbic acid. Free Radical Research 24(6):485-493.

Cadenas, S., C. Rojas, J. Mendez, A. Herrero, and G. Barja. (1996a) Vitamin E decreases urine lipid peroxidation products in young healthy human volunteers under normal conditions. Pharmacology & Toxicology 79(5):247-253.

Cadenas, S., G. Barja, H. Poulsen, and S. Loft. (1997) Oxidative DNA damage estimated by oxo8dG in the liver of guinea-pigs supplemented with graded dietary doses of ascorbic acid and alphatocopherol. Carcinogenesis 18(12):2373-2377.

Cadenas, S., C. Rojas, and G. Barja. (1998) Endotoxin increases oxidative injury to proteins in guinea pig liver: protection by dietary vitamin C. Pharmacology & Toxicology 82(1):11-18.

Calabrese, E. (1979) Conjoint use of laetrile and megadoses of ascorbic acid in cancer treatment: possible side effects. Medical Hypotheses 5(9):995-997.

Calabrese, E., G. Moore, and M. McCarthy. (1983) Effect of ascorbic acid on copper-induced oxidative changes in erythrocytes of individuals with a glucose-6-phosphate dehydrogenase deficiency. Bulletin of Environmental Contamination and Toxicology 30(3):323-330.

Campbell, A. and T. Jack. (1979) Acute reactions to mega ascorbic acid therapy in malignant disease. Scottish Medical Journal 24(2):151-153.

Campbell, G., M. Steinberg, and J. Bower. (1975) Ascorbic acidinduced hemolysis in G-6-PD deficiency. Annals of Internal Medicine 82(6):810.

Canada, A., E. Giannella, T. Nguyen, and R. Mason. (1990) The production of reactive oxygen species by dietary flavonols. Free Radical Biology & Medicine 9(5):441-449.

Carr, A. and B. Frei. (1999) Does vitamin C act as a pro-oxidant under physiological conditions? The FASEB Journal 13(9):1007-1024.

Casciari, J., N. Riordan, T. Schmidt, X. Meng, J. Jackson, and H. Riordan. (2001) Cytotoxicity of ascorbate, lipoic acid, and other antioxidants in hollow fibre in vitro tumours. British Journal of Cancer 84(11):1544-1550.

Cathcart, R. (1981) Vitamin C, titrating to bowel tolerance, anascorbemia, and acute induced scurvy. Medical Hypotheses 7(11):1359-1376.

Cathcart, R. (1984) Vitamin C in the treatment of acquired immune deficiency syndrome (AIDS). Medical Hypotheses 14(4):423-433.

Cathcart, R. (1985) Vitamin C: the nontoxic, nonrate-limited, antioxidant free radical scavenger. Medical Hypotheses 18(1):61-77.

Cathcart, R. (1993) The third face of vitamin C. Journal of Orthomolecular Medicine 7(4):197-200.

Charlton, R. and T. Bothwell. (1976) Iron, ascorbic acid, and thalassemia. Birth Defects Original Article Series 12(8):63-71.

Chen, K., J. Suh, A. Carr, J. Morrow, J. Zeind, and B. Frei. (2000) Vitamin C suppresses oxidative lipid damage in vivo, even in the presence of iron overload. American Journal of Physiology. Endocrinology and Metabolism. 279(6):E1406-E1412.

Chen, S., T. Chen, Y. Lee, W. Chu, and T. Young. (1990) Renal excretion of oxalate in patients with chronic renal failure or nephrolithiasis. Journal of the Formosan Medical Association 89(8):651-656.

Clark, I., G. Chaudhri, and W. Cowden. (1989) Some roles of free radicals in malaria. Free Radical Biology & Medicine 6(3):315-321.

Collis, C., M. Yang, A. Diplock, T. Hallinan, and C. Rice-Evans. (1997) Effects of co-supplementation of iron with ascorbic acid on antioxidant—pro-oxidant balance in the guinea pig. Free Radical Research 27(1):113-121.

Conyers, R., R. Bais, and A. Rofe. (1990) The relation of clinical catastrophes, endogenous oxalate production, and urolithiasis. Clinical Chemistry 36(10):1717-1730.

Cooke, M., M. Evans, I. Podmore, K. Herbert, N. Mistry, P. Mistry, P. Hickenbotham, A. Hussieni, H. Griffiths, and J. Lunec. (1998) Novel repair action of vitamin C upon in vivo oxidative DNA damage. FEBS Letters 439(3):363-367.

Creagan, E., C. Moertel, J. O'Fallon, A. Schutt, M. O'Connell, J. Rubin, and S. Frytak. (1979) Failure of high-dose vitamin C (ascorbic acid) therapy to benefit patients with advanced cancer. A controlled trial. The New England Journal of Medicine 301(13):687-690.

Curhan, G., W. Willett, E. Rimm, and M. Stampfer. (1993) A prospective study of dietary calcium and other nutrients and the risk of symptomatic kidney stones. The New England Journal of Medicine 328(12):833-838.

Curhan, G., W. Willett, E. Rimm, and M. Stampfer. (1996) A prospective study of the intake of vitamins C and B6, and the risk of kidney stones in men. Journal of Urology 155(6):1847-1851.

Curhan, G., W. Willett, E. Rimm, D. Spiegelman, and M. Stampfer. (1996a) Prospective study of beverage use and the risk of kidney stones. American Journal of Epidemiology 143(3):240-247.

Curhan, G., W. Willett, F. Speizer, D. Spiegelman, and M. Stampfer. (1997) Comparison of dietary calcium with supplemental calcium and other nutrients as factors affecting the risk for kidney stones in women. Annals of Internal Medicine 126(7):497-504.

Curhan, G., W. Willett, F. Speizer, D. Spiegelman, and M. Stampfer. (1997a) Comparison of dietary calcium with supplemental calcium and other nutrients as factors affecting the risk for kidney stones in women. Annals of Internal Medicine 126(7):497-504.

Curhan, G., W. Willett, F. Speizer, and M. Stampfer (1999) Intake of vitamins B6 and C and the risk of kidney stones in women. Journal of the American Society of Nephrology 10(4):840-845.

Daskalova, S., S. Kostadinova, D. Gauster, R. Prohaska, and A. Ivanov. (1998) Are bacterial proteins part of the matrix of kidney stones? Microbial Pathogenesis 25(4):197-201.

Daudon, M., R. Reveillaud, M. Normand, C. Petit, and P. Jungers. (1987) Piridoxilate-induced calcium oxalate calculi: a new drug-induced metabolic nephrolithiasis. The Journal of Urology 138(2):258-261.

Daudon, M., R. Lacour, P. Jungers, T. Drueke, R. Reveillaud, A. Chevalier, and C. Bader. (1992) Urolithiasis in patients with end stage renal failure. The Journal of Urology 147(4):977-980.

Daudon, M., L. Estepa, B. Lacour, and P. Jungers. (1998) Unusual morphology of calcium oxalate calculi in primary hyperoxaluria. Journal of Nephrology 11(Suppl 1):51-55.

Davies, M., J. Austin, D. Partridge. (1991) Vitamin C: Its Chemistry and Biochemistry. Cambridge: The Royal Society of Chemistry.

Dewan, B., M. Sharma, N. Nayak, and S. Sharma. (1997) Upper urinary tract stones & Ureaplasma urealyticum. The Indian Journal of Medical Research 105:15-21.

Dillard, C., K. Kunert, and A. Tappel. (1982) Effects of vitamin E, ascorbic acid and mannitol on alloxan-induced lipid peroxidation in rats. Archives of Biochemistry and Biophysics 216(1):204-212.

Drenick, E., T. Stanley, W. Border, E. Zawada, L. Dornfield, T. Upham, and F. Llach. (1978) Renal damage with intestinal bypass. Annals of Internal Medicine 89(5):594-599.

El-Dakhakhny, M. and M. El-Sayed. (1970) The effect of some drugs on oxalic acid excretion in urine. Arzneimittelforschung 20(2):264-267.

Ettinger, B., N. Oldroyd, and F. Sorgel. (1980) Triamterene nephrolithiasis. The Journal of the American Medical Association 244(21):2443-2445.

Faber, S., W. Feitler, R. Bleiler, M. Ohlson, and R. Hodges. (1963) The effects of an induced pyridoxine and pantothenic acid deficiency on excretions of oxalic and xanthurenic acids in the urine. The American Journal of Clinical Nutrition 12:406.

Fang, J., S. Kinlay, J. Beltrame, H. Hikiti, M. Wainstein, D. Behrendt, J. Suh, B. Frei, G. Mudge, A. Selwyn, and P. Ganz. (2002) Effect of vitamins C and E on progression of transplant-associated arteriosclerosis: a randomized trial. Lancet 359(9312):1108-1113.

Fazal, F., A. Rahman, J. Greensill, K. Ainley, S. Hadi, and J. Parish. (1990) Strand scission in DNA by quercetin and Cu(II): identification of free radical intermediates and biological consequences of scission. Carcinogenesis 11(11):2005-2008.

Fituri, N., N. Allawi, M. Bentley, and J. Costello. (1983) Urinary and plasma oxalate during ingestion of pure ascorbic acid: a re-evaluation. European Urology 9(5):312-315.

Fleisch, H. (1978) Inhibitors and promoters of stone formation. Kidney International 13(5):361-371.

Fraga, C., P. Motchnik, M. Shigenaga, H. Helbock, R. Jacob, and B. Ames. (1991) Ascorbic acid protects against endogenous oxidative DNA damage in human sperm. Proceedings of the National Academy of Sciences of the United States of America 88(24):11003-11006.

Friedman, A., R. Chesney, E. Gilbert, K. Gilchrist, R. Latorraca, and W. Segar. (1983) Secondary oxalosis as a complication of parenteral alimentation in acute renal failure. American Journal of Nephrology 3(5):248-252.

Fuller, C., S. Grundy, E. Norkus, and I. Jialal. (1996) Effect of ascorbate supplementation on low density lipoprotein oxidation in smokers. Atherosclerosis 119(2):139-150.

Furth, S., J. Casey, P. Pyzik, A. Neu, S. Docimo, E. Vining, J. Freeman, and B. Fivush. (2000) Risk factors for urolithiasis in children on the ketogenic diet. Pediatric Nephrology 15(1-2):125-128.

Gaker, L. and N. Butcher. (1986) Dissolution of staghorn calculus associated with amiloride-hydrochlorothiazide, sulfamethoxazole and trimethoprim, and ascorbic acid. The Journal of Urology 135(5):933-934.

Gershoff, S., F. Faragalla, D. Nelson, and S. Andrus. (1959) Vitamin B6 deficiency and oxalate nephrocalcinosis in the cat. The American Journal of Medicine 27:72.

Gershoff, S. (1964) Vitamin B6 and oxalate metabolism. Vitamins and Hormones 22:581.

Gerster, H. (1997) No contribution of ascorbic acid to renal calcium oxalate stones. Annals of Nutrition & Metabolism 41(5):269-282.

Gerster, H. (1999) High-dose vitamin C: a risk for persons with high iron stores? International Journal for Vitamin and Nutrition Research 69(2):67-82.

Girotti, A., J. Thomas, and J. Jordan. (1985) Lipid photooxidation in erythrocyte ghosts: sensitization of the membranes toward ascorbate-and superoxide-induced peroxidation and lysis. Archives of Biochemistry and Biophysics 236(1):238-251.

Girotti, A., J. Thomas, and J. Jordan. (1985a) Prooxidant and antioxidant effects of ascorbate on photosensitized peroxidation of lipids in erythrocyte membranes. Photochemistry and Photobiology 41(3):267-276.

Giulivi, C. and E. Cadenas. (1993) The reaction of ascorbic acid with different heme iron redox states of myoglobin. Antioxidant and prooxidant aspects. FEBS Letters 332(3):287-290.

Godeau, B. and P. Bierling. (1990) Treatment of chronic autoimmune thrombocytopenic purpura with ascorbate. British Journal of Haemotology 75(2):289-290.

Golenser, J. and M. Chevion. (1989) Oxidant stress and malaria: hostparasite interrelationships in normal and abnormal erythrocytes. Seminars in Hematology 26(4):313-325.

Gonzalez, C., I. Jimenez, J. Perez, R. Montero, M. Cancho, and R. Vela. (2000) [Renal colic and lithiasis in HIV(+)- patients treated with protease inhibitors]. Article in Spanish. Actas Urologicas Espanolas 24(3):212-218.

Gotz, F., L. Gimes, J. Hubler, G. Temes, and D. Frang. (1986) Induced precipitation of calcium-oxalate crystals and its prevention in laboratory animals. International Urology and Nephrology 18(4): 363-368.

Grases, F., L. Garcia-Ferragut, and A. Costa-Bauza. (1998) Development of calcium oxalate crystals on urothelium: effect of free radicals. Nephron 78(3):296-301.

Green, M., J. Lowe, A. Waugh, K. Aldridge, J. Cole, and C. Arlett. (1994) Effect of diet and vitamin C on DNA strand breakage in freshly-isolated human white blood cells. Mutation Research 316(2):91-102.

Gregory, J., K. Park, and H. Schoenberg. (1977) Oxalate stone disease after intestinal resection. The Journal of Urology 117(5): 631-634.

Grellier, P., I. Picard, F. Bernard, R. Mayer, H. Heidrich, M. Monsigny, and J. Schrevel. (1989) Purification and identification of a neutral endopeptidase in Plasmodium falciparum schizonts and merozoites. Parasitology Research 75(6):455-460.

Ha, T., N. Sattar, D. Talwar, J. Cooney, K. Simpson, D. O'Reilly, and M. Lean. (1996) Abnormal antioxidant vitamin and carotenoid status in chronic renal failure. QJM: Monthly Journal of the Association of Physicians 89(10):765-769.

Hagler, L. and R. Herman. (1973) Oxalate metabolism. I. The American Journal of Clinical Nutrition 26(7):758-765.

Hagler, L. and R. Herman. (1973a) Oxalate metabolism. II. The American Journal of Clinical Nutrition 26(8):882-889.

Hagler, L. and R. Herman. (1973b) Oxalate metabolism. III. The American Journal of Clinical Nutrition 26(9):1006-1010.

Hagler, L. and R. Herman. (1973c) Oxalate metabolism. IV. The American Journal of Clinical Nutrition 26(10):1073-1079.

Hall, W., M. Pettinger, A. Oberman, N. Watts, K. Johnson, E. Paskett, M. Limacher, and J. Hays. (2001) Risk factors for kidney stones in older women in the southern United States. The American Journal of the Medical Sciences 322(1):12-18.

Halliwell, B. and J. Gutteridge. (1986) Oxygen free radicals and iron in relation to biology and medicine: some problems and concepts. Archives of Biochemistry and Biophysics 246(2):501-514.

Halliwell, B. and J. Gutteridge. (1990) The antioxidants of human extracellular fluids. Archives of Biochemistry and Biophysics 280(1):1-8.

Halliwell, B. (1996) Vitamin C: antioxidant or pro-oxidant in vivo? Free Radical Research 25(5):439-454.

Hanck, A. (1982) Tolerance and effects of high doses of ascorbic acid. Dosis facit venenum. International Journal for Vitamin and Nutrition Research. Supplement 23:221-238

Harats, D., M. Ben-Naim, Y. Dabach, G. Hollander, E. Havivi, O. Stein, and Y. Stein. (1990) Effect of vitamin C and E supplementation on susceptibility of plasma lipoproteins to peroxidation induced by acute smoking. Atherosclerosis 85(1):47-54.

Harats, D., S. Chevion, M. Nahir, Y. Norman, O. Sagee, and E. Berry. (1998) Citrus fruit supplementation reduces lipoprotein oxidation in young men ingesting a diet high in saturated fat: presumptive evidence for an interaction between vitamins C and E in vivo. The American Journal of Clinical Nutrition 67(2):240-245.

Hatch, M., S. Mulgrew, E. Bourke, B. Keogh, and J. Costello. (1980) Effect of megadoses of ascorbic acid on serum and urinary oxalate. European Urology 6(3):166-169.

Helen, A. and P. Vijayammal. (1997) Vitamin C supplementation on hepatic oxidative stress induced by cigarette smoke. Journal of Applied Toxicology 17(5):289-295.

Hildebrandt, R. and D. Shanklin. (1962) Oxalosis and pregnancy. American Journal of Obstetrics and Gynecology 84:65.

Hodgkinson, A. (1958) The urinary excretion of oxalic acid in nephrolithiasis. Proceedings of the Royal Society of Medicine 51:970-971.

Hodgkinson, A. and P. Zarembski. (1968) Oxalic acid metabolism in man: a review. Calcified Tissue Research 2(2):115-132.

Hodnick, W., F. Kung, W. Roettger, C. Bohmont, and R. Pardini. (1986) Inhibition of mitochondrial respiration and production of toxic oxygen radicals by flavonoids. A structure-activity study. Biochemical Pharmacology 35(14):2345-2357.

Hokama, S., C. Toma, M. Jahana, M. Iwanaga, M. Morozumi, T. Hatano, and Y. Ogawa. (2000) Ascorbate conversion to oxalate in alkaline milieu and Proteus mirabilis culture. Molecular Urology 4(4):321-328.

Hsu, T., J. Chen, H. Huang, and C. Wang. (2002) Association of changes in the pattern of urinary calculi in Taiwanese with diet habit change between 1956 and 1999. Journal of the Formosan Medical Association 101(1):5-10.

Hughes, C., S. Dutton, and A. Truswell. (1981) High intakes of ascorbic acid and urinary oxalate. Journal of Human Nutrition 35(4):274-280.

Hughes, J. and R. Norman. (1992) Diet and calcium stones. Canadian Medical Association Journal 146(2):137-143.

Hultqvist, M., J. Hegbrant, C. Nilsson-Thorell, T. Lindholm, P. Nilsson, T. Linden, and U. Hultqvist-Bengtsson. (1997) Plasma concentrations of vitamin C, vitamin E and/or malondialdehyde as markers of oxygen free radical production during hemodialysis. Clinical Nephrology 47(1):37-46.

Hwang, T., K. Hill, V. Schneider, and C. Pak. (1988) Effect of prolonged bedrest on the propensity for renal stone formation. The Journal of Clinical Endocrinology and Metabolism 66(1):109-112.

Ichioka, K., S. Moroi, S. Yamamoto, T. Kamoto, H. Okuno, A. Terai, T. Terachi, and O. Ogawa. (2002) [A case of urolithiasis due to vitamin D intoxication in a patient with idiopathic hypoparathyroidism]. Article in Japanese. Hinyokika Kiyo. Acta Urologica Japonica 48(4):231-234.

Jacob, H. and J. Jandl. (1966) A simple visual screening test for glucose-6-phosphate dehydrogenase deficiency employing ascorbate and cyanide. The New England Journal of Medicine 274(21):1162-1167.

Janney, S., J. Joist, and C. Fitch. (1986) Excess release of ferriheme in G6PD-deficient erythrocytes: possible cause of hemolysis and resistance to malaria. Blood 67(2):331-333.

Jayanthi, S., N. Saravanan, and P. Varalakshmi. (1994) Effect of DL alpha-lipoic acid in glyoxylate-induced acute lithiasis. Pharmacological Research 30(3):281-288.

Kalliala, H. and O. Kauste. (1964) Ingestion of rhubarb leaves as cause of oxalic acid poisoning. Annales Paediatriae Fenniae 10:228-231.

Kalokerinos, A., I. Dettman, and G. Dettman. (1981) Vitamin C. The dangers of calcium and safety of sodium ascorbate. The Australasian Nurses Journal 10(3):22.

Kalokerinos, A., I. Dettman, and G. Dettman. (1982) Ascorbate—the proof of the pudding! A selection of case histories responding to ascorbate. The Australasian Nurses Journal 11(2):18-21.

Kang, S., Y. Jang, and H. Park. (1998) In vivo dual effects of vitamin C on paraquat-induced lung damage: dependence on released metals from the damaged tissue. Free Radical Research 28(1):93-107.

Kanthasamy, A., B. Ardelt, A. Malave, E. Mills, T. Powley, J. Borowitz, and G. Isom. (1997) Reactive oxygen species generated by cyanide mediate toxicity in rat pheochromocytoma cells. Toxicology Letters 93(1):47-54.

Khan, S., P. Shevock, and R. Hackett. (1988) Presence of lipids in urinary stones: results of preliminary studies. Calcified Tissue International 42(2):91-96.

Khan, S. and P. Glenton. (1996) Increased urinary excretion of lipids by patients with kidney stones. British Journal of Urology 77(4):506-511.

Khan, S. and S. Thamilselvan. (2000) Nephrolithiasis: a consequence of renal epithelial cell exposure to oxalate and calcium oxalate crystals. Molecular Urology 4(4):305-312.

Khaw, K., S. Bingham, A. Welch, R. Luben, N. Wareham, S. Oakes, and N. Day. (2001) Relation between ascorbic acid and mortality in men and women in EPIC-Norfolk prospective study: a prospective population study. European Prospective Investigation into Cancer and Nutrition. Lancet 357(9257):657-663.

Kim, H., J. Cheigh, and H. Ham. (2001) Urinary stones following renal transplantation. The Korean Journal of Internal Medicine 16(2):118-122.

Kimura, H., Y. Yamada, Y. Morita, H. Ikeda, and T. Matsuo. (1992) Dietary ascorbic acid depresses plasma and low density lipoprotein lipid peroxidation in genetically scorbutic rats. The Journal of Nutrition 122(9):1904-1909.

Kinder, J., C. Clark, B. Coe, J. Asplin, J. Parks, and F. Coe. (2002) Urinary stone risk factors in the siblings of patients with calcium renal stones. The Journal of Urology 167(5):1965-1967.

Kohan, A., N. Armenakas, and J. Fracchia. (1999) Indinavir urolithiasis: an emerging cause of renal colic in patients with human immunodeficiency virus. The Journal of Urology 161(6):1765-1768.

Koide, T. (1996) [Hyperuricosuria and urolithiasis]. Article in Japanese. Nippon Rinsho 54(12):3273-3276.

Kondo, T. (1990) [Impaired glutathione metabolism in hemolytic anemia]. Article in Japanese. Rinsho Byori. The Japanese Journal of Clinical Pathology 38(4):355-359.

Kromhout, D., B. Bloemberg, E. Feskens, A. Menotti, and A. Nissinen. (2000) Saturated fat, vitamin C and smoking predict long-term population all-cause mortality rates in the Seven Countries Study. International Journal of Epidemiology 29(2):260-265.

Kunert, K. and A. Tappel. (1983) The effect of vitamin C on in vivo lipid peroxidation in guinea pigs as measured by pentane and ethane production. Lipids 18(4):271-274.

Lamden, M. and G. Chrystowski. (1954) Urinary oxalate excretion by man following ascorbic acid ingestion. Proceedings of the Society for Experimental Biology and Medicine 85:190-192.

Laughton, M., B. Halliwell, P. Evans, and J. Hoult. (1989) Antioxidant and pro-oxidant actions of the plant phenolics quercetin, gossypol and myricetin. Effects on lipid peroxidation, hydroxyl radical generation and bleomycin-dependent damage to DNA. Biochemical Pharmacology 38(17):2859-2865.

Lawton, J., L. Conway, J. Crosson, C. Smith, and P. Abraham. (1985) Acute oxalate nephropathy after massive ascorbic acid administration. Archives of Internal Medicine 145(5):950-951.

Lee, B., S. Lee, and H. Kim. (1998) Inhibition of oxidative DNA damage, 8-OhdG, and carbonyl contents in smokers treated with antioxidants (vitamin E, vitamin C, beta-carotene and red ginseng). Cancer Letters 132(1-2):219-227.

Lee, S. and I. Blair. (2001) Vitamin C-induced decomposition of lipid hydroperoxides to endogenous genotoxins. Science 292(5524): 2083-2086.

Lin, F. and A. Girotti. (1993) Photodynamic action of merocyanine 540 on leukemia cells: iron-stimulated lipid peroxidation and cell killing. Archives of Biochemistry and Biophysics 300(2):714-723.

Long, W. and P. Carson. (1961) Increased erythrocyte glutathione reductase activity in diabetes mellitus. Biochemical and Biophysical Research Communications 5:394-399.

Loria, C., M. Klag, L. Caulfield, and P. Whelton. (2000) Vitamin C status and mortality in US adults. The American Journal of Clinical Nutrition 72(1):139-145.

Ludvigsson, J., L. Hansson, and O. Stendahl. (1979) The effect of large doses of vitamin C on leukocyte function and some laboratory parameters. International Journal of Vitamin and Nutrition Research 49(2):160-165.

Lux, B. and P. May. (1983) Long-term observation of young cystinuric patients under ascorbic acid therapy. Urologia Internationalis 38(2):91-94.

McAllister, C., E. Scowden, F. Dewberry, and A. Richman. (1984) Renal failure secondary to massive infusion of vitamin C. The Journal of the American Medical Association 252(13):1684.

McConnell, N., S. Campbell, I. Gillanders, H. Rolton, and B. Danesh. (2002) Risk factors for developing renal stones in inflammatory bowel disease. BJU International 89(9):835-841.

McCormick, W. (1946) Lithogenesis and hypovitaminosis. Medical Record 159:410-413.

McKay, D., J. Seviour, A. Comerford, S. Vasdev, and L. Massey. (1995) Herbal tea: an alternative to regular tea for those who form calcium oxalate stones. Journal of the American Dietetic Association 95(3):360-361.

McKeown-Eyssen, G., C. Holloway, V. Jazmaji, E. Bright-See, P. Dion, and W. Bruce. (1988) A randomized trial of vitamins C and E in the prevention of recurrence of colorectal polyps. Cancer Research 48(16):4701-4705.

McLaran, C., J. Bett, J. Nye, and J. Halliday. (1982) Congestive cardiomyopathy and haemochromatosis—rapid progression possibly accelerated by excessive ingestion of ascorbic acid. Australian and New Zealand Journal of Medicine 12(2):187-188.

Maikranz, P., J. Holley, J. Parks, M. Lindheimer, Y. Nakagawa, and F. Coe. (1989) Gestational hypercalciuria causes pathological urine calcium oxalate supersaturations. Kidney International 36(1): 108-113.

Mannick, E., L. Bravo, G. Zarama, J. Realpe, X. Zhang, B. Ruiz, E. Fontham, R. Mera, M. Miller, and P. Correa. (1996) Inducible nitric oxide synthase, nitrotyrosine, and apoptosis in Helicobacter pylori gastritis: effect of antibiotics and antioxidants. Cancer Research 56(14):3238-3243.

Marks, P. (1967) Glucose-6-phosphate dehydrogenase in mature erythrocytes. The American Journal of Clinical Pathology 47(3): 287-295.

Martins, M., A. Meyers, N. Whalley, and A. Rodgers. (2002) Cystine: a promoter of the growth and aggregation of calcium oxalate crystals in normal undiluted human urine. The Journal of Urology 167(1):317-321.

Marva, E., J. Golenser, A. Cohen, N. Kitrossky, R. Har-El, and M. Chevion. (1992) The effects of ascorbate-induced free radicals on Plasmodium falciparum. Tropical Medicine and Parasitology 43(1): 17-23.

Mashour, S., J. Turner, and R. Merrell. (2000) Acute renal failure, oxalosis, and vitamin C supplementation. Chest 118(2):561-563.

Massey, L., R. Palmer, and H. Horner. (2001) Oxalate content of soybean seeds (Glycine max: Leguminosae), soyfoods, and other edible legumes. Journal of Agricultural and Food Chemistry 49(9): 4262-4266.

Mazze, R., G. Shue, and S. Jackson. (1971) Renal dysfunction associated with methoxyflurane anesthesia. A randomized, prospective clinical evaluation. The Journal of the American Medical Association 216(2):278-288.

Mazze, R., J. Trudell, and M. Cousins. (1971a) Methoxyflurane metabolism and renal dysfunction: clinical correlation in man. Anesthesiology 35(3):247-252.

Melethil, S., D. Mason, and C. Chang. (1986) Dose-dependent absorption and excretion of vitamin C in humans. International Journal of Pharmacology 31:83-89.

Michelacci, Y., M. Boim, C. Bergamaschi, R. Rovigatti, and N. Schor. (1992) Possible role for chondroitin sulfate in urolithiasis: in vivo studies in an experimental model. Clinica Chimica Acta 208(1-2): 1-8.

Miller, D., G. Buettner, and S. Aust. (1990) Transition metals as catalysts of "autoxidation" reactions. Free Radical Biology & Medicine 8(1):95-108.

Milne, L., P. Nicotera, S. Orrenius, and M. Burkitt. (1993) Effects of glutathione and chelating agents on copper-mediated DNA oxidation: pro-oxidant and antioxidant properties of glutathione. Archives of Biochemistry and Biophysics 304(1):102-109.

Mitwalli, A., A. Ayiomamitis, L. Grass, and D. Oreopoulos. (1988) Control of hyperoxaluria with large doses of pyridoxine in patients with kidney stones. International Urology and Nephrology 20(4): 353-359.

Moertel, C., T. Fleming, E. Creagan, J. Rubin, M. O'Connell, and M. Ames. (1985) High-dose vitamin C versus placebo in the treatment of patients with advanced cancer who have had no prior chemotherapy. A randomized double-blind comparison. The New England Journal of Medicine 312(3):137-141.

Mousson, C., E. Justrabo, G. Rifle, C. Sgro, J. Chalopin, and C. Gerard. (1993) Piridoxilate-induced oxalate nephropathy can lead to end-stage renal failure. Nephron 63(1):104-106.

Mulholland, C., J. Strain, and T. Trinick. (1996) Serum antioxidant potential, and lipoprotein oxidation in female smokers following vitamin C supplementation. International Journal of Food Sciences and Nutrition 47(3):227-231.

Murayama, T., N. Sakai, T. Yamada, and T. Takano. (2001) Role of the diurnal variation of urinary pH and urinary calcium in urolithiasis: a study in outpatients. International Journal of Urology 8(10): 525-531.

Muthukumar, A. and R. Selvam. (1998) Role of glutathione on renal mitochondrial status in hyperoxaluria. Molecular and Cellular Biochemistry 185(1-2):77-84.

Nguyen, N., G. Dumoulin, J. Wolf, and S. Berthelay. (1989) Urinary calcium and oxalate excretion during oral fructose or glucose load in man. Hormone and Metabolic Research 21(2):96-99.

Nienhuis, A. (1981) Vitamin C and iron. The New England Journal of Medicine 304(3):170-171.

Nightingale, J. (1999) Management of patients with a short bowel. Nutrition 15(7-8):633-637.

Nightingale, J. (2001) Management of patients with a short bowel. World Journal of Gastroenterology 7(6):741-751.

Nikakhtar, B., N. Vaziri, F. Khonsari, S. Gordon, and M. Mirahmadi. (1981) Urolithiasis in patients with spinal cord injury. Paraplegia 19(6):363-366.

[No authors listed] (1967) Standardization of procedures for the study of glucose-6-phosphate dehydrogenase. Report of a WHO scientific group. World Health Organization Technical Report Series 366:1-53.

Noe, H. (2000) Hypercalciuria and pediatric stone recurrences with and without structural abnormalities. The Journal of Urology 164(3 Pt 2):1094-1096.

Nyyssonen, K., H. Poulsen, M. Hayn, P. Agerbo, E. Porkkala-Sarataho, J. Kaikkonen, R. Salonen, and J. Salonen. (1997) Effect of supplementation of smoking men with plain or slow release ascorbic acid on lipoprotein oxidation. European Journal of Clinical Nutrition 51(3):154-163.

O'Brien, R. (1974) Ascorbic acid enhancement of desferrioxamineinduced urinary iron excretion in thalassemia major. Annals of the New York Academy of Sciences 232:221-225.

Ogawa, Y., T. Miyazato, and T. Hatano. (2000) Oxalate and urinary stones. World Journal of Surgery 24(10):1154-1159.

Oke, O. (1969) Oxalic acid in plants and in nutrition. World Review of Nutrition and Dietetics 10:262-303.

Oren, A., H. Husdan, P. Cheng, R. Khanna, A. Pierratos, G. Digenis, and D. Oreopoulos. (1984) Calcium oxalate kidney stones in patients on continuous ambulatory peritoneal dialysis. Kidney International 25(3):534-538.

Osilesi, O., L. Trout, J. Ogunwole, and E. Glover. (1991) Blood pressure and plasma lipids during ascorbic acid supplementation in borderline hypertensive and normotensive adults. Nutrition Research 11:405-412.

Otero, P, M. Viana, E. Herrera, and B. Bonet. (1997) Antioxidant and prooxidant effects of ascorbic acid, dehydroascorbic acid and flavonoids on LDL submitted to different degrees of oxidation. Free Radical Research 27(6):619-626.

Ott, S., D. Andress, and D. Sherrard. (1986) Bone oxalate in a longterm hemodialysis patient who ingested high doses of vitamin C. American Journal of Kidney Diseases 8(6):450-454.

Panayiotidis, M. and A. Collins. (1997) Ex vivo assessment of lymphocyte antioxidant status using the comet assay. Free Radical Research 27(5):533-537.

Paolini, M., L. Pozzetti, G. Pedulli, E. Marchesi, and G. Cantelli-Forti. (1999) The nature of prooxidant activity of vitamin C. Life Sciences 64(23):PL-273-PL-278.

Pauling, L. (1981) Vitamin C, the Common Cold & the Flu. New York, NY: Berkley Books.

Perez-Brayfield, M., D. Caplan, J. Gatti, E. Smith, and A. Kirsch. (2002) Metabolic risk factors for stone formation in patients with cystic fibrosis. The Journal of Urology 167(2 Pt 1):480-484.

Podmore, I., H. Griffiths, K. Herbert, N. Mistry, P. Mistry, and J. Lunec. (1998) Vitamin C exhibits pro-oxidant properties. Nature 392(6676):559.

Ponka, A. and B. Kuhlback. (1983) Serum ascorbic acid in patients undergoing chronic hemodialysis. Acta Medica

Scandinavica 213(4):305-307.

Powell, R. (1985) Pure calcium carbonate gallstones in a two year old in association with prenatal calcium supplementation. Journal of Pediatric Surgery 20(2):143-144.

Prie, D., V. Ravery, L. Boccon-Gibod, and G. Friedlander. (2001) Frequency of renal phosphate leak among patients with calcium nephrolithiasis. Kidney International 60(1):272-276.

Prieme, H., S. Loft, K. Nyyssonen, J. Salonen, and H. Poulsen. (1997) No effect of supplementation with vitamin E, ascorbic acid, or coenzyme Q10 on oxidative DNA damage estimated by 8-oxo-7,8-dihydro-2'-deoxyguanosine excretion in smokers. The American Journal of Clinical Nutrition 65(2):503-507.

Pru, C., J. Eaton, and C. Kjellstrand. (1985) Vitamin C intoxication and hyperoxalemia in chronic hemodialysis patients. Nephron 39(2):112-116.

Ralph-Edwards, A., M. Deitel, D. Maziak, E. Stone, D. Thompson, and T. Bayley. (1992) A jejuno-ileal bypass patient presenting with recurrent renal stones due to primary hyperparathyroidism. Obesity Surgery 2(3):265-268.

Reaven, P., A. Khouw, W. Beltz, S. Parthasarathy, and J. Witztum. (1993) Effect of dietary antioxidant combinations in humans. Protection of LDL by vitamin E but not by beta-carotene. Arteriosclerosis and Thrombosis 13(4):590-600.

Reddy, V., F. Giblin, L. Lin, and B. Chakrapani. (1998) The effect of aqueous humor ascorbate on ultraviolet-B-induced DNA damage in lens epithelium. Investigative Ophthalmology & Visual Science 39(2):344-350.

Rees, D., H. Kelsey, and J. Richards. (1993) Acute haemolysis induced by high dose ascorbic acid in glucose-6-phosphate dehydrogenase deficiency. BMJ 306(6881):841-842.

Rees, S. and T. Slater. (1987) Ascorbic acid and lipid peroxidation: the cross-over effect. Acta Biochimica et Biophysica Hungarica 22:241-249.

Rehman, A., C. Collis, M. Yang, M. Kelly, A. Diplock, B. Halliwell, and C. Rice-Evans. (1998) The effects of iron and vitamin C co-supplementation on oxidative damage to DNA in healthy volunteers. Biochemical and Biophysical Research Communications 246(1): 293-298.

Reilly, M., N. Delanty, J. Lawson, and G. FitzGerald. (1996) Modulation of oxidant stress in vivo in chronic cigarette smokers. Circulation 94(1):19-25.

Rifici, V. and A. Khachadurian. (1993) Dietary supplementation with vitamins C and E inhibits in vitro oxidation of lipoproteins. Journal of the American College of Nutrition 12(6):631-637.

Riobo, P., O. Sanchez, S. Azriel, J. Lara, and J. Herrera. (1998) [Update on the role of diet in recurrent nephrolithiasis]. Article in Spanish. Nutricion Hospitalaria 13(4):167-171.

Riordan, H., J. Jackson, and M. Schultz. (1990) Case study: high-dose intravenous vitamin C in the treatment of a patient with adenocarcinoma of the kidney. Journal of Orthomolecular Medicine 5(1): 5-7.

Riordan, H., H. Riordan, X. Meng, Y. Li, and J. Jackson. (1995) Intravenous ascorbate as a tumor cytotoxic chemotherapeutic agent. Medical Hypotheses 44(3):207-213.

Riordan, N., J. Jackson, and H. Riordan. (1996) Intravenous vitamin C in a terminal cancer patient. Journal of Orthomolecular Medicine 11(2):80-82.

Rodman, J. and R. Mahler. (2000) Kidney stones as a manifestation of hypercalcemic disorders. Hyperparathyroidism and sarcoidosis. The Urologic Clinics of North America 27(2):275-285, viii.

Rose, R. and A. Bode. (1992) Tissue-mediated regeneration of ascorbic acid: is the process enzymatic? Enzyme 46(4-5):196-203.

Rowbotham, B. and H. Roeser. (1984) Iron overload associated with congenital pyruvate kinase deficiency and high dose ascorbic acid ingestion. Australian and New Zealand Journal of Medicine 14(5): 667-669.

Rowley, D. and B. Halliwell. (1982) Superoxide-dependent formation of hydroxyl radicals from NADH and NADPH in the presence of iron salts. FEBS Letters 142(1):39-41.

Rowley, D. and B. Halliwell. (1985) Formation of hydroxyl radicals from NADH and NADPH in the presence of copper salts. Journal of Inorganic Biochemistry 23(2):103-108.

Sahu, S. and M. Washington. (1991) Quercetin-induced lipid peroxidation and DNA damage in isolated rat-liver nuclei. Cancer Letters 58(1-2):75-79.

Sahu, S. and G. Gray. (1993) Interactions of flavonoids, trace metals, and oxygen: nuclear DNA damage and lipid peroxidation induced by myricetin. Cancer Letters 70(1-2):73-79.

Sakhaee, K., S. Nigam, P. Snell, M. Hsu, and C. Pak. (1987) Assessment of the pathogenetic role of physical exercise in renal stone formation. The Journal of Clinical Endocrinology and Metabolism 65(5):974-979.

Salyer, W. and D. Keren. (1973) Oxalosis as a complication of chronic renal failure. Kidney International 4(1):61-66.

Samman, S., A. Brown, C. Beltran, and S. Singh. (1997) The effect of ascorbic acid on plasma lipids and oxidisability of LDL in male smokers. European Journal of Clinical Nutrition 51(7):472-477.

Sanchez-Quesada, J., O. Jorba, A. Payes, C. Otal, R. Serra-Grima, F. Gonzalez-Sastre, and J. Ordonez-Llanos. (1998) Ascorbic acid inhibits the increase in low-density lipoprotein (LDL) susceptibility to oxidation and the proportion of electronegative LDL induced by intense aerobic exercise. Coronary Artery Disease 9(5):249-255.

Sarkissian, A., A. Babloyan, N. Arikyants, A. Hesse, N. Blau, and E. Leumann. (2001) Pediatric urolithiasis in Armenia: a study of 198 patients observed from 1991 to 1999. Pediatric Nephrology 16(9):728-732.

Scheid, C., H. Koul, W. Hill, J. Luber-Narod, L. Kennington, T. Honeyman, J. Jonassen, and M. Menon. (1996) Oxalate toxicity in LLC-PK1 cells: role of free radicals. Kidney International 49(2):413-419.

Schmidt, K., V. Hagmaier, D. Hornig, J. Vuilleumier, and G. Rutishauser. (1981) Urinary oxalate excretion after large intakes of ascorbic acid in man. American Journal of Clinical Nutrition 34(3):305-311.

Schwartz, B., J. Bruce, S. Leslie, and M. Stoller. (2001) Rethinking the role of urinary magnesium in calcium urolithiasis. Journal of Endourology 15(3):233-235.

Schwille, P., A. Schmiedl, U. Herrmann, M. Manoharan, J. Fan, V. Sharma, and D. Gottlieb. (2000) Ascorbic acid in idiopathic recurrent calcium urolithiasis in humans—does it have an abettor role in oxalate, and calcium oxalate crystallization? Urology Research 28(3):167-177.

Selvam, R. (2002) Calcium oxalate stone disease: role of lipid peroxidation and antioxidants. Urological Research 30(1):35-47.

Sharma, D. and R. Mathur. (1995) Correction of anemia and iron deficiency in vegetarians by administration of ascorbic acid. Indian Journal of Physiology and Pharmacology 39(4):403-406.

Sharma, O. (1996) Vitamin D, calcium, and sarcoidosis. Chest 109(2):535-539.

Sherman, I. (1979) Biochemistry of Plasmodium (malarial parasites). Microbiological Reviews 43(4):453-495.

Shields, M. and R. Simmons. (1976) Urinary calculus during methazolamide therapy. American Journal of Ophthalmology 81(5): 622-624.

Shilotri, P. and K. Bhat. (1977) Effect of mega doses of vitamin C on bactericidal activity of leukocytes. The American Journal of Clinical Nutrition 30(7):1077-1081.

Shiraishi, K., M. Yamamoto, K. Takai, Y. Tei, A. Suga, A. Aoki, K. Ishizu, and K. Naito. (1998) [Urolithiasis associated with Crohn's disease: a case report]. Article in Japanese. Hinyokika Kiyo. Acta Urologica Japonica. 44(10):719-723.

Silverberg, D., J. McIntyre, R. Ulan, and E. Gain. (1971) Oxalic acid excretion after methoxyflurane and halothane anaesthesia. Canadian Anaesthetists' Society Journal 18(5):496-504.

Simon, J. and E. Hudes. (1999) Relation of serum ascorbic acid to serum vitamin B12, serum ferritin, and kidney stones in US adults. Archives of Internal Medicine 159(6):619-624.

Simon, J., E. Hudes, and J. Tice. (2001) Relation of serum ascorbic acid to mortality among US adults. Journal of the American College of Nutrition 20(3):255-263.

Singh, P., R. Kiran, A. Pendse, R. Gosh, and S. Surana. (1993) Ascorbic acid is an abettor in calcium urolithiasis: an experimental study. Scanning Microscopy 7(3):1041-1047; discussion 1047-1048.

Singh, P., M. Barjatiya, S. Dhing, R. Bhatnagar, S. Kothari, and V. Dhar. (2001) Evidence suggesting that high intake of fluoride provokes nephrolithiasis in tribal populations. Urological Research 29(4):238-244.

Slakey, D., A. Roza, G. Pieper, C. Johnson, and M. Adams. (1993) Delayed cardiac allograft rejection due to combined cyclosporine and antioxidant therapy. Transplantation 56(6):1305-1309.

Sohshang, H., M. Singh, N. Singh, and S. Singh. (2000) Biochemical and bacteriological study of urinary calculi. The Journal of Communicable Diseases 32(3):216-221.

Sundaram, C. and B. Saltzman. (1999) Urolithiasis associated with protease inhibitors. Journal of Endourology 13(4):309-312.

Swartz, R., J. Wesley, M. Sommermeyer, and K. Lau. (1984) Hyperoxaluria and renal insufficiency due to ascorbic acid administration during total parenteral nutrition. Annals of Internal Medicine 100(4):530-531.

Takenouchi, K., K. Aso, K. Kawase, H. Ichikawa, and T. Shiomi. (1966) On the metabolites of ascorbic acid, especially oxalic acid, eliminated in urine, following the administration of large amounts of ascorbic acid. The Journal of Vitaminology 12(1):49-58.

Tallquist, H. and I. Vaananen. (1960) Death of a child from oxalic acid poisoning due to eating rhubarb leaves. Annales Paediatriae Fenniae 6:144-147.

Tanaka, K., T. Hashimoto, S. Tokumaru, H. Iguchi, and S. Kojo. (1997) Interactions between vitamin C and vitamin E are observed in tissues of inherently scorbutic rats. The Journal of Nutrition 127(10): 2060-2064.

Taylor, A., P. Jacques, D. Nadler, F. Morrow, S. Sulsky, and D. Shepard. (1991) Relationship in humans between ascorbic acid consumption and levels of total and reduced ascorbic acid in lens, aqueous humor, and plasma. Current Eye Research 10(8):751-759.

Tekin, A., S. Tekgul, N. Atsu, A. Sabin, H. Ozen, and M. Bakkaloglu. (2000) A study of the etiology of idiopathic calcium urolithiasis in children: hypocitruria is the most important risk factor. The Journal of Urology 164(1):162-165.

Terris, M., M. Issa, and J. Tacker. (2001) Dietary supplementation with cranberry concentrate tablets may increase the risk of nephrolithiasis. Urology 57(1):26-29.

Thamilselvan, S. and R. Selvam. (1997) Effect of vitamin E and mannitol on renal calcium oxalate retention in experimental nephrolithiasis. Indian Journal of Biochemistry & Biophysics 34(3): 319-323.

Thorner, R., C. Barker, and R. MacGregor. (1983) Improvement of granulocyte adherence and in vivo granulocyte delivery by ascorbic acid in renal transplant patients. Transplantation 35(5): 432-436.

Tiselius, H. and L. Almgard. (1977) The diurnal urinary excretion of oxalate and the effect of pyridoxine and ascorbate on oxalate excretion. European Urology 3(1):41-46.

Torrecilla, C., C. Gonzalez-Satue, L. Riera, S. Colom, E. Franco, F. Aguilo, and N. Serrallach. (2001) [Incidence and treatment of urinary lithiasis in renal transplantation]. Article in Spanish. Actas Urologicas Espanolas 25(5):357-363.

Torres, V., S. Erickson, L. Smith, D. Wilson, R. Hattery, and J. Segura. (1988) The association of nephrolithiasis and autosomal dominant polycystic kidney disease. American Journal of Kidney Diseases 11(4):318-325.

Torres, V., D. Wilson, R. Hattery, and J. Segura. (1993) Renal stone disease in autosomal dominant polycystic kidney disease. American Journal of Kidney Diseases 22(4):513-519.

Trinchieri, A., F. Rovera, R. Nespoli, and A. Curro. (1996) Clinical observations on 2086 patients with upper urinary tract stone. Archivio Italiano di Urologia, Andrologia 68(4):251-262.

Tsao, C. and S. Salimi. (1984) Evidence of rebound effect with ascorbic acid. Medical Hypotheses 13(3):303-310.

Tsao, C., L. Xu, and M. Young. (1990) Effect of dietary ascorbic acid on heat-induced eye lens protein damage in guinea pigs. Ophthalmic Research 22(2):106-110.

Tsugawa, N., T. Yamabe, A. Takeuchi, M. Kamao, K. Nakagawa, K. Nishijima, and T. Okano. (1999) Intestinal absorption of calcium from calcium ascorbate in rats. Journal of Bone and Mineral Metabolism 17(1):30-36.

Turner, M., D. Goldwater, and T. David. (2000) Oxalate and calcium excretion in cystic fibrosis. Archives of Disease in Childhood 83(3):244-247.

Udomratn, T., M. Steinberg, G. Campbell, and F. Oelshlegel. (1977) Effects of ascorbic acid on glucose-6-phosphate dehydrogenasedeficient erythrocytes: studies in an animal model. Blood 49(3): 471-475.

Urivetzky, M., D. Kessaris, and A. Smith. (1992) Ascorbic acid overdosing: a risk factor for calcium oxalate nephrolithiasis. The Journal of Urology 147(5):1215-1218.

Vander Jagt, D., L. Hunsaker, and N. Campos. (1986) Characterization of a hemoglobin-degrading, low molecular weight protease from Plasmodium falciparum. Molecular and Biochemical Parasitology 18(3):389-400.

Wagner, B., G. Buettmer, and C. Burns. (1993) Increased generation of lipid-derived and ascorbate free radicals by L1210 cells exposed to the ether lipid edelfosine. Cancer Research 53(4):711-713.

Wagner, B., G. Buettner, and C. Burns. (1994) Free radical-mediated lipid peroxidation in cells: oxidizability is a function of cell lipid bis-allylic hydrogen content. Biochemistry 33(15):4449-4453.

Wall, I. and H. Tiselius. (1990) Long-term acidification of urine in patients treated for infected renal stones. Urologia Internationalis 45(6):336-341.

Wapnick, A., S. Lynch, P. Krawitz, H. Seftel, R. Charlton, and T. Bothwell. (1968) Effects of iron overload on ascorbic acid metabolism. British Medical Journal 3(620):704-707.

Wen, Y., T. Cooke, and J. Feely. (1997) The effect of pharmacological supplementation with vitamin C on low-density lipoprotein oxidation. British Journal of Clinical Pharmacology 44(1):94-97.

Whitson, P., R. Pietrzyk, and C. Pak. (1997) Renal stone risk assessment during Space Shuttle flights. The Journal of Urology 158(6): 2305-2310.

Whitson, P., R. Pietrzyk, and C. Pak. (1999) Space flight and the risk of renal stones. Journal of Gravitational Physiology 6(1):P87-P88.

Wilk, I. (1976) Problem-causing constituents of vitamin C tablets. Journal of Chemical Education 53(1):41-43.

Williams, A., G. Riise, B. Anderson, C. Kjellstrom, H. Schersten, and F. Kelly. (1999) Compromised antioxidant status and persistent oxidative stress in lung transplant recipients. Free Radical Research 30(5):383-393.

Williams, H. and L. Smith. (1968) Disorders of oxalate metabolism. The American Journal of Medicine 45(5):715-735.

Wills, E. (1966) Mechanisms of lipid peroxide formation in animal tissues. The Biochemical Journal 99(3):667-676.

Wills, E. (1969) Lipid peroxide formation in microsomes. General considerations. The Biochemical Journal 113(2):315-324.

Wills, E. (1969a) Lipid peroxide formation in microsomes. The role of non-haem iron. The Biochemical Journal 113(2):325-332.

Wolf, C., G. Maistre-Charransol, C. Barthelemy, E. Thomas, J. Thomas, G. Arvis, and A. Steg. (1985) [Calcium oxalate stones and hyperoxaluria secondary to treatment with pyridoxilate]. Article in French. Annales d'urologie 19(5):313-317.

Wong, K., C. Thomson, R. Bailey, S. McDiarmid, and J. Gardner. (1994) Acute oxalate nephropathy after a massive intravenous dose of vitamin C. Australian and New Zealand Journal of Medicine 24(4):410-411.

Wu, D. and M. Stoller. (2000) Indinavir urolithiasis. Current Opinion in Urology 10(6):557-561.

Yagisawa, T., T. Hayashi, A. Yoshida, H. Okuda, H. Kobayashi, N. Ishikawa, N. Goya, and H. Toma. (1999) Metabolic characteristics of the elderly with recurrent calcium oxalate stones. BJU International 83(9):924-928.

Yagisawa, T., C. Kobayashi, T. Hayashi, A. Yoshida, and H. Toma. (2001) Contributory metabolic factors in the development of nephrolithiasis in patients with medullary sponge kidney. American Journal of Kidney Diseases 37(6):1140-1143.

Yamaguchi, S., S. Yachiku, M. Okuyama, M. Tokumitsu, S. Kaneko, and H. Tsurukawa. (2001) Early stage of urolithiasis formation in experimental hyperparathyroidism. The Journal of Urology 165(4):1268-1273.

Yamaguchi, T., T. Hashizume, M. Tanaka, M. Nakayama, A. Sugimoto, S. Ikeda, H. Nakajima, and F. Horio. (1997) Bilirubin oxidation provoked by endotoxin treatment is suppressed by feeding ascorbic acid in a rat mutant unable to synthesize ascorbic acid. European Journal of Biochemistry 245(2):233-240.

Zarembski, P. and A. Hodgkinson. (1962) The oxalic acid content of English diets. The British Journal of Nutrition 16:627-634.

Zarembski, P. and A. Hodgkinson. (1969) Some factors influencing the urinary excretion of oxalic acid in man. Clinica Chimica Acta 25(1):1-10.

Chapter 5：Liposome Technology and Intracellular Bioavailability

Aabdallah, D. and N. Eid. (2004) Possible neuroprotective effects of lecithin and alpha-tocopherol alone or in combination against ischemia/reperfusion insult in rat brain. Journal of Biochemical and Molecular Toxicology 18(5):273-278.

Albi, E., R. Lazzarini, and M. Viola Magni (2008) Phosphatidylcholine/ sphingomyelin metabolism crosstalk inside the nucleus. The Biochemical Journal 410(2):381-389.

Altman, R., G. Schaeffer, C. Salles, A. Ramos de Souza, and P. Cotias. (1980) Phospholipids associated with vitamin C in experimental atherosclerosis. Arzneimittelforschung 30(4):627-630.

Bangham, A., M. Standish, and J Watkins. (1965) Diffusion of univalent ions across the lamellae of swollen phospholipids. Journal of Molecular Biology 13(1):238-252.

Baumrucker, C. (1985) Amino acid transport systems in bovine mammary tissue. Journal of Dairy Science 68(9):2436-2451.

Buang, Y., Y. Wang, J. Cha, K. Nagao, and T. Yanagita (2005) Dietary phosphatidylcholine alleviates fatty liver induced by orotic acid. Nutrition 21(7-8):867-873.

Caddeo, C., K. Teskac, C. Sinico, and J. Kristl. (2008) Effect of resveratol incorporated in liposomes on proliferation and UV-B protection of cells. International Journal of Pharmaceutics 363(1-2): 183-191.

Cattel, L., M. Ceruti, and F. Dosio. (2004) From conventional to stealth liposomes: a new frontier in cancer chemotherapy. Journal of Chemotherapy 16 Suppl 4:94-97.

Chan, P., S. Longar, and R. Fishman. (1987) Protective effects of liposome-entrapped superoxide dismutase on posttraumatic brain edema. Annals of Neurology 21(6):540-547.

Chapat, S., V. Frey, N. Claperon, C. Bouchaud, F. Puisieux, P. Couvreur, P. Rossignol, and J. Delattre. (1991) Efficiency of liposomal ATP in cerebral ischemia: bioavailability features. Brain Research Bulletin 26(3):339-342.

Chen, G. and Z. Djuric. (2001) Carotenoids are degraded by free radicals but do not affect lipid peroxidation in unilamellar liposomes under different oxygen tensions. FEBS Letters 505(1):151-154.

Das, S., G. Gupta, D. Rao, and D. Vasudevan. (2007) Effect of lecithin with vitamin-B complex and tocopheryl acetate on long term effect of ethanol induced Immunomodulatory activities. Indian Journal of Experimental Biology 45(8):683-688.

Demirbilek, S., M. Ersoy, S. Demirbilek, A. Karaman, M. Akin, M. Bayraktar, and N. Bayraktar. (2004) Effects of polyenylphosphatidylcholine on cytokines, nitrite/nitrate levels, antioxidant activity and lipid peroxidation in rats with sepsis. Intensive Care Medicine 30(10):1974-1978.

Demirbilek, S., A. Karaman, A. Baykarabulut, M. Akin, K. Gurunluoglu, E. Turkman, E. Tas, R. Aksoy, and M. Edali (2006) Polyenylphosph atidylcholine pretreatment ameliorates ischemic acute renal injury in rats. International Journal of Urology: Official Journal of the Japanese Urological Association 13(6):747-753.

Dubey, V., D. Mishra, and N. Jain. (2007) Melatonin loaded ethanolic liposomes: physicochemical characterization and enhanced transdermal delivery. European Journal of Pharmaceutics and Biopharmaceutics 67(2):398-405.

Dubey, V., D. Mishra, M. Nahar, and N. Jain. (2008) Elastic liposomes mediated transdermal delivery of an anti-jet lag agent: preparation, characterization and in vitro human skin transport study. Current Drug Delivery 5(3):199-206.

El Kateb, N., L. Cynober, J. Chaumeil, and G. Dumortier. (2008) L-cysteine encapsulation in liposomes: effect of phospholipids nature on entrapment efficiency and stability. Journal of Microencapsulation 25(6):399-413.

El-Samaligy, M., N. Afifi, and E. Mahmoud. (2006) Evaluation of hybrid liposomes-encapsulated silymarin regarding physical stability and in vivo performance. International Journal of Pharmaceutics 319(1-2):121-129.

Goldenberg, H. and E. Schweinzer. (1994) Transport of vitamin C in animal and human cells. Journal of Bioenergetics and Biomembranes 26(4):359-367.

Goniotaki, M., S. Hatziantoniou, K. Dimas, M. Wagner, and C. Demetzos. (2004) Encapsulation of naturally occurring flavonoids into liposomes: physicochemical properties and biological activity against human cancer cell lines. The Journal of Pharmacy and Pharmacology 56(10):1217-1224.

Gouranton, E., C. Yazidi, N. Cardinault, M. Amiot, P. Borel, and J. Landrier. (2008) Purified low-density lipoprotein and bovine serum albumin efficiency to internalize lycopene into adipocytes. Food and Chemical Toxicology Oct. 11. [Epub ahead of print]

Gregoriadis, G. [ed.] (2007) Liposome Technology. Third edition. Volume I: Liposome Preparation and Related Techniques. New York, NY: Informa Healthcare USA, Inc.

Gregoriadis, G. [ed.] (2007) Liposome Technology. Third edition. Volume II: Entrapment of Drugs and Other Materials into Liposomes. New York, NY: Informa Healthcare USA, Inc.

Gregoriadis, G. [ed.] (2007) Liposome Technology. Third edition. Volume III: Interactions of Liposomes with the Biological Milieu. New York, NY: Informa Healthcare USA, Inc.

Hickey, S., H. Roberts, and N. Miller. (2008) Pharmacokinetics of oral vitamin C. Journal of Nutritional & Environmental Medicine July 31.

Hoesel, L., M. Flierl, A. Niederbichler, D. Rittirsch, S. McClintock, J. Reuben, M. Pianko, W. Stone, H. Yang, M. Smith, J. Sarma, and P. Ward. (2008) Ability of antioxidant liposomes to prevent acute and progressive pulmonary injury. Antioxidants & Redox Signaling 10(5):973-981.

Imaizumi, S., V. Woolworth, R. Fishman, and P. Chan. (1990) Liposome-entrapped superoxide dismutase reduces cerebral infarction in cerebral ischemia in rats. Stroke 21(9):1312-1317.

Jubeh, T., M. Nadler-Milbauer, Y. Barenholz, and A. Rubinstein. (2006) Local treatment of experimental colitis in the rat by negatively charged liposomes of catalase, TMN and SOD. Journal of Drug Targeting 14(3):155-163.

Junghans, A., H. Sies, and W. Stahl. (2000) Carotenoid-containing unilamellar liposomes loaded with glutathione: a model to study hydrophobic-hydrophilic antioxidant interaction. Free Radical Research 33(6):801-808.

Kasbo, J., B. Tuchweber, S. Perwaiz, G. Bouchard, H. Lafont, N. Domingo, F. Chanussot, and I. Yousef. (2003) Phosphatidylcholineenriched diet prevents gallstone formation in mice susceptible to cholelithiasis. Journal of Lipid Research 44(12):2297-2303.

Konno, H., A. Matin, Y. Maruo, S. Nakamura, and S. Baba. (1996) Liposomal ATP protects the liver from injury during shock. European Surgical Research 28(2):140-145.

Korb, V., K. Tep, V. Escriou, C. Richard, D. Scherman, L. Cynober, J. Chaumeil, and G. Dumortier. (2008) Current data on ATPcontaining liposomes and potential prospects to enhance cellular energy status for hepatic applications. Critical Reviews in Therapeutic Drug Carrier Systems 25(4):305-345.

Lamireau, T., G. Bouchard, I. Yousef, H. Clouzeau-Girard, J. Rosenbaum, A. Desmouliere, and B. Tuchweber. (2007) Dietary lecithin protects against cholestatic liver disease in cholic acid-fed Abcb4- deficient mice. Pediatric Research 61(2):185-190.

Lee, S., H. Yuk, D. Lee, K. Lee, Y. Hwang, and R. Ludescher. (2002) Stabilization of retinol through incorporation into liposomes. Journal of Biochemistry and Molecular Biology 35(4):358-363.

Lee, S., Y. Han, B. Min, and I. Park. (2003) Cytoprotective effects of polyenoylphosphatidylcholine (PPC) on beta-cells during diabetic induction by streptozotocin. The Journal of Histochemistry and Cytochemistry 51(8):1005-1015.

Levy, T. (2006) Stop America's #1 Killer. Reversible Vitamin Deficiency Found to be Origin of ALL Coronary Heart Disease. Henderson, NV: MedFox Publishing.

Liang, W., D. Johnson, and S. Jarvis. (2001) Vitamin C transport systems of mammalian cells. Molecular Membrane Biology 18(1):87-95.

Lieber, C. (2004) Alcoholic fatty liver: its pathogenesis and mechanism of progression to inflammation and fibrosis. Alcohol 34(1):9-19.

Ling, S., E. Magosso, N. Khan, K. Yuen, and S. Barker. (2006) Enhanced oral bioavailability and intestinal lymphatic transport of a hydrophilic drug using liposomes. Drug Development and Industrial Pharmacy 32(3):335-345.

Lubin, B., S. Shohet, and D. Nathan. (1972) Changes in fatty acid metabolism after erythrocyte peroxidation: stimulation of a membrane repair process. The Journal of Clinical Investigation 51(2):338-344.

Maheshwari, H., R. Agarwal, C. Patil, and O. Katare. (2003) Preparation and pharmacological evaluation of silibinin liposomes. Arzneimittelforschung 53(6):420-427.

Mandal, A., S. Das, M. Basu, R. Chakrabarti, and N. Das. (2007) Hepatoprotective activity of liposomal flavonoid against arsenite-induced liver fibrosis. The Journal of Pharmacology and Experimental Therapeutics 320(3):994-1001.

Mastellone, I., E. Polichetti, S. Gres, C. de la Maisonneuve, N. Domingo, V. Marin, A. Lorec, C. Farnarier, H. Portugal, G. Kaplanski, F. Chanussot. (2000) Dietary soybean phosphatidylcholines lower lipidemia: mechanisms at the levels of intestine, endothelial cell, and hepato-biliary axis. The Journal of Nutritional Biochemistry 11(9):461-466.

Meister, A. (1994) Glutathione-ascorbic acid antioxidant system in animals. The Journal of Biological Chemistry 269(13):9397-9400. Mirahmadi., N., M. Babaei, A. Vali, F. Daha, F. Kobarfard, and S. Dadashzadeh. (2008) 99mTc-HMPAO-labeled liposomes: an investigation into the effects of some formulation factors on labeling efficiency and in vitro stability. Nuclear Medicine and Biology 35(3):387-392.

Nakae, D., K. Yamamoto, H. Yoshiji, T. Kinugasa, H. Maruyama, J. Farber, and Y. Konishi. (1990) Liposome-encapsulated superoxide dismutase prevents liver necrosis induced by acetaminophen. American Journal of Pathology 136(4):787-795.

Pintea, A., H. Diehl, C. Momeu, L. Aberle, and C. Socaciu. (2005) Incorporation of carotenoid esters into liposomes. Biophysical Chemistry 118(1):7-14.

Puisieux, F., E. Fattal, M. Lahiani, J. Auger, P. Jouannet, P. Couvreur, and J. Delattre. (1994) Liposomes, an interesting tool to deliver a bioenergetic substrate (ATP). In vitro and in vivo studies. Journal of Drug Targeting 2(5):443-448.

Puskas, F., P. Gergely, Jr., K. Banki, and A. Perl. (2000) Stimulation of the pentose phosphate pathway and glutathione levels by dehydroascorbate, the oxidized form of vitamin C. The FASEB Journal 14(10):1352-1361.

Rawat, A., B. Vaidya, K. Khatri, A. Goyal, P. Gupta, S. Mahor, R. Paliwal, S. Rai, and S. Vyas. (2007) Targeted intracellular delivery of therapeutics: an overview. Die Pharmazie 62(9):643-658.

Rivera, F., G. Costa, A. Abin, J. Urbanavicius, C. Arruti, G. Casanova, and F. Dajas. (2008) Reduction of ischemic brain damage and increase of glutathione by a liposomal preparation of quercetin in permanent focal ischemia in rats. Neurotoxicity Research 13(2):105-114.

Rosenblat, M., N. Volkova, R. Coleman, and M. Aviram. (2007) Antioxidant and anti-atherogenic properties of liposomal glutathione: studies in vitro, and in the atherosclerotic apolipoprotein E-deficient mice. Atherosclerosis 195(2):e61-e68.

Sarkar, S. and N. Das. (2006) Mannosylated liposomal flavonoid in combating age-related ischemia-reperfusion induced oxidative damage in rat brain. Mechanisms of Ageing and Development 127(4):391-397.

Sato, Y., K. Murase, J. Kato, M. Kobune, T. Sato, Y. Kawano, R. Takimoto, K. Takada, K. Miyanishi, T. Matsunaga, T.Takayama, and Y. Niitsu. (2008) Resolution of liver cirrhosis using vitamin A-coupled liposomes to deliver siRNA against a collagen-specific chaperone. Nature Biotechnology 26(4):431-442.

Schnyder, A. and J. Huwyler. (2005) Drug transport to brain with targeted liposomes. NeuroRx: The Journal of the American Society for Experimental NeuroTherapeutics 2(1):99-107.

Socaciu, C., P. Bojarski, L. Aberle, and H. Diehl. (2002) Different ways to insert carotenoids into liposomes affect structure and dynamics of the bilayer differently. Biophysical Chemistry 99(1):1-15.

Verma, D., T. Levchenko, E. Bernstein, and V. Torchilin. (2005) ATPloaded liposomes effectively protect mechanical functions of the myocardium from global ischemia in an isolated rat heart model. Journal of Controlled Release

108(2-3):460-471.

Verma, D., W. Hartner, V. Thakkar, T. Levchenko, and V. Torchilin. (2007) Protective effect of coenzyme Q10-loaded liposomes on the myocardium in rabbits with an acute experimental myocardial infarction. Pharmaceutical Research 24(11):2131-2137.

Walde, P., A. Giuliani, C. Boicelli, and P. Luisi. (1990) Phospholipidbased reverse micelles. Chemistry and Physics of Lipids 53(4): 265-288.

Walde, P. and S. Ichikawa. (2001) Enzymes inside lipid vesicles: preparation, reactivity and applications. Biomolecular Engineering 18(4):143-177.

Waters, R., L. White, and J. May. (1997) Liposomes containing alphatocopherol and ascorbate are protected from an external oxidant stress. Free Radical Research 26(4):373-379.

Wendel, A. (1983) Hepatic lipid peroxidation: caused by acute drug intoxication, prevented by liposomal glutathione. International Journal of Clinical Pharmacology Research 3(6):443-447.

Wilson, J. (2005) Regulation of vitamin C transport. Annual Review of Nutrition 25:105-125.

Wu, J. and M. Zern. (1999) NF-kappa B, liposomes and pathogenesis of hepatic injury and fibrosis. Frontiers in Bioscience 4:D520-D527.

Xi, J. and R. Guo. (2007) Interactions between flavonoids and hemoglobin in lecithin liposomes. International Journal of Biological Macromolecules 40(4):305-311.

Yamada, Y. and H. Harashima. (2008) Mitochondrial drug delivery systems for macromolecule and their therapeutic application to mitochondrial diseases. Advanced Drug Delivery Reviews 60(13-14):1439-1462.

Yao, T., S. Esposti, L. Huang, R. Arnon, A. Spangenberger, and M. Zern. (1994) Inhibition of carbon tetrachloride-induced liver injury by liposomes containing vitamin E. The American Journal of Physiology 267(3 Pt 1):G476-G484.

Yoshimoto, M., Y. Miyazaki, Y. Kudo, K. Fukunaga, and K. Nakao. (2006) Glucose oxidation catalyzed by liposomal glucose oxidase in the presence of catalase-containing liposomes. Biotechnology Progress 22(3):704-709.

國家圖書館出版品預行編目資料

維生素 C 救命療法：高量維生素 C 可逆轉不治之症，
對感染和病毒疾病尤其有效 / 湯瑪士・李維（Thomas
E. Levy MD.JD.）著；吳佩諭譯 . -- 初版 . -- 臺中市：
晨星，2017.05
　　面；　公分 . --（健康與飲食；109）

譯自：Curing the Incurable:Vitamin C, Infectious
Diseases, and Toxins

ISBN 978-986-443-197-7

399.63　　　　　　　　　　　　　　　105019521

健康與飲食

109

維生素 C 救命療法

高量維生素 C 可逆轉不治之症，對感染和病毒疾病尤其有效

作者	湯瑪士・李維（Thomas E. Levy MD.JD.）
譯者	吳佩諭
編審	謝嚴谷講師
主編	莊雅琦
助理編輯	劉容萱
網路行銷	吳孟青
美術排版	黃偵瑜
封面設計	Akira.Lai

創辦人	陳銘民
發行所	晨星出版有限公司
	台中市 407 工業區 30 路 1 號
	TEL：（04）23595820　FAX：（04）23550581
	E-mail:health119@morningstar.com.tw
	http://www.morningstar.com.tw
	行政院新聞局局版台業字第 2500 號
法律顧問	陳思成 律師
初版	西元 2017 年 5 月 15 日
郵政劃撥	22326758（晨星出版有限公司）
讀者服務專線	04-23595819#230

印刷	上好印刷股份有限公司

定價 399 元

ISBN 978-986-443-197-7

Curing the Incurable: Vitamin C, Infectious Diseases, and Toxins
Copyright:©
This edition arranged with Thomas E. Levy MD.JD.
Traditional Chinese edition copyright:
2017　MORNING STAR PUBLISHING INC.

All rights reserved

版權所有　翻印必究
（缺頁或破損的書，請寄回更換）

以下資料或許太過繁瑣，但卻是我們了解您的唯一途徑
誠摯期待能與您在下一本書中相逢，讓我們一起從閱讀中尋找樂趣吧！

姓名：＿＿＿＿＿＿＿＿＿＿　　性別：□ 男　□ 女　　生日：　　／　　／

教育程度：□ 小學 □ 國中 □ 高中職 □ 專科 □ 大學 □ 碩士 □ 博士

職業：□ 學生 □ 軍公教 □ 上班族 □ 家管 □ 從商 □ 其他 ＿＿＿＿＿＿＿＿＿

E-mail：＿＿＿＿＿＿＿＿＿＿＿＿＿＿　聯絡電話：＿＿＿＿＿＿＿＿＿＿＿

聯絡地址：

□□□＿＿＿＿＿＿＿＿＿＿＿＿＿＿＿＿＿＿＿＿＿＿＿＿＿＿＿＿＿＿

購買書名：<u>維生素C救命療法</u>

‧ 請問您是從何處得知此書？

□ 書店 □ 報章雜誌 □ 電台 □ 晨星網路書店 □ 晨星健康養生網 □ 其他 ＿＿＿＿＿

‧ 促使您購買此書的原因？

□ 封面設計 □ 欣賞主題 □ 價格合理 □ 親友推薦 □ 內容有趣 □ 其他 ＿＿＿＿＿

‧ 看完此書後，您的感想是？

＿＿＿＿＿＿＿＿＿＿＿＿＿＿＿＿＿＿＿＿＿＿＿＿＿＿＿＿＿＿＿＿＿＿＿＿＿

‧ 您有興趣了解的問題？（可複選）

● 養生主題：□ 中醫調理 □ 養生飲食 □ 養生運動 □ 自然醫學療法

● 疾病主題：□ 高血壓 □ 高血脂 □ 腸與胃病 □ 糖尿病 □內分泌 □ 婦科
　　　　　　□ 其他 ＿＿＿＿＿＿＿＿＿＿＿＿＿＿＿＿＿＿＿＿＿＿＿＿＿

● 其他主題：□ 心靈勵志 □ 自然生態 □ 親子教養 □ 生活學習 □ 文學□ 園藝
　　　　　　□ 寵物 □ 美食 □ 時尚品味□ 其他 ＿＿＿＿＿＿＿＿＿＿＿＿＿

□ 同意加入晨星健康書會員

□ 其他建議

晨星出版有限公司 編輯群，感謝您！

享健康　免費加入會員‧即享會員專屬服務：
【駐站醫師服務】免費線上諮詢Q&A！
【會員專屬好康】超值商品滿足您的需求！
【VIP個別服務】定期寄送最新醫學資訊！
【每周好書推薦】獨享「特價」＋「贈書」雙重優惠！
【好康獎不完】每日上網獎紅利、生日禮、免費參加各項活動！

請填妥後對折裝訂，直接投郵即可，免貼郵票。

廣告回函
台灣中區郵政管理局
登記證第267號
免貼郵票

407

台中市工業區30路1號

晨星出版有限公司

健康生活醫學組　收

請沿虛線摺下裝訂，謝謝！

填回函·送好書

填妥回函後附上 60 元郵票寄回即可索取
數量有限，送完為止

《解病：解讀身體病徵的 246 個信號》

它們是疾病的徵兆，還是正常的生理變化？
從頭髮到腳趾頭
正確解讀身體發出的疾病與健康信息

※ 贈書贈送完畢，將以其他書籍代替，恕不另行通知。
本活動僅限台灣地區（含外島），海外讀者恕不適用。

特邀各科專業駐站醫師，為您解答各種健康問題。
更多健康知識、健康好書都在晨星健康養生網。